传播与中国译丛

城市传播系列

主编◎孙玮

Brian Cowan

# The Social Life of Coffee

The Emergence of the British Coffeehouse

# 咖啡社交生活史

## 英国咖啡馆的兴起

[美] 布莱恩·考恩 …………… 著

张妤玟 …………… 译

中国传媒大学出版社

·北京·

# 目　录

# 从书序

孙玮　复旦大学信息与传播研究中心主任、复旦大学新闻学院教授

英国著名历史学家彼得·伯克的皇皇巨著《知识社会史》描述了自1450年以来西方知识界全景。在知识地理学部分他写道:“在某些情形下,某一特定的城市催生了特定的学科,或者某学科中特定的分支。19世纪末芝加哥大学的社会学专业就是一个绝佳的例子,尤其是20世纪20年代芝加哥学派的兴起。”(伯克,2016)想来传播学学者们看到这一段是既兴奋又沮丧的。一方面,伯克在知识史长河当中突出了帕克的思想,无疑是对传播学知识生产的一种特别关注。另一方面,和许多知识史研究一样,帕克的芝加哥学派被归于社会学,传播学并未以建制化的面貌在彼时出现。伯克在这个议题中指出了城市、交流与知识生产之关系,“城市催生了特定形态知识社群的出现。城市中聚集了足够多形形色色的人,在书店、咖啡馆和小酒吧里,同好们分享信息、交换观点,近代科学革命和启蒙运动都大大受益于这些交流”(伯克,2016,pp.213)。这个观点指出了传播学知识生产与城市的重要关系,但惜乎并没有在传播研究领域引起特别的反响。到了20世纪40年代,知识的历史进入了伯克称之为“知识的技术化”时代。(伯克,2016,pp.296)计算机、网络彻底改变了人类知识的基本状态。

借助巨人的肩膀回望历史,我们看到,新技术、城市化、全球化的汹涌大潮将传播研究推向一个“紧要关头”,传播学知识生产面临巨大的挑战与机遇。我们盼望像帕克、沃斯、伯吉斯传播思想先哲那样,扎根城市发展的本土化经验,拓展中国传播学研究的新领域,这正是复旦大学信息与传播研究中心提出城市传播的初衷与宗旨。城市传播译丛也是这个总目标之下的一个举措。2011年早春时节苏州金鸡湖畔的茶馆里,复旦大学信息与传播中心的同仁们啜饮着碧螺春,商议着中心未来的研究规划。大家从各自的研究领域出发,围绕着当前传播实践与中国社会之发展变化,试图寻找既能够凝聚大家的研究方向,又能突破现有新闻传播学研究框架的理论焦点。渐渐地,“城市传播”作为一个核心概念浮现出来,莫名的兴奋感瞬间击中了在座的每一位。2011年仲秋在宁波大学静谧辽阔的校园,我们邀请新闻传播学领域的旧友新朋,拿出我们简陋但充满想象的城市传播研究设想,开了一个天马行空的论证会,得到与会者高度肯定。就这样,“城市传播”成为中心研究发展的一个关键词。如果我们将之理解

为中心发展史上的一个事件,那我们就要问齐泽克关于事件的著名问题:“事件究竟是世界向我们呈现方式的变化,还是世界自身的转变?”(齐泽克,2016)

齐泽克回答说:“事件涉及的是我们借以看待并介入世界的架构的变化。”(同上,第13页)自2011年“城市传播”成为中心的聚焦点,渐渐地,我们看待新闻传播学的基本方式变了。传播、媒介、城市、技术、新闻,这一个个我们以为烂熟于心的概念日益显露出前所未见的五色斑斓。几年过去,中心围绕城市传播展开的研究形成了一个基本轮廓,期间不断得到一些海内外同道的回响,渐渐地显露出崭新气象。城市传播呈现出三个基本特点:跨学科、以媒介为尺度、视传播为存在之基本要素,紧紧围绕着“城市”与“传播”这两个关键词,试图在不同学科领域的城市研究中,汇聚传播的基本视角与议题,呈现传播研究的独特价值。段义孚在建构人文地理学派时说,“正如生命本身一样,思想的生命也是持续不断的。”(段义孚,2017)城市传播研究抱持的学术企图,是在新技术狂飙突进的当前,回应世界范围的城市化进程,反思传播学的视阈边界,进行传播研究的范式创新。这也正是城市传播译丛的宗旨与目标。城市传播译丛书目的选择,是围绕着上述想法展开的:从跨学科的视角,关注不同学科城市研究中涉及的传播的核心议题,特别突出新技术对于城市及传播的前沿性影响,在理论和实践两个层面拓展了对于传播、城市、媒介、新闻、技术的理解。

“传媒本来不是什么特别的东西。我们在光的传媒中看,我们在声音的传媒中听,我们在语言的传媒中交往,我们在货币的传媒中交易。”(马丁·赛尔,2008)如今,传播与媒介突然变成了照耀人类的一道新曙光。三五年前新闻传播界还在感叹大众媒介遭遇新媒体的挑战、大量专业人才流失等本行业危机的问题,好像只是倏忽一瞬间,“人工智能”铺天盖地地席卷而来,横扫学术研究与社会实践的方方面面。新传播技术正在把人变成最终的媒介,这不是一个行业的变革,而是人类与世界的联接迈进一个崭新阶段。身处卡斯特描绘的网络时代的“都市星球”,我们期盼以“城市传播”呼唤更多的学术同道,给予这个时代一个有力的响应。

## 参考文献

彼得·伯克:《知识社会史(下卷)——从“百科全书”到维基百科》,汪一帆、赵博图译,浙江大学出版社2016年版,第211页。

斯拉沃热·齐泽克:《事件》,王师译,上海文艺出版社,2016年第1版。

马丁·塞尔:“实在的传媒和传媒的实在”,西皮尔·克莱默尔,《传媒 计算机 实在性》,孙和平译,中国社会科学出版社,2008年。

# 中文版序

本书的中文版即将面世,令我备感荣幸。这是一本研究咖啡的早期历史以及咖啡馆在不列颠诸岛出现过程的著作,它是以我20年前的博士论文为基础写成的,而自其付梓以来,至今也已有15年了。那时我从未想过,它会得到如此多的关注,也很欣慰它的论点至今竟仍能站得住脚。虽说在21世纪,已经有大量类似研究发表,但这些研究在很大程度上都证实了《咖啡的社交生活史:英国咖啡馆的兴起》(2005)中首次提到的诸多论点。

初次涉足咖啡史研究是在1995年,那时,我还是普林斯顿大学的一名研究生,在罗伯特·达恩顿(Robert Darnton)教授"十八世纪欧洲思想社会史"的课堂上,我读到了哈贝马斯《公共领域的结构转型》一书中有关"资产积极公共领域"的相关表述。这是一部社会理论的经典著作,在书中,哈贝马斯论述了出现在17世纪中叶英国内战至18世纪末法国大革命这一半世纪之中的资产阶级公共领域,并以近代早期英国咖啡馆为例,来说明它在诞生之初的状态。那时,除了那些惯于阅读其著作的哲学家和社会学家外,历史学家对他的观点也非常重视。他的论述饶有兴趣,但他对史料的运用却并未给我留下什么印象,因为其中大部分是二手或三手资料。哈贝马斯意识到,尽管在英国社会史和文学批评领域,伊恩·瓦特(Ian Watt)、雷蒙德·威廉姆斯(Raymond Williams)和罗伯特·阿尔蒂克(Robert Altick)等人著作颇丰,但他们的研究都未曾深入涉及近代早期英国咖啡馆的历史。[1]因此,他转向19世纪末和20世纪初用德语或英语书写的后复辟时代英国文学史,从中获取研究灵感。

由此我萌生出一个想法,我可以以一手史料为基础写一篇有关英国咖啡馆早期历史的博士论文。当时,关于咖啡馆的史学史研究仍局限在古文物研究领域,咖啡馆作为政治辩论和文学文化中心的地位仅被偶尔提及。有关咖啡馆历史的史料文献研究凤毛麟角,因此我推测,通过对现存的最早的英国咖啡馆进行研究可以学到很多东西。正当我开始制定博士论文研究计划之时,史蒂文·平卡斯(Steven Pincus)在《现代史研究》(*The Journal of Modern History*)上发表了一篇有关王政复辟时期咖啡馆的论文,在文中,他在很大程度上赞同哈贝马斯提出的关于复辟时期英国出现了资产阶级公共领域的观点。[2]我非但没有受到这篇文章的打击,反而因为该文参考文献中大量提及的近代早期咖啡馆的相关史料而备受鼓舞。当我在1995年开始自己基于历史文献的研究时,我试图发展自己对咖啡和咖啡馆引入近代早期英国社会的理解,因而,我系统地查阅并重新解释了他的参考文献,还有我在自己的研究过程中发现的许多其他文献。

因此,本书为理解17世纪的英国引入咖啡以及英国咖啡馆的起源提供了论据。它是哈贝马斯式的,因为它保留了"公共领域"这个概念,对于理解国家权力和公民社会之间不断变化的关系很有价值,即近代早期出现的"资产阶级公共领域",从根本上重新配置了英国统治者和被统治者之间的关系,这一观点仍然成立。但另一方面,它又是后哈贝马斯式的,因为本书修正了哈贝马斯关于咖啡馆兴起的描述,并展开了深入细致的研究。它挑战了早期咖啡馆是民主社会原型的观念。研究表明:社会底层人,包括女性,处于早期咖啡馆社交活动的边缘;当他们光顾咖啡馆时,并没有被当作平等的顾客只是被看作咖啡馆精英阶层顾客的从属。这一论点为蒂姆·布兰宁(Tim Blanning)在《权力文化与文化权力》(*The Culture of Power and the Power of Culture*,2002)一书中有关哈贝马斯公共领域修正提供了有益的补充。[3]

从这个意义上来看,这本书引发了20世纪90年代和21世纪初英国近代早期史学史的两大趋势:政治史上的"后修正主义"运动和国家形成的社会史研究。我对17世纪末英格兰咖啡馆兴起的研究表明,咖啡馆的发展并不是与现存的社会和政治秩序背道而驰,而是逐渐适应这些秩序的结果。作为新饮品和新社交方式的咖啡和咖啡馆被理解为类似于传统饮料(如麦芽酒或啤酒)和已有饮酒场所(如酒馆或酒吧),从而缓解了它们的潜在威胁。因此,本书有关咖啡和咖啡馆进入近代早期英国的后哈贝马斯式描述是政治史研究和社会史研究之间融通互动的一个范例,这种研究趋势在21世纪对史学研究仍旧在产生影响。[4]

在本书中,我还有意让公共领域的相关研究与有关消费主义和消费文化的研究进行更加密切的对话。后者出现在20世纪80至90年代,从事相关研究的社会历史学家发现了日益兴旺的"商品世界",这使得18世纪的英国似乎处于现代消费主义形成的关键期。[5]我想,17世纪咖啡的引入可能会为漫长的18世纪消费文化的发展提供一些至关重要的见解。由于咖啡在17世纪50年代才出现于伦敦的大街小巷,因此,对英国消费者来说,它完全是个新事物,它被引入英国市场的历史似乎可以作为一个典型事例用以检验人们是否能够接受新的异国商品。

为什么咖啡在17世纪末乃至18世纪能够风靡全英?我从未指望在科学医学史中找到答案,但相关的研究资料却将我带入这个领域。许多最早接触咖啡的人以及最早喝咖啡的人都可以被认为是"鉴赏家文化"的参与者。在20世纪80至90年代,近代早期科学史家们一直致力于重塑科学史研究,他们开始将科学史看作"真理社会史"

的实践,而不是去赞颂以往科学家们的研究成就。特别是史蒂文·夏平(Steven Shapin)和西蒙·谢弗(Simon Schaffer)的研究成果,尤其证明了近代早期科学文化是如何从社会构建的惯例中产生的,这种社会惯例以人们所理解的诚实和证据的真实性(即"真理")为基础,而不是采取客观公正和完全理性的科学研究方法。[6]随着我对咖啡早期接受史研究的逐渐深入,我也清楚地认识到,塑造英国皇家学会的那种鉴赏家群体所拥有的"精英"社会环境,对咖啡饮用与咖啡馆社交的合法化均发挥了至关重要的作用。[7]

我认为,这本理解近代早期英国对咖啡和咖啡馆接纳过程的"鉴赏家文化研究论文"仍是这本书对史学研究最具独创性的贡献之一,随着这本书出版后,相关研究逐渐在学术界占有了一席之地。虽然,就近代早期鉴赏家文化与海外商人的精神与心理世界间的相互关系,人们已经做了诸多研究,但我认为就此联系的相关研究可以继续深入开掘。[8]在医学史上,咖啡被作为早期的药物,既用于治疗疾病也用于愉悦身心,它已经融入了近代早期医疗市场发展的相关叙述中。[9]由于科学史和经济史这两个研究领域并不经常发生对话,因此,在两种传统的研究议程中这些联系往往未占据核心位置。

最后,这本书也受到这样一种认识的影响,即即使是一个民族传统的历史,也必须放置在全球背景下去理解。在此意义上而言,《咖啡社交生活史》也是 21 世纪初以"全球转向"为显著特征的近代早期史学研究的一个研究个例。[10]因为咖啡是一种外来商品,而咖啡馆最初是在奥斯曼帝国而不是在不列颠群岛发展起来的,所以将英国咖啡的历史视为更广泛的全球史的一部分至关重要。于是,我从英国东印度公司和黎凡特公司的记录中开始本书的历史文献检索,希望能够从第一批在红海和印度洋贸易世界中接触到咖啡的英国人留下的史料中找到英国人对咖啡产生兴趣的起源。这项工作为本书第三章"从摩卡到爪哇"奠定了基础,该章详细地描述了海外商人团体在促进 17 世纪咖啡文化兴起方面所发挥的重要作用。

对英国咖啡早期历史的进一步研究,在很大程度上证实了我书中的观点,同时也有助于扩展我们对更多细节的了解。这项研究与咖啡史领域的另外两项重要研究成果几乎在同一时间发表,它们是威廉·格瓦塞·克拉伦斯·史密斯(William Gervase Clarence—Smith)和史蒂文·托佩克(Steven Topik)合编的有关咖啡生产与贸易的全球经济史,《非洲、亚洲和拉丁美洲的全球咖啡经济:1500—1989》(*The Global Coffee Economy in Africa, Asia, and Latin America: 1500-1989*)和马克曼·艾利斯(Markman Ellis)的《咖啡馆的文化史》*The Coffee House: A Cultural History*),分别于 2003 年和 2004 年出版。遗憾的是,当我写作本书时,未能将这些研究考虑在内,但这两部作品的研究重点均不在近代早期引进咖啡的问题上,也没有提供我主要关注的咖啡在不列颠群岛被接受的充足史料。[11]近期,乔纳森·莫里斯(Jonathan Morris)的

《咖啡:全球历史》(*Coffee*: *A Global History*, 2019)对咖啡史的研究现状进行了精要的总结。一个国际合作研究小组正在进行一项名为"醉人的空间:新饮料对欧洲城市空间的影响,1600—1850"(https://www.intoxicatingspaces.org/)的研究。该小组通过研究人们喝咖啡的历史,揭示了更多关于咖啡近代早期历史的信息。[12]该项目承诺会将近代早期伦敦的经验与同时代其他北欧城市(如阿姆斯特丹、汉堡和斯德哥尔摩)的经验相结合。

我一直想将近代早期历史中人们接纳咖啡与咖啡馆作为一种独特的社会制度的发展的历史,整合到更加广泛的历史书写中去。在本书开始写作之初,有关饮料上瘾的历史才刚刚起步,但这一领域现在已经在近代早期消费"革命"史上占据了重要的位置。[13]近代早期咖啡接受史现已成为食物史的一个组成部分,尤其是与之相关的异域饮料,如茶、冰淇淋和潘趣酒。[14]咖啡馆的历史现在也可以被融入到更广泛的历史中,包括在近代早期出现的其他独特的商业城市社交形式,如艾尔啤酒屋,酒馆和客栈。[15]与我写这本书的时候相比,有关法国、德国和近代早期欧洲其他地区咖啡馆和咖啡文化出现的历史,也更为人知晓。[16]资产阶级公共领域的历史仍然是我们理解近代早期国家与社会间不断变化的关系的一个关键点,它构成了近代早期(以及现代)英国和欧洲历史的一些一般性研究的核心。[17]

然而,有关英国咖啡和咖啡馆的历史研究仍有很多工作要做。本书集中探讨了17世纪至18世纪早期咖啡被接纳和咖啡馆的发展过程。但对于18世纪末至19世纪的咖啡馆,书中并未进行深入的探讨。[18]现代城市社交史普遍认为到了18世纪末,咖啡馆逐渐被私人绅士俱乐部所取代,并最终在19世纪和20世纪被餐馆和其他更为现代化的场所而取代。[19]这一观点太简单,因为很明显,咖啡馆并没有在浪漫主义时代及其余波中销声匿迹。到了20世纪初,咖啡馆(coffeehouse)被重新命名为咖啡馆(café),现在,它们模仿巴黎和维也纳的那种欧陆风格,咖啡馆成为被称为"现代主义"新文化运动的关键场所。关于近代早期咖啡馆和现代主义咖啡馆之间联系的故事仍有待讲述。

## 注释

[1] See Brian Cowan, "Making Publics and Making Novels: Post-Habermasian Perspectives," in *The Oxford Handbook of the Eighteenth-Century Novel*, J.A. Downie, ed., (Oxford: Oxford Univ. Press, 2016), 55-70; and Cowan, "The Public Sphere," in *Information*: *A Historical Companion*, Ann Blair, Paul Duguid, Anja Goeing, and Anthony Grafton, eds., (Princeton: Princeton Univ. Press, 2021), 713-17.

[2] Steve Pincus, " 'Coffee Politicians Does Create': Coffeehouses and Restoration Political Culture," *Journal of Modern History* 67:4 (Dec., 1995): 807-834.

[3] T. C. W. Blanning, *The Culture of Power and the Power of Culture*: *Old Regime Eu-*

*rope*, 1660-1789, (Oxford: Oxford Univ. Press, 2002). See also James Van Horn Melton, *The Rise of the Public in Enlightenment Europe*, (Cambridge: Cambridge Univ. Press, 2001).

[4] Key works here include Michael Braddick, *State Formation in Early Modern England*, *c*. 1550-1700, (Cambridge Univ. Press, 2000); and Phil Withingon, *The Politics of Commonwealth: Citizens and Freemen in Early Modern England*, (Cambridge: Cambridge Univ. Press, 2005).

[5] Neil McKendrick, John Brewer, and J. H. Plumb, eds., *The Birth of a Consumer Society: The Commercialization of Eighteenth-Century England*, (1982 reprint; London: Edward Everett Root, 2018); John Brewer and Roy Porter, eds, *Consumption and the World of Goods*, (London: Routledge, 1993); Woodruff D. Smith, *Consumption and the Making of Respectability*, 1600-1800, (London: Routledge, 2002); Maxine Berg, *Luxury and Pleasure in Eighteenth-Century Britain*, (Oxford: Oxford University Press, 2005).

[6] Steven Shapin and Simon Schaffer, *Leviathan and the Air Pump: Hobbes, Boyle, and the Experimental Life*, (Princeton: Princeton Univ. Press, 1985); Adrian Johns, *The Nature of the Book: Print and Knowledge in the Making*, (Chicago: University of Chicago Press, 1998).

[7] W. E. Houghton, "The English Virtuoso in the Seventeenth Century," Parts I and II, *Journal of the History of Ideas* 3:1 (Jan. 1942): 51-73; and 3:2 (Apr., 1942): 190-219; see also Brian Cowan, "An Open Elite: The Peculiarities of Connoisseurship in Early Modern England," *Modern Intellectual History*, 1:2 (2004): 151-183; and Craig Ashley Hanson, *The English Virtuoso: Art, Medicine, and Antiquarianism in the Age of Empiricism*, (Chicago: University of Chicago Press, 2009).

[8] Harold Cook, *Matters of Exchange: Commerce, Medicine, and Science in the Dutch Golden Age*, (New Haven: Yale Univ. Press, 2007); James Delbourgo, *Collecting the World: The Life and Curiosity of Hans Sloane*, (Cambridge, Mass.: Harvard Univ. Press, 2017).

[9] Roy Porter and Dorothy Porter, *Patient's Progress: Doctors and Doctoring in Eighteenth-Century England*, (Stanford, CA: Stanford Univ. Press, 1989); Patrick Wallis, "Consumption, Retailing, and Medicine in Early-Modern London," *Economic History Review*, New Series, 61:1 (Feb., 2008): 26-53; Phil Withington, "Intoxicants and the Invention of 'Consumption'," *Economic History Review*, New Series, 73:2 (May 2020): 384-408.

[10] Marcy Norton, *Sacred Gifts, Profane Pleasures: A History of Tobacco and Chocolate in the Atlantic World*, (Baltimore: Johns Hopkins Univ. Press, 2008); Miles Ogborn, *Global Lives: Britain and the World* 1550-1800, (Cambridge: Cambridge Univ. Press, 2008); Emma Spary, *Eating the Enlightenment: Food and the Sciences in Paris*, 1670 - 1760, (Chicago: Univ. of Chicago Press, 2012); Frank Trentmann, *Empire of Things: How We Became a World of Consumers, from the Fifteenth Century to the Twenty-First*, (London: Penguin, 2016).

[11] Ellis, *The Coffee House: A Cultural History*, (London, 2004) does make a good case for considering Pasqua Rosee's London coffeehouse of 1652 as the first public English coffeehouse rather than Jacob's Oxford coffeehouse of 1650 as presented in *The Social Life of Coffee*, p, 90. I recon-

sider this evidence in Brian Cowan, "Publicity and Privacy in the History of the British Coffeehouse," *History Compass*, 5:4 (July 2007), 1180-1213.

[12] Phil Withington and Kathryn James, 'Intoxicants and Early Modern European Globalization', a special issue of the *Historical Journal* (forthcoming, 2022); Phil Withington, 'Where Was the Coffee in Early Modern England?', *Journal of Modern History* 92 (2020): 40 - 75; and Phil Withington, 'Intoxicants and the Invention of 'Consumption',".

[13] R. Porter and M. Teich, eds., *Drugs and Narcotics in History*, (Cambridge: Cambridge Univ. Press, 1995); David T. Courtwright, *Forces of Habit: Drugs and the Making of the Modern World*, (Cambridge, Mass.: Harvard Univ. Press, 2001); see now Phil Withington, "Intoxicants and Society in Early Modern England," *Historical Journal*, 54 (2011): 631 - 57 and the other works by the same author cited above.

[14] Troy Bickham, *Eating the Empire: Food and Society in Eighteenth-Century Britain*, (London: Reaktion, 2020); Erika Rappaport, *A Thirst for Empire: How Tea Shaped the Modern World*, (Princeton: Princeton Univ. Press, 2017); Markman Ellis, Richard Coulton, and Matthew Mauger, *Empire of Tea: The Asian Leaf that Conquered the World*, (London: Reaktion, 2015); Melissa Calaresu, "Making and Eating Ice Cream in Naples: Rethinking Consumption and Sociability in the Eighteenth Century," *Past & Present* no. 220 (2013): 35 - 78; Karen Harvey, "Ritual Encounters: Punch Parties and Masculinity in the Eighteenth Century," *Past & Present* no. 214, (2012): 165 - 203.

[15] Mark Hailwood, *Alehouses and Good Fellowship in Early Modern England*, (Woodbridge: Boydell, 2014); Ian Newman, *The Romantic Tavern: Literature and Conviviality in the Age of Revolution*, (Cambridge: Cambridge Univ. Press, 2019); Vaughn Scribner, *Inn Civility: Urban Taverns and Early American Civil Society*, (New York: NYU Press, 2019); Valérie Capdeville and Alain Kerhervé, *British Sociability in the Long Eighteenth Century*, (Woodbridge: Boydell, 2019).

[16] Robert Liberles, *Jews Welcome Coffee: Tradition and Innovation in Early Modern Germany*, (Waltham, MA: Brandeis Univ. Press, 2012); Julia Landweber, " 'This Marvelous Bean': Adopting Coffee into Old Regime French Culture and Diet," *French Historical Studies* 38: 2, (2015): 193 - 223; Craig Koslofsky, "Parisian Cafés in European Perspective: Contexts of Consumption, 1660 - 1730," *French History* 31:1 (2017): 39-62; Thierry Rigogne, "Readers and Reading in Cafés, 1660 - 1800," *French Historical Studies* 41:3 (2018): 473 - 494.

[17] Tim Blanning, *The Pursuit of Glory: Europe* 1648 - 1815, (London: Penguin, 2007); James Vernon, *Distant Strangers: How Britain Became Modern*, (Berkeley & Los Angeles: Univ. of Calif. Press, 2014).

[18] John Barrell, "Coffee-House Politicians," *Journal of British Studies*, 43: 2, (April 2004): 206-232; Cowan, "Publicity and Privacy in the History of the British Coffeehouse"; and now Anna Brinkman-Schwartz, "The Heart of the Maritime World: London's 'Mercantile' Coffee Hou-

ses in the Seven Years' War and the American War of Independence, 1756 - 83," *Historical Research* 94:265 (August 2021): 508-31.

[19]Peter Clark, *British Clubs and Societies* 1580-1800: *The Origins of an Associational World*, (Oxford: Oxford Univ. Press, 2000); Brenda Assael, *The London Restaurant*, 1840-1914, (Oxford: Oxford Univ. Press, 2018).

**作者相关著作参考文献**

"What Was Masculine About the Public Sphere? Gender and the Coffeehouse Milieu in Post-Restoration England," *History Workshop Journal* 51 (February 2001): 127-57.

"The Rise of the Coffeehouse Reconsidered," *Historical Journal*, 47:1 (2004):21-46.

"An Open Elite: The Peculiarities of Connoisseurship in Early Modern England," *Modern Intellectual History*, 1:2 (2004): 151-183.

"Mr. Spectator and the Coffeehouse Public Sphere," *Eighteenth-Century Studies* 37:3 (2004): 345-366.

"Art and Connoisseurship in the Auction Market of Later Seventeenth-Century London," in *Mapping Markets for Paintings in Europe* 1450-1800, Neil De Marchi and Hans van Miegroet, eds., (Turnhout, Belgium: Brepols, 2006), 263-282.

"Pasqua Rosee, fl. 1640-1670" [http://www.oxforddnb.com/view/article/92862] for the *Oxford Dictionary of National Biography Supplement*, online ed., Lawrence Goldman, ed., (Oxford: Oxford Univ. Press, October 2006).

"Publicity and Privacy in the History of the British Coffeehouse," *History Compass*, 5:4 (July 2007), 1180-1213.

"New Worlds, New Tastes: Food Fashions After the Renaissance," in *Food: The History of Taste*, Paul Freedman, ed., (London: Thames & Hudson, 2007), 196-231.

"Geoffrey Holmes and the Public Sphere: Augustan Historiography from Post-Namierite to the Post-Habermasian," *Parliamentary History*, special issue: 'British Politics in the Age of Holmes,' Clyve Jones, ed., 28:1 (February 2009): 166-78.

"Public Spaces, Knowledge and Sociability," in *The Oxford Handbook of the History of Consumption*, Frank Trentmann, ed., (Oxford: Oxford Univ. Press, 2012), 251-66.

"English Coffeehouses and French Salons: Rethinking Habermas, Gender and Sociability in Early Modern French and British Historiography," in *Making Space Public in Early Modern Europe: Performance, Geography, Privacy*, Angela Vanhaelen and Joseph P. Ward, eds., (London: Routledge, 2013), 41-53.

"Café or Coffeehouse? Transnational Histories of Coffee and Sociability," in *Drink in the Eighteenth and Nineteenth Centuries: Consumers, Cross-Currents, Conviviality*, Susanne Schmid and Barbara Schmidt-Haberkamp, eds., (London: Pickering & Chatto, 2014), 35-46, 188-91.

"Making Publics and Making Novels: Post-Habermasian Perspectives," in *The Oxford*

*Handbook of the Eighteenth-Century Novel*, J. A. Downie, ed., (Oxford: Oxford Univ. Press, 2016), 55-70.

" 'Restoration' England and the History of Sociability," in Valérie Capdeville and Alain Kerhervé, eds., *British Sociability in the Long Eighteenth Century: Challenging the Anglo-French Connection Studies in the Eighteenth Century*, Studies in the Eighteenth Century, (London: Boydell & Brewer, June 2019), 7-24.

"The Public Sphere," in *Information: A Historical Companion*, Ann Blair, Paul Duguid, Anja Goeing, and Anthony Grafton, eds., (Princeton: Princeton Univ. Press, 2021), 713-17.

"Coffeehouses," in DIGITENS, the Digital Encyclopedia of British Sociability in the Long Eighteenth Century: https://www.univ-brest.fr/digitens/menu/digitens-entries(2021).

"The Public Sphere," in *The Cambridge History of Britain, vol. 3, Early Modern Britain, 1500-1750*, eds. Susan Amussen and Paul Monod, (Cambridge: Cambridge Univ. Press, forthcoming).

# 致 谢

有关咖啡的历史在我脑海中已萦绕近十年,在此期间,我同天南地北的许多人交流探讨过这个问题。我深刻地意识到,这一路走来我何其有幸,能与他们同行。

早在普林斯顿大学求学期间,我就已经开始着手本书的写作。在此期间,彼得·莱克(Peter Lake)教授给予了我坚定的支持、独到的见解与不懈的鼓励。普林斯顿大学一些史学研究团体也深刻地影响了我对咖啡在英国崛起方式的理解。在罗伯特·达恩顿(Robert Darnton)教授有关18世纪思想社会史的研究生课堂上,我产生了探讨这一话题的最初灵感,我的研究离不开他长期的支持与鼓励。劳伦斯·斯通(Lawrence Stone)敏锐的洞察力,激发了我对这个主题的深入思考,如果没有他的真知灼见,我的想法将会成为无源之水、无本之木;他所迸发出的波澜壮阔的历史学想象力,一直被吾辈奉为楷模。同样,我有幸与苏珊·惠曼(Susan Whyman)、阿拉斯泰尔·贝拉尼(Alastair Bellany)、大卫·科莫(David Como)、玛格丽特·塞纳(Margaret Sena)、伊桑·沙根(Ethan Shagan)、伊格纳西奥·盖洛普·迪亚兹(Ignacio Gallup-Diaz)、约翰·欣特迈尔(John Hintermaier)和布伦丹·凯恩(Brendan Kane)等一批杰出的历史学家共同从事研究,正是通过与他们无数次的讨论,我才能拨云见日,找到整个研究的方向。

本书中的论据,来源于大西洋两岸卷帙浩繁的历史档案。首先,请允许我对下述图书档案馆以及相关工作人员致以诚挚的谢意。它们是:大英图书馆、公共档案局(现为英国国家档案馆)、伦敦大都会档案馆、伦敦公司档案局、伦敦市政厅图书馆、英国皇家学会档案馆、大英博物馆印刷与绘图部、威廉斯博士图书馆、维多利亚和阿尔伯特博物馆中的国家艺术图书馆、威斯敏斯特档案中心、苏格兰国家图书馆、博德莱恩图书馆以及剑桥大学图书馆。在大洋彼岸的美国,普林斯顿大学费尔斯通图书馆的工作人员,特别是已故的约翰·海内曼(John Henneman),耶鲁大学斯特林图书馆的苏珊娜·罗伯茨(Susanne Roberts),贝内克图书馆的斯蒂芬·帕克斯(Stephen Parks),英国艺术中心的丽莎·福特(Lisa Ford)和伊丽莎白·费尔曼(Elisabeth Fairman),以及刘易斯·沃尔波尔图书馆的马吉·鲍威尔(Maggie Powell)都给予了我极大的帮助和支持,在此一并致谢。亨廷顿图书馆、威廉·安德鲁斯·克拉克图书馆和福尔杰·莎士比亚图书馆为本研究提供了大量的原始档案,这些史料使我受益匪浅。

本书得到坎特伯雷肯特大学勒弗霍尔姆(Leverhulme Foundation Fellowship)基金会的支持。英国布莱顿的苏塞克斯大学和美国新英格兰纽黑文的耶鲁大学为我提供了良好的生活条件,使我得以潜心从事研究,进一步完善书中的若干观点,并同时开展我的教学工作。特别要感谢约翰·罗杰斯(Master John Rogers)老师和科妮莉亚·皮尔索尔(Associate Master Cornelia Pearsall)副教授、硕士研究生导师,他们接收我作为伯克利学院的驻院研究员(Resident Fellow of Berkeley College)并为我提供舒适的住所,使我能够重新思考并重写书中的大部分内容。我的研究工作也得到麦吉尔大学历史系新同事们的认可,他们热情地接纳了我的研究,我期待未来能与他们有所合作。

本书中的若干观点,是我与无数优秀的学者共同探讨和商议的成果。他们是特里西亚·阿勒斯顿(Tricia Allerston)、约翰·德莫斯(John Demos)、保罗·弗里德曼(Paul Freedman)、蒂姆·哈里斯(Tim Harris)、内格利·哈特(Negley Harte)、迈克尔·亨特(Michael Hunter)、阿德里安·约翰斯(Adrian Johns)、简·卡门斯基(Jane Kamensky)、牛顿·凯(Newton Key)、劳伦斯·克莱恩(Lawrence Klein)、彼得·曼德勒(Peter Mandler)、尼尔·德马奇(Neil De Marchi)、戴卫·奥姆罗德(David Ormrod)、尼古拉斯·菲利普斯(Nicholas Phillipson)、史蒂芬·平卡斯(Steven Pincus)、詹姆斯·罗森海姆(James Rosenheim)、大卫·哈里斯·萨克斯(David Harris Sacks)、约翰·斯泰尔斯(John Styles)等人;来自耶鲁大学出版社的几位匿名读者所提出的建议以及给予的帮助也使我获益良多。在以下各个大学或研究机构举办的学术会议上,我宣读了本书中的若干章节,会议组织者分别是:沃里克大学、纽约罗切斯特的伯克希尔妇女史研讨会、伦敦大学历史研究所、维多利亚和阿尔伯特博物馆、犹他大学、哈佛大学、利兹大学、爱丁堡大学,以及马萨诸塞州剑桥和多伦多举办的北美英国研讨会,埃默里大学,斯坦福大学,德克萨斯 A & M 大学的梅尔伯恩·G.格拉斯考克人文中心。与会同行们的提议与质疑均使我受益匪浅。

惠特尼人文学科研究中心(the Whitney Humanities Center)与亨廷顿图书馆(the Huntington Library)为本书提供了基金支持,书中的插图亦得到耶鲁大学弗雷德里克·W.希尔斯出版基金(the Frederick W. Hilles Publication Fund)的资助。

本书中的部分内容曾以论文的形式出版,它们是:《公共领域的男性特质是什么——复辟时期英格兰的性别与咖啡馆环境》,见《历史研讨会期刊》51(2001 年);《重新思考咖啡馆的兴起》,见《历史期刊》47:1(2004 年);《〈旁观者〉与咖啡馆公共领域》,

见《18世纪研究》37:3(2004年)。[①] 尽管每篇文章都具备独立的观点,用以区别于书中更广阔的观点,但在此,我仍要对以上刊物致以诚挚的谢意,感谢他们允许我在书中转载文章的部分节选。

本书的出版得益于耶鲁大学出版社,它一直是业内的佼佼者。请允许我在此向劳拉·海默特(Lara Heimert)和莫莉·埃格兰德(Molly Egland)以及基思·康登(Keith Condon)等诸位编辑致以诚挚的谢意,是他们的辛勤劳作使得本书得以付梓。

最后,一如既往,我将最深沉的敬意留给最重要的两个人。谨以此书献给我的父亲威廉·考恩(William Cowan)和母亲贝弗利·考恩(Beverly Cowan),感恩他们自始至终给予我的那些无私的帮助与支持。

① 为方便从事进一步研究,译者将英文原文录入如下:"What Was Masculine About the Public Sphere? Gender and the Coffeehouse Milieu in Post－Restoration England," *History Workshop Journal* 51 (2001); "The Rise of the Coffeehouse Reconsidered," *Historical Journal* 47:1 (2004); and "Mr. Spectator and the Coffeehouse Public Sphere," *Eighteenth－Century Studies* 37:3 (2004).本书页下注均为译者为方便读者理解添加,此后不再一一注出。

# 关于注释格式和惯例的说明

《咖啡社交生活史》一书广征博引各种近代早期历史资料,包括各种媒介资料,印刷品,手稿和视觉材料。在保证可读性的前提下,引文试图最大限度地保留原始资料的特征。为达到这一目的,我扩展了原始资料中的缩略语,修改了相关标点符号的标注方式,除了书名外,一律采用现代拼写方式替代古英语中的 u、v、w、I 和 j 等字母。

1952 年以前,英国采用的都是“旧式”儒略历(Julian calendar)[①],这种历法比欧洲大多数国家所采用的“新式”公历(Gregorian calendar)[②]晚了十天。旧式儒略历的法定年从 3 月下旬开始,在本书中,我将所有的日期均置换为新式公历,以便新的一年能够按照标准惯例从 1 月 1 日开始。

与议会法案相关的参考文献均按照王朝统治的年份以及每届议会会议、各个章节以及议会所属的相关部门进行编号罗列。许多参考工具书中都有这些法案条例,比如,詹姆斯 · F.拉金(James F. Larkin)和保罗 · L.休斯(Paul L. Hughes)在 1973 年和 1983 年编写的议会法案编撰中,均可找到詹姆斯六世、詹姆斯一世和查理一世颁布的皇室公告。王政复辟后颁布的皇室公告则来自罗伯特 · 斯蒂尔(Robert Steele)主编的《都铎与斯图亚特王朝皇室公告汇编》(*Bibliography of Royal Proclamations of the Tudor and Stuart Sovereigns*,1910),且用数字标识。

“英国人”(British)和“英格兰人”(English)两种身份经历了长期的融合,在当前权力转移和欧盟日益发展壮大的时代,有必要对两者进行仔细的推敲。在本书所涉及的大部分历史时期,如果用“British”一词来指代英格兰和苏格兰的多个君主国则会有时代错置之嫌。然而,我将其作为一种启发读者思考的方式,用来指代斯图亚特君主及其 1688 年后的继任者们所统治的不同地区。尽管这项研究在考察英国咖啡文化时使用了苏格兰和爱尔兰的史料证据,但书中的大多数史料都与英格兰的情形相关。还有一个重要的原因,英国咖啡馆的历史与作为大都会的伦敦城市史(the urban history of metropolitan London)有着密切的联系,在整个不列颠群岛,伦敦发挥着巨大的文

---

① 儒略历是恺撒大帝制订的日历,在西方国家一直使用至以阳历取代为止。

② 公历,阳历,格列高利历,是自 1582 年以来西方国家使用的历法。

化优势。这座城市的主要文化背景与其主要文化历史密切相关。法律意义上的伦敦金融城(City of London)位于城墙内,由伦敦市市长和市议员(the Lord Mayor and Aldermen of the City)管理,在书中均使用大写字母表示。伦敦(the metropolitan city of London)的面积则要大得多,它分属于不同的辖区,如威斯敏斯特市(the City of Westminster)、米德尔塞克斯郡和萨里郡(Middlesex and Surrey),但没有正式的管理机构。书中提及这一面积与范围更大的城市时不采用大写形式。

本书采用了阿德里安·约翰斯(Adrian Johns)《书的本质》(*Nature of the Book*, 1998))和他的其他几部作品中所使用的注释惯例。注释中引用的所有作品详情见参考文献。

# 译者序
# 咖啡馆：城市生活的组织者与参与者

《咖啡社交生活史：英国咖啡馆的兴起》英文版自2005年出版以来，受到学界广泛关注，成为经济、社会、城市史研究的扛鼎之作。这本书不仅是一部作为物的咖啡的社会生命史，又是一部与咖啡和咖啡馆密切相关的社会交往和城市生活的历史。它不但展示了咖啡作为物品流动的旅程，也展示了近代早期围绕着咖啡馆这样的城市社交机构，人与人之间、人与城市中新兴的消费社交机构及其城市环境之间复杂的互动关系。

在18世纪以来的英国社会史书写中，咖啡馆就从未曾缺席。同样，对19世纪的托马斯·麦考莱、特里维廉、大卫·休谟和亨利·哈勒姆等辉格史学家而言，17世纪出现在英国的咖啡馆是极为重要的政治机构，都市公共舆论得以表达的重要场所，它是英国宪政和自由观念的发源地以及普适理念的象征符号。到了20世纪，以哈贝马斯为代表的，研究资产阶级公共领域构成机制的社会历史学家们，延续了上述历史学家的书写方式，进一步将咖啡馆看作争取公民权利与确立报刊出版自由的关键机构，并且在18世纪初的英国创造了一个崭新的"公共领域"：在这里，中产阶级男性起初就文学，随后就各种各样的公共问题进行理性与批判型谈话。这种研究范式中，咖啡馆被刻画成一个社交空间，而且是一个向所有社会阶层开放的、平等的、民主的社交空间，人们在此就各种各样的话题进行理性而文雅的讨论与交流。[①]

中国学术界，涉及有关咖啡馆、沙龙、剧院、酒馆、城市园林以及茶馆的研究，[②]基本可以被纳入启蒙运动所肇始的现代性叙述框架之中，也就是在"公共性"范畴中对现代市民社会的形成机制进行溯源性的研究和讨论。它们均以社会空间的政治功能为考察中心，讨论这些空间与中国政治现代化，更准确地说是中国的政治公共领域形成间的关系。此种政治框架下的理解与讨论一方面具有其合理性，但同时在很大程度上遮蔽了咖啡馆等类似场所作为一个社交机构之于现代城市形成、现代城市社交生活的

① 详见本书第三部分教化咖啡馆。

② 如王峰苓：《18世纪英国城市公共性研究》(2006)，王浩宇：《近代早期英国咖啡馆文化研究》(2016)，王迪：《茶馆：成都的公共生活和微观世界1900—1950》(2010)，江文君：《从咖啡馆看近代上海的公共空间与都市现代性》(2017)，李宁：《16世纪伊斯坦布尔的咖啡馆文化与市民社会》(2021)等。

历史价值。

如何看待咖啡馆的兴起？威廉斯指出：传播不仅仅是传输(transmission)，还是接收和回应(reception and response)，后者取决于“一个有效的经验共同体。”[①]咖啡馆是在城市中存在的，它的机理渗透在城市的组织网络之中，所以，必须将咖啡馆的兴起放置在欧洲城市史的背景下，将其嵌入城市共同体的社会关系网络之中，作为城市共同体网络的一个组成部分，才能真正理解它。本书作者考恩以这样一种视野介入观察，用一种细致且充满活力的历史深描取代了政治、经济和社会的宏大叙事，突破了几个世纪以来关于咖啡馆研究以政治为中心的辉格史书写范式，从而谱写出一个发生在1600年直至1720年间，东方的咖啡与伦敦城中的咖啡馆取得成功的故事，这也是一个咖啡和随之兴起的新型公共社交机构——咖啡馆，两者如何共同塑造伦敦城市生活的故事。这个故事既包含消费者自身所表达出的主观消费动机与消费场所之间的相互建构的历史过程，又包括伦敦咖啡馆空间的物质性存在及其地形的社会属性逐渐形成的过程，还包括作为新型社交空间的咖啡馆如何通过重构各种社会关系而成为个人身份标识以及伦敦城市标识的过程。

如此，考恩的咖啡馆成为一个打量城市的独特视角。城市从来是一种特殊的构造，它贮存并传承人类文明；这种构造致密而紧凑，足以用最小的空间容纳最多的设施；同时又能扩大自身的结构，以适应不断变化的需求和社会发展更加繁复的形式，从而保存不断积累起来的社会遗产。[②]从这样的角度来看待咖啡馆这种“中介机构，”它即成为一种德布雷意义上的“物质性的组织”，人类城市文化赖以“传承”的“制度化接口”。[③]考恩通过大量的近代早期印刷文本，特别是报纸和其他原始文献，如个人日记、贸易记录、法院庭审记录、遗嘱名录、教区议会记录以及皇室与政府的监管记录等，将咖啡馆生活的丰富特质，它与英国政治与社会情境网络，以及与都市文化发展间的复杂关系细致地呈现给读者。作者将咖啡的起源、文雅文化、商业文化、城市生活、伦敦基层社会管理模式等因素一并纳入研究视野，深入探讨了咖啡馆从舶来品到无所不在的社会实体机构；从喧闹、不受控制到成为受到严密监视的“教化”空间的演变过程。从而向读者展示了在伦敦城发展的过程中，咖啡馆这种新因素的介入，是如何使原有物质的数量有所增加，又是怎样导致了一场全新的变革，一次新的组合，从而使原有实体的性质发生变化。[④]

那么，咖啡馆在伦敦这样一座城市的兴起，嵌入这样一座城市的构造，究竟使之产

---

① [英]雷蒙·威廉斯：《文化与社会：1780—1950》，高晓玲译，北京：商务印书馆2018年版，第444页。

② [法]路易斯·芒福德：《城市发展史：起源、演变和前景》，宋俊岭 、倪文彦译，北京：中国建筑工业出版社2005年版，第33页。

③ [法]雷吉斯·德布雷：《媒介学引论》，刘文玲译，北京：中国传媒大学出版社2014年版，第36页、第3页。

④ [法]路易斯·芒福德：《城市发展史：起源、演变和前景》，宋俊岭 、倪文彦译，北京：中国建筑工业出版社2005年版，第31页。

生了何种化学反应呢？考恩笔下的咖啡馆，不仅如上文所说的嵌入城市的地理结构之中，与其他的机构设施（股票交易所、大学、图书收藏室、理发馆、酒馆、浴室等）纽结相连，改变机构设施之间的相互关系和功能，改变城市的面貌，还通过提供各式各样的读物成为新闻传播的中心，吸引长途旅行的商人、政客、记者、医生、学者和旅行者各色人等，并创造这些人在咖啡馆中的相遇和交往。[①]因此，咖啡馆成为一种在城市中交往和相遇的机制。玛西就说："城市是特别密集的社会互动之所在，充满难以计数的社会并置，"是"会遇的地方，是社会关系之地理形势的焦点"。[②]咖啡馆，正像是报刊以及交通、通讯、电车、电话、广告、钢筋水泥建筑、电梯那样，变成"构成城市生态组织的"重要因素。[③]可以说，咖啡馆是城市的肌理之一，它使得城市成为这样的城市，伦敦成为这样的伦敦。

本书分为三大部分共八章内容，它们分别是：一、咖啡这一异域新奇物品供应的历史；二、作为社会和文化制度的咖啡馆在伦敦的出现；三、咖啡馆的物理和政治特性：它们位于哪里？谁是咖啡馆主人？谁经常光顾咖啡馆？谁试图控制它们？

书的第一部分是有关咖啡供应的历史，也是在阿帕杜莱意义上是"咖啡的社会生命史"。作者将咖啡放置在其初入英伦三岛和咖啡馆日渐流行的王政复辟时期的具体社会情境中，探讨了决定咖啡商品化的诸种因素，并进一步分析了咖啡消费以及随之而起的咖啡馆的兴起，如何凝聚了社会与历史变迁，体现出怎样的社会价值。由此展现出咖啡"在社会规定的路径下和竞争所激发的转变之间不断妥协的过程"，[④]咖啡的传记正是由近代早期的社会竞争和个人品味共同造就而成的。

在书的第二部分，作者集中探讨了作为社会和文化制度的咖啡馆。商人和冒险家把咖啡带到了英国，但考恩指出："有教养的文人雅士"所倡导的以伦敦为中心的"好奇心文化"与咖啡和咖啡馆的流行程度之间有着重要的联系。在伦敦之前，牛津就有咖啡馆开张，并面临着与大学之间令人不安且偶尔对立的关系。牛津咖啡馆的运作更像是私人俱乐部而不是公共场所，这里举办化学实验，图书借阅以及公共演讲，带有"排他性和超然的气氛，与它们所谓的开放性相悖"。[⑤] 接下来，作者告诉我们，咖啡馆在伦敦流行起来这一过程是相当缓慢的，在整个1660年，咖啡馆是普通百姓和文人的诗歌攻击的对象，在这些诗歌中，咖啡馆的顾客被描绘成具有讽刺意味的游离在学术圈之外的"世界型学者"，或是"肤浅的，仅仅是追逐时尚和进行社交展演的浅薄之徒"。

---

① James Von Horn Melton, *The Rise of Public in Enlightenment Europe*, Cambridge: Cambridge University Press, 2001:226.

② [英]玛西等：《城市世界》，王志弘译，台北：群学出版有限公司2000年版，第2页。

③ 黄旦：《构成城市生态组织的首要因素——再谈报刊史书写》，《中国传播学评论》，2020年，第54页。

④ [美]阿帕杜莱：《物的社会生命》，参见王铭铭主编《20世纪西方人类学主要著作指南》，北京：民主与建设出版社2019年版，第436页。

⑤ 详见本书第二部分发明咖啡馆之从牛津到伦敦。

然而，这也许恰恰是伦敦城市生活对咖啡馆“性格”进行塑造的结果，因为，“在城市生活中，每一个人跟别人碰面的时间都是短暂的，碰面的机会是很少的，因而，在碰面时尽可能地表现自己的气质风度”。①

本部分第五章，作者解释了咖啡馆与一系列相关机构，如公共浴室、理发馆、妓院、酒馆、旅店、拍卖行等相关场所的关系，并分析咖啡馆这一新的公共社交机构获得成功的原因。尽管咖啡馆与其他公共场所之间的界线是流动的，但咖啡馆与“醉酒”和“骚乱”无关，更确切地说，咖啡馆与知识学习和提升文化消费品味相关。这样，咖啡馆就为那些追求平等的人们创造了一个合适的环境，而这些在“酒鬼、妓女、普通商人、平民”聚集的场所是不可能实现的。除此之外，咖啡馆还是一个实体空间与虚拟信息的双重构成。除了咖啡这种异域饮料，咖啡馆老板还为顾客们提供了报纸、手稿、书籍、小册子等各式各样的读物，除了组织书籍和艺术品展览会、拍卖会外，他们还创造发明自己的“好奇心橱窗”，来吸引那些受过教育的有识之士参与咖啡馆里的各种讨论，其中的领头羊也是最重要的参与者们就是“鉴赏家群体”，如声名显赫的塞缪尔·佩皮斯、罗伯特·胡克和约翰·伊夫林等人。作为艺术品爱好者，他们经常光顾咖啡馆参加学术辩论和书籍拍卖，在那里闲聊或是像伊夫琳在1684年所做的那样，到咖啡馆参观第一头来到伦敦的犀牛。

在第三部分，也是篇幅最长的部分，考恩聚焦于咖啡馆的物理和政治特性，从咖啡馆老板、咖啡馆顾客和政府三个角度，详细探讨了伦敦咖啡馆的“环境”。咖啡馆位于哪里，谁是咖啡馆主人？谁经常光顾咖啡馆？谁试图控制它们？作者在这部分提供了书中最具创见性的分析。

在本部分的论述过程中，考恩建构了“豪华”与“朴素”两种咖啡馆类型。豪华咖啡馆分布在伦敦的股票交易市场附近，它是供富裕的商人和会计师经常光临的地方，迎合了伦敦商人和统治精英的需求；朴素咖啡馆在“城市较不时髦的地方”，满足了“邻里居民”的需求。由此可见，咖啡馆的物理特性，特别是其地理特性，其作为城市标识坐标定位的功能，不但具有物理意义，同时具有社会功能。这些标记与我国宋代平江府城的“坊表”和明清地方志中的“牌坊”功能相似，它们不但具有标识其所在街区的功能；“其所在街区的居民也主要根据这些标识性建筑或地理事物来确定自己的社群成员身份。”②这样的咖啡馆，实际上就能创造出不同群体的聚集和交往，塑造出不同的城市中心，从而形塑城市的面貌和构造。

咖啡馆店主与顾客的社会多元性亦是这部分的主题之一。近代早期咖啡馆呈现出如此复杂与多元的面向，因此，很难用一般性结论来概括它的人员与历史实践。可

---

① ［德］G.齐美尔：《大城市与精神生活》，参见齐美尔《桥与门：齐美尔随笔集》，上海：三联出版社1991年版，第275页。

② 鲁西奇：《中国历史的空间结构》，桂林：广西师范大学出版社2014年版，第342页。

以肯定的是,他们并不都是从政府手中争取言论自由的斗士,而更多的是与政府协商、妥协甚至合谋的生意人。人口普查数据和遗嘱显示,咖啡馆老板处于"伦敦粮食贸易等级中的社会经济中间位置",很少有人相当富有。除了经营咖啡馆,他们也活跃在其他的业务领域,如船舶拍卖、赌博业和娼妓业。咖啡馆的经营者从令人尊敬的咖啡商到失业的士兵甚至妓女;赞助商从无神论者和间谍到神职人员和桂冠诗人,他们的政治信仰从社会底层的激进主义到激进共和主义。与此相似,政府的相关管理制度也并非单纯是一种压制手段,相反,像经营许可证这样的制度被经营者看作一种特权,一定程度上为被管理者提供了法律保障和安全感。同样,对咖啡馆的管理措施也并非仅仅来自政治力量(经营许可证制、荣誉市民证),还包括教会(教区管理条例、安息日管理规定)以及其他社会团体(礼仪改革协会)和经济力量(征税)。因此,诸种管理手段可以被理解为加诸咖啡馆之上的社会规制力量。

咖啡馆内还会举办各种各样的活动,咖啡馆中并不仅有《旁观者》期刊所描述的值得尊敬的商人和文人雅士的会议,还有政治聚会,新闻信息的交换以及艺术品、新奇物和书籍等物品的公共拍卖会。由此,人的实践与交往活动、社会关系、精神文化生活,在咖啡馆这一空间中展开和持存的同时,本身又作为空间实践、空间事件、物质存在塑造着空间,体现出空间社会化和社会空间化的相互生成机制[①]。这样看来,咖啡馆显然与图书馆、档案保存处、学校、大学等一样,都是城市中最典型的物质设施。类似于古希腊城邦中的公共广场、圣殿、剧院和运动场,[②]在此意义上的咖啡馆也即成为城市的基础之一。

最后一章,考恩揭示了《旁观者》所倡导的有关咖啡馆内的社交礼仪改革,其关键是隔绝和限制而非开放和鼓励公共辩论,特别是涉及政治议题的公共辩论。这一计划不利于创造一个便于人们接近的、能够不受限制地进行报刊阅读和政治辩论的咖啡馆公共领域,而恰恰是为了控制和约束这一社交空间并控制和规范人们的社交行为。其目的在于,在政治前景尚不明确之时,辉格派意图构造一个有助于其生存的社交世界,"他们的目标不是为民主革命时代的来临奠定基础,而是使奥古斯都时代的英国政治文化为辉格党精英寡头统治提供保障。"[③]

通过上述分析可见,英国咖啡馆文化的多元性是鉴赏家群体的"好奇心文化"与商业文化和城市文化之间相互作用的结果。《咖啡社交生活史》一书的面世无疑促成了政治史、社会史、经济史、城市史等相关历史领域研究间的对话。正如作者在结语部分所声明的那样:"消费者并非自发地对咖啡等新商品产生渴求;这种渴求必须通过与特定文化中先已存在的各种因素相结合来培养。"而恰恰是王政复辟期,在英伦诸岛,特

① 胡潇:《空间的社会逻辑——关于马克思恩格斯空间理论的思考》,《中国社会科学》,2013年第1期。

② [法]克琳娜·库蕾:《古希腊的交流》,邓丽丹译,桂林:广西师范大学出版社2005年版,第37页。

③ 详见本书第八章教化社会之文明社会部分。

别是在以伦敦为代表的城市生活中，那些先已存在的诸种因素"消融了旧经济体制下消费者们对新口味、新机制与新时尚的根深蒂固的抗拒"。至于"诸种因素"究竟为何，就留待本书的读者们去发现探索吧。

英谚有云：翻译者就是一个变节者(A Translator is a Traitor)。此言不虚！在长达一年多的翻译工作中，译者常常会碰到一个句子一个单词都需经反复推敲品味，以便最终确定最适合原文作者想要表达的意思和最符合译文整体风格的表达方式，我奢望在最大程度上达到翻译所追求的"信、达、雅"三重境界。翻译的过程中，得到了我的研究生陈方禹、熊雨琴两位同学的诸多帮助。陈方禹从最初的生涩和天马行空到最终越来越能参透原文的意思，而熊雨琴则与我在许多困惑无解之处共同商榷推敲，她们的帮助给予我诸多灵感，请允许我在此表示诚挚的谢意。

本书根据耶鲁出版社 2005 年英文版翻译，复旦大学信息与传播研究中心、中国传媒大学出版社给予译者极大的支持与帮助。该书涉及经济贸易、医药、近代早期英国社会管理制度等诸多专有名词，翻译中难免有疏忽遗漏之处，诚挚地邀请学界师友批评指正。

张妤玟 于西安.长安

2021 年初秋

# 引 言

今天，人们很难想象曾经存在过一个没有咖啡的世界，然而这确是事实。在15世 1
纪中叶之前，咖啡完全不为人知。1450年之后，生活在红海盆地的人们才逐渐开始习惯喝咖啡。在咖啡被发现之后，其兴起似乎无法避免。同时，咖啡的兴起成为改变人们消费习惯的成功故事之一，而正是这些消费习惯重塑了近代早期世界。尽管在任何一个接受咖啡的社会中，人们对其都有争议，但它很快就与啤酒、葡萄酒、水和果子露等传统饮料并驾齐驱。本书重点讲述咖啡这种新饮品的发展状况以及与之相关的新兴社交机构——咖啡馆——在不列颠群岛兴起的过程。

16世纪，饮用咖啡的习惯从红海地区传遍了整个奥斯曼帝国。[1]但是，是什么促使17世纪的英国人接受了这一来自异域，甚至是非基督教国家的习俗呢？为什么咖啡和茶叶、巧克力等相关热饮能够被人们接受，而同样来自异域的其他一些药物和消费品却寸步难行呢？又是什么原因导致了一个全新的社会机构咖啡馆成为这些新饮料消费的主要场所？对这些问题的回答将带我们深入了解近代早期英国人日常生活的心理、政治、社会和经济结构，那时的人们逐渐意识到了一种以咖啡和为数众多的咖啡馆所构建的生活方式。

咖啡和咖啡馆的历史，为研究英国近代早期历史的相关著述所涉及的某些重要议 2
题提供了新的视角。这一时期的英国刚刚经历了一场“消费革命”并出现了一个超越君主制国家监管的批判型“公共领域”(a “public sphere” of critical debate)。[2]如果说17世纪末与整个18世纪见证了消费社会的诞生，那么，饮用咖啡这一新习惯的兴起就是消费社会很好的标志。了解17世纪英国消费者为什么以及如何会对像咖啡这样陌生的新饮品产生渴望，能够帮助我们理解漫长的18世纪消费革命的缘起。与此同时，由尤尔根·哈贝马斯(Jürgen Habermas)首先提出的“公共领域”概念，一直将咖啡馆视为这种新型社交世界的典型代表。在这样的叙述中，咖啡馆被理解为一个新颖而独特的社交空间，在这里，等级差别被暂时忽略，人们就感兴趣的政治和哲学话题进行无拘无束的辩论。如果说消费社会的诞生与公共领域的兴起之间存在着某种联系，那么，理解这种联系的最好方式就是对饮用咖啡的起源和咖啡馆社交活动进行深入的探究。

《咖啡社交生活史》一书重新审视和修正了消费革命和公共领域的研究范式。它探寻诸如咖啡饮用等新的消费习惯得以流行的原因,并追溯这些新口味与新的社会组织模式发展间的关系。在这两种情况下,新奇事物(novelty)都必须被合法化。无论咖啡在商业上的成功还是咖啡馆在社会上的成功都不是必然的。那个没有咖啡的近代早期世界被诱骗接受了热腾腾的黑色饮料以及饮用它的场所。喝咖啡这一习惯的兴起需要其早期支持者进行大量的劝服游说,咖啡馆的合法化则要求人们以不同的方式思考公共社团(public association)在社会秩序中所扮演的角色。

本书以好奇心、商业贸易和公民社会(curiosity, commerce, and civil society)为三大主题,探讨咖啡和咖啡馆的兴起。鉴赏家群体(virtuoso)①品味高雅的"好奇心文化"和以伦敦为中心迅速发展的商业世界,两者的奇妙结合,为作为商品的咖啡和咖啡馆的出现提供了重要的社会合法性。[3]英国近代早期的公民社会是绅士阶层的好奇心和城市商业贸易两者的混合物。鉴赏家群体提供了催化剂,激发了人们对咖啡最初的商业兴趣,并将咖啡馆发展成为一个重要的社交机构,但这种兴趣随后被城市社交的
3 迫切性所控制并改变。咖啡文化起源于鉴赏家文化(virtuosity),并迅速成为城市生活中一个必不可少的组成部分。正如喝咖啡从一个相对受限的绅士精英圈子转变成为一个更广阔和更加普及的城市现象一样,那些喝咖啡和经常光顾咖啡馆的鉴赏家们和城市居民的社交生活(social life)也发生了变化。

17 世纪后半期,伴随着咖啡饮用和咖啡馆的流行,英国人的消费喜好和公共生活发生了巨大的变化,但这些变化并非自发产生,与之相伴而生的是惶恐与不安和经常性的公然抵制。英国咖啡文化缓慢发展并最终取得成功,与其说是通过迅速而彻底的变革,不如说是通过对日常生活基本结构的逐渐渗透与适应。近代早期的消费革命与其说是革命性的,不如说是逐渐演化而来的。只有在确定咖啡馆政治不会破坏既存秩序的情况下,咖啡馆作为公共领域的兴起才会被英国的旧政权所接受。我们不能将英国咖啡世界的形成理解为现代世界形成的必然过程,咖啡的兴起并未"创造出现代世界"("creation of the modern world"),咖啡和咖啡馆是在旧体制下和前工业社会中被接受并普及起来的。[4]所以,咖啡并非与现代性相伴而生。毋庸置疑,本书讲述的是一个近代早期的故事:最初出现在不列颠群岛上的那些咖啡馆,与今天风靡全球的星巴

① 贵族业余爱好者,即鉴赏家群体,于 15 世纪末 16 世纪初随着英国人文主义运动的兴起而出现,在 16 世纪末 17 世纪上半叶最为活跃,直到 18 世纪才逐渐衰退。这是一个非常复杂的文化群体,既包括古钱币、碑铭等古物的鉴赏、收藏者,也包括文学、艺术作品的鉴赏、收藏者,甚至包括从事科学实验与研究的人。这些人是"自由和不受约束之人",不论研究的是艺术、古物还是自然博物,驱动他们的是某种无私的求知欲。同时,他们也是新生活方式的消费群体,活跃于英国文化生活的各领域,引领着近代早期英国文化的发展方向。译者注,参见[英]彼得·伯克《知识社会史:从古登堡到狄德罗》上卷,浙江大学出版社,2016 年,第 28-29 页;刘贵华,《近代早期英国鉴赏家群体的兴起》,《武汉大学学报(人文科学版)》2012 年第 65 期,第 104-108 页。

克之间并无相似之处。早期的咖啡馆是另一个世界的产物，在那里，宣称某种东西是新奇事物并不构成有力的推销手段，反而会令人心生疑窦并为之侧目。同样，近代早期的咖啡馆政治，也并没有昭示着现代自由民主制度的兴起：咖啡馆自诞生之初，就生活在种种偏见与訾议之中，在那时，专制帝国的统治者们鼓吹君权神授，而对于普通民众而言，参与政治活动远非值得称颂之事，相反，它往往会令人不寒而栗。

就 17、18 世纪英国历史而言，相关的书写至今仍然不甚完整并且常常自相矛盾，本书则为这一时期的历史提供了一种"后修正主义"的视角，即在强调传统因素的同时也承认：在近代早期英国社会的咖啡接受史中，许多现代特性已初露端倪。[5] 辉格史学乐观与进步的书写范式，如消费革命和公共领域的兴起，未能客观公正地看待在接受咖啡的过程中近代早期英国社会所表现出的犹疑不决。本书与辉格史学派的修正主义批评者们一道，驳斥了辉格史书写基于对近代早期的历史认识，对现时代作出的过时的和目的论式的预见。然而，咖啡被社会接受这一事实必须得到承认，因为这一时期的大多数"修正主义"历史学家都固执地拒绝这样做。《咖啡社交生活史》讲述了咖 4
啡与咖啡馆兴起的故事，这里并不是假设它们获得了成功，而是解释它们之所以获得成功的原因。

本书涵盖了漫长的斯图亚特王朝，时间跨度从 1600 年伊丽莎白女王统治末期到 1720 年乔治一世国王统治伊始。咖啡的故事可追溯到 17 世纪初，因为此时的英文文献中就有有关咖啡和咖啡馆的纪录，但在这个世纪的前半期左右（1600—1660），咖啡主要受到英国鉴赏家群体的关注并被他们所享用。王政复辟后，咖啡馆文化的繁荣改变了这一切，因此，本书大部分内容都集中在"漫长的 17 世纪"后半期。研究选取 18 世纪 20 年代作为终点是因为，那时咖啡馆和咖啡消费已经被英国社会全然接纳并作为社交模板（social template）确立起来，在接下来的一百年里都不曾发生太大的变化。与此同时，茶和杜松子酒这两种饮品也越来越受到人们的欢迎，并成为英国饮料市场上与咖啡竞争的产品。1717 年，随着英属东印度公司向中国广州开放定期贸易，茶在获得消费者偏好方面取得了巨大的成功，潜移默化地成为英国人的国民饮品。[6] 几乎在同一时期，杜松子酒在英国也广受青睐，在 18 世纪的前两个十年里，杜松子酒以及对其的监管受到了公众的密切关注。[7] 在 18 世纪的第三个十年里，无论是在质上或是量上，英国咖啡文化均未在本质上发生重大变化，但在这一时期，咖啡和咖啡馆已完全融入了英国社会，它们不再遭受人们的非议。至此，来自东方的咖啡完成了英国化（Anglicization）的过程。

## 注释

[1] Hattox, *Coffee and Coffeehouses*.

[2] Brewer, McKendrick, and Plumb, eds., *Birth of a Consumer Society*; Brewer and Porter,

eds., *Consumption and the World of Goods*; Brewer, *Pleasures of the Imagination*; van Horn Melton, *Rise of the Public in Enlightenment Europe*; and Blanning, *Culture of Power and the Power of Culture*.

[3]有关英国鉴赏家群体文化的进一步研究,参见:Cowan, "An Open Elite."

[4]可对照阅读:Porter. *Creation of the Modern World*, esp. 35-37.

[5]这些史学问题的相关讨论,参阅:Cowan, "Refiguring Revisionisms," and Cowan, "Rise of the Coffeehouse."

[6] Chaudhuri, *Trading World of Asia*, 388; 史密斯(Smith), "Accounting for Taste,"但乔杜里(Chaudhuri)与史密斯考虑的问题正好相反。对于史密斯来说,问题是为什么咖啡未能和茶一样最终在英国获得大众消费市场,而本文首先关注的问题为咖啡和茶是如何被英国消费者所接受的。

[7] Clark, "The 'Mother Gin' Controversy in the Early Eighteenth Century."

# 第一部分　咖啡:从好奇心到商品 5

在阿勒颇(Aleppo)写于1660年的信中,威廉· 比达尔夫(William Biddulph)牧师成为第一个记录咖啡的英国人。他写道,土耳其人“最常见的饮品是咖啡,一种黑色饮料,由一种叫可可的豆子制成,磨成粉后在水里煮沸,尽可能趁热喝”。十年之后,乔治·桑德斯(George Sandys)记录了自己对这种奇怪的土耳其饮料的观察结果;他发现咖啡“黑得像煤灰,喝起来和煤灰也没什么两样”。对比达尔夫和桑德斯而言,咖啡是一种陌生饮品,味道也并不诱人。咖啡同巧克力和茶一样,都是苦的,而且要趁热喝。这些饮料与麦芽酒、啤酒,甚或来自欧陆的葡萄酒完全不同,因为,按照基思·托马斯(Keith Thomas)的说法,后者已经完全被“嵌入”到英国前工业时代的社会生活结构之中了。[1]但就在比达尔夫第一次向他的同胞们介绍这种神秘的土耳其饮料之后不到一个世纪,它也被同样紧密地交织到了英国前工业化的社会生活架构之中。

正如行为心理学家罗伯特·鲍尔斯(Robert Bolles)所观察到的,喝咖啡绝对是一种后天慢慢养成的爱好和品味:

> 咖啡是一种很棒的饮品,拥有奇妙的味道。谁会否认这一点呢?然而事实上,任何一个第一次喝咖啡的人都会反对上述想法。咖啡可以称得上使人
> 天生厌恶的东西之一。它口味苦没特色,第一次饮用味道非常糟糕。可是在 6
> 喝了几千杯之后,你就不能没有它了。咖啡这种饮料,孩子们不喜欢,外行不喜欢,甚至连老鼠都不喜欢:除了那些大量饮用它的人之外,没有人会喜欢。这些人钟爱咖啡,他们会告诉你咖啡的味道很棒。他们喜欢一杯普通的咖啡,也津津有味地享受一杯好咖啡,而一杯上等咖啡会令他们心荡神驰。[2]

亨利·布朗特(Henry Blount)在17世纪50年代也有同样的观察,他指出:“烟草和咖啡是人类的共同爱好,就像葡萄酒和其他那些有害的事物一样,它们没有任何令人愉悦的口味来诱惑我们,使我们放纵味蕾,刚开始吸烟或喝咖啡时,烟草味道恐怖而咖啡平淡无奇,然而,它们被人们广泛地接受,其受欢迎的程度甚至超过了面包。”和

吸食大麻的过程没什么不同，霍华德·贝克尔（Howard Becker）认为，喝咖啡也是一种必须学习并融入日常饮食中的习惯。[3]培养对这些物品的品鉴力，需要一个社会化的习惯过程，在这个过程中，初学者学习领会并享受它们的精神作用和口味。

将咖啡成功地引入英国的饮食风俗绝非轻而易举所取得的胜利。除了最初的陌生感和它的味道以外，还有一些根深蒂固的利益和思想观念使得英国市场接受咖啡消费并非易事。首先，英国人没有理由看好任何陌生的土耳其习俗。在17世纪初，奥斯曼帝国经常被视为反基督教势力的盘踞地，这种对土耳其人的恐惧有时会强大到唤起堂吉诃德式的异想天开，呼吁发动对奥斯曼异教徒的圣战。直到17世纪后期，土耳其人仍会因其军事实力和政治专制制度引起人们的恐慌，即便是那些在黎凡特公司（the Levant Company）与土耳其人共事多年的人们，也会表达同样的担忧与焦虑。保罗·瑞考特（Paul Rycaut）精炼地总结了他对土耳其社会的看法，他说的很简单："暴政是这个民族的必需品。"其次，许多受帕拉切尔苏斯（Paracelsian）①启发的作家们对外来药品和食品均怀有深深的疑虑，他们认为英国本土的产品能够满足人们的消费需求。此外，占据主导地位的17世纪重商主义经济思想强调，过度消费外国商品，特别是非必需的"奢侈品"，会对国民经济造成损害。[4]

那么，咖啡是如何获得了英国人的青睐？仔细审视17世纪英国第一批咖啡消费
7 者赋予这种新奇商品的重要意义之后，我们便不难找到答案了。正因为咖啡是一种新的异域商品，它的接受史是一个值得仔细研究的案例。了解咖啡获得英国消费者青睐的原因，有助于揭示近代早期消费需求的普遍扩张，这一扩张通常被冠以"消费革命"之名。为此，本书在进一步解释英国人接受咖啡的具体原因之前，将首先回顾与评估之前有关消费习惯转变的相关历史叙述及其各自可取之处。

在16世纪到18世纪之间，咖啡和其他类似的"软毒品"（soft drugs）潜移默化地融入了欧洲文化，取得了非凡的成功。人们通常通过四种路径（lines of argument）来解释上述史实，它们是：新古典经济学的利润最大化动机论；社会模拟理论；功能主义阐述以及来自观念或文化冲动的主观动机论。尽管这些观点都各有优劣，但不得不承认的是，正是第一批英国咖啡消费者们所表现出的主观动机，为我们理解他们开始饮用咖啡的原因提供了最佳的途径。

古典经济学一直不关心社会需求结构发生变化的多重因素。这类经济学家无暇洞察消费者的内在，在他们看来，既然一种全新种类的消费需求已成既定事实，那么描绘这种新消费趋势将对经济生活产生的连锁影响才是题中应有之义。至于其他影响

---

① 瑞士医学家（1493年10月14日—1541年9月24日），一生游历欧洲，积极行医，有着丰富的医学实践经验。他反对自希波克拉底和加伦以来的体液病因论，曾当众烧毁加伦的著作，被称为"医学界的路德"。他强调自然治疗的能力，反对错误的医疗方法和无效的药剂。在他去世多年后，他的医学著作以10卷本形式得以出版。尽管其中包含有关炼金术的内容，但更多的是精辟的医学理论。他的著作被认为是连接中世纪医学和近代医学的桥梁，具有不可替代的价值。

消费需求的因素，如“习俗、制度、政治权力和社会化”等，他们则通通视而不见。[5]至于消费者本身，则被假定成相对自由、理性且追求自我利益最大化的人群。对古典经济学家而言，新商品需求的起源实际上不是一个问题，因为这一理论想当然地认为供给创造了需求，消费者的欲望是无限的，只受价格与自身支付能力的限制。

拉尔夫·戴维斯(Ralph Davis)对英国17世纪晚期“商业革命”颇具影响力的研究中，即采用了这一视角。对戴维斯来说，对新奇商品的需求是“由商品突然大幅降低售价所创造出来的……它为中产阶级和穷人带来新的消费习惯。这种需求一旦实现，并不会受随后价格变动的影响，而是持续快速增长”。同样的，简·德弗里斯(Jan de Vries)也注意到17世纪末欧洲西北部实际工资的上涨和进口商品价格的下降为“需求”所创造的“有利条件”，这在很大程度上解释了“烟草、糖、咖啡、可可和茶叶等物品 8
在欧洲进口量的巨大扩张”。[6]然而，这种观点将需求仅仅看作价格的函数，也就是说：如果一种商品的价格足够便宜，消费者就会抢购更多的该商品。

在对近代早期欧洲烟草市场发展的重要研究中，乔丹·古德曼(Jordan Goodman)超越了上述观点。在对烟草最初被接受的描述中，他强调了近代早期欧洲人，特别是在新大陆拓展殖民地的西班牙殖民者们的逐利动机：他们希望找到合适的药用替代品来替代来自东方的昂贵药材。他指出，正是这种寻找进口替代品的最初动机，为将烟草等新药纳入欧洲传统药典提供了至关重要的最初接受力。古德曼的观点非常具有说服力，因为他认识到，如果不先融入欧洲医学范式(European medical paradigms)，烟草就不可能立即成为进口替代品。因而他强调，烟草和类似的外来“软性药品”只有通过他称之为“欧洲化的政治经济”过程才能在欧洲市场上找到销路，通过这一过程，外来药物适应了已有的医学概念，从而被欧洲消费者理解并接受。[7]在他对“商品本土化”这一互补过程的关注中，古德曼超越了新古典主义的假设，即认为需求是对由价格调节所产生的供给变化的自然反应，同时，他尝试解释为什么近代早期消费者们本应接受那些前所未知的或是来自异域的商品，事实上却没有接受它们的诸种原因。

托尔斯泰因·凡布伦(Thorstein Veblen)和乔治·西梅尔(Georg Simmel)率先提出了社会模仿理论，或称“涓滴效应”，与新古典主义范式相承，他们同样认为，尽管潮流时尚变幻莫测，大众消费无从捉摸，但在这种一目了然的表象背后，依然隐藏着理性且稳定的消费动机。[8]这一理论最有力的洞见在于，它将消费者偏好整合进了社会权力的行使与博弈之中。在这种观点中，品味被视为社会地位的象征与标志，时尚变革的步伐则由社会精英们主导，而那些野心勃勃的底层人士从未停止效仿的步伐。因此，为防止被普罗大众全盘效仿，精英们必须不断地变换消费风格。

很多历史学家对此种模仿论深信不疑，并断言类似咖啡这样的异国热饮一开始进入的是上流社会的门庭，尔后大众模仿精英的企图则刺激和推动了咖啡消费。早在

17 世纪末,法国医生丹尼尔·邓肯(Daniel Duncan)就提出了这种论调。然而,这些解释同新古典经济学一样,没有触及精英阶层为何乐于接纳某种特定商品,而非其他商
9 品的原因。要说"咖啡和茶最早吸引人的原因,在于新奇可贵、富于异域情调,因而是一种时髦玩意儿"实在是有些勉强,因为这不能回答为何偏偏是它们,而非槟榔和大麻受到上流社会的青睐,要知道以上这些几乎都是在同一时期引入欧洲的。[9]

解决这一难题的一种常用方法是在给定的社会秩序或社会阶层与其特有的消费习惯之间假定某种功能上的"契合"。这些观点关注消费偏好如何强化既定的社会秩序或社会身份。这些论点的有力之处在于,它们侧重于研究消费品的具体用途,以及消费品用途所具有的文化意涵。

例如,一些研究者将新兴异域产品的吸引力与宫廷社会在奢侈物品上花费大量金钱,并以此来炫耀其社会地位的需求联系在一起。这一观点在沃纳·索巴特(Werner Sombart)那里得到了最有力地表达,与罗伯特·埃利亚斯(Norbert Elias)所强调的宫廷社会中"社交展示、精心的礼仪和艺术消费"的重要性完全一致。皮耶罗·坎波雷西(Piero Camporesi)对 17 世纪和 18 世纪后期意大利精英阶层烹饪偏好的研究,为这一主题提供了另一种变体。他认为:启蒙文化伴随着一种"新品味、新诗学和新风格",巴洛克式的"夸张和堆砌的诗学",在饮食方面被举止优雅、头脑清醒、理性平衡和讲求务实的"好品味"所取代。富于异域风情的热饮非常适合这种新的、具备"启蒙"意韵的饮食方式("enlightened" diet)。[10]

相对而言,伍德拉夫·D.史密斯(Woodruff. D. Smith)则认为,咖啡和茶之所以能够取得成功,是因为它们超越了原来所在的精英阶层的消费者,并最终被打造成"代表资产阶级体面与尊贵身份的核心物质特征,这意味着一种新的文化模式冉冉升起",这种文化敞开怀抱拥抱那些"有益健康和清醒、促进温和与理性"的异域饮料。[11]特别是咖啡众所周知的清醒头脑的作用,使许多观察家将刺激性饮料的兴起与随之而来的"资产阶级"(bourgeois)或"资本主义"(capitalist)伦理的兴起联系起来。[12]彼得·史泰利布拉斯(Peter Stallybrass)和阿伦·怀特(Allon White)也许最明确地表达了这一观点,他们声称,在漫长的资本主义斗争中,咖啡充当了一种新型的、出其不意的用来规训劳动力的手段。西德尼·明茨(Sidney Mintz)所做的对英国消费习惯的卓越研究中,对糖从精英阶层的奢侈品到无处不在的主食的角色变化,同样提出了一个深刻的功能主义观点,即工业资本主义既需要不断增长的消费需求,也需要一支其饮食习性与工厂劳动常规相适应的劳动力大军。[13]

10 这种功能主义论点的主要缺陷是:一个特定文化或社会阶层的所谓"需求"往往是被假定的,而非实际上被证实或经过充分解释的。并且,大量的功能主义理论无非在重复一个观点,即咖啡受到了广泛的青睐,既合乎宫廷精英又合乎资产阶级的口味,但这就引出了一个新的问题,即如何解释咖啡、茶和类似的新商品在不同情境中被不同

消费者所接纳的各种路径。本书希望在最后来探讨这一问题：到那时再严肃地看待消费者的主观消费动机所产生的影响。

对于消费文化研究，最具说服力的研究方法来自科林・坎贝尔（Colin Campbell），他曾表示："所有的历史解释都应合乎一个原则，即高度重视个体行为背后所蕴含的主观动机与意图"。[14]坎贝尔研究了"现代消费主义精神"，发现它最早起源于 18 世纪的"浪漫主义伦理"，这种伦理正当化了对新奇事物的消费欲望，将其视为个体探索内在的一种行为模式。然而事实上，它是一种独特的现代享乐主义模式，即"消费的基本活动不是对产品的实际选择、购买或使用，而是产品形象所赋予人们想象中的愉悦与享受"。这种观点自觉地偏离了韦伯对新教禁欲主义和资本积累的重视，同时也保留了韦伯式的方法论，在这种方法论中，理想典型"伦理"的指导原则为社会行动提供了根本动力。[15]

坎贝尔的论述比这里所描述的要更加雄心勃勃，但论证的方式是相似的。和坎贝尔一样，我对寻找消费者需求的思想根源也有着同样的兴趣，我同样表明最初对咖啡等新奇商品的渴望来自一种特定的文化伦理，或称之为一种"理想型人格"。在此前提下，我将注意力集中在一种完全不同的文化前卫群体上，即 17 世纪英国鉴赏家群体以及他们的"伦理规则与行为标准"。

鉴赏家群体究竟是些什么人？该词源于意大利语，指的是产生于 16 世纪中叶在
意大利出现的那些对艺术和古董感兴趣的人。该词于 17 世纪初传入英国，并首次出 11
现在一本有关绅士礼节的手册中，该书名为《完美的绅士》（*The Compleat Gentleman*，1634），作者是亨利・皮查姆（Henry Peacham）。[16]彼时，那些选择认同意大利"鉴赏家群体"的英国士绅，正试图将自己与世界精英文化相连接，这种文化兴趣深深地植根于古典主义与意大利文艺复兴时期的知识之中。对古典历史的兴趣很快地扩展开来，进而包括了更多的调查与研究对象。最重要的是，这些英国鉴赏家们有着自身独特的情感、行事方式、习惯和智识偏好，他们将这些统称为"好奇心"，一种对周围广阔世界无限的好奇。这种好奇心"是一种充满憧憬的心态，包括对生活各个领域中那些罕见的、新奇的、令人惊异的和优秀杰出的事物的迷恋之情"，同时也是一个自称为"世界精英"的领地。[17]根据沃尔特・霍顿（Walter Houghton）对艺术敏感性的开创性研究，从艺术作品到自然奇观与机械发明，鉴赏家群体对一切新奇和独创的事物都有着"永不满足的欲望"。因此，对新奇与怪诞之物的欣赏构成了一种独特的审美趣味，它自身的话语、社交准则与个人行为规范明确地界定了这一国际社会的成员。鉴赏家群体认为，知识上的好奇心和对艺术与自然珍品的欣赏是"一种绝对意义上的美德，一位有教养的绅士所应必备的基本素质"。[18]定义鉴赏家群体文化的主要活动是从世界各地收集珍品，并发展出有关它们的知识体系。正如我们将看到的，咖啡正是吸引英国鉴赏家群体好奇心的新鲜事物之一。

这种鉴赏家文化(Virtuoso culture)形成于英国社会精英的边缘。这在很大程度上要归功于文艺复兴时期宫廷所特有的世界主义理想和严格的文明礼仪规范,但英国的鉴赏家们与他们在欧洲大陆的同好不同,他们不是廷臣。英国鉴赏家群体的两位元老级的人物分别是托马斯·霍华德(Thomas Howard),阿伦德尔的第十四位伯爵,斯多葛式的品味和宗教倾向使得他与早期斯图亚特王室疏离;弗朗西斯·培根(Francis Bacon),詹姆斯一世时期雄心勃勃的廷臣,因1621年下议院的弹劾而使职业生涯受阻。培根倒台后,为追求新知识的进步,他的旅伴们开始逃避到白厅政府机构中寻求政治上的慰藉。到了17世纪后期,成为英国鉴赏家群体,聚集在皇家学会周围展开社交和精神生活,他们以皇家宪章为荣,但并不将自身视为廷臣,而是一个独立的,以捍卫并追求真理为目标的共同体。[19]

与宫廷中的情形一样,大学也是如此。学识渊博但远离迂腐和学究气是鉴赏家群体的特征。人们认为,一个鉴赏家理想的受教育方式应该是在学会或是通过私人教师
12 完成,而不是局限于大学课堂上所教授的那些科目中。约翰·伊夫林(John Evelyn)发现"大学要想摆脱迂腐的学究气是不可能的,因为那里缺少更具包容性的演讲和更加文雅的交谈方式"。[20]由于学识渊博与兴趣广泛被"鉴赏家"们倍加珍视,因此,他们倾向于更加看重知识的数量而非质量。这就意味着一个鉴赏家经常会因涉猎浅薄而招致批评。在一系列持续不断的讽刺与攻击中,托马斯·沙德韦尔(Thomas Shadwell)的戏剧《鉴赏家》(*The Virtuoso*,1676)是最受欢迎的一部,它讽刺鉴赏家群体追求轻浮而缺乏实际用途的事物,诸如收集新奇物品和进行科学实验。[21]内科医生兼辩论家亨利·斯图布(Henry Stubbe)则嘲笑刚刚起步的皇家学会,认为他们所从事的有关国外的调查和猜测幼稚可笑且不切实际,称他们是"对外国文化缺乏经验的新投机者"。[22]在整个奥古斯都时代(the Augustan era),鉴赏家群体所推崇的精湛的技艺仍然是许多笑话嘲笑的对象,尤其是当他们卷入了古代与现代的高雅文化之争时。古老文明的倡导者们首先看重的是美与修辞的"古典"标准。而"现代"贤人更喜欢运用他们不那么优雅却更加细致全面的学识来努力建立真正意义上的知识。争论的焦点不仅是什么是文学和科学上可以接受的品味与标准,还有整个绅士文化的价值观念。约翰·伍德沃德博士(Dr. John Woodward)是一位真诚且充满挑战性的修辞学家,同时也是一位鉴赏家,但是在这样的争论中,他的讽刺与修辞技巧根本无法与乔纳森·斯威夫特(Jonathan Swifte)、亚历山大·蒲柏(Alexander Pop)以及与两位同时代的其他随笔作家相媲美。[23]

就连现代学者也和奥古斯都时代的智者们一样,对鉴赏家群体不屑一顾,他们痛惜"培根式的对指导性和实用性的追求,以及对不确定性和浅薄知识的好奇心"共同贬低了鉴赏家群体对严谨知识和技艺的学习。因此,霍顿(Houghton)得出结论说,鉴赏家群体这种艺术情感追求背后的最终目的并非任何真正意义上的知识进步,而仅仅是

为了提高绅士阶层的社会声誉，小罗伯特·弗兰克(Robert Frank, Jr.)将牛津的鉴赏家群体定义为"很少自己从事具有原创性的科学工作，却热衷于参与和追随更有天赋的同道们所组织的活动的那些人"。弗兰克的贤人(Frank's virtuosi)不是真正的科学家，只是旅伴而已。史蒂文·夏平(Steven Shapin)则对这个问题提出了完全不同的观点，他令人信服地指出，绅士的行为准则和社交方式非但没有以任何方式反对获取"真正意义上的"科学知识，反而为这项工作的成就和可信度提供了必要的基础。[24]然而，在这场争论中，人们常常忽略了这样一种方式：一个人在追求科学的努力中所积累的威望，本身就能够成为一种手段，通过它，人们可以宣称自己的绅士身份。例如，对塞缪尔·佩皮斯(Steven Shapin)来说，对艺术的好奇心和求知欲(virtuosic curiosity)可能会为绅士社交提供入场券而非仅仅是这些社交礼仪的最终产物。

毕竟，只有通过事后领悟，我们才可以将不够严肃的业余爱好者与知识进步的坚 13
定拥护者区分开：所有的鉴赏家们都宣称有这样的决心，而培根学派的经验研究就其本质而言是漫无目的且不着边际的。然而，正如洛林·达斯顿(Lorraine Daston)所说，它确实确立了一个重要的"真实性理想"，其中每个提供证据的数据本身都可以被视为一个完全"脱离了理论"的"经验碎块"。正是这种理想"印证了科学革命达到顶峰时出现的极具特色的新的科学研究方法"。[25]因此，对鉴赏家文化细节的关注无疑来自科学史家行列。[26]

经济史学家同样颇有助益地探索了英国鉴赏家群体的精神世界。因为，除了效忠于知识改革事业，鉴赏家们还始终坚持奋斗目标的实用性和功利性。埃利亚斯·阿什莫尔(Elias Ashmole)说，他把自己著名的珍奇藏品赠与牛津大学，"因为自然知识对人类的生活、健康和便利性均非常必要……为实现这一目的，必须获悉并审视有关事物的详情与细节，尤其是那些不同寻常之物，或是对医学、制造业或从事贸易有助益的细节。同样的，对那些认为皇家学会和新科学纯粹是无聊追求和浪费时间的人，约翰·伊夫林(John Evelyn)说："虽然自然界本身没有任何意图，但它所创造任何事物并非徒劳无益。"[27]那些从事科学研究的鉴赏家们有责任去探索自然界各种"细节"背后的目的和用途，诸如此类的探索与发现无疑会带来国民经济实质性的稳步增长。

这些的确是查尔斯·韦伯斯特(Charles Webster)的重要著作《伟大复兴》(*The Great Instauration*, 1975)的主题。尽管他将新培根主义科学家们对实用与功利的追求归因于他们所谓的清教主义观念，而不是他们的高超精湛的技艺(virtuosity)。韦伯斯特发现，很难认真地对待这些鉴赏家们，他试图明确地将"正统鉴赏家们""来自传统动机的利己主义和绅士般的好奇心"与他那清教培根主义者所信奉的人道主义乌托邦区分开来，但具有讽刺意味的是，后一种观点复制了当时人们对鉴赏家群体的批评，称他们不过是"不求甚解的绅士"。然而，韦伯斯特的研究，特别是他对哈特利卜圈(Hartlib circle)相关计划与理想的描述，为近代早期经济文化史提供了重要的见

解。[28]这些新科学的支持者们对他们研究的经济意义极为感兴趣，他们呼吁更多地开
14 发他们所认为的“地球上的自然财富”，进行法律改革以帮助本土工业的发展，以及发展更为集中的收集和分发经济信息的手段，尤其是通过设立“地址办公室”和编撰行业史。[29]这些恰恰是皇家学会创始成员议程中的重中之重。[30]

正是这些鉴赏家们率先激发了英国消费者对咖啡的兴趣。鉴赏家同时也是旅行家，更重要的是，他们中的那些阅读旅行日记和记录异域文化商品的人是最初了解、记载并饮用咖啡的人。此外，即便是在新帕拉切尔苏斯派（neo－Paracelsian）对咖啡的医用价值提出质疑，以及重商主义者担心咖啡过度进口不赞成对其消费时，许多鉴赏家仍旧坚持推广这种新商品的广泛使用。若非在咖啡初露端倪之时鉴赏家文化对它的涵化，喝咖啡可能仅仅是少数英国人偶尔为之的一个土耳其怪习惯。

本书的第一部分中的各个章节详细介绍了对咖啡商业兴趣的逐步发展。故事开始于17世纪咖啡初次被发现，以及该世纪后半叶英国医学界逐渐接受咖啡。在第二章，我们将咖啡作为一种富于异域风情并且能够改善情绪的物质，观察在近代早期英国医疗市场上，人们是如何特别积极地接受它。在进入英国市场的过程中，许多异域药品均以失败告终，咖啡却取得了成功。直到17世纪中叶，酒精仍支配着英国人的饮用习惯，由于咖啡最初被鉴赏家群体所认可，它成为酒精的清醒替代品，为自己赢得了宝贵的声誉。从鉴赏家群体的好奇心到一种有价值的国际商品，咖啡之旅随着英国海外贸易对它的接受而结束。在黎凡特和印度洋地区的英国商人并没有到国外去寻找迄今未知的新商品潜在利润。鉴于这个原因，他们迟迟没有意识到咖啡可能是他们贸易中一种有价值的附加产品。本书第三章研究咖啡是如何逐渐渗透到近代早期英国贸易界重商主义思维之中的。

通过追溯英国近代早期各色人等接受咖啡的复杂性，我们可以更好地了解这一时期经济文化的本质特征。经济活动与其他社会关系从来就未曾分离过，而研究近代早期经济的历史学家们已经认识到，在一个没有足够的货币种类来调节近代早期市场所需的所有商品和服务交换的世界里，信用、荣誉和诚信等非货币价值观念是何等重要。[31]我们永远不会仅仅通过经济计量分析来理解咖啡的成功。如果仅仅是因为海
15 外商人发展了海外购买力将咖啡带回英国，并以可接受的价格向人们出售，那么咖啡将无法自动地在英国经济中找到一席之地。必须创造出这样的商品市场，必须刺激消费者对商品的需求。咖啡之所以成为理想的商品，正是因为它成功地适应了英国市场不同群体的各种需求。

**注释**

[1] Biddulph, “Part of a Letter of Master William Biddulph from Aleppo,” 8:266.约翰·史密斯很可能在比达尔夫之前就注意到了君士坦丁堡喝咖啡的现象，参见 Smith, *True Travels*, *Ad-*

*ventures*, *and Observations of Captaine John Smith*, 25, 就像安东尼·谢利爵士(Sir Anthony Sherley)在阿勒颇留意到的一样,参见: Denison Ross, *Sir Anthony Sherley and His Persian Adventure*, 14, 107, 186. 英文出版物中第一次提到咖啡是在1598年翻译的范·林斯霍滕的著作: *Voyage of John Huyghen van Linschoten to the East Indies*, 1:157; Sandys, "Relation of a Journey Begun," in Purchas, *Hakluytus Posthumus*, 8: 146; Thomas, *Religion and the Decline of Magic*, 17.

[2] Mennell,*All Manners of Food*, 2.

[3] Rumsey,*Organon Salutis*, sig. A6r; 对照阅读:Spectator, no. 447 (2 Aug. 1712), 4:70-71; Becker, *Outsiders*, 41-58; Mennell, *All Manners of Food*, 1-19; Sherratt, "Alcohol and Its Alternatives," 16.

[4] Bacon,*Letters and the Life of Francis Bacon*, 6:158; Woodhead, "'The Present Terrour of the World'?"; Pincus, "From Holy Cause to Economic Interest," 281-82; Rycaut, *Present State of the Ottoman Empire*, 3; Webster, *Great Instauration*, 248, 253, 274; Wear, "Early Modern Europe, 1500-1700," 309-10; Berry, *Idea of Luxury*, 102- 11; Appleby, *Economic Thought and Ideology*, 41; De Vries, *Economy of Europe in an Age of Crisis*, 176-82.

[5] Carter and Cullenberg, "Labor Economics and the Historian," 86 (quote), 116-17.

[6] Davis, "English Foreign Trade, 1660-1700," 2:258;另见 Davis, *Commercial Revolution*, 10-11; de Vries, *Economy of Europe in an Age of Crisis*, 187,尽管戴维斯(Davis)还指出,降价本身并不能完全解释这些新需求的产生,可对照阅读:de Vries 的 *Between Purchasing Power and the World of Goods*,115.

[7] Goodman,*Tobacco in History*, 38-39; Goodman, "Excitantia," 133; Goodman, *Tobacco in History*, 40-51.

[8] Veblen,*Theory of the Leisure Class*; 另见:Campbell, *Romantic Ethic and the Spirit of Modern Consumerism*, 17-35, 49-57; McCracken, *Culture and Consumption*, 6-7, 93-103.

[9] McKendrick, "Commercialization of Fashion," 52; Sherratt, "Introduction: Peculiar Substances," 5; Braudel,*Structures of Everyday Life*, 249-60, 特别是第256-258页有关咖啡的部分。Duncan, *Wholesome Advice Against the Abuse of Hot Liquors*, 12-13; Smith, "From Coffeehouse to Parlour," 152. 对这一观点的相关批评,可参阅:Styles, "Product Innovation in Early Modern London."

[10] Sombart,*Luxury and Capitalism*, 99-100; Mennell, *All Manners of Food*, 111; Elias, *Court Society*, esp. 66-77; Camporesi, *Exotic Brew*, 46.

[11] Smith, "From Coffeehouse to Parlour," 151, 152; Smith, "Complications of the Commonplace"; and Smith, *Consumption and the Making of Respectability*.

[12] Schivelbusch, Tastes of Paradise; Sherratt, "Introduction: Peculiar Substances," 3- 4; Albrecht, "Coffee-Drinking as a Symbol of Social Change," 93.

[13] Stallybrass and White,*Politics and Poetics of Transgression*, 97; *Mintz*, *Sweetness and Power*, 183-86.

[14] Campbell, "Understanding Traditional and Modern Patterns of Consumption," 42.

[15] Campbell, Romantic Ethic and the Spirit of Modern Consumerism, 89;对照阅读:"Understanding Traditional and Modern Patterns of Consumption," 52-55. 类似观点参见:Mukerji, From Graven Images, and Schama, Embarrassment of Riches.

[16] Cowan, "An Open Elite"; Peacham, *Compleat Gentleman*, 105.

[17] Whitaker, "Culture of Curiosity," 75; Daston and Park, *Wonders and the Order of Nature*, quote at 218, see also 215-301. 有关鉴赏家群体"好奇心"文化的相关研究,参见:Benedict, *Curiosity*; Daston, "Neugierde als Empfindung und Epistemologie"; and Ginzburg, *Clues, Myths, and the Historical Method*, 60-76, 194-97.

[18] Houghton, "English Virtuoso," 205; compare 191 n. 72; Caudill, "Some Literary Evidence"; Findlen, *Possessing Nature*; Eamon, *Science and the Secrets of Nature*, 314.

[19]有关宫廷文化对欧洲大陆鉴赏家群体所造成的重要影响的相关研究,参见:Eamon, Science and the Secrets of Nature, esp. 222-29 以及 Findlen, Possessing Nature。与其他欧洲科学院相比,英国皇家学会的独特之处可参阅:Biagioli, "Etiquette, Interdependence and Sociability in Seventeenth-Century Science."

[20] Caudill, "Some Literary Evidence," ch. 8; Eamon, *Science and the Secrets of Nature*, 303; BL, Evelyn MS 39a, Out-Letters, no. 153 (4 Feb. 1659). See also: BL, Egerton MS 2231, fol. 172r. 然而,鉴赏家群体对大学的批评不应掩盖大学在支持科学研究和"东方"研究等方面所发挥的重要作用,相关论述参见:Frank, *Harvey and the Oxford Physiologists*; Toomer, *Eastern Wisedome and Learning*.

[21] Levine, Dr. Woodward's Shield, 85-86, 114-29, 238-52; Lloyd, "Shadwell and the Virtuosi."

[22] RSA, EL/S 1/90, fol. 179v.有关斯塔布对皇家学会的不满与愤恨最有力的解释来自:Cook, "Henry Stubbe and the Virtuosi-Physicians," 246-71.

[23] Levine:*Dr. Woodward's Shield*; *Battle of the Books*; and *Between the Ancients and the Moderns*.书中巧妙地阐明了古今之争的文化利害关系。

[24] Hunter, *Science and Society*, 67-68, see also 172; Houghton, "English Virtuoso," 56; compare 211-13; Frank, *Harvey and the Oxford Physiologists*, 44; Shapin, *Social History of Truth*.

[25]韦斯特福尔(Westfall)在 *Science and Religion in Seventeenth-Century England*, 第 10-25 页,特别是第 13-14 页中提供的对鉴赏家群体更富同情心的理解和定义。Daston, "Factual Sensibility," 464, 466, 467; 在 Daston and Park, *Wonders and the Order of Nature*, 215-53 一书中也有详细阐释;另可对照阅读:Hunter, *Science and Society*, 17-18.

[26]一些研究近代早期宫廷和视觉文化的史学家也研究过鉴赏家群体的相关技艺,参见:Smuts, *Court Culture and the Origins of a Royalist Tradition*, 152-54; Pace, "Virtuoso to Connoisseur"; Cowan, "Arenas of Connoisseurship"; and Cowan, "An Open Elite."

[27] MacGregor, "Cabinet of Curiosities in Seventeenth-Century Britain," 152; Daston, "The

Factual Sensibility," 452. BL, Evelyn MS 39a, Out-Letters, no. 382 (18 July 1676).

[28] Webster, *Great Instauration*, 377; compare 218, 426-27; Cook, "Henry Stubbe and the Virtuosi-Physicians," 269. 韦伯斯特就"清教主义"的宽泛解释受到许多学者的强烈批评,参见 Hunter, *Establishing the New Science*, 7-8;对照阅读:Hunter, *Science and Society*, 113. Webster, "Benjamin Worsley," 213-35; 另见:Letwin, *Origins of Scientific Economics*, 131-38; and Pincus, "Neither Machiavellian Moment nor Possessive Individualism."

[29] Webster, *Great Instauration*, 324-483; esp. 355-57, 422-27.

[30] Webster, *Great Instauration*, 97, 99, 420-27, 502; Houghton, "History of Trades"; Hunter, *Science and Society*, ch. 4; Ochs, "Royal Society of London's History of Trades"; Eamon, *Science and the Secrets of Nature*, 342-45.

[31] Muldrew, *Economy of Obligation*; Muldrew, "Hard Food for Midas."

# 16 第一章　逐渐养成的品味

## 发现咖啡:鉴赏家旅行者

在欧洲出版的著作中,法国学者卡洛斯·克卢修斯[1](Carolus Clusius,法语为夏尔·德莱克吕兹 Charles de l'Écluse)在一篇名为《东西印度群岛[2]本土药理学汇编》(*Aromatum et simplicium aliquot medica-mentorum apud Indos nascientum historia*,1575)的医学文献中第一次提及咖啡。有资料显示,可能早在1568年克卢修斯就知晓咖啡的存在,当时,他在帕多瓦(Padua)的朋友,另一位植物学家阿方斯·帕修斯(Alphoncius Pansius)在给他的信中描述了这种陌生新奇的植物,并随信寄来了一些种子样本。克卢修斯就是通过这封信中提供的信息,将咖啡引入了欧洲医学界。在同一时期,德国内科医生莱昂哈德·劳尔夫(Leonhard Rauwolf)出版了游记《东方见闻录》(*Aigentliche Beschreibung der Raiss inn die Morgenlaender*,1583),书中提及他正在意大利的黎凡特(Levant)寻找一种异域植物。这种植物是他在蒙彼利埃大学(the University of Montpellier)就读期间,就在泰奥弗拉斯托斯(Theophrastus)、老普林尼(Pliny the Elder)和伽林(Galen)的著作中读到过的。在游记的序言中,他写道:"余自孩提时,盼游历于四方,求教于名士,以广博见闻,丰富学识。"后来,当他在文献
17 中读到相关内容时,这一欲望就直接指向了黎凡特。他写道:"听闻希腊、条支(叙利

---

① 卡罗卢斯·克卢修斯(Carolus Clusius)(又名夏尔·德莱克吕兹 Charles de l'Écluse)(1526年2月19日阿拉斯—1609年4月4日莱顿),植物学家。曾担任维也纳哈布斯堡家族的御医,也是植物学的权威。被招至莱顿大学(Universiteit Leiden)任职后,在校内设置莱顿植物园,并全力栽培和研究当时西欧所没有的郁金香。因此在西欧被称为郁金香之父。

② 东印度群岛(亦称香料群岛)是公元15世纪前后欧洲国家对东南亚盛产香料的岛屿的泛称。它说明了当时欧洲人对东方香料的渴求,也是导致大航海时代(地理大发现)的一个直接原因。西印度群岛位于南美洲北面,为大西洋及其属海加勒比海与墨西哥湾之间的一大片岛屿,其中最大的岛屿是牙买加岛和古巴岛。把这些岛群冠以"西印度"名称,实际上是来自哥伦布的错误观念。1492年意大利航海家哥伦布奉命携带西班牙国王致"中国大汗"国书首航,横渡大西洋,于10月12日登上巴哈马群岛东侧的圣萨尔瓦多岛,他误认为该岛是东方印度附近的岛屿,并且把这里的居民称作印第安人。后因该群岛位于西半球,故称西印度群岛,沿用至今。

亚)和大食(阿拉伯)等异邦殊方,有若干药性极强之植物,余盼赴其故土,寻察其天然之长成,亦得察异邦日常、言辞、风习、礼制与宗教诸事。"[1]劳尔夫的姐夫梅尔基奥·曼里齐(Melchior Manlich)是奥格斯堡(Augsburg)远近闻名的商人,在黎凡特有生意,是他赞助劳尔夫去黎凡特游历,希望这个内弟可以带着东方的"毒品和原料,以及一些有利可图的东西"回来。[2]劳尔夫游历黎凡特之后,写就了一部当时广为人知的游记《有用的叙述》《*Aigentliche Beschreibung*》。他在此书中声明,书中只有"余之所闻、所知、所历与所感"。当年,伽林在游记中描写朝圣时用过的修辞手法,影响了劳尔夫的写作风格。比如"有彼铃医,行道靡靡",这是《好奇心》(意大利语为 *curiosi*)一书中常见的叠句。劳尔夫自称有漫游癖,酷爱旅行,他不仅熟悉古代典籍中记载的异国本草学,还急于用自身经历去核实这些文献的正误;劳尔夫还和海外商帮有着密切的联系。凡此种种,都是他作为一名英国鉴赏家所具有的鲜明特征。

劳尔夫的著作被英国鉴赏家群体所熟知。虽然此书直到 1693 年才有了英译本,且唯一的印刷版本仅见于格雷沙姆学院的阿伦德尔图书馆(the Arundelian Library at Gresham College),但早在这之前,就已有各种手抄版本在坊间流传,被英国植物学家们奉为权威。当时许多英国皇家学会的成员都想借阅克累沙姆学院的藏本。其中,丹尼尔·考科斯博士(Dr. Daniel Cox)曾借阅此书近两年未还,引起了同僚们的强烈不满。[4]

在这本书中,英国皇家学会的学者们第一次读到了一个欧洲人对"喝咖啡"和奥斯曼文化中相关社会仪式的描述。劳尔夫在书中写道,土耳其人"喝一种叫做'咖啡'(*chaube*)的健康饮品,其色如墨,对疗愈疾病,尤其是胃病很有帮助"。很快,劳尔夫对咖啡的描述在几乎每位 17 世纪初游历奥斯曼帝国、波斯帝国和莫卧儿帝国的欧洲鉴赏家旅行者的游记中得到证实。[5]欧洲人对咖啡的了解多来自这些游记,游记中描绘了亚洲"东方诸国"的风土人情。这些关于咖啡及其消费社会仪式的早期叙述,让咖啡对于当时的欧洲人而言,既陌生又熟悉。当他们对饮用一碗热腾腾黑汤表示惊讶时,游记作家们已然不可避免地将咖啡消费和他们更加熟悉的欧洲酒文化进行比较了,特别是小酒馆和啤酒屋中以饮酒为中心的相关仪式。

游记中最常见的描述是咖啡苦涩和令人不悦的味道。亚当·奥利乌斯(Adam
Olearius)这样写道:"那是一种黑色的饮料,波斯人称之为卡瓦(*cahwa*),由产自埃及的果 18
实制成,其颜色与普通小麦无异,味同土耳其小麦,大小如豆子,用它做成的饮料,有股焦皮味,令人难以下咽。"乔治·曼沃林(George Manwaring)认为咖啡"既难喝,又难闻",但他承认咖啡"非常有益健康"。类似描述在托马斯·赫伯特(Thomas Herbert)和詹姆斯·豪厄尔(James Howell)的书中都有记载。[6]因为旅行家们没能习惯咖啡香郁浓烈的口味,所以他们更强调饮用咖啡对身体的益处,并将此视为喝咖啡的主要原因。威廉·利思戈(William Lithgow)认为咖啡"能很好地去除生肉的腥膻"。威廉·芬奇(William Finch)则相信咖啡"有益于大脑和胃"。赫伯特说,波斯人曾经告诉他"咖啡能抚慰忧郁,平复盛怒，并令人心情愉悦”。再比如，威廉·帕里（William Parry）认为喝咖啡“像喝麦斯格林酒，一种源于威尔士的蜂蜜酒，具有药用价值，一样令大脑兴奋”。[7]

实际上，最常见的是将咖啡与欧洲的酒相比较。亚洲的咖啡馆有时被比作欧洲的酒馆或者英国的啤酒屋。比如塞缪尔·哈特利伯（Samuel Hartlib）就将英国最早的咖啡馆称作“土耳其酒馆”。[8]而在当时的游记中，常常将咖啡与其他那些广为人知的产自海外并作用于精神的异域毒品相比较。赫伯特（Herbert）在旅行时注意到，波斯人在喝咖时还“抽水烟”，就如同他们吸食鸦片一样。大量证据表明，当时光顾土耳其咖啡馆的人确实普遍吸食鸦片。乔治·桑迪斯（George Sandys）认为，土耳其人之所以抽鸦片，是因为他们“头脑发昏、胡思乱想”，“抑或他们和我们一样钟爱烟草”。伴随着这些令人神醉的猜想，游记作家们还注意到，咖啡馆在亚洲就好似秦楼楚馆，土耳其的“咖啡馆老板”豢养“多个诱引顾客、招徕生意的美少年”，波斯咖啡馆也有年轻俊美的男孩，“有多有少，有的咖啡馆甚至有数十个，他们衣着光鲜，被称为‘巴达什’（Bardashes，男同性恋），老板们用粗鄙的方式使唤他们，用来替代女招待”。[9]

这些奇闻异事强化了欧洲人对东方世界的传统观念，这些观念来自为他们所熟知的古罗马文献，其中描绘了那些源自亚洲的腐败、罪恶以及东方社会的奢侈、柔弱和腐化本质。这些观念也迎合了欧洲人头脑中根深蒂固的印象：酒馆是不良社交场所，也是罪恶的根源。两者之间的联系非常明显，以至于罗伯特·波顿（Robert Burton）断
19 言：“土耳其咖啡馆就像我们的酒馆一样……人们终日辛勤劳作，只为夜里在那里一醉方休。”[10]在欧洲传统的观念中，咖啡及其饮用方式简直匪夷所思，然而，尽管如此，人们最终发现它与饮酒非常相似。

记述这种陌生的亚洲人饮用咖啡的习俗，其背后的目的是什么？难道仅仅是用异域的充满邪恶与怪诞荒谬的故事来吸引读者，亦或出于其他的目的，譬如教育？中世纪的异域游记中充满了有关异国事物的神奇传说以及对东方富饶财富的描述。近代早期的异域游记与此不同，它同样不遵循典型的英国鉴赏家纪行文学主题。鉴赏家游记以潜在的鉴赏家旅行者为读者，旨在为他们宏大的旅行计划提供名副其实的旅游指南，因此，它们主要关注那些更容易抵达的旅游目的地，如法国、意大利和欧洲其他一些国家。但是，世界上并不存在所谓伟大的东方游学之旅（an oriental grand tour）①——托马斯·布朗（Thomas Browne）深以为然，他对儿子说：“相信我，去波兰、匈牙利或土耳其旅行并不会令一位学者受益良多或是声名鹊起。”[11]因此，近代早期的异域游记关注的不是概述异邦的社交礼仪规范，而是力图证明其内容对提升个人学识和促进国家利益大有裨益。

17世纪的英国旅行家亨利·布朗特宣称，他远赴土耳其是为了深入了解“人类的事务”。而“只有通过观察那些与我们制度迥然相异的群体时，人类的事务方能得以最

① grand tour，游学旅行，旧时英美富家子弟将在欧洲大陆主要城市的观光旅行作为其教育的一个组成部分。

好的推进；那些符合我们认知或已为我们所熟悉的风俗习惯，只不过是重复过往的观察，对我们获取新知助益颇微”。他想亲自探究“土耳其人的生活方式究竟是英国人所理解的粗鄙蛮横，或更确切地说，是一种不同于英国人的，却同样装腔作势的文明形式”。在享受了土耳其人的热情款待，其中包括对喝咖啡习惯的介绍之后，布朗特的结论更倾向于后者。因此，当布朗特返回英国之后，他成为最早在英国提倡喝咖啡的人之一，也是英国第一家咖啡馆的常客。事实上，约翰·奥布里(John Aubrey)就曾这样描述布朗特：“除了水和咖啡，其他东西他一概不喝。”[12]

然而，有些旅行家却能够在跋山涉水中找到更崇高的目标。文艺复兴时期的旅行家托马斯·科里亚特(Thomas Coryate)翻译了赫曼努斯·基什内尔(Hermanus Kirchnerus)赞美旅行的精彩演说，其中就援引神圣的天意：

> 上帝用他神圣的意旨与天意主宰宇宙，并审慎地将宇宙以令人赞叹的多 20
> 样性和条理性区分开来，他使一些国家物产丰饶，也使不同的国家，虽地域相似，却物产迥异。比如，与其他国家相比，阿拉伯盛产乳香和香料，一国盛产琼浆佳酿，一国盛产玉米谷粒，而另一国盛产他物……凡此种种，不一而足。同样，那些赋予我们丰富人性且令人赞叹的智慧，艺术、科学和其他学科门类也并不拘于一隅，而是星飞云散般地遍布在世界的各个角落。如果我们想要分享上帝伟大的馈赠，获取他赐予的财富和喜悦，并渴求用智慧充实头脑，那我们就必须踏上征程，来到充满芬芳神迹、闻名遐迩的远方。[13]这个观点颇具争议。因为，我们同样能用上帝的此番旨意来证明各国自己的物产就能够满足本国的需求。但是，基什内尔为学习世界各国知识和开展国际贸易所做的辩护，给那些鉴赏家与商人们提供了充足的理由，让他们扬帆起航远赴重洋，去寻找那些琳琅满目的天然物与人造物。

在那个时期，英国政治家约翰·戴维斯(John Davies)负责为俄国在英格兰开设的贸易公司翻译奥利乌斯的书。他的这一重要贡献，唤醒了英国人的迫切愿望，他们渴望了解异域文化和商品，并从中渔利。“在这个王国中，尤其是在伦敦，勤劳的百姓们开始风流云散，将贸易开展到世界的各个角落”。[14]在当时写下这些游记的作家们看来，他们的原始民族志所记载的异域风情，既能激发人们的“好奇心”，又颇具实用价值，甚至可能对实现国民财富的增长大有助益。

## 领略异域风情 & 推进学术

了解外国文化，尤其是富有异域情调的文化是鉴赏家文化的核心。来自海外的稀世珍品,特别是那些来自美洲或东印度群岛的珍品,对于任何真正意义上的鉴赏家而言都是阁中必备之物,此外,异域风情和异域商品也是他们私下交谈或书信往来的主题。一种愤世嫉俗的、形式主义的理解很可能着重强调,对异国情调的迷恋,对异域珍品以及相关知识的亲近,仅仅是鉴赏家阶层的绅士们为了给自己提供充分的机会向同辈炫耀他们渊博的学识以及货真价实的好奇心和求知欲,然而,我们不应忽略这个群体自身所从事的职业,它们从根本上来说均以实用为目的,即:致力于促进知识进步并服务于国家利益。

21 与鉴赏家文化的许多其他方面一样,鉴赏异国文化与商品的兴趣和灵感主要来源于弗朗西斯·培根(Francis Bacon)的著作。[15]贯穿培根一生的是他对待自然史的综合视野,他强调必须认真收集可靠的资料,用来观察有关自然界各种物产及其运作方式。因此,这样一部自然史就需要广泛地了解外来文化中的动植物和商品。最不寻常的数据资料才是最好的,因为"培根主义所尊崇的事实正是那些游离在肤浅的分类体系和规则之外的,离经叛道异乎寻常之物"。在《新亚特兰蒂斯》(*New Atlantis*,1627)中,培根描绘的乌托邦"所罗门宫"(Solomon's House')里就有"药房或出售药品的商店",里面有"各种各样欧洲没有的动植物"。酿酒厂和厨房里也有"若干种用草药、植物根茎或是香料酿造的饮料……其中有些实际功用既像肉类食物又类似饮品",比如巧克力。还有一些食品,人们食用之后可以长时间不用进食。

游记是培根自然史著作的重要资料来源。他穷其所知地搜罗每一种新的异域药物或商品信息,并将它们纳入《木林集》①(*the Sylva Sylvarum*, 1627)和《生死志》②(*the Historia Vitae et Mortis*,1638)这两本百科全书式的著作中。培根认为咖啡、槟榔的根和叶、烟草和鸦片都是"提神醒脑,舒缓精神的药物",就把它们归为一类,尽管"服用的方式各不相同":咖啡和鸦片是供饮用的,烟草是供吸食的,槟榔则是用来咀嚼的。据报道,土耳其人声称,喝咖啡"既没有磨砺他们的勇气也没有增加他们的智慧",这给培根留下了深刻的印象。"显而易见,大量饮用咖啡会扰乱心智",培根总结道,咖啡"具有与鸦片相同的性质"。他注意到希腊人、阿拉伯人和土耳其人都赞成把这种"鸦片"剂用于医疗的目的,而且它们能够"凝聚心神",很可能有助于"延年益寿",因此他认为,在青春期后每年至少服用一次"鸦片"剂是明智的。[17]

培根的追随者似乎也赞同他的看法。1633年,爱德华·乔登(Edward Jorden)发表有关文章,说明天然浴和矿泉水的药用价值,文中援引了培根爵士的权威观点,建议摄入热饮"来维持健康和治愈多种疾病"。约翰·帕金森(John Parkinson)在其传世名作《植物剧院》(*Theatrum Botanicum*,1640)"最后一种伟大的英国草药"一节中,首

① 《木林集》是培根最后一本著作,也是他的自然史著作的代表。为了实现他振兴科学的"伟大复兴"计划,培根亲力亲为,编写了这部综合性自然史,以示范新的自然史、新的科学思想和新的实验方法。

② 又译为《生命与死亡的历史》。

次将咖啡纳入植物学研究。在该书最后部分，专辟一节介绍“稀奇植物”，帕金森加入了词条“土耳其浆果饮料”，即咖啡。在帕金森的这一记录之前，荷兰旅行家扬·哈伊 22
根·范·林斯霍滕(Jan Huygen van Linschoten)记述了他在东印度群岛的所见所闻，劳沃夫(Rauwolf)、威尼斯植物学家普罗斯珀·阿尔皮努斯(Prosper Alpinus)以及帕尔达努斯(Paldanus)对该书英译本发表评论，帕金森的描述即建立在这些评论之上。此外，帕金森还在一本英文著作中设法添加了咖啡这种植物的首张图片。这幅图片很快就在后来许多关于咖啡自然史的书中反复出现(见图 1-1 和图 1-2)。帕金森总结说，咖啡这种饮料“有很多良好的物理特性：空腹饮用一段时间，能够增强肠胃功能，促消化，还可治疗肝脾肿瘤和阻塞”。[18]

**图 1-1　咖啡，“土耳其浆果饮料”(1640)，这是英语文本中第一个有关咖啡的插图。木刻图见植物学家约翰·帕克森(Parkinson)《植物剧场》(*Theatrum Botanicum*, 1640)一书，1623。耶鲁大学拜内克古籍善本图书馆(the Beinecke Rare Book and Manuscript Library, Yale University)供图，书架号 Si8 0185。**

23

**图 1-2　咖啡树和咖啡研磨机(1685),木刻图见菲利普·西尔维斯特·迪佛《咖啡、茶、巧克力之烹煮技巧》一书。(*Manner of Making of Coffee, Tea, and Chocolate*,1685),9;耶鲁大学拜内克古籍善本图书馆供图,书架号 UvL12 C6 685。**

24 威尔士的一名法官沃尔特·拉姆齐(Walter Rumsey),凭其自身资质成为鉴赏家群体中的一员。1657 年,他出版了一本名为《健康》(*Organon Salutis*)的小册子,里面推荐将咖啡制成"膏剂",用作药物。这是一种由蜂蜜和咖啡粉调制而成的浓稠的糊状物,服用后"可催吐,饭前服用可促消化"。拉姆齐意识到他所提倡的这种咖啡服用方法有别于土耳其人那种直接饮用的,但是他认为这是一种"不那么令人讨厌且繁琐"的服药方式。[19]显然,拉姆齐此时还尚未学会品鉴咖啡,只是认为这种蜂蜜咖啡膏可作为温和替代品,来替代药剂师们经常使用的烈性泻药。拉姆齐的这本有关咖啡的书,得到了 17 世纪中叶英国鉴赏家群体的高度认可。在出版时,该书的序言部分附上了著名旅行家亨利·布朗特和詹姆斯·豪厄尔的赞誉,并得到擅长交际的鉴赏家约翰·

奥布里的强烈推荐。有赖于王权空缺期全国性报刊业的繁荣，读者们很有可能会偶尔看到拉姆齐这本书的广告。总之，该书因需求量巨大，仅两年后就得以再版，1667年即重印了第三版。[20]在写给拉姆齐的信中，豪厄尔阐述了他对于咖啡的印象，事实上，早在1632年寄给克利夫(Cliff)爵士的一封私人信件里，他就表达过同样的看法；这次他重申了他对外国人消费习惯的好奇心以及对其谨慎明智的模仿可能带来种种好处："当然，(咖啡)一定是有益健康的，因为那些最为机敏睿智的民族都在大量饮用咖啡；只要与阿拉伯人交谈过，就非常清楚这一点。"豪厄尔还认同乔治·桑迪斯的假设，即第一批喝咖啡的人是古斯巴达人，因为，据普卢塔克的《阿西比亚德斯》(*Alcibiades*)和其他一些经典著作记载，古斯巴达人饮用一种"黑汤"。[21]

在拉姆齐提倡咖啡药用价值的同时，牛津大学的东方学者们也致力于研究这种植
物饮料的特性。1636年，爱德华·波科克(Edward Pococke)被威廉·劳德(William 25
Laud)任命为牛津大学首位阿拉伯语教授，他翻译并出版了达乌德·伊本·奥马尔·安塔基(Dawud ibn Umar Antaki)的阿拉伯语手稿《咖啡的本质》(*The Nature of the Drink Kahui, or Coffe*, 1659)。波科克能完成这一翻译，很可能是得到了牛津大学著名医师威廉·哈维(William Harvey)的授意与鼓励，后者是土耳其文化的狂热崇拜者，并且，据奥布里(Aubrey)所言，"早在咖啡馆风靡伦敦之前，哈维和他的兄弟埃利亚布(Eliab)就已经经常饮用咖啡了"。哈维本人之所以能接触到咖啡，很可能是借其家族在黎凡特和东印度参与贸易往来之便。[22]波科克的译本将咖啡纳入盖伦医学①的体液理论中，书中指出：咖啡的自然属性是热(hot)，第二属性是干(dry)，这表明咖啡同时具备食品和药品的双重特性。事实上，文中声称咖啡"促进血液循环，又是对付天花、麻疹和丘疹的良药，但会引起眩晕性头痛，使人日渐消瘦，夜间偶醒，性欲减退……"[23]由于有波科克这样的东方学者存在，并且盖伦主义医学在阿拉伯国家和欧洲传统中同属正统医学，阿拉伯人的先例才得以被认识和理解，这些都给咖啡迅速融入英国药学提供了条件。

事实上，不列颠群岛上的第一家咖啡馆就坐落在牛津。1650年，一位名叫雅各布(Jacob)的犹太人开了家咖啡馆，取名为"天使"。根据安东尼·伍德(Anthony Wood)的说法，"那些喜欢新奇事物的人"经常光顾，之后它成了许多大学学者最喜欢去的地方。然而，在此之前，咖啡很可能已经私下里在牛津流行了一段时间。因为约翰·伊夫林(John Evelyn)在他的回忆录手稿中写道，大约在1637年，"有一位……从希腊来到牛津大学贝利奥尔学院(学习的)名为纳撒尼尔·科诺皮奥斯(Nathaniel Conopios)

---

① 克劳迪亚斯·盖伦(Claudius Galenus，129—199)，也被称为"帕加玛的盖伦"(Claudius Galenus of Pergamum，帕加玛位于土耳其)，是古罗马时期最著名最有影响的医学大师，他被认为是仅次于希波克拉底(Hippocrates)的第二个医学权威。盖伦是最著名的医生、动物解剖学家和哲学家。他一生专心致力于医疗实践解剖研究，写作和各类学术活动，撰写了超过500部医书，并根据古希腊体液说提出了人格类型的概念，主要作品有《气质》《本能》《关于自然科学的三篇论文》。

的人……是我见到的第一个喝咖啡的人，而当时在英格兰，人们还没听说过咖啡这种东西，直到很多年之后，它才在全国范围内流行开来"。[24]直到17世纪50年代，在人们的认知中，咖啡仍然是一种奇特的饮料，很难获得，并且，它的价值更多地体现在药用治疗而非食用上。

17世纪40至50年代，托马斯·威利斯(Thomas Willis)曾在牛津行医，在那里，他开始认识到咖啡的药用价值。因为亲眼见到咖啡对自己的患者所产生的作用，促使他质疑培根将咖啡归为鸦片的分类法，相反，他认识到咖啡是一种清醒剂而非毒品，他表示，"几乎没有人认识到咖啡在驱逐睡意方面的功效和价值"，并且补充说，他发现咖啡"对唤醒麻醉和昏迷非常有效"。他声称，"针对大脑或神经系统的疾病，我通常开出咖啡作为药物来治愈这些疾病，因此，我更倾向于把我的病人送去咖啡馆而非药店"。[25]

牛津大学拥有独一无二的东方主义学术研究和充满活力的实验科学团体，它为咖啡文化引入英国提供了最肥沃的土壤，但咖啡的发展很快就超出了牛津。1652年，伦敦市第一家咖啡馆开张营业，全英国的鉴赏家们开始热切地研究起这种新饮料的特性。1654年，在《星历表》(*Ephemerides*)一书中，塞缪尔·哈特利伯(Samuel Hartlib)同友人分享了一些有用且有趣的信息，他说：在伦敦旧交易所附近，新开了一家咖啡馆
26 或称为土耳其酒馆……这是一种土耳其饮料，由水、浆果即一种土耳其豆子制成……喝起来有点烫，口感欠佳，但后味不错，令人心旷神怡。哈特利伯从罗伯特·波义耳(Robert Boyle)那里拿到了波科克的译本，便借鉴了他的翻译。由于波科克翻译这份手稿的初衷并非为了供大学以外的读者取阅，因此"只出版了寥寥数本"，哈特利伯主动把手搞分发给那些对这种新饮料感兴趣的鉴赏家，比如剑桥大学的约翰·沃辛顿(John Worthington)。显然，哈特利伯为文学界(the republic of letters)做出了巨大的贡献，因为即便在十多年之后，好奇的人们依然对这一译本有着极大的需求，德国汉堡的医生马丁·沃格尔(Martin Vogel)和牛津大学的数学家约翰·沃利斯(John Wallis)都试图从亨利·奥尔登伯格(Henry Oldenburg)那里索要译本。沃利斯认为这部著作对整个欧洲学术界而言至关重要，于是，着手将波科克的英译本改译成拉丁文译本。[27]

在"哈特利伯圈"(Hartlib Circle)①里，来自赫里福特郡的约翰·比尔先生也许算得上是最富热情的。比尔对植物学和园艺相关的问题都颇感兴趣，也写过一本名为《赫里福特郡果园》(*Herefordshire Orchards*，1657)的小书。他同哈特利伯、约翰·伊夫林、罗伯特·波义耳和皇家学会的其他一些成员均持续地保持通信往来，就一些

---

① 哈特利伯圈(Hartlib Circle)主要指1630年至1660年期间，由伦敦通信员塞缪尔·哈特利布(Samuel Hartlib)和其同伴约翰·杜里(John Dury)在西欧和中欧建立的通信网，成员包括很多旅行家，负责收集各种信息和情报。哈特利布与杜里密切合作，后者是一位致力于将新教徒聚集在一起的流浪巡游人士。

问题交流意见。在给哈特利伯的一封信中，比尔写道，“土耳其咖啡曾是培根爵士极其赞赏的爱物……如今已公开出售”。他认为应该尽快公布制作咖啡、土耳其果子露和“其他各种饮料”的收入，以便“推进您所倡导的经济领域的信息公开”——这很可能是哈特利伯“通信办事处”的计划。比尔认为“相比不加节制地沉迷于一种饮品，最好能让人们拥有多样化的选择”，并且希望“这种多样性……也许是解决酗酒的一种办法，毕竟酗酒之风在这蛮荒之地俯拾皆是”。[28]在他的认知中，拓宽英国人日常饮食的边界是培根探索自然计划的重要组成部分。他告诉威廉·布雷顿(William Brereton)：

> 近来，我的笔下展示了数百种丰盛可口且有益健康的饮料和更多种类的面包和食物(考虑到世界上有很多地方的人都吃面包)，它们由根茎、植物和其他物质制成，营养丰富、口感酥饴，为人们提供身体所需之能量。我这样做秉承了维鲁拉姆斯爵士(即弗朗西斯·培根)之意，同时为人类的解放拓展了“上帝的餐桌”。但是我明白，有些人对这一论断的质疑一定比我的笔杆子快得多。我们看到，吸烟已经成为一种娱乐方式，是维持数百万人和许多新兴
> 国家生计的手段。在这个过程中，我看到了上帝的奥秘神意，天意远征，在世 27
> 界范围内发展知识、拓展贸易并建立共同生活的步调。

后来，由于重商主义者对日益依赖外国进口产品表现出的担忧和焦虑，使得比尔不再那么支持扩大海外新食品及其知识和消费了。[29]

对于比尔来说，解决这一问题的方案在于帝国扩张计划，特别是建立热带种植园，直接向英国的大都会(the English metropole)提供新产品。他对哈特利伯断言，“这些奇珍异品在英国仅仅是一种生活的享受和放纵，但对国外种植园来讲，却是一种救济”。并补充说，“与其从土耳其进口，我倒是希望我们的咖啡供应能够来自自己的种植园，而不是来自土耳其”，因为“我们蒙上帝所赐予的虚荣心和奢侈品，也应该被用来供养我们的异族兄弟”。因此，他极力主张在新英格兰、弗吉尼亚和牙买加的三个种植园里尝试种植咖啡。这一主张呼应了本杰明·沃斯利(Benjamin Worsley)早些时候提出的建议，沃斯利是“哈特利伯圈”的另一位旅行家，也是第一部《航海条例》(Navigation Act)的主要设计者。[30]作为皇家学会的成员，比尔在王政复辟后持续推进这一问题，他敦促调查将产于东印度群岛的植物移植到西印度群岛的可能性，并尝试在英国本土培植新的外来植物。比尔认为，这一重商主义事业的价值对所有人而言都是显而易见的，也许除了那些“考文特花园的勇士们①”，他担心“最大的阻碍……来自这些

① 考文特花园(Covent Garden)，又名科芬园，位于伦敦西区黄金地段。在中古时期原为修道院花园，15世纪时重建为适合绅士居住的高档住宅区，同时造就了伦敦广场，后成为蔬果市场。目前是伦敦中部最时尚的潮流区之一，大英博物馆、皇家歌剧院等各大剧院和皇家芭蕾舞学校均坐落于此。

人的放荡和愚蠢”。[31]因为,对这些时髦人士而言,只有真正的异域风情和异国情调才能使他们保持自己时尚的生活方式,这是任何殖民地的替代品都无法满足的。

早期皇家学会是英国鉴赏家群体最为完美的绅士俱乐部,这类项目和调查实际上也是其早期活动的核心内容。第一批成员的首要任务是尽可能多地搜罗有关异域自然界怪诞离奇之物的相关资料。该学会协调商议了一系列问题,然后把它们寄给商人、海员和其他旅居国外的同好。这些调查的重点是归纳整理培根所谓“一般意义上的自然史”所必需的数据,其中“要特别观察各种植物的生产、种植、成长和转化”。[32]这些学者还希望进一步证实他们在游记中读到的描述,以便将真正的奇珍同“那些虚构的没有依据的事物区分开来,并为谨慎的哲学家提供事实真相,从而使他们运用理性进行思考”。正如史蒂文·沙平(Steven Shapin)所说,在一个长途旅行并不容易的时代,旅行故事的可靠性对于研究任何实质性的自然史都是至关重要的。[33]

28 皇家学会的调查对象之一就是咖啡以及其他外来药品和商品。乔纳森·戈达德(Jonathan Goddard)博士(显然是应国王之邀)向学会提交了一篇论文,其中提到了饮用咖啡可能产生的副作用,学会成员后来还就此发生了一些争论。或许是为了解决这一问题,居住在阿勒颇①(Aleppo)的医生哈珀博士(Dr. Harpur)被学会成员问及,就其对土耳其人的观察来看,是否能够证实过量饮用咖啡会导致中风或偏瘫。尽管哈珀显然从未对这一问题做出回应,但黎凡特公司驻士麦那(Smyrna)的一名员工保罗·瑞考特(Paul Rycaut)写信给学会秘书亨利·奥尔登伯格(Henry Oldenburg),对咖啡的药用价值表示怀疑。他指出,“据观察,即便在那些喝最多的人身上,咖啡也没产生什么效果。但由于大多数土耳其人死于胃痛,因此许多医学家将其归因于过度饮用咖啡,因为咖啡在坑洞中烘焙,吸收了大量污浊之气,会引发胃部不适”。[34]

尽管他们几乎无法获得活的标本或种子,皇家学会成员依然认为咖啡树和它的浆果是值得收藏的珍品。阿拉伯咖啡商的垄断行径或多或少地阻碍了这方面知识的进步。坦克瑞德·罗宾逊博士(Dr. Tankred Robinson)抱怨说:“阿拉伯人小心翼翼地破坏了咖啡树果实和种子萌芽的能力……就像摩鹿加群岛的荷兰人对肉豆蔻所做的一样。”尽管如此,有关咖啡的研究仍在向前推进;安东尼·列文虎克(Anton van Leeuwenhoek)开始在显微镜下观察咖啡豆的结构,很快,皇家学会就听到了他关于咖啡豆的特性以及如何制作一杯上等咖啡的演讲。理查德·沃勒(Richard Waller)和汉斯·斯隆(Hans Sloane)展开了更为翔实的研究,进一步充实了列文虎克的报告,这一研究成果就发表在皇家学会的《哲学汇刊》(*Philosophical Transactions*)上。[35]

整个皇家学会中,最狂热的咖啡爱好者当属约翰·霍顿(John Houghton)。他是一名药剂师,同时也经营咖啡和茶叶,还是一名出版商;他最为人所知的身份是作为

---

① 叙利亚的一个城市,靠近土耳其。

《改善畜牧业与贸易集刊》(*Collection for Improvement of Husbandry and Trade*)
(1692—1703)的创始人，这是一份致力于引进新思想的财经周刊。1699 年，霍顿在 29
《哲学汇刊》上发表了《论咖啡》(Discourse of Coffee)一文，介绍了英国早期咖啡贸易史以及咖啡的自然史。此外，霍顿还写了《咖啡的政治用途》(the political uses of coffee)一文，这相当于认可了咖啡贸易给英国所带来的经济利益。他特别关注咖啡再出口贸易的价值以及不断增长的咖啡消费如何促进了若干相关商品的贸易增长，包括“烟草、烟斗、陶器、锡器、报纸、煤炭、蜡烛、糖、茶、巧克力等”。他认识到，这一切全是因为咖啡馆已经发展成为消费咖啡及其相关商品的中心机构。因此，霍顿总结说：“咖啡馆给各色人等提供了社交的场合，它促进了艺术、商业以及其他各种知识的发展”。[36]

有些时候，霍顿似乎过于热衷于鼓吹咖啡消费和其他奢侈品消费的增长所带来的好处。在读完霍顿发表在会刊上的文章之后，约翰·伊夫林(John Evelyn)忿忿不平地回忆起“该篇文章的作者是如何义正词严地联合他和其他一些地位崇高的人，欲一同去说服已故的女王(玛丽)吸食烟草，并希望以女王为榜样，使全英格兰的女性都开始吸烟，以此来大幅度提高公共财政收入”。伊夫林绝无可能赞成这项计划，因为他曾在其他场合哀叹说：“政府财政已然沦落到这种地步，需要烟草和异国饮料作为其收入的最重要来源。”[37]毫无疑问，霍顿和伊夫林都夸大了咖啡消费税对国家财政的重要性，但他们的担忧表明，到 17 世纪末，新的外来消耗品已经与在英国鉴赏家群体头脑中的货币力量联系在了一起。

到了 17 世纪末，鉴赏家群体对异国情调的好奇心不再是闲来无事时的遐想与猜测，而像咖啡这样的商品也不再仅仅是内阁大臣们插科打诨的话题。此时的咖啡馆不再像牛津的雅各布咖啡馆那样，只为满足某些古怪绅士与学者的神秘口味，它们已经成为伦敦生活的中心机构。随着人们对咖啡这种陌生事物日趋熟悉，早期英国人那种以鉴赏家群体为中心的理解咖啡的方式，如今已变得无关紧要了。

毋庸置疑，鉴赏家群体对咖啡和其他异域商品的着迷显而易见。为了了解咖啡、茶和烟草这些前所未见的奇珍异品，游记文学和其他关于异乡类似的描述自然而然地成为我们能够指望参考的一手文献，因为旅行家们确实是第一批目睹这些产品被用于消费的人，人们期望他们就这些事物发表评论。然而，我们已经看到，这些旅行家所做的实际评论是由鉴赏家群体所主导的那套话语惯例和修辞期待所塑造的。那些好奇心只增不减的鉴赏家是这些游记故事的主要读者群，是他们发掘了这些新异事物潜在的医学价值以及更深层意义上的商业价值。

有人也许会疑惑，如果这些鉴赏家对于拓展英国最初的咖啡市场如此重要，那么 30
为什么咖啡在其他国家也能流行起来？在威尼斯，咖啡的消费远比英国早得多，而与英国隔海相望的邻国——法国和荷兰——也几乎在同一时期开发出了小范围的咖啡市场。到1700年时,咖啡在整个中欧地区广为人知。[38]鉴赏家文化也风靡整个欧洲。在将咖啡引入任何一个新环境的过程中,尽管当地的状况可能改变了部分细节,但似乎在每一种情形中,人们之所以注意到这种新饮料都有赖于类似英国鉴赏家群体这样的人发挥至关重要的影响。威尼斯学者普洛斯彼罗·阿尔皮诺(Prospero Alpino)、安特卫普的查尔斯·德·爱克鲁兹(Charles de l'Écluse)、奥格斯堡的莱昂哈德·劳沃夫(Leonhard Rauwolf)以及巴黎的让·德·塞维诺(Jean de Thévenot)都是国际文坛的成员,他们拥有相似的兴趣,遵循相同的社会规范。欧洲大陆的鉴赏家群体也出版有关咖啡的著作,并在新兴的文坛期刊发表评论,包括《学者杂志》①(*Journal des Scavans*)和皮埃尔·贝尔(Pierre Bayle)的《新共和文学》(*Nouvelles de la République des Lettres*)。[39]这些均表明对咖啡的兴趣绝非英国人专属。

然而,在整个17世纪,没有哪个国家对咖啡的热爱能抵得上英国。也许除了伊斯坦布尔之外,在欧洲其他任何地方,伦敦的咖啡馆都难逢竞争对手。1700年,当阿姆斯特丹还只有32家咖啡馆的时候,伦敦已至少有几百家了。18世纪前往巴黎的英国游客立刻就会意识到那里根本没几家咖啡馆,"而且价格要贵得多"。[40]究其原因或许在于,英国的鉴赏家群体能够以一种独特的方式,将海外贸易的急剧扩张同高度城市化下大都市的发展两者所创造的机遇融为一体,而这是西欧其他任何城市都无法比拟的。[41]在17世纪和18世纪的英国,上流社会的猎奇文化、商业贸易体系与都市公民社会急剧碰撞并相互融合。正是这种种独特的环境结合在一起,才能够使不列颠群岛的人们如此乐于接受咖啡的引进与消费。

## 注释

[1] Reinders and Wijsenbeek, *Koffie in Nederland*, 14-15; Rauwolf, *Collection of Curious Travels and Voyages*, 1:A7v, A8r, A8v. 参照 Rauwolf, *Aigentliche Beschreibung*, sigs. iiir, iiiv, ivr-v. 1485年德语著作《植物标本》(*Herbarius zu Teutsch*)一书,该书作者声称,他所进行的植物学旅行也有类似的动机,参见 *Arber*, *Herbals*, 25。

[2]Rauwolf, *Collection of Curious Travels and Voyages*, 1:a1r; 对照阅读:Rauwolf, *Aigentliche Beschreibung*, sig. ivv; Dannenfeldt, *Leonhard Rauwolf*, 31-32.

[3]Rauwolf, *Collection of Curious Travels and Voyages*, 1:a2r; 对照阅读:Rauwolf, *Aigentliche Beschreibung*, sig. iv [bis]; Findlen, *Possessing Nature*, 159.

[4] Rauwolf, *Collection of Curious Travels and Voyages*, 1:A4r; Parkinson, *Theatrum Botanicum*, 1623; Ray, *Philosophical Letters*, 270-71, 272-73; Birch, *History*, 4:400, 528. 约翰·雷伊(John Ray)对这部作品的翻译在皇家学会《哲学会刊》17, no. 200 (1693), 768-71 中得到赞誉。

---

① 《学者杂志》(*Journal des Scavans*),世界上最早的两份科技学术期刊之一,1665年1月5日由法国议院参事戴·萨罗律师(Denys de Sallo)创办于巴黎。另一份是英国皇家学会创办的《哲学会刊》,1665年3月6日由英国皇家学会秘书亨利·奥尔登伯格(Henry Oldenburg)创办于伦敦。

[5] Rauwolf, *Collection of Curious Travels and Voyages*, 1:92; 对照阅读: Rauwolf, *Aigentliche Beschreibung*, 102. 对旅行文学大量实质性的研究与描述参见: Schynder-von Waldkirch, *Wie Europa den Kaffee entdeckte*.

[6] Olearius, *Voyages and Travels of the Ambassadors*, 322; Denison Ross, *Sir Anthony Sherley and His Persian Adventure*, 186; Herbert, *Relation of Some Yeares Travaile*, 150; Herbert, *Relation of Some Yeares Travaile*, 4th ed., 113; Howell, *New Volume of Letters*, 136; and Howell, *Epistolae Ho-Elianae*, 2:348.

[7] Lithgow, *Most Delectable, and True Discourse*, sig. I3r; Finch in Purchas, *Hakluytus Posthumus*, 4:18; Herbert, *Relation of Some Yeares Travaile*, 150. 另见: Paldanus's editorial addition to Linschoten, *Voyage*, 1:157; Denison Ross, *Sir Anthony Sherley and His Persian Adventure*, 107.

Lithgow, *Most Delectable, and True Discourse*, sig. I3r; Finch in Purchas, *Hakluytus Posthumus*, 4:18; Herbert, *Relation of Some Yeares Travaile*, 150.

[8] Sandys in Purchas, *Hakluytus Posthumus*, 8:146; Biddulph in *Hakluytus Posthumus*, 8:266; Olearius, *Voyages and Travels*, 323, on the Persian "tea houses" or *Tzai Chattai Chane*; Hartlib, *Ephemerides* (4 Aug.-31 Dec. 1654), part 3 in *Hartlib Papers* [CD-ROM], 29/4/29A-B.

[9] Herbert, *Relation of Some Yeares Travaile*, 150-51; 另见: Olearius, *The Voyages and Travels*, 298; Hattox, *Coffee and Coffeehouses*, 110-11, 113-14; Sandys in *Hakluytus Posthumus*, 8:146-47. 参照: Biddulph in *Hakluytus Posthumus*, 8:266. Sandys in *Hakluytus Posthumus*, 8:146; Denison Ross, *Sir Anthony Sherley and His Persian Adventure*, 186-87.

[10] Berry, *Idea of Luxury*, 68-69, 76 n. 11, 84 n. 13; Griffiths, *Youth and Authority*, 188-222; Clark, *English Alehouse*, esp. 145-68; Clark, "Alehouse and the Alternative Society"; Wrightson, "Puritan Reformation of Manners," 69-107; Burton, *Anatomy of Melancholy* (i:2:ii:2), 1:223; 参照: (ii:5:i:5), 2:250-51.

[11] Daston and Park, *Wonders and the Order of Nature*, 21-67; Caudill, "Some Literary Evidence," esp. chs. 2-3; Findlen, *Possessing Nature*, 132-33; Browne, *Works of Sir Thomas Browne*, 1:166. Howell, *Instructions for Forreine Travell* 一书第二版增加了一个新附录,供那些前往土耳其和黎凡特地区旅行的人们参考,Lupton, *Emblems of Rarities* 是一本供鉴赏家群体阅读的古玩指南,里面包含大量有关犹太人、土耳其人和印度人的风俗文化信息。

[12] Blount, *Voyage into the Levant*, sig. A2r-v; 对照阅读: Bacon, *Letters and the Life of Francis Bacon*, 2:10; Coryate, *Coryats Crudities*, sigs. C7r-C8r; Blount, *Voyage into the Levant*, 15, 42; Rumsey, *Organon Salutis*, sigs. A4v-A7v; Rumsey, *Organon Salutis*, 2nd ed. (1659); Aubrey, "*Brief Lives*," 1:108-11; Pepys, *Diary*, 5:274; Bodl. MS Aubrey 6, fol. 102r.

[13] Coryate, *Coryats Crudities*, sigs. B2v-B3r; 对照阅读: Gerarde, *Herball or Generall Historie of Plantes*, 2d ed., sig. 2v; Gardiner, *Triall of Tobacco*, fol. 3r.

[14] Olearius, *The Voyages and Travels*, sig. A2v.

[15]培根对 17 世纪鉴赏家群体的影响在某种程度上与他想要清除科学研究中的肤浅和"人文

主义点缀”的愿望相悖,他对文艺复兴时期的自然史研究不屑一顾,Findlen,“Francis Bacon and the Reform of Natural History,”第 241 页有精彩的描述。

[16] Jones, Ancients and Moderns, 50-61; Daston, “Marvelous Facts and Miraculous Evidence,” 111 (quoted); Bacon, *Francis Bacon*, 483, 798. 培根可能指的是在 de Acosta, Natural and Moral History of the Indies, 245-46 中提到的印第安人对古柯(热带灌木,叶子用于制作可卡因)的使用,或是在他自己选集(Bacon, Works, 14:361-62)History Natural and Experimental of Life and Death (1638)中描述的东印度槟榔。

[17] Bacon, *Sylva Sylvarum*, 738, in *Works*, 4:389-90; Bacon, *History Natural and Experimental of Life and Death*, in *Works*, 14:361-63.

[18] Jorden, *Discourse of Naturall Bathes*, 128-29; Webster, *Great Instauration*, 468; Parkinson, *Theatrum Botanicum*, 1614, 1622-23.

[19] Aubrey, “*Brief Lives*,” 2:206-7; Rumsey, *Organon Salutis*, 5, 19, sig. a4r. 拉姆齐(Rumsey)是通便药物的推崇者。

[20] Bodl. MS Wood F.39, fol. 206r; *Mercurius Politicus*, no. 367 (11-18 June 1657), 7857; Rumsey, *Organon Salutis*, 2nd ed.; Rumsey, *Organon Salutis*, 3rd ed. (1664).

[21] Rumsey, *Organon Salutis* (1657 ed.), sigs. b2r-v; 对照阅读:Howell, *A New Volume of Letters*, 136; Sandys in Purchas, *Hakluytus Posthumus*, 8:146; Burton, *Anatomy of Melancholy* (ii.5.i.5), 2:250; Butler, *Satires and Miscellaneous Poetry and Prose*, 324; *Coffee-Houses Vindicated*, 3; John Evelyn, MS annotation to *Phil. Trans.*, vol. 21, no. 256 (Sept. 1699), 311 in BL shelfmark Eve.a.149; Plutarch, *Alcibiades*, § 23.3. 这些作家很可能对诺思翻译的 Plutarch: *Lives of the Noble Grecians and Romanes*, 288 非常熟悉。

[22] Toomer, *Eastern Wisedome and Learning*; Champion, *Pillars of Priestcraft Shaken*, 106-16. Aubrey, “*Brief Lives*,” 1:299, 301-2. 另见:Houghton, “Discourse of Coffee,” Phil. *Trans.*, vol. 21, no. 256 (1699), 312; compare Ellis, *Penny Universities*, 14-15; Webster, *Great Instauration*, 355.

[23] [Antaki], *Nature of the Drink Kauhi*. 根据 Hattox, *Coffee and Coffeehouses*, 154 n. 12 与第 64-69 页的描述可见,译本中存在多处错误。在波科克(Pococke)的译本之前,人们并不确定咖啡的液体状态是什么样的,因为在现存最早(1652 年)的一批咖啡宣传单中,咖啡被描述成“冷且干”,参见 BL shelfmark C.20.f.2 (372)。

[24] Wood, *Life and Times*, 1:168-69 (quote), 416, 423, 468, 488-89; 2:300, 334, 396, 429. Evelyn, Diary, 1:14 [*bis*]; 对照阅读:Evelyn, *Diary*, 2:18 and n. 4.伊夫林在他的手稿中对《哲学会刊》*Phil. Trans.*, vol. 21, no. 256 (1699), 313 做了类似的注释,参见大英图书馆,书架号:Eve.a.149. 在此谨向道格拉斯·钱伯斯(Douglas Chambers)致以诚挚的谢意,他建议我查看伊夫林个人图书馆手稿的相关注释。

[25] Frank, *Harvey and the Oxford Physiologists*, 28-30, 41; Willis, *Pharmaceuticae Rationalis*, 155; compare Rumsey, Organon Salutis, 1st ed., sigs. b2v-b3r; and Houghton, “A Discourse of Coffee,” 316.

［26］与牛津大学科学相关的研究，参见：Tyacke，"Science and Religion at Oxford Before the Civil War，" esp. 86；以及 Frank，*Harvey and the Oxford Physiologists*；and Webster，*Great Instauration*. Hartlib，*Ephemerides*（4 Aug.-31 Dec. 1654），part 3，MS 29/4/29B in *Hartlib Papers* ［CD-ROM］.

［27］Hartlib MSS 42/4/4A in *Hartlib Papers* ［CD-ROM］；Crossley，ed.，*Dr. John Worthington*，*Diary and Correspondence*，1:127. 两份类似摘录参见：Tulpii，*Descriptio Herbæ Theê*，在哈特利布（Hartlib）MSS 65/11/1A-2B and 49/4/5 中的记载表明哈特利布也传播了有关茶的信息。参见：*Oldenberg*，*Oldenburg Correspondence*，8:331，333，357，358，372，387，430，513，515；安东尼·伍德（Anthony Wood）得到的波科克译本的原件现为 Bodl. Wood 679（2）；参见：Wood，*Life and Times*，1:201 n. 2.有关波科克译本及其接受史的详尽研究，参见：Toomer，*Eastern Wisedome and Learning*，166-67.

［28］Stubbs，"John Beale . . . Part I"；Stubbs，"John Beale . . . Part II"；Mendyk，"*Speculum Britanniae*，" 138-41；and Leslie，"Spiritual Husbandry of John Beale." Hartlib MSS 52/161A-B，*Hartlib Papers* ［CD-ROM］；对照阅读：Beale's recommendation of chocolate：Hartlib MSS 51/34A，*Hartlib Papers* ［CD-ROM］.

［29］Hartlib MSS 51/63B-64A，*Hartlib Papers* ［CD-ROM］；Boyle，*Works*，6:449-52.

［30］Hartlib MSS 51/43B（quoted）；Hartlib MSS 15/2/61A-64B，esp. fols. 61A-B，*Hartlib Papers* ［CD-ROM］；also printed in Webster，*Great Instauration*，539-46，esp. 540-41.韦博斯特大辞典中讨论了这一条例的起因与年代，参见"Benjamin Worsley，" 221-23。有关沃斯利在航海条例制定过程中的作用，参见：Webster，*Great Instauration*，462-65；Brenner，*Merchants and Revolution*，626-28；and Pincus，*Protestantism and Patriotism*，47-49.

［31］有关西印度种植园的相关研究，参见 RSA，JBO 2/79；对照阅读：Birch，*History*，1:424；BL，Evelyn MS，In-Letters 2，no. 113（24 Apr. 1671）. 有关在英国种植的异域植物，参见：RSA，LBO 8/87；RSA，LBO Supp. 1/398-99，比尔的方案与提议得到了包括国王本人的支持，参见：BL，Sloane MS 856，fol. 37v. 类似研究参见：Hartlib MSS，8/22/2A，*Hartlib Papers* ［CD-ROM］. Boyle，*Works*，6:438.

［32］Skinner，"Thomas Hobbes and the Nature of the Early Royal Society，" 238；Hunter，*Science and Society*，34；Sprat，*History of the Royal Society*，156.

［33］Oldenberg，*Oldenburg Correspondence*，3:384-85（quote at 385）. Shapin，*Social History of Truth*，243-47；对照阅读：Caudill，"Some Literary Evidence，" 62-79；McKeon，*Origins of the English Novel*，100-102，114-17；and Iliffe，"Foreign Bodies."

［34］Birch，History，2:9.不幸的是，戈达德关于咖啡的文章似乎没有保存下来，并且在他的讣告中也并未提及，参见：Birch，*History*，3:244-46. RSA，LBO 2/211.哈珀博士的问题用拉丁语表述为"Num usus frequens liquoris *coffee*，unquam causetum apoplexiam，vel paralysin?" 另见：*Phil. Trans.*，vol. 1，no. 20（17 Dec. 1666），360. Oldenberg，Oldenburg *Correspondence*，3:606（quoted）.

［35］Ray，*Correspondence of John Ray*，193；Birch，History，4:540. 对照阅读：Reinders and

Wijsenbeek, *Koffie in Nederland*, 108; RSA, JBO 9/151; RSA, JBO 9/157; Sloane, "Account of a Prodigiously Large Feather . . . and of the Coffee-Shrub," *Phil. Trans.*, *vol*. 18, no. 208 (Feb. 1694), 61-64.

[36] Houghton, "Discourse of Coffee," 317.

[37]伊夫林对 *Phil. Trans.*, vol. 21, no. 256 (1699 年,第 317 页)一文的 MS 注释;参见 BL shelfmark Eve.a.149。对照约翰·比尔对霍顿为奢侈品贸易的辩护所表达的愤慨,参见:Boyle, Works, 6:449-50. Evelyn, *Diary*, 1:14-15 [*bis*].比尔认为造成这种混乱的原因是查理二世的挥霍。

[38]关于威尼斯咖啡文化研究,参见 Horowitz, "The Nocturnal Rituals of Early Modern Jewry," 38-39; 关于法国咖啡文化研究,参见 Leclant, "Coffee and Cafés in Paris," 及 Franklin, *Le Café*, *le Thé*, *et le Chocolat*; 关于荷兰咖啡文化研究,参见 Reinders and Wijsenbeek, *Koffie in Nederland*; 关于欧洲咖啡文化研究,参见 Albrecht, "Coffee-Drinking as a Symbol of Social Change" ;Schneider, "Die neuen Getränke."

[39] Findlen,*Possessing Nature*, ch. 3, esp. 132; 另见 Daston, "Ideal and Reality of the Republic of Letters in the Enlightenment," 367-86; Goldgar, *Impolite Learning*; and Eamon, *Science and the Secrets of Nature*. Iliffe, 其中的"Foreign Bodies",探讨了世界主义理想中的某些问题。*Journal des Sçavans*, vol. 4, [no. 3] (28 Jan. 1675), 33- 35; *Journal des Sçavans*, vol. 13, no. 4 (29 Jan. 1685), 46-49; *Journal des Sçavans*, vol. 24, no. 23 (11 June 1696), 420-22; Bayle, *Oeuvres Diverses*, 1:232-33, 284-86.

[40]土耳其人对咖啡的接受方式与欧洲其他地区不同,参见 Hattox,*Coffee and Coffeehouses*。据该书统计,在 16 世纪的后半期伊斯坦布尔有 600 余家咖啡馆。参见:Reinders and Wijsenbeek, Koffie in Nederland, 41; *View of Paris*, *and Places Adjoining*, 24-25; 对照阅读 *Curious Amusements*, 55。

[41] Wrigley, "Simple Model of London's Importance in Changing English Society and Economy."

# 第二章　咖啡与近代早期医药文化 31

麻醉剂、食物以及药物，是注定改变和干扰人们日常生活的重要因素。

——费尔南·布罗代尔(Fernand Braudel)

如果说是鉴赏家群体最早将咖啡带进英国消费市场的话，那么咖啡并没有在他们的小圈里停留太久，而是很快就被纳入17世纪英国医疗市场，它所具备的流动性和扩散性促进了新的异域文化产品的商业化。药剂师、医生和零售商都在推广咖啡的使用，不过，这当中将咖啡当作保健品消费的人才是最重要的力量。在药品的买方市场，人们对有效药以及与之相关的服务需求量很大，并且这些药品和服务种类繁多，几乎不受监管。因此，声称具有保健效果的新产品，比如咖啡，能够很快被纳入英国医疗保健体系。咖啡作为一种新药物的同时，也作为一种新饮品被推介给英国消费者。尽管它被当作药物来宣传和推广，但它的销售并不局限于医疗机构，咖啡同时成为伦敦城市文化生活中日常社交仪式的一个组成部分，也是17世纪英国药典的新成员。

咖啡兼具药物和新消费体验的双重吸引力，部分原因在于它既有东方药物的神秘 32
色彩，还能摆脱人们对更强大的精神药物的负面联想，诸如“班咯”(bang，一种类似大麻的制品)和鸦片——所有这些均为近代早期英国的医生和鉴赏家群体所熟知，但并不被英国消费者所接受。因此，本章所要解决的核心问题是：为什么咖啡、茶和巧克力等相关热饮成功地开辟了一个广阔且持续增长的消费市场，其他类似的异域产品却举步维艰?[1]虽然鉴赏家群体可能对各色稀奇古怪的药物不加选择地产生了兴趣，但其他英国消费者更为挑剔和谨慎，不那么富于冒险精神。咖啡在17世纪的市场上获得成功，绝不仅仅是靠那些富于激情和热情的鉴赏家的追捧。

咖啡所取得的商业成功源于英国消费者对其独特的甚至是奇特的认知方式。咖啡是一种新型社交饮料，和艾尔酒、啤酒或葡萄酒一样，可以在公共场合饮用，区别是喝咖啡不必担心酒精中毒。此外，咖啡还具备以上酒精饮料所没有的那种异域风情和提振心神的吸引力，不必担心它与非理性和非法性行为之间可怕的联系。而后者，正如我们所看到的，在英国旅行家和鉴赏家群体所介绍的各种异域药物里非常常见。喝咖啡最终被视为一种理智且文明的行为,因此它成为中产阶级和精英阶层共同遵循的"受人尊敬"的行为伦理准则的关键组成部分。[2]上述因素,再加上渗透广泛的英国本土医药市场,就可以解释为什么咖啡能在最初的鉴赏家群体社交圈之外得以成功传播。

## 顽皮的诱惑:对近代早期异域医药的认识

> 欧洲人遭遇不幸时,只能通过阅读先贤塞涅卡的哲学著作来排遣烦恼,亚洲人遭遇不幸则表现得更为理智,凭借熟识的医学知识,他们为自己调制一杯令人愉悦的饮料,一饮而尽驱散烦忧。
>
> ——孟德斯鸠(Montesqieu),《波斯人信札》,第 33 封信(1721)[3]

近代早期欧洲社会并非没有精神类药品,事实上,大量改变人们精神的药品一直
33 充斥于社会,并且欧洲人总是乐于在药理学中列入更多的名称。如果我们相信皮耶罗·坎波雷西富有争议的研究,对他而言,具有麻醉作用的本地草药和精神类药物能让人飘飘欲仙,比如莨菪和麦角,这些药材经常出现在民间偏方里,有时,人们也为了暂时逃避日常生活中的辛劳服用这些药物,在昏昏沉沉中得到片刻欢愉。因此,对民众进行社会控制的精英阶层的"政治策略"与"医药文化"相结盟,目的是"减轻饥饿的痛苦或抑制街头的骚乱"。换句话说,吸食毒品是进行社会控制的一种手段。按照这一说法,人们很可能得到这样的结论:短期内让人们普遍接纳咖啡简直易如反掌——欧洲人早已习惯于吸食各种精神类药物,这些药物能在一定程度上缓解由营养不良和疾病带来的痛苦。[4]无论是产自本土的鸦片膏(pane ollopiato),抑或古希腊神话中富有传奇色彩的忘忧草,还是来自异国的烟草和咖啡等药品,这些对一个迫切需要医疗、营养和心理安慰的社会而言,并没有什么不同。[5]这一论点假设近代早期的英国社会有一种强烈的需求,那就是需要一种方式来摆脱勉强维持生存水准的经济的日常折磨。

然而,种种理由表明,至少在不列颠群岛,诉诸这种功能主义的解释未免差强人意。[6]实际上,在近代早期英国众多的精神类药物当中,酒精的地位几乎不可动摇。值得一提的是,英国作家们经常使用动词"喝"(to drink)来描述吸烟这一新习惯,这也许表明了酒精在何种程度上支配了近代早期英国人对于精神类药物的认知。当时,有一种生长于马拉巴尔海岸(the Malabar coast)上藤蔓植物的浆果,名为印度克库鲁斯(coculus India),兼具麻醉和迷药的效果,晒干后可少量放置到啤酒里,以增加酒的烈性,但在 1701 年,议会最终禁止了这种做法。杰罗姆·弗里德曼(Jerome Friedman)有关英国内战期间大麻流行的说法完全是基于对吸烟的讽刺,而克里斯托弗·希尔

(Christopher Hill)也利用类似的颠覆性说法来支持他的主张,即对内战中各个激进的派别而言,“吸烟和饮酒是为了提振精神,振奋士气”[7]。

对新奇的异域药品而言,鉴赏家群体和他们中的旅行家们热衷于探索其潜在的政治经济价值。可以肯定的是,尽管近代早期的鉴赏家群体对精神类药物有着特殊的兴趣,但这一现象并非史无前例。13 世纪后期就有一本名为《世界奇观》(*De mirabilibus mundi*)的书,冒充是大阿尔伯特主教阿尔伯特斯·马格纳斯(Albertus Magnus)的著作,书中记载了一种致幻剂的配方,吹嘘说“一旦饮下此种药,眼前之人皆成像”[8]。但是,当发现其他文化中也有类似的精神类药物时,旅行作家们往往感到 *34*
惊讶,因为在欧洲文化里,只有酒精能让人醺醺然,他们套用酒精来理解意识改变的状态,这一事实表明,至少对欧洲精英阶层而言,由不含酒精的饮料所引起的致幻现象是非常陌生的。此外,鉴赏家群体对这些药物疯狂的追逐很少转化为药物的市场价值。坎波雷西对近代早期来自异域的致幻药物的兴趣主要源于意大利的鉴赏家群体,例如乌利塞·阿尔德罗万迪(Ulisse Aldrovandi)和洛伦佐·马加洛蒂(Lorenzo Magalotti)的著作。大多数的新奇或外来药物没有能够转化成为大众市场上的商品被人们完全接受,是因为那些初次接触到它们的旅行家、鉴赏家及医学作家们对这些东西有着各自不同的故事讲述方式。

总的来说,正统医学仍然坚持盖伦范式,并不反对将新的和外来药物纳入其药典。“新世界”通常被描绘成自然财富丰足的地方,这吸引了近代早期欧洲人的注意力,这些地方位于今天的“西班牙西部”,是名副其实的“世外桃源、安乐之乡”,因此,人们很自然地期望这些地方能够盛产药材。英国耶稣会牧师约翰·杰拉德(John Gerard)和植物学家约翰·帕金森(John Parkinson)早年间撰写的草药学著作影响深远,其中提及那些非英格兰或欧洲本土的植物所具有的药用价值。帕金森在 1640 年记载:“我们药店中大多数最主要的药材……均来自异国他乡,”他指出:“这些奇怪且稀奇的植物……生长在东西印度群岛,以及附近的地方……那些在旅途中看到这些奇异稀有植物的旅人们把它们带回欧洲,正因如此,我们才得以领会上帝造物的奇妙之处,他使那些国家拥有与我们如此不同的草药和树木。”[9]在他眼里,异域植物是来自上帝的恩赐。关心身体健康,追求民康物阜且心虔志诚的英国人能够事实上也应该将其稛载而归。对人们来说,进一步了解这些迄今未知的药物,实际上是“来自新世界的喜讯”。1577 年,约翰·弗兰普顿(John Frampton)将他译自西班牙语的译著即以此冠名,这部著作的原作者尼古拉斯·蒙纳尔德斯·孟德斯鸠(Nicolas Monardes)在书中描述了在美洲新发现的各种草药。像最初涉足东印度贸易的那些富于冒险精神的商人一样,特权初揽的伦敦药剂师协会(Worshipful Society of Apothecaries)成员,急于推广和支持东西印度群岛的药材并从中渔利。[10]尽管印度商人们,比如托马斯·芒(Thomas Mun),很快指出,接纳“适量有益健康的药物和令人愉悦的香料”并不是“要 *35*

让英国人过量摄入,或者对药物产生依赖”,而是为了给人们提供“能强身健体,或者疗愈疾病的必需品”。到了17世纪末,英国进口药品的数量至少达到16世纪的25倍。[11]

正统的盖伦学派对异域药物和医疗手段的热情拥抱并非没有受到质疑和挑战。英国社会长期弥漫着对异域药品的恐惧,认为其往好了可以说是画蛇添足,且价格不菲;往坏了说就是危险物品,很可能对人体造成伤害。早在15世纪,人们就反对进口意大利药品,到了16世纪,美洲新疗法开始进入英国不久之后,托马斯·佩内尔(Thomas Paynell)就认为,“没有人会轻易地服用来自如此陌生之地的药物”。16世纪末到17世纪,越来越多的人开始批判盖伦学派,强烈反对用任何外来药材治疗英国人的疾病。他们中的许多人,受到帕拉切尔苏斯学说(Paracelsian)的启发,强烈反对服用成分复杂且前所未知的所谓灵丹妙药,主张服用成分单一的药品来治疗疾病,认为外来疗法既不适合基督徒,也不适合英国人,是“堕落的异教传统”。[12]许多帕拉切尔苏斯学派的信徒开始怀疑学院派出身的学者所支持的盖伦疗法,他们认为,大肆宣扬外来疗法,要么是欺骗缺乏医学知识又无法接触医学文献的病人,要么是用更贵的外来药品排挤英国本土更便宜、更易得的药物。因此,为了打破异教徒药典中衍生出的神秘医学对知识的垄断,他们希望用自己对本土植物优越性的直观知识来取而代之,并通过本地语写作使民众能够获取并了解这些知识。

按照尼古拉斯·卡尔佩珀(Nicholas Culpeper)的说法,对英国的帕拉塞尔斯信徒而言,盖伦学派不容置喙的权威地位必须让位于伟大的理性、丰富的经验、自然之母和不懈的勤奋。卡尔佩珀或许是17世纪中叶“最激进、最高产的医学编辑”,他痛苦地抱怨说,约翰·杰拉德和约翰·帕金森的药方“混合了许多,不,是非常多稀奇罕见的药材……”接着,他自豪地宣称,他所记载的药材都极易获得,价格低廉,甚至可以在家种植。对于那些偏爱异域而非本国处方的医生,即便是杰拉德本人,也会对其付之一哂。显然,托马斯·富勒(Thomas Fuller)也同意这一观点,因为他在17世纪末撰写的《英格兰风物典》(*Worthies of England*)一书中,详细记载了英格兰各郡所有草药和泉水
36 的信息。对亨利·皮内尔(Henry Pinell)这样信奉帕拉塞尔斯学派的作家来说,人们没有任何理由诉诸异域药品来治疗疾病,因为“上帝创造了取之不尽的药材,并分发各国,供自给自足”。[13]

对一些人来说,外来药物不仅是画蛇添足,而且价格不菲,并且还是危险物品。1580年,为说服自己的同胞,医生蒂莫西·布莱特(Timothy Bright)撰写了《英国本土的万应灵药》(*Treatise ... of English medicines, for cure of all diseases*),他说:“一方水土养一方人,英国的地理条件、饮食和生活习惯,决定了英国人的体质、体液与排泄物和那些陌生国家的人迥然不同。因此,我们英国人购买外国药,相当于残害自己的身体。”布莱特觉得,尤其令人恼火“且备感荒谬的是,这么多基督教国家的国民竟靠

异教徒和蛮夷的（药物）来维持健康，而对这些异教徒和蛮夷来说，没有什么比基督教更令其生厌了”。他补充道，这类药品能风靡英国，完全是奸商布下的骗局，这些人在海外垄断商品供应，抬高售价，从中牟利。一个多世纪后，约翰·伊夫林的女儿玛丽也发出了类似的哀叹，人们在英国饮食中“肆意添加外国饮料和混合物”之前，“坏血病和气滞血郁之类的疾病”均闻所未闻。即便是在18世纪末，我们还能看到像洛克比勋爵（Lord Rokeby）这样的人，他对咖啡、茶和糖等物品不屑一顾，在他看来，英国的生产能力“完全可以满足国民的需求”。[14]

这种医学上的本土主义很容易被近代早期的经济道德话语所强化，这种话语不赞成限制性垄断和过度进口。事实上，英国帕拉塞尔斯学说也可被理解为医学上的重商主义经济学。这些“保护主义”言论尽管并未能有效地阻止咖啡、茶和烟草等新型异域药物的迅速流行，但在整个17世纪，事实上一直持续到18世纪，它们都保持活力。一些作者试图从重商主义角度出发，呼吁完全禁止外来品的流入，因为它们“严重妨碍了本地产品，如大麦、啤酒和小麦的销售”。在一片喧哗声中，偶尔也会有人提议用本地产品来替代这些异域商品，比如用烧焦的小麦、黑麦或者大麦来煮咖啡，或是饮用产自英国本土的柠檬薄荷茶。[15]一位作者提出，应该在英国酒馆适量出售杜松子和接骨木制成的混合物，因为它“比任何其他两种草药的组合都更适合所有人的性情、品味和罹患的病症”。然而，他又指出，这个想法不仅会勾起黎凡特和东印度商人的愤怒，而且 *37* 无法说服那些“年轻的小姐和少爷们，因为他们不屑于食用、饮用或是穿戴任何非法国或印度生产的东西”，他们认为“贫穷的英格兰没有能力生产出任何配得上他们显贵身份和英勇气概的商品”。即使隶属皇家学会的鉴赏家们也会对寻求替代品的策略表示赞成，比如，当罗伯特·胡克（Robert Hooke）向他们展示兰开夏郡的石竹样本，说到这是“茶的替代品”时，他们才认真地倾听。[16]然而，所有这些方案均不奏效。

或许，这些替代品失败的原因之一在于它们缺乏异域风情和神秘感。尽管总有人从道德上对使用进口药材叹惋不已，但对这些植物的异国起源和特性，它们的支持者们几乎毫不隐瞒，反而赞赏有加。那么，这些富于异域风情的药品怎么会在兼具吸引力的同时又如此危险呢？

对于异域药品的批评者，最简单的反驳就是宣称“它们均是大自然的馈赠，自然所为绝非炊沙镂冰之举”，正如1610年埃德蒙·加德纳（Edmund Gardiner）为烟草所做的辩护那样，他所提出的大自然造物精妙绝伦的观念，自17世纪以来，在英国社会渐趋流行。法国药剂师菲利普·西尔韦斯特·杜·福尔（Philippe Sylvestre Du Four）也认为，如果“每个国家都安于使用本土药物”，则无疑是“藐视神圣天意”。到18世纪初期，英国文学家约瑟夫·艾迪生（Joseph Addison）在《旁观者》（*Spectator*）中热情地赞誉了英国的海外贸易，他笃定地写道：“大自然为了人类的交流与贸易，有意将上帝的馈赠传至四方。”[17]由此看来，诉诸天意乃一把双刃剑。因为，在任何经验性证据都付之阙如的情形下，每个人都可以率口直言，称自然界应有尽有，各地之物华天宝均为凡人福祉。同样的，他们也可以辩称上帝赐予每块土地以丰饶和繁盛，已足够让生长于斯的人民安居其间，又何须舍近求远。

当时，这些陌生的异域药物所遭遇的最大障碍，是多数英国人对它们成见颇深。他们倾向于认为，许多新药与放荡的性行为和无节制的醉酒有关。16 世纪晚期，扬·哈伊根·范·林斯霍滕(Jan Huygen van Linschoten)对葡萄牙属东印度群岛的描述影响深远，他将“班咯”(bangue，一种类似大麻的毒品)和大麻的消费描述为印第安人“用来挑起性欲”或“使人醉醺醺或神志不清失去理智”的物质。当然，林斯霍滕的描述肯定不会加强这些药品的吸引力，因为他发现，这些药物主要在“普通人”、青楼女子、士兵以及奴隶中流行。一百多年以后，法国植物学家路易斯·莱梅里(Louis Lémery)在《食品指南》(*Traité des Aliments*，1702)一书中记载下几乎相同的细节。17 世纪末，英国医生约翰·博兰雅(John Fryer)在东印度群岛的游记中，提到了一种叫做 Bang 的强效麻醉剂，它风靡于牢骚满腹的水手以及放浪形骸的骗子中间，甚至印度王室也会故意用它让罪犯染上毒瘾，用来作为折磨惩罚的方式之一。[18]

38 也许，只有英国的鉴赏家群体才会对班咯予以肯定。詹姆斯·豪厄尔告诉好奇的人们：“在东方国家中……有一种名为‘班咯’的酒……既稀且贵……就像诗人们常常提起的‘忘忧草’。”[19]这种“既能刺激食欲，醉后不会不适……还能减轻体力劳动所带来的痛苦和疲劳”的药物，勾起了罗伯特·胡克强烈的好奇心，他为皇家学会作了一个简短的演讲，表达了自己对这种药物的看法。当内科医生汉斯·斯隆将其著名藏品中的一株班咯标本展示给同僚并提请他们注意时，包括豪厄尔在内的一些人也产生了好奇心，他们开始怀疑班咯实际上并非古典神话中的“忘忧草”。然而，学识渊博的植物学家普朗克内特医生(Dr. Plunkenet)更确切地将其定义为“一种真正的大麻，尽管……与我们欧洲的大麻截然不同”。[20]

不论事物地域类别，均要打破砂锅探其究竟是鉴赏家群体培养的好奇心文化的特征，正是由于这一点，促使他们开始研究来自东西印度群岛的各种稀奇古怪的麻醉品、药品，乃至毒品。1663 年，罗伯特·波义耳在《关于实验自然哲学用途的思考》(*Considerations Touching the Usefulness of Experimental Natural Philosophy*，1663)一书中，对西印度群岛、俄罗斯和中国的各种饮品进行了大量的论述。1662 年 11 月，皇家学会出版的《东印度群岛调查》一书中包括大量关于植物性质的调查，比如槟榔果、忧郁藤、马卡萨毒药、芦荟木、马拉巴尔麻醉剂还有曼陀罗等。罗伯特·科尔韦尔(Robert Colwell)对一些问题进行了回答，他推荐了一种产自印度尼西亚的植物塞利博亚(Seree-boa)，被西里伯斯岛的土著人誉为“味道宜人，口味芬芳”，很可能“得到英国人的喜爱”，但仍然“会使人昏昏欲睡”。[21]虽然，向不列颠群岛引进异域草药的提议最终石沉大海，但它很好地证明了鉴赏家们追求这种可能性的殷切期望。

有些人抵挡不住炽热的好奇心，以至于开始在自己身上试验这些药物。1649 年，菲利伯托·韦尔纳迪爵士（Sir Philiberto Vernatti）和他在莱顿大学（University of Leiden）医学院的学生一起喝下了曼陀罗。他认为效果立竿见影，“我们四人站在一起，盯着彼此傻笑，状似疯癫（当时在场的人后来告诉我们，因为我们谁都不记得到底发生了什么）……只有上帝知道那晚我是怎么回到家的，我自己毫无头绪，也没人告诉我。早晨醒来，我吐得非常厉害（请您原谅）”。在林斯霍滕和许多其他人的记载中，曼陀罗被认为是一种强力麻醉剂，常用于“一种深受士兵和水手喜爱的饮料，被称为苏克 39
酒（Suyker bier）。添加了曼陀罗的苏克酒令人疯癫，因此被严厉禁止。[22]在印度，水性杨花的妻子们很喜欢曼陀罗，她们用它来麻醉丈夫，以便与他人行通奸之事。[23]而在英国，它并没有被广泛地用作麻醉剂或药物，但它仍引发了强烈的好奇心。

一种更为人所知，甚至更为臭名昭著的外来麻醉剂是鸦片。林斯霍滕对这种麻醉剂成瘾的危险性再清楚不过，他认为这是“一种毒药”，并且再次注意到印度人“常常在行床第之事时吸食它。它能让男人在床上更持久”。英国外交官保罗·里考特爵士（Sir Paul Rycaut）指出，土耳其人吸食鸦片后，“要么产生各种幻觉，要么和醉汉一样癫狂”。人们还认为，盗贼在行窃前会用鸦片来麻醉受害者使其失去知觉。约翰·哈蒙德（John Hammond）认为，就算鸦片在土耳其可能合法，但对英国人而言，即便“摄入的剂量微乎其微……也显示有毒”，“只有长期服用并形成习惯后，（鸦片）对（土耳其人的）身体才会失去作用”。[24]

然而，从医学的角度来看，鸦片确实有其药用价值。托马斯·赫伯特爵士认为“适量地服用鸦片，大有裨益……”他相当推崇土耳其人服用鸦片的习惯，鸦片能让他们“更强壮、更持久，便行闺中之事”。诚如我们所见，尽管弗朗西斯·培根告诫人们鸦片制剂“有利有弊”，但他对鸦片的医疗潜力还是大加赞赏。[25]内科医生亨利·斯塔布（Henry Stubbe）还曾用拉丁文赋诗一首，在诗中对鸦片不吝褒美。在牙买加行医时，他欣然给自己和病人的处方中加入鸦片，甚至连剂量都不费心考虑。鉴赏家威廉·配第（William Petty）和罗伯特·索思韦尔（Robert Southwell）在往来的通信中把“鸦片”当作俚语和暗语，指代令人幸福愉悦之事。甚至卡尔佩珀在他的草药学著作中，也简短地提及了一些（可能是本土的）罂粟品种，他建议将这些罂粟入药，“以起到放松、助眠的作用，并能够缓解头痛或身体其他部位的不适”。[26]但总的来说，大多数作家都警告不要过度使用鸦片，因为鸦片的成瘾性众所周知；化学家尼古拉斯·莱梅里（Nicolas Lémery）认为，频繁吸食鸦片会使人“变得迟钝、愚蠢又虚弱”，他认为欧洲人“应避免让我们自己沦为此种陋习的奴隶”。[27]

不过，鉴赏家群体不受这些警告的影响，他们甘愿冒险，涉足他人望而却步的领域。罗伯特·波义耳自豪地宣称：“博物学家不仅醉心研究那些无人在意的物质，也以

40 海纳百川的态度将其应收尽收,把那些广为人知却因含有剧毒而被禁止使用的物质加入《药物学札记》中,而处变不惊的炼金师们,通过……娴熟的制备方法,将那些有害的、有毒的、不适合医生使用的成分,变成卓有成效的药物。波义耳认为,即便是剧毒砒霜也可以被制成药物。[28]菲利伯托·韦尔纳迪送给英国皇家学会的礼物当中,就有一份来自东印度的"毒黑檀"(Macassar poyson)样本,这份样本一直被皇家学会作为珍品收藏。在近代早期的英国,人们不能轻易制毒,因为毒药往往与教皇制、巫术和政治暗杀产生关联,唯一免受指摘的只有鉴赏家群体,因为他们声称收集和提炼毒药是为了推动知识进步这项无私事业的发展。[29]尽管他们同时代的大多数人可能太谨慎,不去研究异域毒品和毒药药性,鉴赏家群体却毫不畏惧,他们渴望学习、收集、试验,有时甚至自己吞食这些东西。

咖啡以及巧克力和茶等之类的热饮,当属这个故事中的例外。与槟榔果、班咯、曼陀罗、鸦片或亚洲毒药不同,咖啡、茶和巧克力凭借自身资质迅速成为有利可图的商品,它们相对容易地融入了英国广大民众的饮食习惯中。17 世纪英国人抵制含有咖啡因的饮料并不是基于对它们可能带来的健康风险的担忧,而几乎完全源于对咖啡馆这种新兴社交场所的政治焦虑。

那么,是什么让咖啡、茶和巧克力与其他饮料有所区别呢?与大多数其他异国商品不同的是,这类饮料有一个明显的优势:人们绝不会把它们与放荡的性行为与醉酒骚乱联系在一起,同时作为饮品,它们能够融入近代早期英国人的饮食习俗中。简言之,咖啡为 17 世纪的消费者提供了一种他们熟悉的类似于葡萄酒、啤酒和艾尔酒的饮料,却不含酒精,不会让人喝醉。此外,这种含咖啡因的热饮保留了其他异域药物诱人的神秘感,而没有任何与这些物质相关的负面含义。在 17 世纪英国的饮品文化中,咖啡、巧克力和茶拥有两个世界的精华,可谓两全其美,兼收并蓄。

## 醒脑与文明的饮品:清醒头脑与身体社交

咖啡与放荡的性行为根本没有联系,事实上,许多人认为咖啡抑制性欲,效力强大
41 到足以使男人阳痿,女人不孕。关于咖啡导致性欲减退的说法,可以追溯到最早的英文文献对它的描述。在爱德华·波科克翻译的一篇研究咖啡的阿拉伯医学文献中,记载着咖啡的诸多药用价值,其中就提及它"抑制性欲"的功效。大多数作家都同意这一点,原因是咖啡性热干燥,可以令人体"基本水分"(radical moisture)干涸。"急躁的性情和与之相应的干热气候最不利于生育",蒙彼利埃医生丹尼尔·邓肯宣称。[30]过度频繁服用这类有精神作用的药物会导致男性阳痿,女性不孕。[31]

在鉴赏家群体的游记文学中,记载着许多有关咖啡抑制性欲的神话传说。旅行家奥利乌斯曾在游记中记载了一位名叫穆罕默德·卡塞恩(Mahomet Casain)的波斯苏

丹，由于滥饮咖啡，使得他“对女人产生了一种令人难以置信的厌恶感”，以至于无法生育继承人，并因此被一个地位卑微但颇具男子气概的面包师戴了绿帽子。乔治·桑迪斯和乔治·曼沃林(George Manwaring)描述了土耳其和波斯咖啡馆里雇有男妓来招徕顾客。在这些记述里，咖啡不但与阳痿相关，人们通常还认为它会造成挥霍无度的恶习，使人缺乏创造力，更有甚者，是它与不道德的性行为之间的联系。这些故事长久流传，并在整个17世纪被不断地反复提及，更有趣的是，它们还出现在总体而言有利于咖啡消费的文本中。[32]在英国人看来，东方咖啡馆中的放荡行为与咖啡本身所具有的药用价值和提神功效完全不可同日而语，然而，当英国人把咖啡馆与政治颠覆联系起来时，这种东西方之间的道德区别就没那么明显了。约翰·伊夫林在《哲学汇刊》中记述了土耳其苏丹托马斯·史密斯(Thomas Smith)关闭君士坦丁堡的咖啡馆一事，他评价说，查封的原因是咖啡馆里充斥着“煽动叛乱的言论”，“即便在英国，咖啡馆里同样充斥着粗鲁无礼的举止和放纵无度的行为，出于同样的原因，应该查封这些咖啡馆”。[33]

对另一些人来说，咖啡使人性欲减退被认为是值得称道的品质，正如一部作品所说的，这种饮品可以使人“善守贞操，抑制性欲”。但正是反对喝咖啡的人，尤其是反对 42
咖啡馆的人们，不遗余力地抓住咖啡那些莫须有的副作用不放，殚精竭虑地谴责消费咖啡的行为。17世纪晚期一系列的讽刺小册子中，充斥着英国妇女对日益盛行的咖啡消费时尚的不满与怨怼。其中有一篇题为《妇女反对咖啡请愿书》(*The Women's Petition Against Coffee*)，呼吁“公众关注并认真斟酌这种男人过量饮用导致精力衰退的饮料，给女性性生活所带来的巨大不便”。请愿书声称是“献给可敬的爱之守护神维纳斯”，并详细地描述了那些被丈夫抛弃的妻子们的不幸遭遇，她们的丈夫经常光顾咖啡馆，并因过度饮用咖啡失去了性活力。另一本同时代的小册子据称名为《妇女对烟草的控诉》(*The Women's Complaint Against Tobacco*)，也提出类似的不满：“烟草是人类性享乐与繁衍后代的唯一敌人。”[34]这些小册子可以被视为一种久负盛名的“倒装文学流派”(inversion literature)，其中，世界被描绘成在同时代的人看来可能是“颠倒的”，就像英国内战时期的小册子一样，这些小册子嘲笑“混乱时代的荒谬时尚”，或是提出“妇女议会”无法想象的前景。《妇女反对咖啡请愿书》旨在提醒当时的人们，如果英国男人放弃维护国家和社会的正常秩序等诸种男权义务，必然会带来灾难性的后果。事实上，当真正意义上的为支持平等派而展开的相关女性请愿的记忆在这个(男性)政治国家的脑海中仍然记忆犹新的时候，这些恐惧才在复辟后若干年间逐渐加剧。[35]这些小册子清楚地将男性性能力的丧失与英国政治地位的衰落相提并论。[36]对17世纪末咖啡馆的反对者来说，这些机构将社会各阶层的人聚集到咖啡馆，在一张桌子上高谈阔论，更糟的是，就国事大事大加议论、指手画脚，从而威胁到社会与政治秩序；小册子作者认为，这是一种“颠覆”，就好比妇女冠冕堂皇地坐在本该属于男人们的议会大厅里,或是像男人为了得到性玩具而抛弃妻子一样荒谬。

正是这些幽默诙谐的文字,遏制了人们对咖啡或类似饮料的强烈反感。这些文本通过故意夸大饮用咖啡的医学隐患,实际上淡化了人们对咖啡的忧虑。如果饮用咖啡所能导致的最严重后果是降低性欲,那么,普罗大众就很难发起一场道德运动来抵制
43 和谴责咖啡消费。一个"流浪妓女"在一本小册子中抱怨说,"咖啡馆像海绵一样,榨干了我们所有的顾客",因此"自咖啡问世之后,纵情声色从未如此臭名昭著"。那时,在朝臣们经常光顾的妓院中,频频发生严重的骚乱,那些沉湎于酒色与淫乱的罗马天主教徒们,无论贵族或是平民,均连续不断地向王室发起攻击。在这样的一个时代为色欲辩护绝非轻而易举之事。[37]

然而,在17世纪,并非所有来自异域的热饮都与缺乏性能力有关。譬如,咖啡馆里常见的巧克力,尽管经常被拿来与咖啡和茶相提并论,但无论是医学界还是普通民众,都将其视作一种壮阳药。这种印象最早可追溯至西班牙征服者对中美洲特产的描述,其后,英国医药学家亨利·斯塔布(Henry Stubbe)等人以及通俗剧作家连同小册子的作者们强化了这种印象。与"性热"的咖啡不同,人们认为巧克力性寒且干燥,能够加速血液流动。按照伽林学派(一个近代早期医学流派)的观点,巧克力的这些特性均有助于刺激性冲动。[38]

巧克力"倾向于感官享乐,维持色欲和肉欲",亨利·斯塔布在著作中这样描述,它的倡导者们对这样的指控持开放态度,因此,有着"催情"美名的巧克力,从未像咖啡那样在17世纪受到人们广泛的欢迎。反驳这类指控的最好办法是主张和所有其他药物一样,不得滥用巧克力,然而,伽林学派的"精子经济论"提醒人们警惕,不断保留精液会对个人健康造成不良的影响。尽管伽林学派的性生理学是近代早期正统医学学说的一部分,但与其他大多数无论是古典的还是现代的医生相比,斯塔布和巧克力的拥护者们更积极地看待放纵性欲的价值,而前者更多的是关心过度性行为所引发的不良后果。[39]正如巧克力被理解成一种催情剂一样,在当时人们的眼中,王政复辟后伦敦独具特色的"巧克力屋"同样是"献殷勤、求享受的寻欢作乐之所在"——理查德·斯蒂尔(Richard Steele)《闲谈者》(*Tatler*)中的描绘使之闻名遐迩。这份期刊经常在"怀特巧克力屋"(White's Chocolate House)的标题栏目下定期就此类问题发表评论,由此可见,怀特巧克力屋很可能是18世纪早期伦敦最时髦的此类场所。[40]

尽管存在着此种关联,但人们从未像对待其他许多不成功的异域事物那样,以严苛的方式将巧克力和巧克力屋与不道德的性行为联系在一起。近代早期的消费者们
44 并没有将巧克力视为"咖啡的对立面",而是觉得巧克力恰巧是咖啡和茶等异国热饮的一种令人愉悦的补充。塞缪尔·佩皮斯(Samuel Pepys)和安东尼·伍德是最早尝试这些新饮料的英国人,他们经常在咖啡馆里享用咖啡、茶和巧克力,尽管三者口味都相当不错,但两人往往更加喜欢咖啡。[41]这些热饮通常加糖饮用,而他们经常光顾的咖

啡馆同样也是吸食烟草的方便之地。[42]整体而言，这些相对新奇且富于异域风情的“奢侈品”形塑了人们环环相扣的消费习惯，其中一款的成功能够带动其他“奢侈品”的消费，它们就是如此这般共同步入英国人的消费习惯之中的。

其实，英国人接纳咖啡的原因并不止于此，咖啡所具有的“清醒理智”的效用也是它赢得消费者的重要因素。自咖啡进入英国，它就被赋予“提神醒脑”的美名。1657年，詹姆斯·豪厄尔(James Howell)发表了写给沃尔特·拉姆西(Walter Rumsey)的信，信中盛赞咖啡作为一种酒精替代品能够使人保持清醒的好处。他声称，“曾经，无论是学徒、职员还是其他普罗大众，人们都有早上喝艾尔酒、啤酒或葡萄酒的习惯，于是他们终日晕晕乎乎，许多人在这种状态下无法从事经营。而现在，咖啡替代了这些酒精饮料，人们因而变得头脑清醒，举止得当”。虽然这则社会观察的真实性存疑，但是它夸大事实的目的非常明显，它强调：咖啡适合清晰的思维与高效的工作，因此，它是一种相比酒精而言更好的社交饮料。1671年，爱德华·张伯伦(Edward Chamberlayne)在英国展开一项调查，结果显示：“自从饮用咖啡之后，人们的饮酒量普遍减少，尤其是在伦敦。”无独有偶，久居英国的瑞士人盖伊·梅吉(Guy Miège)撰写了一篇类似的文章，将咖啡、茶与那些“扰乱大脑思维”的“烈性酒”进行了比较，咖啡和茶“使人冷静沉着，这使学者与商贾对它们青睐有加，因为他们最了解它们的这一优点与长处”。[43]

客栈、小酒馆以及后来的咖啡馆都是英国人经常进行生意往来的场所，但后者在很大程度上得益于咖啡与它使人头脑清醒间的联系。[44]1673年的一本小册子为咖啡辩护道：

> 我们英国人有一个普遍的习惯就是，除非是在某些特定的公共场合，否则人们之间无法进行或是达成交易。如果人们总是跑到小酒馆或啤酒屋不停地啜饮，尽管非常小心谨慎，但酒精很容易进入大脑，令他们思维混乱，昏昏欲睡，无法继续生意，这对最关心商业的人而言无疑是有百害而无一利；现在有了咖啡馆，人们处理事务异常高效，他们精力充沛地坐在咖啡馆里，将桩桩件件的生意处理得稳当妥帖。

虽然酒精从未完全脱离商业社交仪式，但醉酒行为显然会使商人的名誉受损，因 *45*
为体面和良好的品行是衡量一个商人声誉的基础。纽卡斯尔的商人迈克尔·布莱克特(Michael Blackett)在达勒姆(Durham)的酒桌上谈成了生意，而后，在写给叔叔的信中，他痛斥自己的合伙人：“他们用各式各样的酒灌满肠胃，这种行为真是可耻。之后，我足足恶心难受了两天。”虽然，在当时人们的眼中，酒水仍是最棒的社交饮料，但人们普遍哀叹过量饮酒的后果，它令人们浪费时间、罹患疾病并引发无端的争吵。[45]

无独有偶，那些可以公开饮酒的社交空间，小酒馆，特别是啤酒屋，不可避免地与酗酒闹事发生了千丝万缕的联系。一封复辟时期写给剑桥郡治安官的书中，清楚地记录了公共酒馆的存在给那些负责防止放荡行为和维护社区治安的公职人员所带来的持续焦虑。作者的担心是多方面的：

> （治安官们）应负责核查每个教区都有哪些小旅馆、客栈、艾尔啤酒屋和酒馆，这些场所都由谁经营，经营了多长时间，是否有营业执照，有没有按教区法规来经营。哪些客栈为附近居民提供服务，该教区内的哪些艾尔啤酒屋里发生过醉酒闹事事件，还有没有什么客栈和酒馆也发生过类似事件，有没有人在店内从事非法活动；任何一个教区内的小旅馆和酒馆的数量是否越来越多，以致超出了实际需要难以负担；哪些店家遵纪守法照章经营，他们的店面是否建在方便之所；有没有建在妓院附近或是偏僻小巷子中……而且，因提供娱乐或是为窃贼、恶匪和其他粗野下流之辈提供居身之所，这些地方很可能对普通民众造成危险。

尽管在近代早期的英国，酒精饮料占据了社交生活的中心地位，但酗酒或多或少地会对社会秩序造成威胁，这一点影响了人们的酒水消费。

咖啡的出现，为人们提供了另一种选择：与酒精相同，咖啡也可以在公共场合饮用，因而可以作为一种手段来促进社会互动，加强人们之间的合作和相互信任，这对近代早期商人的成功至关重要，最有利的一点是，它不会使人酩酊大醉。因此，咖啡是“一种使人们清醒和快乐的饮品”，而咖啡馆的主顾们通常被认为主要是“头脑清醒而富有创造力的人，他们来咖啡馆不是为了豪饮令人眩晕的酒精饮料，而是为了享受社交和令人愉悦的谈话”。由此可见，咖啡被誉为“清醒饮料”与其说是对其实际效用的理解，还不如说是围绕着它的宣传辞令而构建起的话语。在17世纪，人们认为咖啡具
46 有强大的提神醒脑作用，甚至还可以用来醒酒，从这一点来看，当时人们对于咖啡的认知已经远远超出了生理现实。[47]由此可见，咖啡获得了提神醒脑的好名声，并非这种新型饮料的实际效果使然，而是由于它被想象成了酒精的对立面。

值得记住的一点是，人们经常断言，对经济正处于现代化发展过程中的欧洲而言，咖啡和茶等含有咖啡因的饮料满足了它对冷静清醒的劳动力日益增长的社会“需求”。这些论点的问题在于，它们往往假设而非证明此种“需求”的存在，比如对“清醒”劳动力的需求。此外，较之16世纪，17世纪的英国经济是否更加需要清醒的劳动力？我们没有理由相信工人的清醒程度在17世纪有任何实质性的提高。事实上，如果我们相信普通职员和社会改革者们的血泪史的话，我们得出的结论可能是：在整个17世纪，酒精中毒普遍呈上升趋势。马修·斯克里夫纳（Matthew Scrivener）认为，“酗酒

病”是在 16 世纪 90 年代英西战争结束后，由从荷兰服役归国的英国士兵们带回国的。丹尼尔·笛福(Daniel Defoe)则把酗酒现象的上升归因于查理二世复辟后，骑士们为国王的健康送上祝福而形成的饮酒习俗。[48]

王政复辟之后，的确见证了一种相当新的积极的有关醉酒的观念，这种观念认为醉酒对性格老套的骑士们而言，也不全是坏事。醉酒会让骑士们暂时搁置“阴谋和诡计”，为国王的健康再来上一杯。就像民谣里唱的那样：“忠良臣子，誓不叛乱。但问何故？恋杯中物。”另一本小册子说：“老实的醉汉是国王最安静的臣民，也是君主制政府最顺从的臣民。他们的心中怎会没有国王？毕竟他们是为国王的健康干杯，没有国王，谁会举杯？”当然，忠诚的醉汉“厌恶咖啡就如同厌恶麻风病一般”，而即便是那些为醉酒而深感歉意的人们，也会将“喝酒令人智慧”挂在嘴边，就像《酒馆中的愤怒》(*Tavern Huff*)的作者将其作为他的开篇佳句一样。[49]但是，约翰·菲利普斯(John Phillips)等有着辉格倾向的作家们，常常有力地抨击那些忠心耿耿却举止轻佻的骑士们为醉酒寻找的借口：“忠诚并不在于是否为国王的健康干杯。”因此，“喝与不喝不是忠诚和不忠诚的区别，而是狂怒、咆哮、辱骂、诅咒、发誓和清醒、庄重、坚定、理性与忠诚之间的区别”。总体而言，相比前后几代，17 世纪的清醒与节制并没有多么突出。 *47*
而咖啡确实在与清醒节制建立的联系中获益，这种联系使得咖啡、茶和巧克力在 18 至 19 世纪被认为是“体面”(respectable)的饮料。[50]

## 咖啡、医药市场与英国消费者

*大多数社会无法清楚地将药典与日常饮食分辨开来。*

*——伊万·伊里奇(Ivan Illich)*

来自异域的其他商品，常常因与不正当性行为或令人神志不清的恶名联系在一起而备受困扰，咖啡不但避免了此类负面影响，还因其有益于身心的保健功效而迅速赢得了积极正面的声誉。英国消费者将咖啡、茶、巧克力既当成医学用药(medicines)又当作消遣型药品(drugs)。药剂师将它们当作医学药品出售，江湖郎中将它们冠以速效药之名在市场上兜售，而烟草商、咖啡馆老板和零售杂货商们则将其作为食品类商品销售。[51](图 2-1)一般日常家用的咖啡豆、茶叶等商品的销售不受任何形式的垄断或管制，因此，在 17 世纪英国医疗市场上，咖啡的零售由各路代理商来完成。相比之下，特权医疗垄断者严格地控制着近代早期法国的医疗市场。法国新药或类似医疗商品能否取得成功取决于它们能否获得巴黎医学院(the Faculty of Medicine at Paris)的认可与批准。英国医疗市场五花八门、竞争激烈，这意味着它特别容易将新药物或新疗法纳入其药典之中。[52]然而，这些药品中的大多数未能成为热门消费品，因为各

48 种不同的商业利益相互竞争,使得从它们的销售中获益并非易事。

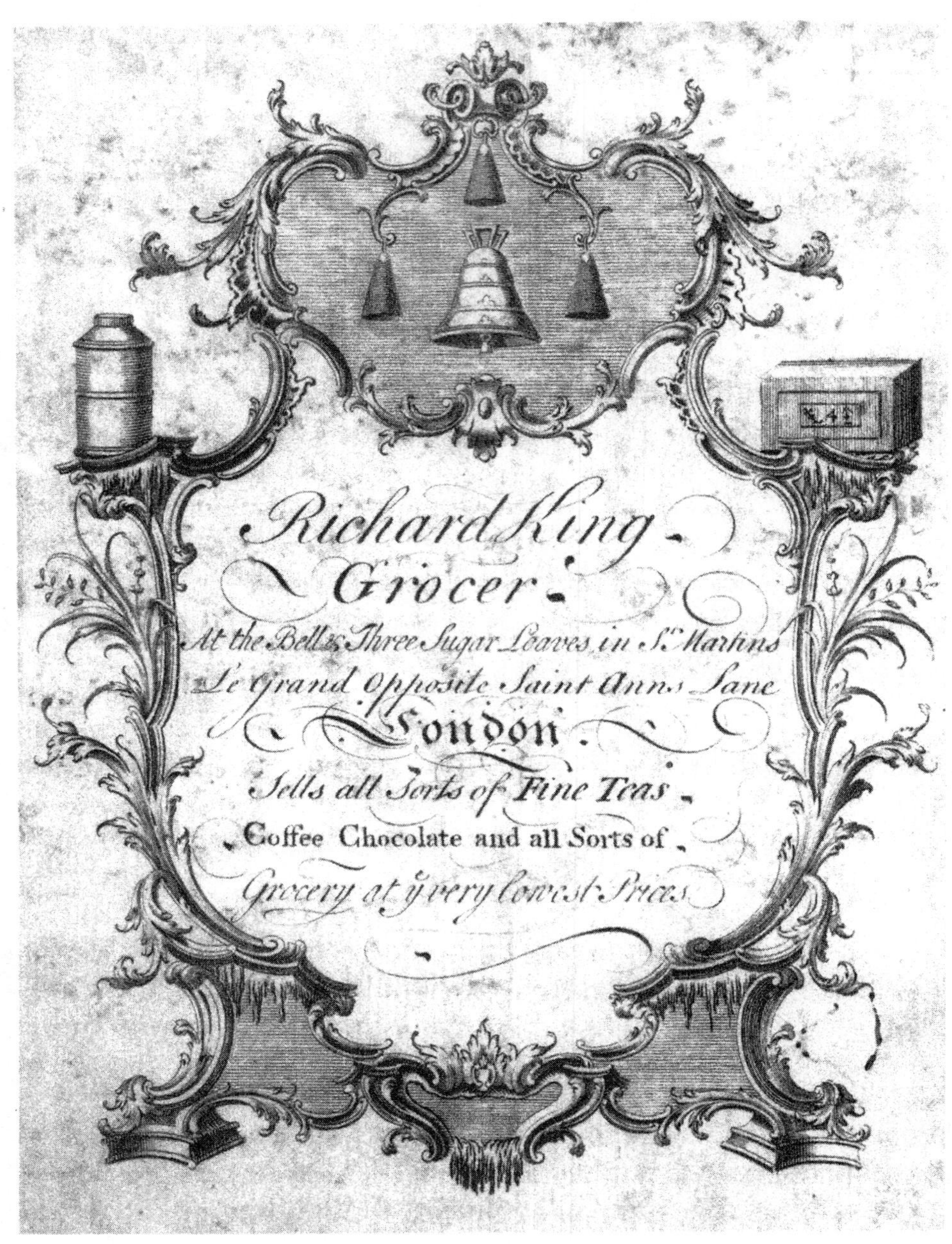


**图 2-1 杂货商理查德·金(Richard King)的名片(18 世纪中叶),亨廷顿图书馆(Huntington Library)印刷出版物索引盒第 345 号(E—J),17—19 世纪英国名片,345/24。加州洛杉矶圣马力诺亨廷顿图书馆(Huntington Library, San Marino, California)供图。**

49 许多新奇异域药物和速效疗法、偏方没有成功地成为大众日常消费品,并非因为人们缺少尝试新鲜事物的好奇心。被人们称作“江湖郎中”的医药销售商无处不在，尤其在伦敦，他们一直试图向人们推销新的药品和疗法。人们认为一个“江湖郎中”的标配包括“来自东印度的奇珍异宝……和动物骨骼与昆虫壳。游医们就用这些玩意儿来哄骗愚昧的民众”(图 2-2)。有的人甚至推销来自东印度群岛的玩意儿。比如布鲁克

图 2-2　E. Kirkall 之“尔维斯特·帕特里奇博士的预测”版画(Dr. Silvester Partridge's Predictions, 1700)：希尔维斯特·帕特里奇格拉布街作家托马斯·布朗(Thomas Brown)笔下的讽刺型人物，讽刺庸医和占星家(以及许多其他人)的自命不凡，人物根据真实生活中的占星家如约翰·西尔维斯特(John Silvester)和约翰·帕特里奇(John Partridge)创作而成。

50 先生(Mr. Brook),他提醒充满好奇心的伦敦人注意“印度香蒲的性质、用途、优点以及独到之处”,或称儿茶①(catechu),一种用来咀嚼的东印度草本植物,是一种能有效“防治口臭”、治疗牙病、坚固牙龈的特效药,还有一点很重要的是它甚至可以“治疗坏血病”。林斯霍滕在他著名的游记中提到过儿茶,在霍尔本地区(the Holborn area)的许多“主要咖啡馆”中推销儿茶时,布鲁克在他分发的传单里强调林斯霍滕为儿茶背书的权威性。可是,布鲁克的儿茶疗法和其他江湖郎中的处方一样,并没能在广大的消费者群体中流行起来。海德公园附近的医生凯奇(Ketch)声称,只需花 13.5 便士,伦敦人就能享用大麻,凯奇向他的顾客承诺“最快能在半小时内治好各种犬瘟热”。[53]但同样,至少在 17 世纪,大麻并未能引起伦敦人的兴趣。

江湖郎中的灵丹妙药与鉴赏家们的好奇心高度契合,达至惊人的一致。同样的药,庸医和鉴赏家的唯一区别就在于庸医们缺乏社会信誉。这种可信度上的差距至关重要,或许可以很好地解释为什么庸医们会不遗余力地用鉴赏家们的认可来为自己做幌子。

咖啡、茶和巧克力在 17 世纪中期英国医药市场上的出现,乍看很像江湖郎中们用来推销新奇疗法和异国偏方的广告。早在 1652 年,帕斯卡·罗西(Pasqua Rosée)发布了一份推广咖啡的宣传单,声称咖啡可以有效地治疗头痛、消化不良、咳嗽、水肿、痛风、坏血病、淋巴结核和习惯性流产,而且是“治疗脾脏疼痛、疑似嗳气等疾病的最佳良方”。1660 年,自诩为烟草商和茶叶咖啡零售商的托马斯·加洛韦(Thomas Garraway)在他的茶叶广告中声称,茶叶也具有治疗上述疾病的疗效。一些江湖医生出售的“专利”药品被推荐为喝咖啡的补充。[54]但与大多数庸医的偏方不同,这些方子既没有获得专利,也没有限量供应。事实上,这些饮品在咖啡馆里都能买到,许多江湖医生很快在咖啡馆里学会了如何更好地经营自己的营生。(图 2-3)

当然,那些久负盛名的医生们将咖啡用于医疗的建议,无疑有助于咖啡的销售。著名的内科医生托马斯·威利斯经常用咖啡治疗神经紊乱,他甚至宣称自己更愿意“把病人尽早送去咖啡馆,而不是药店”。塞缪尔·佩皮斯(Samuel Pepys)的妻子从她的药剂师处得知茶可以治疗“普通感冒并减轻流感症状”,便在家里给自己煮茶喝。哲
51 学家亨利·莫尔(Henry More)建议安妮·康韦(Anne Conway)喝咖啡来治疗头痛。1665 年,英格兰暴发瘟疫,内科医生吉迪恩·哈维(Gideon Harvey)认为喝咖啡是抵御这种恐怖疾病的有效方法。17 世纪很多普通书籍中都有记录咖啡和巧克力的制作方法,咖啡的药用功效也被一并收录其中。[55]一些药剂师将咖啡、茶与其他药品归为一列。当时大部分的药剂师时常销售咖啡和其他舶来饮料。皇家学会院士、药剂师约翰·霍顿(John Houghton)可能是其中最有名的零售商,尽管大多数药剂师并不定期

① 东印度群岛的一种多刺乔木,有两片羽状叶,花黄色,荚果扁平。

**图 2-3　木刻版画：维尔最好的咖啡粉（Will's Best Coffee Powder, c. 1700），咖啡馆是推广咖啡这种新商品的重要场所，17 世纪末马瓦林咖啡馆的这则零售广告即证实了这一点。牛津大学博德利图书馆供图。[the Bodleian Library, Oxford, England, Douce adds 138 (84)]**

储备咖啡或其他异域饮料供一般性销售。[56] 52

虽然人们普遍认为咖啡、茶和巧克力有益健康，但真正声称这些饮料可能是灵丹妙药或是能够治愈某种疾病的万能药的说法仍然凤毛麟角。与 16 世纪末 17 世纪初期人们接受烟草不同，咖啡和同类产品并没有被真正地当成万能药的候选品。到了 17 世纪后期，正统的医疗机构对将咖啡等饮料吹嘘成灵丹妙药的言论非常反感。蒙彼利埃（Montpellier）的医生丹尼尔·邓肯（Daniel Duncan）在一本专为英文读者翻译的小册子中嘲讽道："只有在那些山寨版医生的口中才有什么灵丹妙药。"如果大部分人都仅仅将咖啡看作药品，如果咖啡是作为一种常用药而被人们普遍地接受,那么就会限制它进入更广阔的市场,因为就这种药效的药物而言,它们的使用在传统上受其成本以及它们在社会精英阶层中的声望所限。[57]咖啡是一种来自异域的药物,但它的价格并不是特别昂贵。咖啡馆自诩说:人们只需在门口花一便士就能进到里面喝上一杯,如果放在江湖郎中开的药方里,一剂的价格就可能高达一先令——一先令能买12品脱啤酒,或是支付一个工人一天的工资——而一个普通医生的诊疗费可能远不止这些。[58]因此,喝咖啡使普通人能够享受到曾经仅限于精英阶层的药典。

因为买咖啡和煮咖啡都不难办到,所以喝咖啡成为一种很好的治疗疾病的方法。故而喝咖啡非常适合一个“自我治疗”的社会,在这个社会中,每个人都选择自己偏爱的药物、治疗方法和医疗制度。于是,咖啡在食品和药品之间占据了一个中间地带,它既是一种令人愉悦的饮料,又是一种疗效显著的药物。咖啡同样能够适应文艺复兴时期盖伦医学的正统理论,这种理论强调持续地调整饮食和体液对人体健康的重要性,正如对“药丸的力量”的新兴信仰一样,罗伊·波特(Roy Porter)视其为18世纪更为商业化的医学想象的一个显著特征。[59]

尽管人们最初将咖啡的药用价值作为喝咖啡的主要原因,但这些说法很快被推翻了,正如18世纪初的一本小册子写的那样,“喝咖啡也可能仅仅是一种无害的娱乐消遣”。事实上,在18世纪,咖啡逐渐被当作一种令人愉悦的社交饮料,而不是治疗疾病的特效药。皇家税务官员处理咖啡的方式,或许最能体现咖啡既为毒品又为奢侈品的特性。在17世纪60年代,咖啡还是新鲜事物,对英国人的口味而言也相当陌生,农场
53 主们倾向于把咖啡仅仅视为另一种异域药品,他们没有按照药品的价格对咖啡征税仅仅是因为听从了东印度公司的游说。[60]正如一位评论员所言,与啤酒、葡萄酒和“其他稀奇古怪的饮料”一样,咖啡、茶和巧克力很快被人们当作可以免税的商品。1660年,在内战期间由长期议会制定的第一部复辟时期消费税法将这些饮料通通纳入传统的酒精消费税中。[61]

17世纪后期,一些医学作家紧随其后,开始警告人们不要过度消费咖啡和茶等奢侈品。托马斯·特莱恩(Thomas Tryon)是毕达哥拉斯学派的成员,行事激进,奉行素食主义,他告诫他的读者:即便是“咖啡和茶”,也“毋得过量饮用”,因为“一个人若不加戒备,他就会被咖啡奴役,以致在不知不觉中,从适度饮用到慢慢过量,直至日渐上瘾而难以自拔”。在这个问题上,特莱恩一反常态,竟然与主流医学观点不谋而合,可见即便是最坚定的咖啡支持者也认为不可滥用或者过量饮用咖啡。杜·福尔(Du Four)虽然建议将咖啡入药,但也反对将其视为“精美的食物”。作为药物,异域情调的新奇热饮受到人们的欢迎,但作为奢侈饮品,它们与控制酗酒和吸烟的行为一同,面临着对禁止奢侈品消费(对奢侈品征税)的焦虑。17世纪时,咖啡作为一种拥有广阔市场的新商品进入了英国消费市场,到该世纪末期,它已被广

大消费者所接受，成为日常生活中令人愉悦的消费品。正如罗杰·诺斯（Roger North）所言，“到目前为止，顾客占据了主导地位”，以至于“一度被认为是‘多余’的咖啡”，现在却被普遍认为是“造福社会的必需品”，并且还是英国政府不断增长的财政收入的宝贵来源。[62]

## 为什么咖啡特殊？

咖啡、茶和巧克力在市场的成功绝非确定无疑。它们的成功不是由社会经济对清醒劳动力的需求所决定的，对于此类商品的成功，也没有类似的先例。在这方面，烟草是唯一的重要先例，咖啡、茶和巧克力所走的道路与17世纪早期烟草所走的路非常相近。当然，各种新商品的政治经济背景各有不同。弗吉尼亚/切萨皮克（Virginia/Chesapeake）殖民地的迅速发展，对于烟草消费至关重要，而咖啡和茶则依赖黎凡特和 54
东印度公司的垄断经营——这一点我们将在下一章进行介绍。[63]但是，如果不是对17世纪英国国内不断变化的消费需求作出某种回应，这些各不相同的政治经济因素就会完全落空。消费需求的变化是由人们对性、身体健康和清醒持重的生活态度所形塑的，这些态度在新商品的周围聚集，使咖啡和茶得以成功，而在它们之前的许多外来药品、香料和奢侈品都未能成功。

可以肯定的是，咖啡、茶和巧克力“真正的”精神上的效用不能被完全忽视，因为这正是促使它们被英国消费者接受的原因。它们确实与在这里讨论的那些其他药物有很大的不同。咖啡不会像鸦片那样使人懒洋洋昏昏欲睡，这无疑会使咖啡被比喻成一种让人“心思澄净”的药物，而鸦片是做不到这一点的。但是，围绕这些药物的生理学论述扩展至远超出大脑与身体化学的“自然”机制，即一种非历史与非文化的机制。异域药物通常被认为具有改变思维或影响身体的特质，而这没有任何生物学意义上的事实基础。咖啡抑制性欲的效用也许是最突出的例子。

因为有关咖啡及其同类商品的报道非常具有建设性，因此它们顺利地在最纯粹的鉴赏家群体圈子之外找到了市场。因此它们顺利地在最纯粹的鉴赏家群体圈子之外找到了市场，逃脱了人们对来自亚洲或其他外国商品的质疑和轻视。但它们的成功也归功于它们适应了消费者的物质和精神利益，这些消费者是17世纪消费市场上的主要行动者。医生和病人，药剂师和顾客，海外商人和伦敦本地的零售商，当然，还有咖啡馆老板和他们的顾客们，这些人都能在买卖这些新商品的同时收获利润与乐趣。这样一来，他们终于从鉴赏家群体的橱柜和游记里找到了一件稀奇古怪的新玩意儿，并使之成为英国城镇市场中的惯常事物。

## 注释

[1]尝试从全球视角来分析这个问题的文献有 Courtwright，*Forces of Habit* 与 Jamieson，"Essence of Commodification"。

[2] Smith，"From Coffeehouse to Parlour，" and Smith，*Consumption and the Making of Respectability*.

[3] Montesquieu，*Persian Letters*，86.

[4] Camporesi，*Bread of Dreams*，(引自 137 页)；类似论点参见：Braudel，*Structures of Everyday Life*，261；Ginzburg，*Ecstasies*，esp. 303-7；Goodman，*Tobacco in History*，42-43；Goodman，"Excitantia，" 133-35；对照阅读 Goodman，Lovejoy，and Sheratt，*Consuming Habits*，230. Schmidt，"Tobacco，" 613-14；Goodman，*Tobacco in History*，43；Mathee，"Exotic Substances."

[5]对照阅读 Camporesi，*Bread of Dreams*，138，140。在近代早期的草本植物志中，鸦片和忘忧草经常被混为一谈，参见：Culpeper，*Culpeper's Complete Herbal*，500.

[6]另见 Pelling，Common Lot，44 中的相关质疑，以及 Mandrou，*Introduction to Modern France*，219-20 中对法国情形所持的类似观点。

[7] For example，BL，Harley MS 7316，fol. 3r；Schivelbusch，"Die trockene Trunkenheit des Tabaks." Gerarde，*Herball or Generall Historie of Plantes*，1549；*Calendar of Court Minutes of the EIC*，1660-63 (Nov. 1662)，278；参照 Parkinson，*Theatrum Botanicum*，1582；*Poor Robin's Intelligence*，[26 October 1676]；Leadbetter，*The Royal Gauger*，262.根据运价总簿记载，早在1629年印度克库鲁斯(Coculus India)这种植物就被引进到英伦三岛，参见：Roberts，"Early History of the Import of Drugs into Britain，" 175. Friedman，*Battle of the Frogs and Fairford's Flies*，171-75；Hill，*The World Turned Upside Down*，159-62，quote at 160.

[8] Daston and Park，*Wonders and the Order of Nature*，130.

[9] Lears，*Fables of Abundance*，26；*Gerarde*，*Herball or Generall Historie of Plantes*，sig. B4v；Webster，*Great Instauration*，253；Parkinson，*Theatrum Botanicum*，1614.

[10] Boyle，*Works*，6:728；Daston and Park，*Wonders and the Order of Nature*，148；Monardes，*Ioyfvll Nevves ovt of the newe founde worlde*. Arnold，"Cabinets for the Curious，" 188；1614年，药店从杂货店中分离出来，并于 1617 年获得皇家特权，参见：Cook，*Decline of the Old Medical Regime*，46-47.

[11] Mun in McCulloch，ed.，*Early English Tracts on Commerce*，8. 托马斯·芒对东印度贸易的兴趣导致他轻视烟草贸易的发展，参见：*Early English Tracts on Commerce*，8-9，19；Holmes，*Augustan England*，185.

[12] Roberts，"Early History of the Import of Drugs into Britain，" 167，168。类似的观点参见 Findlen，*Possessing Nature*，268 和 Daston and Park，*Wonders and the Order of Nature*，158；Webster，"Alchemical and Paracelsian Medicine，" 330；Webster，*Great Instauration*，esp. 246-323 和 Wear，"Early Modern Europe，1500-1700，" 309-10.

[13] Culpeper，*English Physitian*，sig. A2v.参见 Cook，*Decline of the Old Medical Regime*，120-24；Webster，*Great Instauration*，268；Culpeper，*English Physitian*，sig. A2v；对照阅读

Culpeper, *Physical Directory*, 2nd ed., sig. B2r; Matthews, "Herbals and Formularies," 196; [Fuller], Anglorum Speculum, esp. 2. Pinnell, *Philosophy Reformed and Improved*, 3rd ed., 78; Webster, *Great Instauration*, 284. 此类观点并非英格兰独有,Aignon 甚至认为在上帝为法国的每个省都提供了充足的资源来疗愈一切疾病,参见 *Prestre Medecin*, 215, 208 [*bis*],另见盖·巴廷(Guy Patin)对法国药剂师的批评,参见:Franklin, *Les Médicaments*, 28, 31.

[14] Bright, *Treatise: Wherein is Declared the Sufficiencie of English Medicines*, 16, 12-13. 这种认为英国气候需要有与其他国家不同的饮食习惯的观点非常普遍,参见:Harrison, *Description of England*, 123-25.对照阅读:Pelling, Common Lot, 34; Evelyn, *Mundus Muliebris*, 2nd ed., sig. A4r; *Eccentric Magazine*, 1:58-59.

[15]参见 Paulli, *Treatise on Tobacco, Tea, Coffee, and Chocolate*, esp. 24-25, 132-33;对照阅读 Naironus, Discourse on Coffee, sig. A2r;参见 Chaytor, *Papers of Sir William Chaytor*, 281; *Grand Concern of England Explained*, 21; Aignon, *Prestre Medecin*, 148, 210-13; *Collection for Improvement of Husbandry and Trade*, vol. 4, no. 88 (6 Apr. 1694);参照:BL, Add. MSS 51319, fol. 199r.

[16]*Natural History of Coffee, Thee, Chocolate, Tobacco*, 26, 30; Birch, *History*, 2:465. Compare Paulli, *Treatise on Tobacco*, 88, 125.

[17] Gardiner, *Triall of Tabacco*, fol. 3r; Dufour, *Manner of Making of Coffee, Tea, and Chocolate*, sigs. A2v-A3r; Spectator, no. 69 (19 May 1711), 1:294; compare also: *British Apollo*, supernumerary paper, [no. 3] (June [1708]); and Pollexfen, *Discourse of Trade, Coyn, and Paper Credit*, 59.

[18] Linschoten, *Voyage*, 2:115-17. 根据林斯霍滕的说法,在南亚,班戈(bangue)是食用而非吸食的。对照阅读阿科斯塔(Acosta)"Tractado"(1578)和布朗恩(Browne)在非洲达文波特(Davenport)的游记 *Aphrodesiacs and Anti-Aphrodesiacs*, 104。马达加斯加的当地人更喜欢吸食他们自己的班戈,参见:Lémery, *Treatise of Foods*, 291-92。Fryer, *New Account of East India and Persia*, 1:230, 2:113, 1:92, 1:262-63, 3:100.

[19] Howell, *New Volume of Letters*, 137; 对照阅读:Burton, *Anatomy of Melancholy* (ii.5.i.5), 2:251.在荷马史诗《奥德赛》(*Odyssey*, book 4.221)中,忘忧草是一种药物,并且在勒布(Loeb)的翻译中,它被描述为"一种能够平息所有痛苦和不适,且减轻一切疾病(症状)的药物"。

[20]RSA, JBO 8/284-85; JBO 8/285-86; JBO 8/286; JBO 8/288-89; 对照阅读 JBO 8/290 和 Ray, *Philosophical Letters*, 174。皇家协会关于这种植物的信息很可能来源于林斯霍滕的(研究)成果和雷伊(Ray)的《哲学信件》(*Philosophical Letters*), 234-35, quote at 235.

[21] Boyle, Works, 2:103-8; RSA, RBO 1/212-16. See also RSA, RBO 2/138; and RBO 2/139. RSA, RBO 2/210.

[22] RSA, RBO 3/48-49; RSA, RBO 3/48.

[23]这个故事似乎起源于林斯霍滕的《航行》(*Voyage*, 1:209-11),对照阅读 2:68-72, 2:212。并且这个故事在 BL, Sloane MS 1326, fol. 103r 中重复出现。参照:Burton, *Anatomy of Melancholy* (ii.5.i.5), 2:250; RSA, RBO 1/216; Fryer, *New Account of East India and Persia*,

1:92.

[24] Linschoten, *Voyage*, 2:113, 114; 对照阅读:Fryer, *New Account of East India and Persia*, 3:99-100; Ray, *Philosophical Letters*, 58; Lémery, *Treatise of Foods*, 292-93; 瑞考在奥尔登堡, *Oldenburg Correspondence*, 3: 604; *Domestick Intelligence*, no. 11 (27-30 June 1681). [Hammond], *Work for Chimny-sweepers*, sig. E4v; 这一匿名短文发表在哈雷(Harley)《烟草争议的起源》一书中,第 38-39 页(*The Beginnings of the Tobacco Controversy*, 38-39)。

[25]17 世纪出版的两篇关于鸦片的医学专题论文: Sala, *Opiologia* 和 Jones, *Mysteries of Opium Reveald*.。有关鸦片的医学用途,参见:Ward, *Diary of the Rev. John Ward*, 248, 266. Herbert, *Relation of Some Yeares Travaile*, 150-51. Bacon, *Works*, 14:361-63, quote at 361; 另请参阅:Boyle, *Works*, 2:28, 6:726.

[26] RSA, EL/S 1/90, fol. 181v。虽然斯塔布本人将士绅名流看作既定医疗特权的危险闯入者,参见 Cook, "Henry Stubbe and the Virtuosi-Physicians," 246-71 ——但他和皇家学会的其他成员一样,共同沉浸在鉴赏家群体的那种好奇心文化之中。参见:Landsdowne, *Petty-Southwell Correspondence*, 117, 255. Culpeper, *Complete Herbal*, 203-5, quote at 205.

[27] Lémery, *Treatise of Foods*, 292-93; compare Oldenburg, *Oldenburg Correspondence*, 3: 604; Olearius, *Voyages and Travels of the Ambassadors*, 321; and *Athenian Mercury*, vol. 6, no. 4 (13 Feb. 1692).

[28] Boyle, *Works*, 2:121-22. 在此前一个世纪,帕拉赛尔苏斯(Paracelsus)曾提出疑问:是否"即使在有毒物质中也不存在大自然的奥秘"(*Selected Writings*, 95),有毒物质也是医学化学的研究内容,参见:Pollock, *With Faith and Physic*, 105.

[29]RSA, LBO 1/416,类似情形参见 RSA, RBO 3/90-92。意大利鉴赏家群体对蝰蛇蛇毒的医疗功效颇感兴趣,参见:Findlen, *Possessing Nature*, ch. 6, esp. 241-45.有关现代早期初始时人们对毒药的极端厌恶之情,参阅:Pelling, Common Lot, 36, 45-46; Bellany, "Mistress Turner's Deadly Sins," 188-89.

[30] [Antaki], *Nature of the Drink Kauhi*, 4; *Natural History of Coffee*, 5-6; DuFour, *Manner of Making of Coffee*, 14; Duncan, *Wholesome Advice Against the Abuse of Hot Liquors*, esp. 55, 74-75, 215-16; *Ale-wives Complaint Against the Coffee-Houses*, 5; Duncan, *Wholesome Advice Against the Abuse of Hot Liquors*, 219; see also *Athenian Mercury*, vol. 1, no. 23 (1691), Q. 4.

[31] 尽管气候过于炎热常被认为会导致不孕不育,但"在'关于阳痿'的'医学'文献中,热量不足对此导致的影响则显得更为突出"。参见:Laqueur, *Making Sex*, 102.

[32] Olearius, *Voyages and Travels*, 322-23; Sandys in Purchas, *Hakluytus Posthumus*, 8: 146; Denison Ross, *Sir Anthony Sherley and His Persian Adventure*, 186-87. Olearius' story is related in *Natural History of Coffee*, 5; Sandys' account is in *Vertues of Coffee*, 6.

[33] On English conceptions of Turkish sexuality, see Bray, *Homosexuality in Renaissance England*, 75. MS annotation to *Phil. Trans.*, vol. 14, no. 155 (20 Jan. 1684/85), 441 in BL shelfmark Eve.a.149; compare the similar remarks in North, *Lives*, 2:176-77.

有关英国人对土耳其人性行为的看法，参见：Bray，*Homosexuality in Renaissance England*，75. MS annotation to *Phil. Trans.*，vol. 14，no. 155（20 Jan. 1684/85），441 in BL shelfmark Eve.a. 149；类似评论参照：North，*Lives*，2:176-77.

[34]Naironus，*Discourse on Coffee*，20；*Women's Petition Against Coffee*，引自第6页；另见：*Wandring-Whores Complaint*；*Maidens Complain[t] Against Coffee*；*Character of a Coffee-House with the Symptoms of a Town Wit*，5；*Ale-Wives Complaint*，5；1674年再版的"The Women's Petition"（1674）：*City-wifes Petition Against Coffee*；以及 Brown，*Essays Serious and Comical*，34. *Womens Complaint Against Tobacco*；对照阅读：Duncan，*Wholesome Advice Against the Abuse of Hot Liquors*，220.

[35] T. J.，*World Turned Upside Down*；*Parliament of Women*；*List of the Parliament of Women*，与 *Account of the Proceedings of the New Parliament of Women*. 参照：Underdown，*Revel，Riot，and Rebellion*，211；Davis，*Society and Culture in Early Modern France*，124-51. Hughes，"Gender and Politics in Leveller Literature，" 162-88.

[36] Rochester，*Complete Poems*，54-59；BL，Harley MS 7312，fol. 90r；BL，Harley MS 6914，fols. 11v-15v；BL，Harley MS 7315，fols. 284v-286r；Bodl. MS Don. b.8，194-97；Day，ed.，*Pepys Ballads*，4:50；BL，Add. MSS 40060，fol. 78r；*Character of a Town-Miss*，3. See also Weil，"Sometimes a Scepter Is Only a Scepter，" 151.

[37]*Wandring-Whores Complaint for Want of Trading*，4. See also *Mens Answer to the Womens Petition Against Coffee*，2. Compare Pincus，"Coffee Politicians Does Create，" 823-24；Harris，*London Crowds in the Reign of Charles II*，80-91.

[38] Coe and Coe，*True History of Chocolate*，90，94-95，154，174-76；St. Serfe，*Tarugo's Wiles*，18；*Natural History of Coffee，Thee，Chocolate，Tobacco*，18 此处意译自这些资料：Stubbe，*Indian Nectar*，132-41；*Spectator*，nos. 365，395（29 Apr. 1712）；（3 June 1712），3:374；3:480-81；Stubbe，*Indian Nectar*，171，129-30.

[39] Stubbe，*Indian Nectar*，142，130. 关于斯塔布对盖林医学(Galenism)的阐释和理解，参阅：Jacob，*Henry Stubbe*，46-49. 对照阅读：Foucault，*Care of the Self*，105-44；Rouselle，*Porneia*，19；Brown，*Body and Society*，19-20；Laqueur，*Making Sex*，35-49，103.

[40]*Tatler*，no. 1（12 Apr. 1709），1:16；*Spectator*，no. 88（11 June 1711），1:375；*Oxford DNB*，s.v. "Francis White." 另见 *View of Paris and Places Adjoining*，24-25；*Character of the Beaux*，3.

[41]Schivelbusch，taste of Paradise，92.佩皮斯和伍德在书中多次提及喝咖啡，无法一一列举。要了解他们对巧克力和茶的喜爱，可参阅：Pepys，*Diary*，chocolate：1:178；3:226-27；4:5；5:64；5:139；drunk at a coffeehouse：5:329；tea：1:253；6:327-28；8:302. Wood，*Life and Times*，1:189；1:378；1:466；1:467- 68；2:15；2:23-24；2:27；2:81；2:89；2:92.

[42] Mintz，*Sweetness and Power*，108-12；Smith，"Complications of the Commonplace，" 263；and Goodman，"Excitantia，" 132，142 nn. 61-62. [Ward]，*London Spy Compleat*，11，146，203，278-79，290；*Spectator*，no. 269（8 Jan. 1712），2:551；Spectator，no. 568（16 July 1714），4:

539; De Saussure, *Foreign View of England in* 1725-1729, 101; and Southerne, *Works*, 1:378.

[43]对照阅读 Ellis, *Penny Universities*, 49-57. Rumsey, *Organon Salutis*, 1st ed., sig. b3r; Chamberlayne, Angliae notitia, 1:45;对照阅读 Miège, *New State of England*, 2:37- 38. 44. See, e.

[44]参见, e.g., Wood, *Life and Times*, 1:502, 3:27; *Friendly Monitor*, 32; *Spectator*, no. 450 (6 Aug. 1712), 4:85;对照阅读:Chartres, "Place of Inns in the Commercial Life of London and Western England," 327-29; Grassby, *Business Community of SeventeenthCentury England*, 177, 288.

[45] *Coffee-Houses Vindicated*, 4; CUL, Add. MS. 91C, fol. 13r. Prynne, *Healthes Sicknesse*; Bury, *England's Bane*; Scrivener, *Treatise Against Drunkennesse*; and Darby, *Bacchanalia*.

[46] Bodl. MS Rawlinson D.1136, p. 8.

[47] Sherratt, "Alcohol and Its Alternatives," 13;*Mens Answer to the Womens Petition*, 2; *Ale-Wives Complaint Against the Coffee-Houses*, 4; *Women's Petition Against Coffee*, 5; *Character of a Coffee-House*, 3.

[48] Scrivener, *Treatise Against Drunkenesse*, 114; [Defoe], *Poor Man's Plea*, 12. Stow, *Survey of the Cities of London and Westminster*, 1:257; Clark, *English Alehouse*, 108-11.

[49] Brome, *Songs and Other Poems*, 引自第 43 页,对照阅读第 58, 77-78, 80 页; *Pepys Ballads*, 4:243 (quoted), 对照阅读 5:98. 237,并参阅 Oldham, *Poems*, 237; Jordan, *Lord Mayor's Show*, 5-6; *Night-Walkers. Poor Robin's Character of an Honest Drunken Curr*, 7 (quoted); *Wit at a Venture*, 77. 对照阅读:Pincus, "Coffee Politicians Does Create," 823, 825; Klein, "Coffeehouse Civility," 41-42.

[50] Phillips, *New News from Tory-Land and Tantivy-shire*, 4.对照阅读:the Tory response: *Heraclitus Ridens*, no. 58 (7 Mar. 1682), 4. Smith, *Consumption and the Making of Respectability*.

[51] Illich,*Medical Nemesis*, 63 n. 86. Depositions of Anne Covant (31 Dec. 1686) and Margaret Cooper (5 Jan. 1687), in CLRO, MC 6/462 B; and Campbell, *London Tradesman*, 188.

[52] Franklin, *Le Café, le Thé, et le Chocolat*, 167; 对照阅读:Porter and Porter, *Patient's Progress*, 132. Cook, *Decline of the Old Medical Regime in Stuart London*, esp. ch. 1.关于"买方市场"的描述,第 28 页, 另见 Porter and Porter, *Patient's Progress*; Porter, *Health for Sale* 和 Cody, "No Cure, No Money。

[53]*Essays Serious and Comical*, 101; BL shelfmark c.112.f.9 (21); compare Linschoten, *Voyage*, 2:65, 67; *English Lucian*, no. 12 (21-28 Mar. 1698).

[54] BL shelfmark C.20.f.2 (372); repr。如文中图所示,BL shelfmark C.20.f.2. (371); BL shelfmark c.112.f.9. (17)与 *Of the Use of Tobacco, Tea, Coffee*, 13。

[55] Willis,*Pharmaceuticae Rationalis*, 155; Pepys, Diary, 8:302; Nicolson, ed., *Conway Letters*, 231; Harvey, *Discourse of the Plague*, 12; BL, Add. MS 15226, fol. 59.

[56] Old Bailey, Ref. T16860707-2 (William Booth; 7 July 1686); *Review*, vol. 1 [9], no. 43 (8 Jan. 1713), 86a.这些药剂师的遗嘱记录中没有显示出他们的存货中有任何外来饮品: CLRO, OCI 2151; CLRO, OCI 2333; CLRO, OCI 2358; PRO, PROB 4/17465; and PRO, PROB 4/8815.

[57] Stubbe, *Indian Nectar*, 125; Orbilius Vapulans, 12; and *Character of a CoffeeHouse* (1665), 1; Goodman, *Tobacco in History*, 43-44; Duncan, *Wholesome Advice Against the Abuse of Hot Liquors*, 217; Findlen, *Possessing Nature*, 242-43; and Camporesi, *Bread of Dreams*, 73, 103.

[58] Peacham, *Worth of a Penny*, 21; Porter, *Health for Sale*, 52; Cook, *Decline of the Old Medical Regime*, 83-86, 114; Porter, *Patient's Progress*, 130-32.

[59] Porter, *Health for Sale*, 36, 41 (quoted); Porter and Porter, *Patient's Progress*, 33-52, 157-59; 对照阅读: Jones, "Great Chain of Buying."

[60] Naironus, *Discourse on Coffee*, sig. A2v; *Calendar of Treasury Books*, vol. 2, 1667-1668, 95, 192, 196; Sainsbury, ed., *Calendar of the Court Minutes of the EIC*, 1664-1667, 373, 376, 393.

[61] HMC, *Fifth Report*, 158; 12 Charles II, c. 13 与 12 Charles II, cc. 23, 24 (1660). 有关这项立法参见 Chandaman, *English Public Revenue*, 41, 以及 Braddick, *Parliamentary Taxation in Seventeenth-Century England*, 一书中第 201-203 页的相关研究。

[62] Tryon, *Wisdom's Dictates*, 128; 另见 Smith, "Enthusiasm and Enlightenment"; DuFour, *Manner of Making of Coffee*, 15; 对照阅读: Lister, *Journey to Paris*, 35; [Chamberlayne], *Englands Wants*, 4; Jenner, "Bathing and Baptism," 213; BL, Add. MSS 32526, fol. 61r.

[63]大西洋"新兴商人"与地位牢固的垄断商人之间存在着显著的差异,相关研究参见: Brenner, *Merchants and Revolution*.

# 55 第三章　从摩卡到爪哇

在17世纪发现咖啡并推广饮用咖啡的过程中，鉴赏家群体扮演了重要的角色，但最终咖啡在商业上的成功，并非全然仰仗他们。是那些资金雄厚、装备精良、具备发展海外贸易相关条件的商人们，为追求利润，远赴重洋，在海外从事咖啡贸易，从而将咖啡这种异域商品引入了英国市场。在咖啡早期商业史中，颇为讽刺之处在于，随着咖啡的日渐流行，商人最终获利最多，而也正是他们，最初对咖啡市场的潜力最缺乏信心。与颇具乌托邦色彩的鉴赏家文化相比，当时的海外贸易商业文化在企业家创新精神上显得颇为保守。鉴赏家文化里包含着强烈的好奇心和求知欲，为追求知识的进步，他们会鼓励人们去尝试那些乍看似乎无关紧要甚至略带轻浮浅薄的新玩意儿。

最早接触咖啡的旅行家们大多是为海外商人服务的，但他们宣称旅行的目的不单
纯是寻找新商品带回英国国内市场销售，而是为英国商品在海外市场打开销路。就海
外贸易而言，已有的外国商品，如胡椒或香料，销路稳定且利润颇丰，能够满足他们的
56 需求，因此也就没有考察国内潜在新市场的必要了。17世纪初，外国进口商品的初始
市场规模小且缺乏弹性，因此商人们没有动力去开辟未经尝试商品的新市场，比如咖
啡。[1]借用约翰·西利爵士(Sir John Seeley)对大英帝国财富积累的著名表述：对咖啡
潜在商业价值的开发，完全是在一种心不在焉的状态下进行的。咖啡在国外被英国商
人发现后，并没有马上进入国内市场。在整个17世纪，它不疾不徐、断断续续地被运
到英国出售给英国消费者。

起初，英国旅行家们发现咖啡时，咖啡仅在地球的一隅生长并种植，大量售卖咖啡的市场只有阿拉伯半岛、也门南部和埃塞俄比亚等地区。世界上最主要的咖啡批发市场是港口城市摩卡(Mocha)，位于亚丁港(the port of Aden)以西，红海和阿拉伯海的交汇处(图3-1)。海外商人们希望为本国市场引进咖啡，经他们之手，咖啡进入不列颠群岛。将咖啡引入17世纪英国商业文化，为我们研究海外贸易全面扩张的运作方式提供了一个颇具启发的案例，历史学家通常称之为商业革命。咖啡成为不列颠群岛贸易世界一分子的故事，也有助于我们理解重商主义(mercantilism)在实践中的运作方式。[2]作为主要由黎凡特、东印度公司等大型贸易垄断组织主导的国际贸易项目，

57

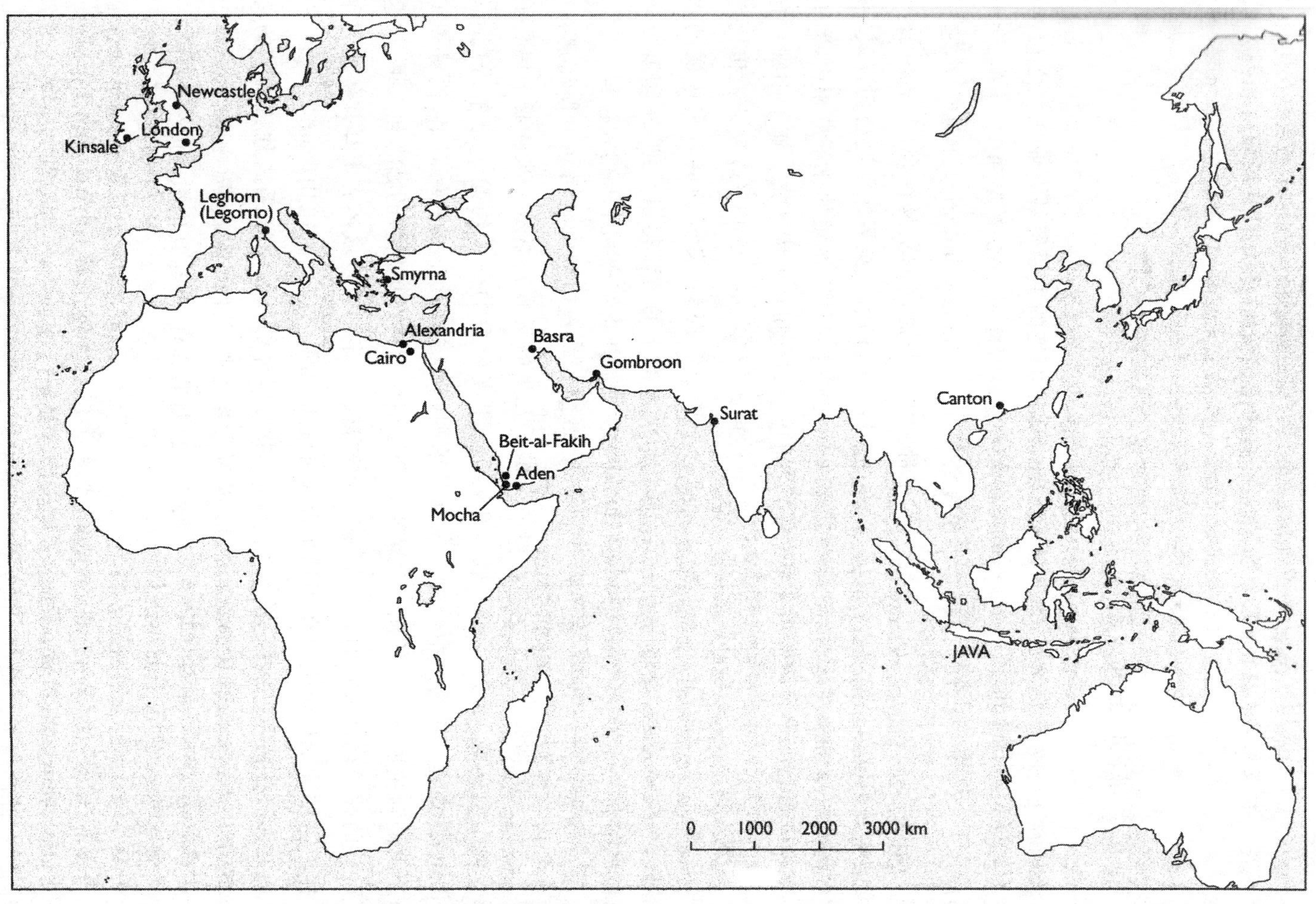


**图 3-1　1600—1720 年国际咖啡贸易中主要仓库。比尔·尼尔森(Bill Nelson)供图。**

咖啡深深地植根在近代早期重商主义的贸易实践中。然而,由于咖啡是一种非本地产的商品,在国外只能用大量的黄金购买,因此,咖啡贸易的增长引起了重商主义者们的极度不安。本章将详述咖啡是如何凭借其盈利能力逐渐打消了英国海外贸易界疑虑的。

## 咖啡与商业主义:东印度公司发现咖啡

大约在16、17世纪之交,奥斯曼帝国和东印度群岛的主要贸易企业成立之初,英国人就尝试与黎凡特和红海地区主要的咖啡市场取得联系。1585年和1600年,两个大型商业合作企业,黎凡特公司和东印度公司(East India Company)分别成立,它们致力于促进英国与奥斯曼帝国和土耳其东部亚洲市场之间的贸易往来。[3]早在1608年,爱德华·米歇尔伯恩爵士(Sir Edward Michelborne)就向英属东印度公司提议,考
58 虑在红海港口城市摩卡建立一个贸易前哨站。与同样是驻军城镇的亚丁港相比,摩卡有进入红海和印度洋开展贸易的优势,这里可以更好地接待外国商人。亚丁则常常有葡萄牙舰队巡逻,这些船只只为"葡属印度殖民地"(Estado da India)服务。相比之下,摩卡"仅由商人管理",是一个"特殊的贸易场所",拥有"良好的港口和优质的水域"。同时,它还是也门的商业重镇。[4]米歇尔伯恩爵士的建议得以采纳,东印度公司的第四次航行于1608年3月启程,前往东印度群岛,并将红海和摩卡列入行程。

1609年春,第四次航行抵达阿拉伯半岛,英国人与也门的咖啡市场不期而遇,这些咖啡市场为奥斯曼帝国和印度洋地区提供了充足的货源。那是一次从亚丁启程前往摩卡的小型探险,船只从海上驶入港口,东印度公司的商人约翰·茹尔丹(John Jourdain)在穿越沙漠的途中经过一家阿拉伯咖啡馆。在接下来的一周里,他看到了漫山遍野的阿拉伯咖啡种植园。他特别提到该地区的村庄里出售的咖啡和水果。"这种可可豆的种子是种很好的商品,它们被运往富丽堂皇的开罗城还有土耳其各地和印度。据说这种种子只能生长在阿拉伯半岛最高的山脉——山姆拉山(Sumâra)上,在其他地方无法存活"。[5]然而,关于在阿拉伯半岛以外的其他地区无法种植咖啡的传言,实际上是当地商贩有意散布的谣言,因为只有这样,他们才能占据(咖啡在)国际市场上的垄断地位。尽管约尔丹目睹了阿拉伯的咖啡贸易,但与其他东印度公司同行一样,他对从事咖啡贸易没什么兴趣。

东印度公司的第六次航行可以说是命运多舛。1610年春,船队在亨利·米德尔顿爵士(Sir Henry Middleton)的带领下再次停靠摩卡港,但他对当地的咖啡贸易仍旧置若罔闻。此次摩卡之旅以失败告终,结果米德尔顿还被奥斯曼当局暂时监禁。由此次事件造成的两国之间商业外交关系的恶化,花费了很多年时间才得以修复。最终,东印度公司承认他们在米德尔顿摩卡事件中处置不当,并向黎凡特公司支付了900英

镑作为“赠礼”。[6]

第六次航行的失败，导致那些试图恢复英国红海贸易的诸种努力与尝试均被搁置，但到了 1617 年底，英国外交官托马斯·罗伊爵士(Sir Thomas Roe)再次提议派遣 *59* 商船前往摩卡，以恢复双方贸易往来。对于向东航行的英国船只而言，摩卡是越冬的绝佳选择，具备战略意义，同时，它在印度洋贸易中的作用也非比寻常，因此，东印度公司一直将摩卡置于其议程之上，但咖啡并非其关注的焦点。因为在 17 世纪初，与咖啡相比，珊瑚贸易更加有利可图。正是因为珊瑚贸易，摩卡的地位举足轻重。1618 年和 1619 年，东印度公司公司多次向驻摩卡的土耳其总督提出请求，要求获得在当地开设贸易工厂的特权。尽管苏拉特(Surat)的总督们对英国插手古吉拉特(Gujarati)商人的贸易前景没什么热情，但还是欣然应允，很快，罗伊爵士对摩卡的贸易前景就“报以美好的期待”。[7]

随着东印度公司被卷入印度洋经济，其海外各部逐渐认识到了咖啡的商业潜力。该公司在苏拉特的工厂成为印度洋上英国的主要贸易站。很快，公司总裁托马斯·格列奇(Thomas Kerridge)从苏拉特的商人那里得知，摩卡的咖啡在波斯的萨非帝国(Safavid)和印度的莫卧儿王朝供不应求。于是，在 1619 年 3 月，他告诉摩卡的代理商，如果东印度公司开始购买摩卡的咖啡，就能在现有的亚洲市场中大赚一笔。在这之后的几十年，英国人经营的咖啡市场一直局限于亚洲内部的“国家间贸易”(country trade)。1619 年 11 月，第一批咖啡从摩卡运到苏拉特，格列奇和他的同事们考虑运回一些到英格兰，但随后打消了这个念头，因为他们认为咖啡“在苏拉特比在英国更能卖上价钱”。到 1621 年 10 月，东印度公司在苏拉特地区修建了仓库，用来储存从摩卡进口的咖啡，从而为英国国家贸易发展提供服务。[8]

从 1620 至 1650 的三十年间，东印度公司积极地向波斯和印度次大陆供应咖啡。摩卡咖啡贸易的利润相当可观。总裁格列奇向伦敦的公司董事会报告说，他能以 33％的溢价出售。他说，公司已经购买了咖啡“籽”，即咖啡豆和咖啡果外壳，“这两种东西都能拿来制作饮料，不过品质有所不同，价格也有差距”。1628 年 1 月，格列奇将咖啡豆和咖啡壳的样品寄到伦敦，这很可能是第一批到达英国的咖啡。东印度公司在亚洲咖啡贸易中的冒险投资获得了成功，并随着时间的推移逐渐扩张。1630 年 12 月，苏拉特的新任总裁托马斯·拉斯特尔(Thomas Rastel)对咖啡贸易“屡遭忽视”备感遗憾，并下定决心“在将来，要继续扩大咖啡贸易的规模，因为我们发现了其中的不 *60* 足”。1632 年，驻波斯的东印度分公司通知格列奇和他在苏拉特的理事会，咖啡在波斯“无论什么时候都能卖出好价钱”。1636 年，代理商们向董事会提议，定期从伦敦派商船前往摩卡途经苏拉特，这样一定能促进咖啡贸易，同时还能保护公司船只免遭红海海盗的洗劫。[9]对 17 世纪的摩卡商人们来说，海盗一直是挥之不去的阴影。

1636 年，也门脱离了奥斯曼土耳其帝国统治，这给咖啡贸易带来新的机遇。17 世纪 20 年代爆发的反抗苏丹的叛乱，使奥斯曼土耳其帝国在也门的控制变得相当微弱，直至不堪一击。1636 年 8 月，这一消息传到苏拉特，当地阿拉伯人闻讯揭竿而起，反抗奥斯曼帝国的统治，并建立了自治政权。突发的动乱带来了诱人的商业前景，因为传说阿拉伯人打算降低摩卡和亚丁两地的贸易关税。[10]摩卡的新阿訇对英国商人敞开大门，东印度公司很快恢复了它在波斯和西印度的咖啡供应。[11]自此之后，摩卡的欧洲商人们不再与奥斯曼帝国的官员们打交道，而是开始直接与当地的阿訇做生意。

当然，在充斥着明争暗斗的印度洋市场，利润丰厚的咖啡贸易就像块肥肉，除英国外，印度洋市场上的其他竞争对手们也虎视眈眈。荷兰人在东印度群岛主要从事印尼的香料生意且获利不菲，但荷属东印度公司对红海地区贸易的兴趣绝不亚于英国。17 世纪 20 年代前后，荷兰的商船开始在摩卡港出现。不久，荷兰人也介入了亚洲的咖啡贸易。法国人也有干预红海市场的倾向。1647 年 11 月，在波斯湾海域，英属东印度公司的代理商们注意到一艘法国海盗船，并从开往巴士拉港的一艘小船上查获了咖啡。[12]

东印度公司参与咖啡交易为英国贸易带来了巨大的收益，然而，在格列奇总裁的咖啡样品抵达伦敦 30 多年后，公司才开始意识到英国国内可能同样存在咖啡消费的需求。1657 年 12 月，也就是伦敦第一家咖啡馆开张后的第五个年头，公司委员会决定从苏拉特分公司订购 10 吨咖啡运回英国国内销售。在这之前，供应给英格兰的咖
61 啡，一直是来自黎凡特或其他地中海商人手里的少量订单。大约一年后，又有一笔订单，这次是两倍的量，20 吨咖啡。或许是伦敦咖啡馆生意兴隆令公司下定决心开展远洋咖啡贸易。荷兰的商人们细心地观察这些动向，到 1660 年，荷属东印度公司发现，喝咖啡在欧洲特别是英国日渐盛行，于是他们也开始从波斯订购咖啡。[13]

一些英国公司在印度的分公司建议，如果要开展长期的咖啡进口贸易，不如在也门建立一个永久性工厂。公司位于拉贾布尔(Rajapur)的代理商提议："如果英国能出售大量的咖啡，那么不如在贝特勒菲基(Bettlefucky)建一个新厂，其规模应远高于在摩卡的工厂。如此这般，这些货物就可以比苏拉特运来的那些销路更好，我们想进多少就进多少，在布索拉(Bussora)或者波斯，都会供不应求。"然而这个建议没能得到重视，因为 17 世纪 40 到 50 年代的经验证实，建立永久性贸易工厂未能给商人们带来任何利润。即便是在 60 年代，英国开始定期进口咖啡后，在摩卡建工厂的那些努力仍然无法付诸实施。因此，在 17 世纪余下的时间里，摩卡的咖啡贸易就一直处于西印度苏拉特总督的管辖范围之内。[14]

在英国，随着新生市场对咖啡需求的日渐增长，保证咖啡的正常供应绝非易事。1660 年 2 月，在给苏拉特分厂的信中，东印度公司拒绝了工厂往英国追加咖啡的建议，因为它认为去年 20 吨的供应量暂时会很充裕。然而，信件抵达为时过晚，1661 年 12 月，一艘满载新鲜咖啡的商船已从苏拉特驶向伦敦。自这些咖啡在伦敦市场初次

亮相，市场需求就一直势头强劲，公司只得继续定期向苏拉特的总督们提交订单。经过几个月千里迢迢的海上运输，摩卡的咖啡在抵达伦敦时往往变质或受损，损失惨重。运送“黑腐”(black and rotten)咖啡是该行业的长期隐患，为此，东印度公司发现不得不时常向不小心购买了此类商品的商家提供赔偿。为减少损失，公司会在定期拍卖会上，把变质的咖啡掺在优质咖啡中出售。质量控制仍然是笼罩在国际咖啡贸易头顶上的阴云，东印度公司非常担心消费者会认为黎凡特公司提供的咖啡质量要优于它所供应的摩卡咖啡。[15]

尽管伦敦的咖啡市场欣欣向荣，并且越来越多的摩卡咖啡不再在波斯和印度市场出售，而是被源源不断地运抵伦敦，但直到 17 世纪末，英属东印度公司仍然将重点放在与亚洲国家之间的贸易上。东印度公司为咖啡等一些先前不为人知的商品成功地开辟出了新的国内市场，这似乎也激励了更多的英国商人从事更为大胆的创业活动。17 世纪 60 年代，公司开始尝试进口少量茶叶，到了 70 年代，茶叶的进口变得越来越多。1669 年 9 月 21 日，茶叶首次在公司拍卖会上亮相。此时，公司还开始谋划如何对进口商品的生产资料进行控制。比如，有人尝试将肉豆蔻的种子从印尼的班塔姆(Bantam)带回英格兰，在那里可以“试验”在英国以外的其他种植园种植这种种子。 62
这个实验没有产生什么实质性成果，但在公司与其海外分公司的通信中，对产品创新进行实验的意愿已昭然若揭。1682 年 9 月，公司派遣爱德华・哈尔福德(Edward Halford)随船前往摩卡，他的任务是，船一到摩卡港，务必密切关注被带到那里的“各色商品”。他们还补充道：“要尽最大可能获取有关印度各种商品的知识，对哪些商品最适合欧洲市场要做到心中有数。”“在摩卡，你能见到的商品种类越多，能为我们置办的越多，我们就越看重你的服务。”公司也向苏拉特分部发出了类似指示：“请向我们提供尽可能多的各类商品……现在，不仅我们英国人有这种需求，法国人和荷兰人等也一样，人们对每件新奇事物都抱有这种需求，特别是这玩意儿既轻巧又令人叹服，以至于它几乎永远不会让我们承担过重的责任。”[16] 咖啡贸易的成功，恐怕不是激发英属东印度公司企业创新精神的唯一原因，但可以肯定的是，它鼓励了人们为新商品开拓出新市场从而获取更加丰厚的利润。

英属东印度公司成功开拓咖啡市场的事例催生了一批模仿者。黎凡特公司即通过与地中海港口城市之间的联系，深度参与了 17 世纪晚期的咖啡贸易，这些港口城市包括莱霍恩(Leghorn)、士麦那(Smyrna)，特别是埃及的开罗(Cairo)，它经由苏伊士港通过红海贸易接收摩卡咖啡。然而，奥斯曼帝国的临时禁令禁止基督徒将咖啡出口到苏丹统辖区以外的地方，这就妨碍了土耳其商人从事咖啡贸易。解决这一难题的方法是切断中间商，再开辟一条直通摩卡的贸易航线。17 世纪 80 年代初，黎凡特公司不仅眼红东印度公司的利润，并且对东印度公司限制自己持有股份非常不满，这就促使它着手实施一个计划：一艘名为“神秘商旅号”(*Arcana Merchant*)的商船被派往摩

卡执行贸易任务。[17]这一策略有可能激怒东印度公司，因为它侵犯了后者对东印度群
63 岛，即传统上好望角以东的地区贸易的垄断地位。黎凡特商人却避重就轻，声称他们也有权从事红海贸易，因为他们拥有皇家宪章所赋予的权利与奥斯曼帝国进行贸易往来。小小的摩卡港就这样落入了双方对垄断贸易的争夺之中。

1681年3月，当“神秘商旅号”回到伦敦时，两家特许垄断企业间的矛盾激化至顶点。英属东印度公司给“神秘商旅号”扣上“非法入侵者”的帽子，并将船上所有从摩卡进口的货物悉数查没。黎凡特公司则希望得到许可，确认他们参与红海贸易的权利，于是，利用这次事件掀起了一场针对东印度公司的宣传，称其为一个封闭腐败的垄断企业。它最终的目的不只是要东印度公司承认自己在摩卡开展贸易的权利，还包括要求东印度公司开放股份，让伦敦商业圈的其他投资者也能够持股。尽管官司在海事法庭审理，但赢得国王的支持至关重要。两家公司都向查理二世请愿，要求王室出面解决争端，印度商人还向王室奉上一千畿尼作为礼物进行拉拢。[18]1681年下半年，经内阁多次会议商讨，查理二世最终驳回黎凡特公司的申请。土耳其商人不仅不能如愿撤销东印度公司的垄断特权，而且也无法收回“神秘商旅号”扣押货物的损失，这批货物在同年12月29日被抛售。英属东印度公司的垄断地位依然坚不可摧，土耳其商人仍然不断挑战其垄断地位的合法性，但不再试图插手摩卡贸易了。[19]

然而，从其他各方试图越境前往摩卡的船只仍在继续航行。到了17世纪90年代，咖啡贸易的丰厚利润吸引了一些个体商户，他们愿意为此冒险挑战东印度公司的垄断地位。在17世纪的最后几十年里，海盗和非法经营问题非常严重，以至于人们开始怀疑东印度公司是否能够继续经营下去。针对这些非法经营的行为，东印度公司提起的法律诉讼并不总是行之有效，个体商户有时能够成功地在伦敦卸下并出售他们抢来的东印度公司的商品，尤其是17世纪80至90年代，在不列颠群岛的外港，这种行径更是畅通无阻。这种新形势迫使东印度公司调整了经营策略。1692年2月，当得
64 知一名英国商人非法经营顺利地在摩卡采购到咖啡后，公司建议苏拉特分部停止大量采购咖啡，并补充说，这一地区的公司船只应“按照皇家宪章赋予我们的权力，采用之前的一切手段来破坏它们的航行”。可是他们未能成功拦截海盗，1692年12月，“玛丽号”商船载着满满一船摩卡咖啡抵达爱尔兰南部的金塞尔（Kinsale）。1693年7月，“成功号”商船携带252包咖啡安全抵达纽卡斯尔（Newcastle）。同年晚些时候，另有一个非法经营者在伦敦销售咖啡，没有碰到任何法律问题，在接下来的十年里，这种销售方式成为咖啡批发市场中的常态。[20]

一方面，非法经营者和土耳其商人不断参与到竞争之中，另一方面，17世纪90年代对法战争中被俘获的法国船只上的货物，被当作战利品成为咖啡的另一种新来源。激烈的市场竞争导致咖啡价格持续走低，经销商们不再愿意承担风险购买大量咖啡在国内销售。东印度公司的商人们经常抱怨咖啡卖得太便宜，并感叹说，和没药

(myrrh)、乳香(olibanum)等其他印度商品相比，咖啡利润微薄。在 1687 至 1688 年乔西亚·查尔德爵士(Sir Josiah Child)与莫卧儿帝国(Mughal emperor)那场灾难性的战争后，东印度公司派船前往摩卡，就像他们为英国市场采购咖啡一样，这次旨在阻止非法经营并挽回公司在印度商界的声誉。1698 年英国议会通过决议，成立新的东印度公司，新公司继续派船前往摩卡采购咖啡，致使咖啡行业的贸易竞争越演越烈。[21]

尽管困难重重，东印度老公司在 18 世纪的头几年仍然从事咖啡贸易，公司董事们在 1708 年指出，"咖啡的需求量仍旧非常大"。非法销售和海盗威胁的逐渐减少以及新旧公司合并等因素，都减少了市场竞争，因此，咖啡贸易的前景变得相当乐观。1705 年，东印度公司派往摩卡的大宗货船获得授权，在接下来的几年里，他们定期派船前往摩卡。[22]在安妮女王统治后期，咖啡的价格，包括海外批发价和国内零售价均大幅上涨。1711 年，丹尼尔·笛福抱怨说，正因如此，咖啡馆不得不把咖啡的价格从每杯一便士提高到三个半便士。[23]在这些有利的条件下，东印度公司开始采取行动巩固自己在咖啡贸易中的主导地位。1712 年 3 月，公司董事会决议，每年派商船直达摩卡采购 65
咖啡。1714 年 8 月，公司成立委员会，再次考虑在摩卡建立永久性工厂的可行性。负责定期航运的押运员将因此失业，因此强烈反对这一计划，但这一次，建造工厂的计划非常成功。董事会认为，通过在摩卡建厂，公司可以以更低的价格买到更优质的咖啡，同时，还可以摆脱对苏拉特商人的依赖。1718 至 1719 年，公司分部获得摩卡当地政府支持，顺利开办工厂。除 1726 到 1728 年暂时性关闭外，在 18 世纪剩下的时间里，摩卡的工厂一直从事经营，到 19 世纪初仍旧活跃。[24]

自 1609 年第一艘商船扬帆启航抵达摩卡至 1720 年在摩卡开办永久性贸易工厂，英属东印度公司在亚洲贸易世界中与咖啡的接触，为理解咖啡的商业接受史提供了一个富有启发性的范例。从起初不起眼的与商业盈利无关的好奇心，到后来逐渐融入公司的贸易结构之中。自 17 世纪 20 年代东印度公司开始与亚洲各国开展贸易起，它一直循序渐进并稳扎稳打地参与咖啡贸易。当国内鉴赏家群体围绕咖啡的描述与写作激起了人们对咖啡的兴趣时，东印度公司利用其贸易知识和进入阿拉伯主要咖啡供应市场的机会，在 17 世纪后半期已完全处于咖啡贸易的优势地位了。尽管从未在咖啡贸易上取得绝对的垄断，但它确实握有咖啡贸易的主动权，并在各种竞争中拔得头筹，生存下来。咖啡从来不是东印度公司最赚钱的商品，但咖啡的重要性随着时间推移变得日趋重要。1664—1684 年，公司定期拍卖的咖啡在总进口额中占比从未超过百分之二，但到了 18 世纪头二十年，这一比率超过了百分之二，而且在某些年份中(如 1718 和 1724 年)，还曾达到 17%和 22%。(图 3-2)

东印度公司是典型的"重商主义"公司。它苦心孤诣地想要在东印度国内外贸易中占据垄断地位，并依靠国家赋予的合法性和军事力量在海外贸易中保持竞争力，但

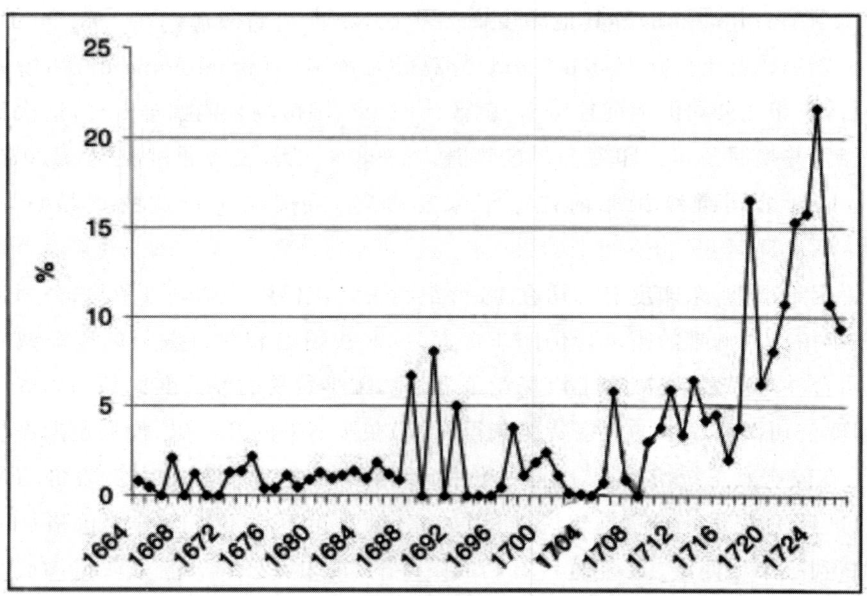


**图 3-2　1664—1724 年,东印度公司咖啡进口额占公司总进口总额的百分比。**
数据来源:乔杜里,《亚洲国际贸易》,p.521。

它并不是批评者们想象中的那种僵化、保守和效率低下的企业。咖啡成功地融入东印
66 度公司商业结构的故事足以说明,重商主义在实践中是如此灵活开化。随着咖啡等新商品的商业潜力逐步赢得海外代理商和伦敦董事会的认可和追逐,东印度公司也由最初的保守变得顺势而为且富有创新能力。[25]在 17 世纪初开始经营贸易时,它并没有打算在红海和印度洋地区开拓咖啡新市场,但在接下来的一个世纪中,它的确成功地成为英国咖啡贸易增长中不可或缺的一员。

## 大功告成:英国咖啡市场

直到 18 世纪第二个十年,东印度公司才成为英国最主要的咖啡供应商,但它确实一直定期进行大宗的咖啡销售。研究其咖啡销售体系,有助于我们了解咖啡作为新的外来商品是如何被纳入英国经济体系的。东印度公司保存的咖啡销售记录,也是迄今为止唯一留存下来的记录,详细记录了咖啡引入伦敦初期的批发与销售状况。就像当初在国外发现咖啡市场的情况一样,在引进咖啡到国内市场时,商人们同样忐忑不安,犹疑不定。起初,英国咖啡市场相当开放,没有哪一方占据主导地位,但很快它就变成了少数人的领地,这些商人试图使自己成为咖啡贸易的主要参与者。

1660 年 8 月 1 日,东印度公司在普通销售法庭举行首次咖啡拍卖。一个名为约
67 翰·约翰逊(John Johnson)的商人买到了十袋咖啡籽,而另外三袋咖啡,外加一袋"残

次品"则被托马斯·肖特(Thomas Short)收入囊中。约翰和肖特那时都不是东印度公司的经销商,他们此时涉足咖啡业务的原因至今无人知晓。约翰的咖啡经营想来十分成功,因为第二年,即1661年3月20日,当东印度公司再次拍卖三十五袋咖啡时,约翰如期而至买下了约四分之一的量,但这次他身边多了一位更有地位和财力的商人詹姆斯·布罗姆(James Brome),这个人在拍卖会上买下了一多半的咖啡。约翰坚持倾全力购买咖啡,但是布罗姆还购买了相当数量的其他商品,包括胡椒、硝石和靛蓝等更传统的商品。后来,实力更加雄厚的贸易商们也加入了咖啡贸易。托马斯·金(Thomas King)是东印度商品的主要经销商,销售胡椒、桂皮、木材、土茯苓、糖和硝石,在1661年10月的拍卖会上,他也买下了九袋咖啡。[26]

除了一般销售记录中所留下的拍卖信息外,很难找到拍卖会上咖啡购买者们更多的信息。这些咖啡买家大部分都是本土巨商,因为只有资本雄厚、信誉良好的商人,才有资格在东印度公司的拍卖会上购买咖啡。鉴于近代早期商人们往往有专门从事杂货贸易的倾向,所以可能许多商人对食品贸易也饶有兴趣。公司的咖啡买家们没有一个是咖啡馆老板,但有些商人可能会把部分存货直接销售给较大的咖啡馆。咖啡商托马斯·戴思(Thomas D'Aeth)主要通过他在意大利的黎凡特关系网来进行经营,他回忆说,自己在17世纪90年代末危机四伏的市场上,被一位"咖啡馆老板"说服采购了更多的咖啡。德埃斯通过他意大利的贸易伙伴在咖啡销售中获利。但东印度公司拍卖会上购买咖啡的商人中,很少有他这样的外国人。像德埃斯这样对咖啡感兴趣的 68
海外商人,可能更愿意利用他们的国际贸易网,用更便宜的价格在海外采购咖啡,希望以比东印度公司更低的交易成本将咖啡进口到英国。1667年10月1日,摩西·弗朗西亚(Moses Francia)、西蒙·雅各布(Symon Jacob)和弗朗西斯·卢斯托(Francis Lusto)等犹太籍或黎凡特商人,也在东印度公司的拍卖会上采购了咖啡,但他们的交易份额很少,次数也并不频繁。在当时人们的印象中,东印度公司商品交易中犹太人占据了很大比重,但从姓氏来看,大部分的咖啡买家还是英国人。[27]约翰逊、肖特、布罗姆、金、温特和史蒂文斯(Johnson、Short、Brome、King、Winter、Stevens)等名字经常出现。弗朗西斯·拉斯科(Francis Lascoe)、勒让德先生(Mr. Legendre)和杜布瓦先生(Mr. Dubois)可能是胡格诺派教徒(Huguenots),还有一位名为亨利·甘比尔(Henry Gambier)的先生,在1710—1730年大量从事咖啡贸易。这串名单中只有两位买主,约翰·莱图里尔爵士(Sir John Lethullier)和托马斯·罗林森爵士(Sir Thomas Rawlinson)拥有爵士头衔。内森·朗(Nathan Long)是17世纪80至90年代最著名的咖啡商之一,自称船长。[28]

拍卖会上的咖啡市场逐渐被少数几家主要经销商控制。自1669年9月起,罗伯特·伍德利(Robert Wooley)开始在拍卖会上买进咖啡,直到80年代,他才成为第一大东印度咖啡经销商。在1660年至1677年间,伍德利购买的咖啡占东印度公司咖啡总销量的 15%以上，比同一时期公司第二大经销商汉弗莱·布罗姆(Humphrey Brome)要多得多，后者在 1662 年至 1664 年间的早期购买量略高于总销量的 3%。伍德利作为第一大经销商的统治刚刚落幕，新的竞争者内森·朗上尉(Captain Nathan Long)便接替了他的位置。1680 年 9 月，朗开始采购咖啡，到 17 世纪 90 年代，成为公司最主要的销售商，他有时会在拍卖会上买下全部或绝大部分咖啡存货。尽管伍德利和朗在咖啡贸易中占据着主导地位，但两人的生意都不局限于咖啡。他们大量投资胡椒、纺织品等东印度公司的其他各种商品，而且迅速成为茶叶经销商。到 17 世纪 80 年代末，伍德利不再购买咖啡，而是把所有的资金全部用于购买茶叶。[29]

东印度公司销售进口商品的首选方式是“一英寸蜡烛计时竞标”①，这种销售方式得到伦敦商人们的高度期待，同时也是极具新闻价值的事件(图 7)。王政复辟时期的新闻记者对东印度公司拍卖会上的咖啡销售很感兴趣。公司使出浑身解数宣传其拍卖会，提前分发传单，详细说明即将出售的商品种类。[30]拍卖成为快速有效地销售进
69 口咖啡的手段，前提是中标者迅速付款并从仓库中提货。然而，很多买家没那么守规矩。1704 年 3 月，针对那些没有及时付款并提货的买家，公司最终决定禁止他们参加未来的“蜡烛计时竞标”。虽然，在买家众多商品需求量大的市场上，拍卖运转良好，但随着咖啡在 17 世纪 80 至 90 年需求量的下降，咖啡拍卖的吸引力也随之下降。拍卖咖啡的另一个不利因素是，提前公开市场上将大量出售咖啡的消息势必会压低咖啡的价格。[31]

东印度公司试图采取一系列策略来保证高价出售咖啡。首先是简单地设定基准价格。从 1681 年 6 月起，公司委员会为拍卖会上出售的咖啡制定了价格指导原则，并开始按预先定好的价格向个体商贩出售咖啡。10 月份时，商人约翰·弗拉维尔(John Flavell)就这样达成了一笔交易，他签约以每磅 817 英镑 5 先令的价格从公司购买了 283 袋咖啡。定价预售策略对公司而言并不新鲜，在 17 世纪初公司销售香料时就采用这一惯例，然而，弗拉维尔的合同的确标志着东印度咖啡贸易进入了一个新阶段。弗拉维尔声称，他对公司咖啡的质量和市场适销性充满信心，并表示愿意拿出 1000 英镑作为首付，这成为东印度公司咖啡销售史上迄今为止最高的一笔首付款。但同时，东印度公司更倾向于以固定价格与单个批发商打交道，而不是以不同价格与不同的经销商打交道。根据弗拉维尔与公司签订的合同，他不得囤积咖啡，也不得利用他在国内市场上的支配地位漫天要价：他同意以 2%的固定利润率将自己一半的库存卖给伦敦的其他经销商。[32]到了 17 世纪 80 年代，对东印度公司的进口批发商而言，投资英国国内咖啡市场胜算很大。公司委员会继续为咖啡制定指导价格，咖啡继续通过签订

① 即竞标开始时，拍卖员点燃一根约一英寸的短蜡烛，竞标一直持续到蜡烛熄灭为止。或者，将别针或钉子插入点燃的蜡烛中，当它掉出时，竞标停止。

70

**图 3-3　托马斯·罗兰森,"印度室内咖啡销售"(The India House Sale Room,1808 年 12 月 1 日),见阿克曼《伦敦缩影》(Ackermann, Microcosm of London,1808-1810),版号 45,书架号 ByzL 080, vol. 2。耶鲁大学拜内克古籍善本图书馆供图。**

个人售卖合同和拍卖会的形式进行销售。1687 年 2 月,委员会决定以每英担[①] 10 英镑的价格向罗伯特·伍德利出售 100 袋咖啡,委员会通过决议:私人合同应该优先于公开销售咖啡,这项决议很快得到了董事会的批准。[33]

尽管私人合同对销售东印度公司咖啡来说可能是一种更为便捷的手段,但那些实力不足的商人,既缺乏人脉,又缺乏融资渠道,因而对私人销售日渐懊恼,并抱怨说这种制度"不符合惯例"。然而,这些潜在的买家对此几乎无能为力,私人销售咖啡的做法只会进一步使伦敦咖啡市场被少数人垄断。罗伯特·伍德利和内森·朗俩人都急切地利用私人销售的机会。公司为像他们这样的大买家提供很多优惠条件,允许其退回"损坏"或低于公认标准质量的咖啡。他们还与东印度公司签下协议,让后者保证不会拿出存货降价销售,以避免对他们的生意产生不利影响。通常,退回公司的咖啡会在拍卖会上继续拍卖,因此这些优先购买者实际上得到了一个机会,优先挑选从东印度群岛进口的顶级咖啡。事实上,从这些私人销售安排中,像伍德利和朗这样的咖啡商得到的好处似乎比公司还要多。1691 年 1 月,东印度公司开始绕过拍卖会直接进

① 英担,英国等于 112 磅,美国等于 100 磅。一吨为 20 英担。

行私人交易,此举并非为了获取更高的利润,而是因为咖啡库存超标。公司预计,“此
71 后已无可能在拍卖会上找到买家”。因此授权委员会,尽量以高价把这些库存咖啡卖掉。朗很快接受了这个价格,将这批库存咖啡都买了下来。[34]

在 18 世纪的第一个十年间,随着摩卡咖啡贸易逐步规范化,东印度公司开始摸索咖啡销售的新方法。1706 年 9 月,委员会决定确定公司咖啡和茶叶的销售价格。到 12 月,公司又决定在次年 3 月之前停止销售咖啡,并下令在伦敦外国商人的主要聚集地,英国皇家交易所(Royal Exchange)公布这项决议。这些举措背后的目的,大概是要抬高咖啡的市场价格。在接下来的几年中,限制咖啡销售的做法仍在继续。1711 年 8 月,董事会考虑废止所有商品的蜡烛拍卖法,但这一提议被否决,蜡烛拍卖法一直延续到 18 世纪末。为进一步维持咖啡的价格,公司在 1714 年 3 月决定将咖啡拍卖限制在每年一次,并在皇家交易所公布了该决定。这一做法似乎得到了普遍的认可,后来又应几家咖啡经销商的请求,增加了咖啡拍卖的次数。因为经销商抱怨说,公司采用的私人咖啡销售合同,给他们带来了诸多不便。1716 年 9 月,董事会决定在咖啡年度拍卖之前,不举行任何残次品或私人咖啡销售。[35]

东印度公司的销售记录可能引起误解。将公司销售与整个英国咖啡市场混为一谈是不对的。在公司销售中,许多买家很可能将他们的咖啡再出口到英国以外其他地区。同样的道理,出现在英国市场的一些咖啡,也可能来自其他国家,尤其是荷兰。荷属东印度公司的进口商品销售属于国际性活动,在阿姆斯特丹销售的大宗商品在更广阔的欧洲市场上卖得更好。伦敦的商人们密切关注着荷属东印度公司的动向,它直接影响到英属东印度公司购买商品的价格。荷兰进口商品供应紧张可能导致伦敦市场价格上涨,反之亦然。[36]

同样值得关注的是,东印度公司并非英国唯一的咖啡供应商。早在 18 世纪初东
72 印度公司定期派船只前往摩卡之前,大部分进口到英国的咖啡都来自在地中海和黎凡特从事咖啡贸易的商人。那时开罗的地位和摩卡相当,两者均为 17 世纪到 18 世纪初咖啡国际贸易的主要中转站。1697 年,从也门进口到埃及的咖啡,大约有一半被运往伊斯坦布尔和奥斯曼帝国等地,剩下另一半很可能被急于供应本国市场的欧洲黎凡特商人买下。18 世纪初,大部分进口到荷兰的咖啡都是产自黎凡特而非东印度。[37]

无独有偶,英国咖啡贸易也是如此。在 1697 至 1698 年间,由于英国海关实行了定期分类记账模式,人们才获得了不列颠群岛进口咖啡原产地的确切信息。但有一点是明确的,即最迟在 17 世纪 60 年代,黎凡特的商人们向英国进口了大量的咖啡。直到 18 世纪初,他们还一直保持着咖啡进口的主导地位。海关记录显示,在 18 世纪的最初 10 年,大部分进口到英国的咖啡来自在土耳其或意大利港口从事咖啡贸易的黎凡特商人(表 3-1)。尽管在个别年份,东印度咖啡的进口量很大,如 1699 年,即占到总进口量的 69%,但直到 1710 年,东印度咖啡进口量与地中海咖啡进口量相比黯然失

色。然而，随着一年一次的摩卡航行，东印度公司很快就在 1720 年占领了咖啡市场。1710 年，东印度公司从摩卡进口的咖啡相当于 18 世纪最初 20 年英国咖啡进口总量的 60%。即使在摩卡咖啡占据市场主导地位之后，从黎凡特进口的土耳其咖啡依旧享有质量更优的美名，这可能是因为黎凡特的商船不必绕好望角长途跋涉，所以咖啡不会受海水侵蚀或其他同船货物的影响。[38]

**表 3-1　1700—1720 年，英国咖啡进口地占比**

| | 1700 | 1710 | 1720 | 1697—1720 |
|---|---|---|---|---|
| 东印度 | 22% | 41% | 95% | 65% |
| 荷兰 | 0% | 0% | 0% | 0% |
| 意大利 | 66% | 56% | 5% | 22% |
| 土耳其 | 12% | 1% | 0% | 12% |
| 西班牙 | 0% | 1% | 0% | 0% |
| 直布罗陀海峡 | 0% | 1% | 0% | 0% |
| 总计 | 100% | 100% | 100% | 99% |

数据来源：PRO，Cust. 3/1—22.

18 世纪初，荷兰对英国咖啡市场的参与可以忽略不计。在 1697 年到 1720 年间的任何一年，荷兰出口到英国的咖啡总量从未达到进口总量的 1%，就连西班牙和直布罗陀海峡的伊比利亚商人咖啡的销售量都比荷兰高。然而，英国的咖啡出口贸易情况却大不一样。荷兰的大宗商品市场是英国咖啡再出口的主要目的地（表 3-2）。出口到荷兰的咖啡，大部分都会再出口到联合省以外的欧洲地区，但荷兰港口仍然是英国此类货物的主要中转港。对英国而言，荷兰大宗商品市场的咖啡出口贸易，远比爱尔兰、北美和西印度群岛的殖民地贸易重要得多。到 18 世纪 20 年代，英国的咖啡出 73
口不再经过荷兰，而是越来越多地直接运往德国和中欧的市场销售，但欧洲咖啡市场的主导地位从未受到英属爱尔兰与北美殖民地市场的挑战。[39]

**表 3-2　1700—1720 年，英国咖啡出口地占比**

| | 1700 | 1710 | 1720 |
|---|---|---|---|
| 北美 | 1% | 2% | 0% |
| 西印度群岛 | 1% | 3% | 0% |
| 德国 | 8% | 6% | 9% |
| 荷兰 | 85% | 72% | 88% |
| 冰岛 | 4% | 17% | 3% |
| 总计 | 100% | 100% | 100% |

数据来源：PRO，Cust. 3/1—22.

18 世纪早期，英国海外咖啡贸易的性质发生了结构性变化。18 世纪初，进口到英国的咖啡多用于家庭消费，但到了 1710—1719 年，越来越多的进口咖啡被再出口到国外市场，到 18 世纪 20 年代，通常只有不到一半的量留给国内市场消费。由于咖啡的进口价和再出口价往往差异很大，进口价通常很低，出口价格由于包含保险和运费而变高，因此很难准确地估量这些价值。[40]不过，总的趋势是明确的。当东印度公司逐步垄断伦敦的咖啡供应时，伦敦市场逐渐成为国际咖啡贸易的中转站，贸易链从欧洲大陆连接到大西洋彼岸的英属殖民地。回顾整个 18 世纪，我们会发现，英国国内消费者在咖啡贸易中的地位越来越低。

现有的咖啡进出口贸易统计数据中，未留下任何有关咖啡秘密交易的记录。18 世纪初，咖啡走私活动日益猖獗。早在 1689 年，议会对咖啡征收关税，未经申报的非
74 法走私活动因之大量出现。这种现象极为严重，迫使议会重新制定关税。1692 年，由于意识到进口咖啡很少按规定报关，议会将税率降到一半。随着英法战争的僵持，政府开始征收额外的咖啡税，作为支付对法战争和征服爱尔兰的经费。在安妮女王统治期间，议会再次提高关税，并最终将其永久性地纳入国家财政收入之中。1711 年，议会批准了一项保税仓制度，只有当咖啡从保税仓运往市场由国内消费时，商人才需缴纳关税。尽管最初推行保税仓制度是为了防止商家在退税时提出过分的欺诈性索赔要求，但正如戴维・奥姆罗德(David Ormrod)所指出的，这一新的财政政策带来的另一个结果就是进一步鼓励咖啡从国内市场转往荷兰的大宗商品市场。[41]

新的仓储系统一定程度上方便了东印度公司的业务，但并没有就此阻断咖啡走私。尽管公司获得了 4.5%的优惠关税减免，但与那些免税进口和销售的黑市咖啡经销商相比，它的处境仍旧不利。为此，公司在 1717 年成立了专门委员会，研究咖啡走私问题。他们断定，这些专注于经营未经申报咖啡的秘密交易，以英国西部地区为转运点，但没有提出明确的解决方案。英国海关官员还抱怨说，秘密走私数量之巨，给国家财政收入造成巨大损失，但他们也无法提出有效的补救办法。英国大陆常备军成为这个重商主义国家打击走私的前线，执行海关税收法是 18 世纪英国军队国内职责的重要组成部分。[42]

75

## 英国咖啡的衰落

尽管在 17 世纪，咖啡的发现为引进茶和巧克力等其他舶来品开辟了道路，但英国并不是众所周知的饮用咖啡的国家。实际上，茶最终在 18 世纪取代了咖啡，成为英国人民的首选热饮。这一转变发生在 18 世纪的第二个十年，当时茶叶的进口量急剧上升。据估计，在 18 世纪初，咖啡的人均消费额十倍于茶叶。但到了 18 世纪 20 年代，情势急转直下，茶叶的进口量已远超咖啡。(表 3-3)并且，在整个 18 世纪里，进口茶叶

和咖啡也越来越多地被英国国内市场所消化，而非用于再出口（表 3-4）。[43]

**表 3-3　1715—1723 年，进口到英国的咖啡和茶叶相对占比**

| | 咖啡 | 茶叶 |
|---|---|---|
| 1715—1716 | 62% | 38% |
| 1716—1717 | 50% | 50% |
| 1717—1718 | 47% | 53% |
| 1718—1719 | 45% | 55% |
| 1719—1720 | 31% | 69% |
| 1720—1721 | 33% | 67% |
| 1721—1722 | 21% | 79% |
| 1722—1723 | 12% | 88% |

注释：按价值百分比，以镑为单位。

来源：大英国图书馆 BL，MS 38300。

**表 3-4　1701—1721 年，供家庭消费的咖啡和茶叶进口量占比**

| | 咖啡 | 茶叶 |
|---|---|---|
| 1701 | 91% | 31% |
| 1711 | 39% | 85% |
| 1721 | 29% | 73% |

数据来源：熊彼特，《英国海外贸易统计》，第 60 页。

是哪些因素导致了 18 世纪的英国人从喝咖啡转向喝茶呢？我们可以从英国新的财政制度中寻求这一问题的答案，新财政制度使咖啡相对而言价格更加昂贵，茶叶则相对更便宜。西蒙·史密斯（Simon Smith）的研究表明，两种热饮间的价格差异日渐扩大，这种情形鼓励了茶叶消费的增长，咖啡消费却在减少。随着茶叶价格的下降，茶在整个不列颠群岛越发受人欢迎。[44]

到了 1713 年，东印度公司获准进入中国重要港口城市广州，因此，自 1717 年，英
国就能够直接从中国定期进口茶叶。[45]从那时起，英国批发市场上的茶叶供给源源不 76
断，供给不再是阻碍英国茶叶市场发展的绊脚石，但仅凭这一点还不能解释为什么在 18 世纪初英国人对茶叶的热爱与日俱增。因为同一时期，东印度公司在摩卡的咖啡厂不断扩张，以确保咖啡的供应。所以，要想充分解释咖啡的相对衰落，还必须考虑到咖啡在 18 世纪全球政治经济中地位的变化。从前，咖啡是红海地区的特产，而此时，它变成了殖民地种植园作物，主要由奴隶采摘收获。殖民地咖啡的兴起彻底改变了全球咖啡市场，而英国在其中的作用是其他任何一个国家都无法替代的。

尽管在摩卡咖啡贸易中,英属东印度公司积极谋求主导地位,但它并没有效仿荷属东印度公司,在红海地区以外开辟新的咖啡种植园。17 世纪,全球咖啡需求开始急剧增长,也门的阿拉伯商人小心翼翼地保守着种植咖啡的秘密,可是到了 18 世纪,他们无法继续垄断咖啡种植。荷属东印度公司的董事们费尽心思,将咖啡树移植到他们在印尼爪哇岛的种植园里。1696 年,种植园里栽种了第一批咖啡,但悉数毁于 1699 年的一场洪水。1704 年开始重新种植,直到 1711 年这批咖啡才被运出爪哇。然而,这时的国际咖啡市场结构已经发生了永久性的变化。咖啡与糖和烟草一同,成为欧洲种植园主在东印度与西印度群岛的主要殖民作物。于是,自 1712 年起,咖啡种植园被转移到了苏里南(Surinam)地区,很快,在新大陆和亚洲地区,荷兰种植园主开始大规模种植咖啡。法国人也于 1715 年开始在留尼旺岛和波旁岛(Réunion and Bourbon)种植咖啡,后来拓展到马提尼克、瓜德罗普和圣多明戈(Martinique, Guadeloupe, and St. Domingue)(今天的海地)。这些新供应的印尼和加勒比海地区的咖啡很快就进入
77 了最初培育出世界咖啡市场的亚洲贸易世界。到了 18 世纪后期,荷兰、法国等欧洲殖民国家已成为亚洲咖啡的净出口国而非进口国。[46]

与此相对,英属西印度群岛对开发种植园经济的热情则低得多。虽然从 1728 年起,牙买加和蒙塞拉特(Montserrat)的种植园主开始种植咖啡,但是咖啡从未取代糖和烟草的位置成为英属西印度群岛的主要经济作物。就像西蒙·史密斯(Simon Smith)所说,西印度群岛的种植园作物中,咖啡一直是“糖的穷亲戚”。英国政府基本没有在英属西印度群岛推广种植咖啡。相比于种植咖啡,种植园主会以更高的价格购买最肥沃的土地用来种植糖料作物,最重要的是,殖民地的关税制度一贯向糖料作物倾斜。咖啡显然是第二选择,只有资金相对匮乏的种植园主们才会考虑种植。即便到了 18 世纪 50 年代,西印度群岛的咖啡进口量也从未超过英国咖啡进口总量的百分之五,大城市的消费者们一直将其视为阿拉伯咖啡的劣质替代品。[47]

因此,在 18 世纪的英国,茶叶相比咖啡而言有着显著的价格优势。到了 18 世纪末,茶叶的价格已足够低廉,工人阶级和其他社会阶层都能经常消费得起。虽说咖啡并不是贵得离谱,但它显然已被茶叶取代,茶就此成为不列颠群岛居民们的首选含咖啡因饮料。然而在 18 世纪 90 年代,法国的“无套裤汉们”还认为咖啡和面包一样,是生活的必需品,他们把买不起咖啡作为食物骚乱的正当理由,但这种情况在英国是无法想象的。1807 年,英国殖民地总督威廉·杨男爵(William Young)注意到,在德国,
78 咖啡被认为“是全民饮料,甚至搬运工和马夫都在喝”。在英国,这种说法就行不通,因为在那里,茶叶才是大众饮品。到 18 世纪下半叶,喝茶在工人阶级中非常流行,以至于理查德·普赖斯博士(Dr. Richard Price)抱怨说“下层民众”已经开始把“茶、小麦面包和其他他们曾经一无所知的美食”当成“生活必需品”。18 世纪后期,咖啡和茶叶成为不列颠群岛上各阶层民众都能享用的美味:1773 年,在苏格兰西部诸岛的一次旅行

中，塞缪尔·约翰逊(Samuel Johnson)惊讶地发现希伯来人的家中竟然也有咖啡和茶叶。众所周知，约翰逊先生常常饮茶，偶尔才喝咖啡。[48]到了这时，很显然，在茶叶面前，咖啡已经退居其次了。

## 注释

[1] Chaudhuri, *English East India Company*, 5.

[2] Davis, *Commercial Revolution*.新近有关重商主义的研究，参照：Ormrod, *Rise of Commercial Empires*；Zahediah, "Making Mercantilism Work."

[3]不幸的是，黎凡特公司的相关记录没有东印度公司的完备与详尽，并且此处提供的记录与东印度公司从事咖啡贸易的记录不完全吻合。

[4]*CSP—Colonial East Indies*, 1513-1616, 393; Inalcik and Quataert, eds., *Economic and Social History of the Ottoman Empire*, 335-36.

[5] Foster, ed., *Journal of John Jourdain*, 1608-1617, 82, 85, 86 (quoted).

[6] Henry Middleton, "Sixth Voyage," in Purchas, *Hakluytus Posthumus*, 3:115-93; *Letters Received by the East India Company*, vol. 1, passim; *CSP—Colonial East Indies*, 1513-1616, 744-45, 762, 769, 772.

[7] *Letters Received by the East India Company*, 6:153-54, 166, *CSP—Colonial . . . East Indies*, 1617-1621, 270, 296, 298, 372, 593, 738 (quoted), 786, 790; *EFI*, 1618- 1621, 243-45.

[8]*EFI*, 1618-1621, 83, 143-44 (quoted), 295-96, 306, 311.

[9]*EFI*, 1624-1629, 213 (quoted); *EFI*, 1630-33, 124 (quoted); *CSP—Colonial*, *East Indies*, 1630-35, 254; *EFI*, 1634-36, 215.

[10]*EFI*, 1634-1636, 279, 300-302, 327; *EFI*, 1637-1641, 93; Inalcik and Quataert, eds., *Economic and Social History of the Ottoman Empire*, 331-35, 359.

[11]*EFI*, 1637-1641, 103, 194, 242; *EFI*, 1642-45, 58-59, 93.

[12] Terpstra, *De Opkomst der Westerkwartieren van de Oost-Indische Compagnie*, 80, 110-15, 127-36; Israel, *Dutch Primacy in World Trade*, 177-78; *EFI*, 1646-1650, 224; *EFI*, 1651-1654, 118; *CSP—Colonial*, *East Indies*, 1622-1624, 143; *EFI*, 1646- 1650, 171.

[13] *EFI*, 1655-1660, 145, 206; Coolhaas, ed., *Generale Missiven*, 310; Sainsbury, ed., *Calendar of the Court Minutes of the East India Company*, 1655-1659, xxxiv.

[14]*EFI*, 1655-1660, 240-41; Sainsbury, ed., *Calendar of the Court Minutes of the East India Company*, 1644-1649, 261-62; Sainsbury, ed., *Calendar of the Court Minutes of the East India Company*, 1650-1654, 24; *EFI*, 1661-1664, 18, 30; BL, OIOL, B/26, 309; Chaudhuri, *Trading World of Asia*, 366-68.

[15]*EFI*, 1655-1660, 322; *EFI*, 1661-1664, 22, 187-88, 208, 319; *EFI*, 1665-1667, 17; BL, OIOL, E/3/88, fols. 34r, 136r-v, 210v; *EFI*, 1665-1667, 21 (quoted), 170, 174; BL, OIOL B/26, 592; *EFI*, 1668-1669, 180; Chaudhuri, *Trading World of Asia*, 360-61.

[16] BL, OIOL, E/3/89, fol. 219r; E/3/91, fol. 99v; B/26/635, 807, 824, B/30/533; E/3/

87, fol. 108r; E/3/90, 23r (quoted), 24r (quoted).

[17] Davis, *Aleppo and Devonshire Square*, 38; PRO, SP 105/155, 31r; SP 105/154, fol. 136v; SP 105/145, 111-12; · Inalcik and Quataert, eds., *Economic and Social History of the Ottoman Empire*, 1300-1914, 507-8; Loughead, "East India Company in English Domestic Politics," 132-59; Wood, *History of the Levant Company*, 103-5.

[18] BL, OIOL, B/36, fol. 122b; PRO, SP 105/154, fol. 127r; Folger MS L.c. 1117 (25 Aug. 1681); PRO, SP 105/145, 109, 113; SP 105/154, fol. 129r; BL, OIOL B/36, fols. 123r-v, 164; 参照 HRHC, Bulstrode MS (14 Oct. 1681)中的相关数据,这里记录说不大可能是一万畿尼。

[19] PRO, PC 2/69, 300, 302, 313, 329, 342-43, 346, 413-14. *Impartial Protestant Mercury*, no. 69 (16-20 Dec. 1681); Folger MS L.c. 1205 (13 Apr. 1682); BL, OIOL B/37, fol. 12a.

[20] Folger MS L.c. 1577 (19 Aug. 1684); Chaudhuri and Israel, "English and Dutch East India Companies and the Glorious Revolution of 1688-89," 430-32, 436; Das Gupta, *Indian Merchants and the Decline of Surat*, ch. 2; Folger MS L.c. 1582 (30 Aug. 1684); BL, OIOL E/3/92, fol. 104v; Luttrell, *Brief Historical Relation*, 2:634, 3:146-47, 3:190, 4:176-77.

[21] Folger MS L.c. 2543 (5 Nov. 1695); GL, MS 9563, fols. 53r, 83r-84v, 87r, 91r, 93r; BL, OIOL, E/92, 105r, 186v, 173v; Ovington, *Voyage to Surat in the Year* 1689, 270-71; BL, OIOL, E/94, fols. 119v, 170r.

[22] Folger MS L.c. 3024 (25 July 1706), L.c. 3075 (23 Nov. 1706), L.c. 3157 (1 Jan. 1708), L.c. 3287 (4 Dec. 1708); BL, OIOL, E/3/95, fol. 179r (quoted); B/48/18, 25, 29, 267, 300; E/3/96, fols. 85v-87r, 197, 275v-278r; E/3/97, fols. 1r-4v, 155v-158v, 315r-320r.

[23] BL, OIOL E/3/97, fol. 156r; *Review*, 8:4 (3 Apr. 1711), 14b。Smith, "Accounting for Taste,"价格数据与同时代人的观察不符。

[24] BL, OIOL B/51/759; B/53/117; E/3/99, fols. 129v, 278r; G/17/1, part 1, fols. 12-13, 14-15; Chaudhuri, *Trading World of Asia*, 368-83; BL, Add. MS 19291.

[25] Bowen, *Elites, Enterprise and the Making of the British Overseas Empire*, ch. 3; Styles, "Product Innovation in Early Modern London."

[26] BL, OIOL, B/26/279, 356, 402.

[27] GL, MS 9563, fol. 53r; *Domestick Intelligence*, no. 24 (26 Sept. 1679); BL, OIOL, B/30/105-6; B/41/80, 261-62。弗朗西娅是一个重要的葡萄酒进口商,参见 Jones, "London Overseas-Merchant Groups," 442 和 Jones, *War and Economy*, 270。

[28] BL, OIOL, B/36, fol. 146b; B/37, fol. 169b; B/38, fol. 174a; B/41, fol. 80a; B/40 fol. 225a.关于 Gambier, 参见 PRO, C/108/132 和 Ormrod, *Rise of Commercial Empires*, 200, 330。

[29]关于荷兰咖啡市场的类似工艺,参阅:Glamann, *Dutch-Asiatic Trade*, 39-40; BL, OIOL, B/30/531; B/36, fol. 43a; B/39, fols. 273b-274a; B/40, fol. 225a; B/39, fols. 8a-b, 215b-216a.

[30]*Impartial Protestant Mercury*, no. 44 (20-23 Sept. 1681); Folger MS L.c. 1282 (3 Oct. 1682); MS L.c. 2225 (21 Sept. 1693); L.c. 3182 (27 May 1708); *The Cargo's of Seven East-India*

*Ships* (1664), BL shelfmark C.112.f.9 (118); BL, OIOL B/37, fols. 98a, 214b; B/48/133, 149; B/51/115, 510, 716.

[31] BL, OIOL, B/37, fols. 101a, 146a; B/44, fols. 185a-b, 186a; Folger MS L.c. 3024 (25 July 1706).

[32] Chaudhuri, *English East India Company*, 169-71; BL, OIOL B/36, fols. 123a, 128b, 163a.

[33] BL, OIOL B/37, fol. 37a, 165b; B/38, fols. 22b, 85b, 221b, 273b, 275a; B/39, fols. 178a, 181b-182a; B/41, fol. 79a.

[34] Folger MS L.c. 1925 (9 Mar. 1688); BL, OIOL B/39, fols. 59a, 61b, 138b, 141a; B/40, fols. 47a, 48a.

[35] BL, OIOL B/46, fol. 92b; B/48/405; B/48/493; B/51/201; B/52/152; B/51/536; B/52/643; B/54/111.

[36] Glamann, Dutch-Asiatic Trade, 29; Ormrod, *Rise of Commercial Empires*, chs. 2- 3; Folger MS L.c. 1455 (20 Oct. 1683).

[37] Inalcik and Quataert, eds., *Economic and Social History of the Ottoman Empire*, 508; Glamann, *Dutch-Asiatic Trade*, 186.

[38] BL, Add. MS 36785, fol. 47r, 但请同时对照阅读:PRO, CO 388/2/6; PRO, Cust 3/3; Broadbent, *Domestick Coffee-Man*, 6-8; Douglas, *Supplement to the Description of the Coffee-Tree*, 41-42.

[39] Davis, Ralph, "English Foreign Trade, 1700-1770," 302-3; Smith, "Accounting for Taste," 185.

[40] Schumpeter, *Overseas English Trade Statistics*, 60; PRO, CO 390/5; BL, Add. MS 38330; Ormrod, *Rise of Commercial Empires*, 182; Ashton, *Economic History of England*, 151, 161.

[41] 1 W&M sess. 2, c. 6; 4&5 W&M c. 5, §13; 6&7 W. III c. 7; 9&10 W.III c. 14; 12&13 W.III c. 11; 3&4 Anne c. 4; 6 Anne c. 22; 7 Anne c. 7; 10 Anne c. 26; Ormrod, *Rise of Commercial Empires*, 184-85.

[42] *Calendar of Treasury Books*, Shaw, ed., vol. 9, 1689-1692, 1062-63; BL, OIOL B/54/293, 406; Clark, *Guide to English Commercial Statistics*, 67, 106; Brewer, *Sinews of Power*, 51-52; Winslow, "Sussex Smugglers."

[43] Smith, "Accounting for Taste." Ormrod, *Rise of Commercial Empires*, 182, 184.

[44] Smith, "Accounting for Taste."

[45] Chaudhuri, *Trading World of Asia*, 388.

[46] Douglas, *Arbor Yemensis*, 16-20; Reinders and Wijsenbeek, *Koffie in Nederland*, 23, 25; Jamieson, "Essence of Commodification," 281-82; Inalcik and Quataert, eds., *Economic and Social History of the Ottoman Empire*, 725.

[47] Smith, "Sugar's Poor Relation," 72; Smith, "Accounting for Taste," 209.

[48] Jones and Spang, "Sans-culottes, *sans café*, *sans tabac*"; Smith, "Accounting for Taste," 212; Mintz, *Sweetness and Power*; George, *London Life in the Eighteenth Century*, 14 (quoted); Chapman, ed., *Johnson's Journey to the Western Islands*, 50; Boswell, *Life of Johnson*, 222, 734.

# 第二部分　发明咖啡馆 79

18 世纪初的咖啡馆应该很容易辨识:人们聚在一起喝咖啡了解当天的新闻,或是和本地居民聚在一起讨论大家共同关心的话题。除了这些简单的表面现象外,咖啡馆还具备一些不同于其他公共场所的特征。出现在 17 世纪中叶的咖啡馆是一种具有开创性的新机构,它建立在许多人们所熟知的模板上。咖啡馆是一个公共场所,很像英国的啤酒屋、小客栈或小酒馆,它们早已成为英国城市景观的一部分。“公共场所”(public house)一词很好地抓住了这些地方家庭领域和公共领域自相矛盾的并存状态,而这个词越来越多地被用来指代王政复辟之后,那些向公众提供休憩和茶点的场所。[1]

从外到内,咖啡馆和客栈、啤酒屋都没有太大的区别(图 1 和图 2)。就房屋结构而言,它们都不够坚固因此很难长久。现存的图片资料显示,至少咖啡馆内部几乎全部用木材装饰,因此极易遭受火灾,也极易受暴雨和气温季节性变化的破坏。那时的建筑似乎很少能熬到 19 世纪末。事实上,大多数咖啡馆和周边其他房屋几乎没有区别。通常,咖啡馆的老板们和家人一起住在店内,而真正的“咖啡馆”不过是大的住所 80
中的一个房间而已。而一些大的、生意兴隆的咖啡馆,可能会为不同的顾客提供不同的房间,甚或私人包间,但标准的咖啡馆模式几乎都是一个大房间,摆上一张或若干张桌子来容纳顾客。安东尼·桑巴奇(Anthony Sambach)的咖啡馆里有五张桌子;塞缪尔·诺斯(Samuel North)在自己的“大咖啡室”里摆了九张桌子。有些咖啡馆里有长凳;有些咖啡馆则摆放椅子(图 3 和图 4)。正如近代早期的许多家庭一样,每家咖啡馆都有仆人,通常是些年幼的男孩,他们为顾客端咖啡,并照应顾客的需求,还有其他男孩擦鞋或搬运货物。[2]许多有关 18 世纪咖啡馆的图画中都有诸如小鸟之类的家养宠物,但最常见的是狗(图 5 和图 6)。咖啡馆老板通常是一家之主,因此常常是男性或是寡妇,偶尔也会有未婚单身的女子。尽管咖啡通常需要在罐子里面煮,但人们通常能在位于屋内前面吧台后面看到老板,这是为顾客提供饮料和其他商品的地方。咖啡豆磨碎后和水一起,煮成最新鲜的咖啡。剩下的咖啡被装到金属制成的咖啡壶中,搁在炉边保温。[3]

81

图 1 约瑟夫·海莫尔(Joseph Highmore)的作品[原被认为是威廉·霍加斯(William Hogarth)的作品],“酒馆、咖啡馆里的人”(Figures in a Tavern or a Coffeehouse,1720s),油墨画(19.7—46.4 厘米);BAC,保罗·梅隆(Paul Mellon)藏品系列,编号 B2001.2.86,耶鲁大学英国艺术中心(the British Art Center, Yale University)供图。图里描述的房屋内部可以是酒馆也可以是咖啡馆,不确定这里销售的是咖啡还是酒精饮料。当然,桌子、烟斗、报纸等物品以及侍者也都适用于酒馆或咖啡馆。

82

GARRAWAY'S COFFEE-HOUSE. (*From a Sketch taken shortly before its Demolition.*)

**图 2 威廉·亨利·普雷尔(William Henry Prior),加洛韦咖啡馆(Garraway's Coffeehouse)拆除前不久的草图,(伦敦,1878 年或更晚),此手刻木版画由威廉·亨利·普雷尔的素描绘制而成,最初为《旧伦敦和新伦敦》的一个部分(伦敦,1873—1878),(10.5—14.5 厘米),作者供图。近代早期咖啡馆通常位于大型建筑物的一层,外观毫无特色。**

那时的咖啡要比我们现在饮用的咖啡寡淡得多,还没有“意式浓缩蒸馏咖啡”(espresso)。17 世纪的咖啡与水的比例,从一夸脱水一盎司咖啡到 1.5 品脱水两盎司咖啡不等。咖啡是未经过滤的,经常添加牛奶制成“牛奶咖啡”或添加糖,这一习惯在 17 83
世纪后 20 年越来越普遍。用天然的“泉水”和用泰晤士“河水”煮出的咖啡,哪个会更好喝?关于这一问题在当时还存在争议,但因为河水更容易获取,所以河水煮的咖啡更常见。[4]虽然咖啡馆主要出售咖啡,但人们在这里还可以找到其他各种富有异域情调的饮品。茶和巧克力就经常与咖啡一起同售。咖啡馆里供应的巧克力比咖啡和茶要浓郁得多,配料也更丰富:除了巧克力粉,还会加入大量的鸡蛋、糖和牛奶,甚至放上“一片薄薄的白面包”。加面粉的是“早餐”巧克力,加白葡萄酒的是酒精巧克力。[5]有些咖啡店里还供应“鼠尾草茶”,一种被称为“内容物”(content)的饮品,主要由牛奶和鸡蛋混合制成,还有一种被称为“瑞帝莎”(ratesia)的白兰地饮料。有时,咖啡馆也会出售酒水,比如菊酒、蜜糖酒、蜂蜜酒、苹果酒、梨酒、威士忌、白兰地、烈性酒、维他水、

**图 3 W.狄金森，“咖啡馆里的爱国者，或来自圣尤斯特亚斯的新闻”（伦敦，1781 年 10 月 15 日），点画；第 12 号（29.8—35.56 厘米）。BM Sat，5923；HL，印刷品 216/4，加州圣马力诺亨廷顿图书馆。餐桌、动物和桌上的餐食均为 18 世纪后期咖啡馆的主要特色。近代早期咖啡馆里，公开朗读新闻以及对这种做法的讽刺和诋毁均司空见惯。**

84 麦芽酒和啤酒。[6]除咖啡外，咖啡馆里还提供其他饮料，但是在其他场所，比如小酒馆、啤酒屋和其他一些普通场所却买不到咖啡。

不仅如此，在咖啡馆还可以吸烟。烟草是另一种外来瘾品，在 17 世纪，烟草消费日趋流行。那时，几乎所有的咖啡馆都提供烟斗，由此推断，客人常常是边喝咖啡边吸烟。到了 19 世纪，抽鼻烟的风气弥散在各个时髦的咖啡馆里。正是因为咖啡馆提供各式各样颇具异域情调的消费选择，才使得它与近代早期的其他许多公共场所非常不同。客人纵然可以随处吸烟，也能在大部分的客栈或酒馆里找到葡萄酒和啤酒，但咖啡馆能提供上述所有的服务，再加上新流行的时髦饮品，比如咖啡、巧克力和茶。这样，咖啡馆就成为带来创新型消费体验的重要的新场所。

85

**图 4　詹姆斯·吉雷，“外交官在史蒂文斯咖啡馆解决事务”(1797 年 6 月 9 日)；手工着色蚀刻画(30.1－22.2 厘米)，BM Sat，9067。LWL，797.6.9.1，耶鲁大学刘易斯·沃波尔图书馆供图。画中的史蒂文斯酒店咖啡馆位于伦敦邦德街，于 18 世纪 90 年代和 19 世纪初兴盛一时。**

那时的咖啡馆，有些相当简陋，只能容纳三五个客人，为其提供饮食。但也有一些 86
规模庞大，可以同时容纳四五十个客人。塞缪尔·诺斯(Samuel North)的咖啡馆里有大量的咖啡碟、马克杯和玻璃杯，能够同时招待 90 位顾客，尽管这样的机会可能不多。咖啡馆日夜为顾客提供服务：当自然光线无法透过窗户照进屋内时就会摆上蜡烛提供照明。营业时间大概会在早晨 6 点左右，一天之中，不同的顾客陆陆续续地进进出出。有些人可能会稍作停留，打探新闻或找找朋友；还有些人会在里面待上几个小时，要么处理事务，要么高谈阔论。[7]那些晚上 9 点或 10 点以后还在营业的咖啡馆，看上去确实有些可疑。尽管皇室公告和民间公告都责令公共场所在晚上 9 点或 10 点关门，然

**图 5　查尔斯·安斯韦尔，"新布兰海姆水滴"，手工着色蚀刻画（21.2－33.2 厘米），（伦敦：S.W. Fores，1800 年 1 月 27 日）。BM Sat.，9574；LWL，800.I.27.I，耶鲁大学刘易斯·沃波尔图书馆供图。此画记录了 17 世纪到 18 世纪早期，人们对咖啡馆里无礼粗鲁的言谈举止的不安与焦虑，正如这幅画作所证实的，这种焦虑在随后的几年里并未减轻。**

而这些要求从未得到完全执行。夜间营业的咖啡馆迎合了暗娼的需求，它们提供的酒
87 水和自由的陪伴是吸引顾客的重要原因。客人们要在离开前付账。咖啡馆以廉价的"便士大学"著称，约瑟夫·艾迪生的旁观者先生（Mr. Spectator）屡屡提到自己在离开前是如何在咖啡馆的吧台"付钱"的。圣詹姆斯咖啡馆的店员汉弗莱·基德尼（Humphrey Kidney）专门为老主顾们准备了一个账本，仔细地记下了那些不付钱就离开的顾客姓名。[8]

咖啡馆是阅读和分发印刷品和手抄出版物的重要场所，因此，人们常会将它和这些印刷品联系在一起，同时，咖啡馆也是展览画作的重要场所。许多 18 世纪早期的咖啡馆中，都至少有一幅（通常是几幅）装裱在画框中的画，挂在墙上供人欣赏。这些艺术品不太可能是伦勃朗、提香和普桑等外国大师的作品，但它们很可能更能代表英国人对肖像画和风景画的品味。除了画作，咖啡屋的墙上也常常挂满便宜的版画和木刻。就这一点上，咖啡馆和同一时期酒馆的墙面布置并没有太大的区别，酒馆的墙上同样挂满廉价印刷品。在近代早期咖啡馆里，阳春白雪的高雅文化和下里巴人的流行印刷文化一起生机勃勃地散发着浓郁的气息。[9]

早期的咖啡馆以新闻文化中心著称。咖啡馆把新闻和咖啡捆绑在一起，以此吸引

**图 6 伊萨克·克鲁克,"无声会议",手工着色蚀刻雕版画(16.5—23.1 厘米),(伦敦:劳里和惠特尔,1794 年 5 月 12 日);LWL,794.5.12.53。耶鲁大学刘易斯·沃波尔图书馆供图。到了 18 世纪后期,安静的阅读和放松的社交活动已经成为咖啡馆的一个重要理想,咖啡馆呈现出一种相当优雅的上流社会氛围。1790 年,俄罗斯人卡拉姆津记载:"我曾到过几家咖啡馆,结果发现有二三十人静静地坐在那里读着报纸,喝着波特酒。如果在十分钟内听到一句话,你就算幸运了。是什么呢?'为健康干杯,先生们!'"**

顾客前来消费。在那里,新闻可以以各种不同的形式消费:持有许可证和未经许可出版的印刷品;手抄本;大声朗读,流言蜚语,道听途说还有口耳相传。为什么相比于其 88
他场所,咖啡馆会成为王政复辟之后英国重要的新闻中心呢?任何把清醒地喝咖啡与理智地思考重要问题两者联系在一起的尝试,都无法解释早期咖啡馆社交和新闻报道两者所共有的缺乏严肃性的特点。咖啡馆和新闻文化之间没有必然的功能联系——它们之间的这种关联完全是人为建构的。在建构新闻与咖啡馆之间的联系方面,充满好奇心的鉴赏家文化起到了至关重要的作用,是它培养了人们对咖啡最初的兴趣。本书的前三章为这一点提供了重要的依据,第四章将探讨作为一种新型社交机构,咖啡馆在英国鉴赏家群体的社交世界中的源起。意料之中的是,鉴于他们对咖啡本身的兴趣,鉴赏家们是英国第一批咖啡馆最早的主顾。他们的兴趣、行事准则和生活习惯为咖啡馆内的环境和氛围树立了模板。鉴赏家们对新奇事物的痴迷以及就各种话题进行广泛讨论的癖好,为后来人们对咖啡馆的期待定下了基调。但是,作为"公共"场所之一,咖啡馆很快就远远超越了其诞生之初鉴赏家文化对它的影响。伦敦咖啡馆中的精英文化与近代早期城市流行文化和商业文化之间的互动将是第五章的主题。可以说,鉴赏家文化催生了王政复辟后英国的咖啡馆现象,但在这一过程中,咖啡馆自身也转变成为一套更加多元和开放的利益结合体。

## 注释

[1] OED, s.v. "public house."

[2] CLRO, CS Bk., vol. 2, fol. 299b; CS Bk., vol. 4, fol. 317; *Spectator*, no. 24 (28 Mar. 1711), 1:104; (6 June 1712), 3:490-93.

[3]已知最早的银咖啡壶(1681—1682 年)藏于 VAM M.398-1921;参见:Snodin and Styles, *Design and the Decorative Arts*, 135.

[4] Broadbent, *Domestick Coffee-Man*, 12.

[5] *Propositions for changing the excise, now laid upon coffee, chacholet, and tea*; Lightbody, *Every Man His own Gauger*, 62-63; Smith, "Complications of the Commonplace," 263; Broadbent, *The Domestick Coffee-Man*, 3-4.

[6]*Answer to a Paper set forth by the Coffee-Men*; 引自 Lightbody, *Every Man His own Gauger*, 62-63。

[7] PRO, SP 29/378/48; CLRO, CS Bk., vol. 4, fol. 317; *Spectator*, no. 49, 26 Apr. 1711), 1:209-210, quoted.

[8] CLRO, Common Hall Minute Books, vol. 5, fols. 460v-461r; CLRO, Journals of the Court of Common Council, vol. 4, fols. 30v ff.; *Life and Character of Moll King*, 7-8; *Spectator*, no. 31 (5 Apr. 1711), 1:132; no. 403 (12 June 1712), 3:509; no. 24 (28 Mar. 1711), 1:104.

[9] Gibson Wood, "Picture Consumption in London at the End of the Seventeenth Century"; Ogden and Ogden, *English Taste in Landscape*; Watt, *Cheap Print and Popular Piety*; Cowan, "Arenas of Connoisseurship"; Cowan, "An Open Elite."

# 第四章　便士大学? 89

英格兰的鉴赏家阶层是咖啡消费最积极的倡导者,同时,他们也是最早光顾咖啡馆的最热情的主顾,因此,他们的兴趣、态度和社交方式必然会影响咖啡馆文化。诚然,标新创异的“鉴赏家文化”对礼仪的崇尚、对新鲜事物的好奇心及其世界主义的理想与博学的对话和讨论,使咖啡馆成为近代早期伦敦社交世界中独树一帜的空间。但是,随着咖啡馆环境中商业因素和城市元素之间的关系日趋密切,鉴赏家文化本身也发生了变化。如果想要了解 17 世纪后半期英国咖啡馆是如何发展成为一个独特而新颖的社交机构的,我们就必须关注充满好奇心的鉴赏家群体与他们经常光顾的社交场所这两者间的互惠关系。

斯图亚特王朝复辟后,咖啡馆的顾客们越来越容易接触到“鉴赏家文化”(virtuosity),它不再像 17 世纪上半期那样,仅限于绅士精英阶层。英国的鉴赏家群体也因此直接接触到“资产阶级”原有的社交方式,即“主要围绕着城镇中无数的旅馆、客栈和啤酒屋而展开的社会与文化交往方式”。[1]这是一个“资产阶级化”(bourgeoisification)的过程,因为它还将鉴赏家文化直接带入伦敦大都会的商业圈中。艺术大作或自然珍 90
品,这些曾经是鉴赏家学识和声望的宝贵标志,而今可以在伦敦的公共场所自由买卖,甚至那些非物质的标志,比如了解外国地理与文化或是熟悉精英阶层的礼仪规则,任何有兴趣了解这类事物的人,只需花上一杯咖啡的钱就能买到它们。对于约翰·伊夫林这样的社会名流而言,这种(让普通人)提高社会声望的机会,并非什么值得庆幸之事。这是因为,为了获取上述文化资本,鉴赏家们付出了更为艰辛的努力和更加高昂的代价。他们不希望看到自己独特精湛的艺术技艺由于与伦敦大都会中更少偏见、更加商业化的俗众的接触而大打折扣。

## 从牛津到伦敦:发明英国咖啡馆

1650 年,一位名叫雅各布(Jacob)的犹太企业家在牛津的天使城开设了英国第一家咖啡馆。在整个 17 世纪 50 年代,作为早期咖啡馆文化中心,牛津在创造英国独具一格的咖啡馆文化方面发挥了重要的作用。根据伍德(Wood)的记载,1654 年年底,另一位名叫瑟克斯·乔布森(Cirques Jobson)的犹太裔二世党人在牛津又开了一家咖啡馆,他在咖啡中加入巧克力出售。[2]伍德用"二世党人"这一称谓来指来自叙利亚的基督教一性论①信徒。据推测,伍德在这种情况下使用"犹太人"是为了确认乔布森是一个犹太裔,而不是一个虔诚的犹太教徒。咖啡馆生意开始时同咖啡本身一样,对英国社会而言,它们都是经移植而来的异域事物。

但这种情况并没有持续很久。1656年,伍德回忆说,阿瑟·蒂利亚德(Arthur Tillyard),"药剂师,伟大的保皇党人",也加入了这一行,开始"在自己家里公开出售咖啡反对万灵学院的规则。住在奥克森(Oxon)的保皇党人以及自诩为鉴赏家或智识之士的一些人都鼓励他这样做"。这些活跃在早期咖啡馆里的鉴赏家们包括:年轻的克里斯托弗·雷恩爵士(Christopher Wren)、造船师彼得·佩特(Peter Pett)、牛津大学教授托马斯·米林顿爵士(Thomas Millington)、学者蒂莫西·鲍德温(Timothy Baldwin)、乔治·卡斯尔(Georg Castle)、石匠威廉·布尔(William Bull)、医生约翰·兰普希尔(John Lamphire),以及伊利镇(Ely)主教马修·雷恩博士(Dr. Matthew Wren)的两个儿子,马修·雷恩和托马斯·雷恩(Matthew and Thomas Wren)。根据伍德的说法,"这间咖啡馆一直营业,直至国王陛下(查理二世)回国;王政复辟后在那里的聚会则变得更加频繁。"[3]由此可见,17世纪50年代,牛津大学东方学研究与牛津镇充满活力的新生科学社群这两者间独特的联结,使得牛津的环境特别有利于咖啡
91 馆的发展。正是王政空缺期牛津以及后来伦敦的鉴赏家群体,建立了这种别具一格的咖啡馆社交风尚,使之成为王政复辟期诸多咖啡馆模仿的榜样。

除了伍德和约翰·伊夫林(John Evelyn)在各自的回忆录中的描述外,人们对17世纪50年代牛津的咖啡馆知之甚少。然而,从伍德的随笔中可以看到,咖啡馆更多的是面向特定的客户群体而不是为普通的公众服务。实际上,牛津的咖啡馆更像私人俱乐部而非公共场所。最早的咖啡馆具有排他性和超然不群的特点,这与它们作为售卖饮品的商业经营场所所应有的开放性格格不入。"在提亚德咖啡馆",伍德几乎毫不掩饰自己对这一现象的厌恶之情,"有一个俱乐部……许多假装聪明、自视甚高者会在那里碰面,并且嘲笑他人。"[4] 17世纪60年代初,斯特拉斯堡的化学家彼得·斯塔尔(Peter Staehl),玫瑰十字会会员②,"一个仇视女性的人",开始在提亚德咖啡馆给一群牛津鉴赏家们讲授化学知识。这个化学俱乐部里有很多提亚德咖啡馆的常客,包括克里斯托弗·雷恩爵士、托马斯·米林顿爵士。后来又有数学家约翰·沃利斯(John Wallis)、纳撒尼尔·克鲁主教(Nathaniel Crew)、数学家托马斯·布朗克(Thomas Branker)、神学家拉尔夫·巴瑟斯特(Ralph Bathurst)、亨利·耶伯里博士(Henry

---

① 主张耶稣基督的人性完全融入其神性,故只有一个本体。参见[美]房龙《宽容:一部人类的不宽容史》,端木彬译,北京:北京时代华文书局2018年版,第88页。

② 现代科学的伟大先驱培根和英国绝对王权时期的大诗人莎士比亚都曾是"玫瑰十字会"会员。

Yerbury)、托马斯·詹尼斯博士(Thomas Janes)、理查德·罗尔医生(Richard Lower)和理查德·格里菲斯(Richard Griffith)等人加入其中。约翰·洛克(John Locke)和斯塔尔参加的是比希尔俱乐部更早的一个化学俱乐部。后来,沃利斯、雷恩、巴瑟斯特、罗尔和洛克都成为英国皇家学会的重要成员。[5]

之后,到了60年代,为了将肖特咖啡馆的书房建成公共图书馆,一群来自基督教会(Christ Church)的年轻人给该咖啡馆捐赠了大量图书。伍德特别提到这些藏品包括"拉伯雷的作品、诗歌和戏剧等"。[6]我们发现,在咖啡馆新型社交空间的形成期,鉴赏家群体的社交方式及偏好对咖啡馆内的社交产生了独特且深远的影响。虽然咖啡馆是志同道合的学者们聚会、读书、彼此学习和相互辩论的场所,但是它绝非真正意义上的大学机构,那里的讨论和大学里的授课方式全然不同。所以说,咖啡馆占据了一个新型社会交往空间,与旧式学术中心不同的是,后者长期依赖教会与国家的资助,固守顽固僵化的"学术传统",并拒绝接受培根式的"新学术"(new learning)作为其治学方法的补充,但在鉴赏家群体看来,"新学术"弥足珍贵。相比之下,咖啡馆确实为鉴赏家群体提供了一个促进自身兴趣与爱好的替代性空间。

新生的咖啡馆和历史悠久的大学并不一定是对立关系。即便一些鉴赏家们极力游说,要求建立欧陆风格的"学院"机构,用来教授新知识和必要的绅士社交礼仪,比如
"骑术……舞蹈、击剑、声乐、演奏和数学等",而另一些人认为没有这样的必要,因为在 92
咖啡馆里学到的知识,可以作为传统大学课程的有益补充。著名的牛津大学几何学教授约翰·沃利斯(1616—1703)曾是提亚德咖啡馆中希尔化学俱乐部的成员,1700年,沃利斯有力地批驳了刘易斯·迈德威尔(Lewis Maidwell)建立伦敦学院的提议。[7]他称赞那些大学校园外的组织,"通过自愿协议联合起来,学习大学中那些特定的有用知识"。他认为,这种联系的典型实例就是提亚德咖啡馆社团:

> 大约50年前,为成立这一机构,(经验丰富的化学家)斯特尔先生(Mr. Staal)应邀来到牛津,为渴望从事化学研究的人教授化学知识(一种不会将绅士引入歧途的知识)。他将此看作自己的职责所在,也就是说,当六位、八位或者更多的人(我们当中地位较高的人)为完成这一目标而达成一致时,斯特尔先生就与他们一起,(在一个方便碰面的地方)研习整个《化学课程》(*Course of Chymistry*)。
>
> 自那时起到现在,普罗特博士(Dr. Plott)、怀特先生(Mr. White)和其他一些人都一直在践行这样的职责。

沃利斯还认为,完全没有必要教授高雅的绅士文化中更加时尚但缺乏学术性的内容。他质疑道:现在的年轻人还需要别人指导他们怎么"喝葡萄酒、啤酒、咖啡、茶和巧

克力这些东西吗”？[8]沃利斯以其敏锐的才思关注学识渊博与社会威望，或是博览群书与追逐时尚之间那种不和谐的共生关系。对鉴赏家群体来说，这既是新的咖啡馆社交场景的独特性，也是令之后斯图亚特文学共和国（Stuart republic of letters）许多执着的文人学者们感到焦虑的根源。

安东尼·伍德当然是其中之一。尽管一度沉溺于牛津咖啡馆的学术氛围中，但他逐渐开始厌恶咖啡馆对牛津小镇和大学里学习状态的影响。早在1674年，伍德就开始叹惋他所生活的那个时代世风日下，其中，他特别指出，“治学的没落以及随之而来的知识的衰退”，这都是因为“咖啡馆”，“许多学者退隐其中，将大量时间用于倾听和谈论新闻以及恶毒地对上司说三道四”。对伍德而言，咖啡馆里谈天说地反映了17世纪末英国智识生活与精神生活的普遍衰落：“自王政复辟后，人们就把参与咖啡馆的谈话当作卖弄学识的捷径，比如在交谈中蹦出一句拉丁文，在饭桌上谈论神学，或是对任何事物都怀揣真挚的热情。但是，所有这些都必须是温和的（也就是说，彬彬有礼的）、体
93 面的——而非刻意为之的做作之举。”在他看来，以上种种不过是“玩闹戏谑”而已，而令人遗憾的是，咖啡馆里的客人们普遍对书籍中的“戏剧、诗歌和笑谈”如醉如痴，而对严肃的实践神学著作兴致阑珊。他还抱怨这种“在公共场所和咖啡馆里”的调侃，认为它们是“随口而出的废话，莫名其妙的胡言乱语，花里胡哨的谎言和谬论”。[9]伍德发现，牛津的咖啡馆并没有为提升大学智识与思想生活提供空间，却经常是人们穷极无聊时讪牙闲嗑的场所，更糟的是，对那些愤世嫉俗的学者们来说，在咖啡馆里出尽风头为自身利益游说成为谋求升迁晋职的捷径。不仅如此，伍德还注意到，王政复辟后的牛津咖啡馆与他在17世纪50年代所享受的那种舒适、小集团式的俱乐部不同：咖啡馆对他认为的不受欢迎的顾客更为开放，比如教皇党人①、国会议员和当地普通民众。与伍德同时代的许多名流，如律师罗杰·诺斯（Roger North）和坎特伯雷大主教托马斯·特尼森（Thomas Tenison）都和伍德一样，对公共咖啡馆的兴起持悲观怀疑的态度，认为它是学术水准衰落的标志。对咖啡馆的种种抱怨反映了学术品味上的日趋分化，一方是用拖沓冗长的拉丁语进行交谈的“饱学之士”，另一方是讲本族语的言辞诙谐的当地绅士，在18世纪的大部分时间里，后者的品味一直占据优势。[10]再后来，咖啡馆适应了时代需求，成为追逐时髦观点的聚会之所而非进行严谨学术研究的中心，这一点令伍德、诺斯和特尼森等名士痛惜不已。

出于这一原因，大学的主管们也对咖啡馆在镇上的兴起表现出高度怀疑。在17世纪后期直至18世纪，牛津和剑桥两所大学均制定了一系列规章制度，限制自己的学生频繁出入咖啡馆。1663年，剑桥大学副校长为本地咖啡馆颁发营业执照，但同时要求它们“不接收剑桥文学硕士学位以下的学生进咖啡馆喝咖啡、巧克力、冰冻果子露和

① 某些新教教徒对天主教徒的蔑称。

茶，除非有导师陪同”。[11]

然而，并非所有的鉴赏家名流都和安东尼·伍德一样，对咖啡馆在文学界的角色忧心忡忡。古籍传记作家约翰·奥布雷(John Aubrey)曾在与伍德的通信中盛赞咖啡馆给他的传记研究带来的莫大帮助。在信中，他说，根据他在咖啡馆闲聊中听闻的轶事和故事所收集到的素材，他可以再创作另外 16 个“人物角色”了。“在咖啡馆出现之前”，奥布雷滔滔不绝地赞叹说，“人与人之间不可能如此熟识。他们之间保持警惕，惶恐地盯着那些不属于自己圈子里的陌生人”。1681 年 1 月，奥布雷还表达了他对“学者们在咖啡馆里对(他写的)霍布斯先生生平传记的评论”的担忧，令他感到遗憾的似乎是，英国王室继承权问题上日益严重的政治危机可能会使该书的受欢迎度蒙上阴 94
影。奥布雷是英国鉴赏家群体中最早一批利用新兴咖啡馆的人，咖啡馆帮助他增进学识并提高他在业内的学术声望，尽管和同他一样的名流雅士“泡在咖啡馆里”也会给个人带来许多尴尬，事实上，确实有人发现这位古怪的古籍传记学家“就像疯人院(University of Bedlam)里的那些人一样疯疯癫癫”。[12]

17 世纪 50 年代牛津的氛围，对塑造英国人有关咖啡馆这一新机构的期望至关重要。尽管咖啡馆在人们心中就是出售饮品的公共场所，但从一开始，它们就被赋予了独一无二的特性：学术氛围浓郁，却不迂腐古板，便于社交往来。这与啤酒屋和小酒馆相去甚远，那里充斥着酗酒、犯罪和寻衅滋事等各种陋习。咖啡馆属于社会“名流贤达”和“智识之士”，不属于经常出入酒馆的那些贩夫走卒和引车卖浆者之流。人们对咖啡馆社交的模式化观念源自牛津，却是在伦敦大都市，这种刻板印象得到了最充分的发展。

1652 年，伦敦迎来了第一家咖啡馆，店主帕斯卡·罗西是位希腊人，他是黎凡特公司一位名为丹尼尔·爱德华兹(Daniel Edwards)的商人仆从(图 4-1)。[13]早期的咖啡馆还未能发展出与王政复辟后兴起的新闻文化间千丝万缕的联系，所以没有任何理由怀疑这家咖啡馆开张与 1651 年 9 月废除一系列出版管制法有关。1652 年夏天，新闻界确实有一度“相对独立的时期”，但这是否是因为废除一系列出版管制法所导致的直接结果还尚未可知。在罗西的咖啡馆开张后，又有几家咖啡馆陆续在伦敦开业，但整个 17 世纪 50 年代，没有多少证据证明咖啡馆早年间吸引了大量的顾客。约翰·霍顿(John Houghton)回忆说，早期的咖啡馆老板们面临酒馆老板们的反对和排挤，后者向市长抱怨说，开咖啡馆的都不是伦敦的自由人，因此没有资格在伦敦售卖饮料。1657 年，咖啡馆老板兼理发师詹姆斯·法尔(James Farr)因“制作并销售一种叫做咖啡的饮料而惹恼了邻居”，他被带到西部圣邓斯坦监狱接受审讯。邻居们声称，法尔不断生火会带来极大的火灾隐患，给他们的生活带来“极大的危险和威胁”。直到 1659 年 11 月，托马斯·鲁格(Thomas Rugge)才注意到，“这时，几乎每条街上都能见到一种叫做咖啡的土耳其饮料，还有茶，以及一种口味浓烈令人兴奋的巧克力饮品”。[14]很显然，多年之后新兴的咖啡馆才成为伦敦社会景观的一部分。直到 17 世纪 60 年代中 95

期，咖啡销售商仍在伦敦零售市场上努力为自己开拓商机。1663 年新年夜，坐落于交易巷(Exchange Alley)的土耳其人头像咖啡馆老板向所有愿意尝试咖啡的“绅士们”提供免费咖啡，并承诺会如此做直到“世界末日”，而希腊人咖啡馆的老板则“免费”教给客人们怎样煮咖啡。[15]

The Vertue of the *COFFEE* Drink.

First publiquely made and ſold in England, by *Paſqua Roſee.*

THE Grain or Berry called *Coffee,* groweth upon little Trees, only in the *Deſerts of Arabia.*

It is brought from thence, and drunk generally throughout all the Grand Seigniors Dominions.

It is a ſimple innocent thing, compoſed into a Drink, by being dryed in an Oven, and ground to Powder, and boiled up with Spring water, and about half a pint of it to be drunk, faſting an hour before, and not Eating an hour after, and to be taken as hot as poſsibly can be endured; the which will never fetch the skin off the mouth, or raiſe any Bliſters, by reaſon of that Heat.

The Turks drink at meals and other times, is uſually *Water,* and their Dyet conſiſts much of *Fruit*; the *Crudities* whereof are very much corrected by this Drink.

Th ality of this Drink is cold and Dry; and though it be a D neither *heats,* nor *inflames* more then *hot Poſſet.*

th the Orifice of the Stomack, and fortifies the heat with- good to help digeſtion. and therefore of great uſe to be a Clocka oo n the morning.

ens the *Spirits,* and makes the Heart *Lightſome.*

g ſore Eys, and the better if you hold your Head o-, an ne Steem that way.

It ſuppreſſeth Fumes exceedingly, and therefore good againſt the *Head-ach,* and will very much ſtop any *Defluxion of Rheums,* that diſtil from the *Head* upon the *Stomack,* and ſo prevent and help *Conſumptions;* and the *Cough of the Lungs.*

It is excellent to prevent and cure the *Dropſy, Gout,* and *Scurvy.*

It is known by experience to be better then any other Drying Drink for *People in years,* or *Children* that have any *running humors* upon them, as *the Kings Evil.* &c.

It is very good to prevent *Miſ-carryings in Child-bearing Women.*

It is a moſt excellent Remedy againſt the *Spleen, Hypocondriack Winds,* or the like.

It will prevent *Drowſineſs,* and make one fit for buſines, if one have occaſion to *Watch;* and therefore you are not to Drink of it *after Supper,* unleſs you intend to be *watchful,* for it will hinder ſleep for 3 or 4 hours.

*It is obſerved that in Turkey, where this is generally drunk, that they are not trobled with the Stone, Gout, Dropſie, or Scurvey, and that their skins are exceeding cleer and white.*

It is neither Laxative nor *Reſtringent.*

Made and Sold in St. *Michaels Alley* in *Cornhill,* by *Paſqua Roſee,* at the Signe of his own Head.

**图 4-1　帕斯卡·罗西的咖啡广告单(1652 年)。伦敦大英图书馆供图，书架号 20.f.2(372)。**

也许是巧合，在鲁格开始留意到咖啡在伦敦越来越受欢迎的同时，詹姆士·哈林
96 顿(James Harrington)在伦敦成立了 17 世纪最著名的咖啡馆俱乐部：罗塔俱乐部(the Rota club)，俱乐部成员在位于新皇宫庭院里的迈尔斯咖啡馆(Miles's Coffeehouse)碰面。詹姆士·哈林顿和他的挚友、共和政治的同道中人亨利·内维尔(Henry Neville)都是咖啡馆的早期追随者，他们很快就将咖啡馆视为宣传和讨论共和思想和政治

的理想场所。约翰·奥布雷回忆道，1656 年《大洋国》出版后，人们“在咖啡馆里侃侃而谈”，他们的“讲演和教诲妙语连珠……促使许多人成为共和政治的信徒”。1659 年夏天，哈林顿和他的朋友们在考文特花园弓街上的一家小酒馆聚会，这间小酒馆由约翰·怀尔德曼(John Wildman)经营。哈林顿等人在这里成立了“联邦俱乐部”，目的显然是共同起草宪法改革请愿书，并将其提交给残余议会①(Rump Parliament)。[16]不管这些提议是“有着严肃的意图”还是“为荒谬的政治理论背书，又或者仅仅是在玩闹”，这些直言不讳的“共和国的倡导者们”受到了由亨利·海德(Henry Hyde)组建的保皇派情报线人的密切关注。1661 年 12 月，哈林顿被捕，在审讯中，请愿书中的这些提议被作为对王室不忠的证据。罗塔俱乐部很快就接替了短命的弓街“联盟”：自 1659 年 10 月至 1660 年 2 月底 3 月初这段时间内，查理二世复辟王位一事已确定无疑，罗塔俱乐部成员将聚会地点改至迈尔斯咖啡馆(Miles's Coffeehouse)。1660 年 2 月 20 日，佩皮斯(Pepys)在日记中写道：“罗塔俱乐部已四分五裂，我觉得成员们不会再聚会了。”[17]

罗塔俱乐部成立的主要目的是让哈林顿的“门徒和鉴赏家们”就政治和哲学等相关问题进行辩论，尽管存活的时间很短，但还是声名卓著。约翰·奥布雷曾参加过罗塔聚会，他回忆道，“(那里的)演讲……是我所听过的，或者说是我所期待听到的，用词最富创意、思维最敏捷的演讲，大家热情高涨……房间每晚都被挤得满满当当”。罗塔俱乐部不像早期伦敦弓街俱乐部，它显然不仅仅是哈林顿的小圈子，而是吸引了许多感兴趣的人前来旁观，这些人并不一定致力于维护或重建共和国，但俱乐部也并非像它所宣称的是“对所有人开放的自由学院”。加入其中需缴纳会费：塞缪尔·佩皮斯就花费了高达 18 便士的会员费。同样重要的是，这些非正式的排外手段使得罗塔俱乐部并非一个真正意义上的开放组织，而是那些自诩为“鉴赏家们”的私人俱乐部，就其本质而言，这些人是社会上的稀有物种，他们经自我选择加入俱乐部，因此，俱乐部成 97
员可以说属于社会精英群体。迈克尔·亨特(Michael Hunter)指出，很少有人像鉴赏家群体，“有那么多的时间用于无休止的交谈和辩论”。[18]

根据种种记载，罗塔俱乐部的讨论会安排得井井有条，严格围绕哈林顿关于如何治理一个理想的共和国来展开话题。俱乐部的组织原则是，所有决定都应该以投票方式进行表决，所有成员轮流处理事务。罗塔仅仅是“一所咖啡馆学院，而非政治集团”，就像弓街俱乐部一样，这一直是一个历史争论的问题，但因王政复辟，围绕罗塔的相关争论也就变得毫无意义。[19]在 1661 年的审讯中，哈林顿否认自己在 1659 年罗塔俱乐部的活动中带有任何实际的政治意图，他声称，这些活动只是抽象的哲学思辨，并反驳指控说：“难道亚历山大大帝命令亚里士多德三缄其口了吗？刁难他迫害他了吗?”在

---

① 指 1648 年 12 月 6 日托马斯·普莱德率军将反对审判查理一世的议员驱逐以后的英国议会。

那种极为不利的情况下,这当然是他所能做出的仅有的挣扎和回应。新复辟的君主政体对罗塔俱乐部保持高度关注,以至于史学家德雷克·赫斯特(Derek Hirst)在其研究结论中指出:1659 至 1660 年间,保皇派论战极为谨慎地反驳了他们眼中"罗塔俱乐部成员们的精神错乱"。[20]

显然,短命的罗塔俱乐部始终是英国鉴赏家群体在伦敦聚会演讲的社交场所。踌躇满志的青年人塞缪尔·佩皮斯参加罗塔聚会,主要是为了聆听涉及政治哲学问题的"令人仰慕的演讲"和"极其精彩的论证",并同多塞特伯爵(Earl of Dorset)以及另一位贵族交往。在塞缪尔·哈特利伯(Samuel Hartlib)社交圈里赢得荣誉又备受尊重的威廉·配第(William Petty)却质疑"哈林顿用他的数学比例(arithmeticall proportions),将政治问题简化为了数字问题"。在这里开展的辩论,尽管充斥着争吵,但仍能够保持礼节,内容博学而不说教,显然,这才是罗塔俱乐部能够存在的真正原因。俱乐部出版的《自由国度之典范》一书指出,一个理想型的政府应该为开放的鉴赏家学院提供容身之所,并且"这个学院应该按照良好的教养或文明谈话规则来进行管理",有关"文明交谈"这个概念在英语绅士礼仪文学(English－language gentlemanly courtesy literature)中已流传一个多世纪,在意大利的鉴赏家文化中流传的时间更久,他们在许多方面都为英国人树立了典范。[21]这种理想型交谈规则为斯图亚特时期咖啡馆谈话提供了一个模型与范例。

罗塔俱乐部的其他成员还包括:好像无处不在的约翰·奥布雷,约翰·弥尔顿的挚友和助手希里亚克·斯金纳(Cyriac Skinner),以及像提尔康奈尔伯爵(Earl of Tyrconnel)约翰·彭拉多克(John Penruddock)这样的绅士,威廉·普尔特尼爵士(Sir William Poulteny)以及若干未来的英国皇家学会成员,包括约翰·霍斯金(John Hoskins)和菲利普·卡特雷特(Philip Carteret)。罗塔俱乐部成员身份和未来皇家学
98 会成员这种重要的对应关系使一些学者得出结论,认为哈林顿俱乐部为新科学学会提供了一种政治与组织模式。据迈克尔·亨特(Michael Hunter)估算,在已确认罗塔成员身份的 27 人里有 11 人(约占 40%)最终成为皇家学会会员。[22]当然,罗塔俱乐部的组织形式与皇家学会的组织形式两者间存在正式与非正式的相似性,特别是在有关投票表决程序上。除此之外,两者都支持自由与公开的辩论,尽管这种辩论仍然受到形式化程序的限制。[23]但同时代的人能够清楚地区分哈林顿的共和主义和皇家学会明确的忠君立场,例如牧师约翰·沃德(John Ward),当听说查理二世成立皇家学会是为了对抗罗塔俱乐部时,他指出:"不适合通过公开的矛盾来推翻罗塔俱乐部。"[24]对沃德这样的人来说,这一谣言之所以如此可信,是因为罗塔俱乐部和皇家学会都是以同样的方式寻找同一群主顾。那些参加哈林顿深夜会谈的鉴赏家们,他们的好奇心很可能转移到另一个对立组织的身上。

罗塔俱乐部和皇家学会非常相似,它们都是廉价印刷品抨击和嘲笑的对象。[25]事

实上，一些作家把讽刺的矛头同时对准两者。塞缪尔·巴特勒(Samuel Butler)揶揄道：“罗塔成员”为了自己的利益搞了“太多的……政治”，同时，他也嘲笑鉴赏家群体，说他们是“坐在咖啡馆里指手画脚，大肆批判和贬低一切哲学的评论家们”。亨利·斯塔布(Henry Stubbe)在《罗塔俱乐部》或称《共和国俱乐部新闻》一文中，将“罗塔成员”称为“学识丰富的笨蛋”(the learned asse)，他这样嘲笑俱乐部成员的谈话：“这些人的问题是，虽然举止并不粗鲁，但谈话絮絮叨叨、索然无味，经常把一个问题分成各式各样琐细的话题。”[26]后来，斯塔布又编了一系列的论战小册子，以此发泄他对皇家学会的不满与愤懑，颇具讽刺意味的是，约翰·伊夫林却因此给他扣上了“罗塔成员”的帽子。若干年后，托马斯·圣·塞尔夫(Thomas St. Serfe)还嘲笑昔日“圆桌会议上的政治专家们”，称他们为“歌谣播放器”，他们愚蠢地争论“是先有鸡还是先有蛋……但这些争论对博丹、马基亚维利和柏拉图的思想所造成的巨大伤害与破坏他们却一无所知”。对罗塔俱乐部的嘲笑多如牛毛，这既与哈林顿提倡的共和主义有关，又与俱乐部里“对任何话题都一知半解的氛围”有关。在这方面，斯塔布的《罗塔俱乐部》一文开启了奥古斯都时期文学对鉴赏家群体诸多嘲讽的先河。[27]

对17世纪晚期英国聒噪喧嚣的清谈阶层而言，尽管罗塔俱乐部存在的时间很短，但有关它的记忆令人难以忘怀。共和主义复兴的幽灵给罗塔俱乐部带来了可怕的影响，也使有关“小牛头俱乐部”(Calves-Head Clubs)聚会的传言再度复活，这一传说在
狂热的保皇党人和托利党人中流传，据说每年的1月30日，人们会在罗塔俱乐部里聚 99
会，庆祝查理一世被处决。罗塔俱乐部的形象也因其与王政复辟后蓬勃发展的咖啡馆文化间的联系而得以维持。当约翰·德莱顿(John Dryden)的政敌意图嘲笑他的戏剧《征服格拉纳达》(*The Conquest of Granada*，1673)时，他们通过唤起有关对罗塔俱乐部的记忆来达到目的。当时，人们对罗塔的记忆与其说是意图谋反的共和派阴谋集团，不如说是一群“为推进有关哲学公报、信使报、日报等报刊上所宣扬的思想在太阳神阿波罗创办的咖啡学院里聚会的雅典式文人鉴赏家们”。在这种情况下唤醒人们对罗塔的记忆，可能更多的是讽刺德莱顿作为“咖啡馆思想者”的身份，而不是以共和主义为由抹黑他的作品。[28]在复辟时期智识阶层的精神世界里，罗塔俱乐部所树立的榜样依然鲜活，这不仅因为它为空谈共和主义那荒唐可笑的失败结局提供了生动的例子，同时也因为它创造了一个可行且长期存在的咖啡馆社交模式。

在王室复辟后很长一段时间里，咖啡馆保留了它作为鉴赏家群体进行非正式学习和辩论中心的声誉。根据兰德尔·考迪尔(Randall Caudill)的说法：“咖啡馆满足了由当代礼仪文学所规定的，并被纳入绅士培训学院课程中的所有‘绅士艺术’(gentlemanly arts)。”在17世纪末至18世纪初伦敦的咖啡馆里，人们可以学习法语、意大利语或拉丁语，或报名接受舞蹈、击剑和马术指导，或参加诗歌、数学或天文学讲座。[29]在世纪之交，约翰·霍顿(John Houghton)在英国皇家学会的《哲学汇刊》(*Philosoph-*

*ical Transactions*)和他自己主持的金融周刊上,发表了《改善畜牧与贸易作品集》(*A Collection for the Improvement of Husbandry and Trade*)一文,文中他对咖啡馆自推出以来为学术进步所做的贡献进行了热情洋溢的评价:

> 咖啡馆为形形色色的人们相互交往提供了场所,富人和穷人在此碰面,鸿儒与白丁相互交谈。咖啡馆里的社交能够提升艺术品位,促进商业交流,扩充人们各方面的知识;一个求知欲旺盛的人,在咖啡馆里待一个晚上获得的知识比苦读一个月都多得多:推开一家咖啡馆的大门,那里的客人络绎不绝,交流所学,他可能会在短时间内学到他人学习和研究的精华。我的一位值得尊敬且学富五车的朋友告诉我,他确实认为,咖啡馆和大学一样,增进了学识,而且对所有人一视同仁,从不轻视。[30]

到18世纪,咖啡馆已成为城市社交生活的组成部分,为世人普遍接受,它作为一
100 个严肃的实践型学习中心的特点也确立了起来。现在从理论上来说,无论财富、地位或受教育程度如何,每个人都可拥有鉴赏家群体的理想。

然而,正因为咖啡馆对所有顾客的相对开放性,使得这一新兴社会机构备受诟病:一个如此随意的场所,不但不会促进学识的进步,相反,却会因为与俗不可耐、浅尝辄止、碌碌无为的人过从甚密,而使学识受损蒙羞。虽然那些批评和讽刺作品认识到了咖啡馆常客们所主张的咖啡馆在增进学识上的独特性,但这些批评家很快就指出咖啡馆中交谈的虚夸和缺陷。1661年,一本小册子的作者抱怨说,咖啡馆中的交谈"既无人主持,又缺乏规则",它就像"一所没有老师的学校"。"咖啡馆里的教育……毫无纪律性可言,就算人们有心在此学习,也是毫无章法"。也有人讽刺咖啡馆是"新建的希腊学院",里面只有赖账的醉汉,而理查德·利(Richard Leigh)揶揄咖啡馆是"搬弄是非的闲谈大学"。这些批评和质疑在1662年得到了回应,一本小册子声称会"以打油诗的形式,记录康希尔家禽市场附近的咖啡馆里发生的论战,论战双方分别代表咖啡馆思想者和学院派学者,之后会在咖啡馆里马上印刷并出售"。这家咖啡馆被描述成"一处医生、学者聚集的地方,除了讲拉丁文和希腊语外,他们一无所长",作者提醒说:"可是一旦你听到他们讲的拉丁语,我担心你就会笑破肚皮。"[31]这本小册子接着嘲讽咖啡馆门槛太低、交谈粗陋,无论是关于加尔文主义和阿密尼亚神学优劣的辩论,还是讨论数学问题或是其他更加世俗的问题,各方交谈总会陷入混乱:"一个谈新闻,一个谈烧菜,一个谈小偷和狗熊,一个诅咒假面剧①、舞会和戏剧。"没过几年,又有一份传单继续对咖啡馆顾客的博闻强记与学识渊博大肆嘲讽。传单上写道,如果说在咖啡馆

---

① 假面剧:16至17世纪盛行于英国的一种诗剧,常伴以音乐和舞蹈。

花上一便士就能成为一名学者，那咖啡馆怎么可能与大学相提并论？无独有偶，托马斯·圣塞尔夫（Thomas St. Serfe）在《塔鲁戈的诡计》（*Tarugo's Wiles*）里也嘲讽了咖啡馆里的科学家和“旅行”鉴赏家，前者对早期皇家学会的输血实验敬畏不已，后者傲慢地评价画作的美学价值，却无法辨认粗劣的荷兰式涂鸦和真正的意大利佳作。[32]

这些批评并非没有得到回应，但是，在17世纪剩下的时间中，他们一直在有关咖啡馆在英国社会中扮演何种角色的争论中占有一席之地。[33]这些讽刺作品最引人注目之处在于它们反映了鉴赏家群体的焦虑，涉及他们对自己与咖啡馆的关系以及与之 101
相关的伦敦大都市环境的焦虑。咖啡馆是否为人们分享新知提供了一个令人兴奋的新型社交场所？抑或一个仅供交流浅见与时尚，进行社交展演的令人失望的所在？虽然大部分鉴赏家们都拥抱咖啡馆的到来，但也有少数人坚持表达他们对这一新机构阻碍学术进步的担忧。

## 从私人宅邸到咖啡馆：王政复辟时期的贤人士绅社交

近期，研究王政复辟时期咖啡馆社会角色的一些学者注意到，咖啡馆在此时期的出现引发了很多争论，事实上，“很难找到对王政复辟期咖啡馆的正面评价（kind words）”。史蒂夫·平卡斯（Steve Pincus）指出，对咖啡馆的敌意主要来自“英国圣公会保皇派”阵营，尤其是活跃在17世纪70年代的“新高教派运动（new High-Church movement）”，他们期望时光倒流，回到激烈的内战时期和国家与教会的权力空白期。劳伦斯·克莱因（Lawrence Klein）研究指出，复辟时期人们对咖啡馆中社交礼仪与行为规范的担忧，实际上是更为普遍的一种道德观念的组成部分，这种道德观念寻求“使话语和文化权威重新发挥作用”。有关咖啡馆社交政治的重要论点，我将在本书第七章进行阐述。在本章，我们应关注咖啡馆社交能力得以恢复的重要原因之一，是其最初提出并坚称的“文明”（civility）交往方式，即便是遭受来自国教保皇党人和格拉布街文人们的严厉批评。在这里，我用了“文明”这一术语，意指一种独特的城市社交方式，它重视对科学、美学和政治等重大问题进行冷静且理性的辩论。这并非诺贝特·埃利亚斯（Norbert Elias）所宣扬的宫廷礼仪（the courty civility），而是一种对礼节与行为规范的感知（a sense of propriety），指导并影响那些自称“绅士”的人们的行为举止。[34]

这正是哈林顿罗塔俱乐部中的鉴赏家们所宣扬的理想状态，并在17世纪60年代之后的几十年中才得到进一步的阐述。虽然，有关文明礼仪的理想绝非鉴赏家们的专属领地，但恰恰是这种理想作为纽带将整个好奇心群体维系在一起，咖啡馆也主要因为这些最初光顾它们的鉴赏家名流，才得以与上流文雅社会建立联系。虽然这一“文
明”的谱系可以追溯到宫廷礼仪文学中所记录的礼仪和社交方式，但在17世纪末至 102

18 世纪初的英国,它以一种独特的“城市的”,实际上是“大都市的”形式表现出来。[35] 咖啡馆“文明”无须等到光荣革命的出现或是《闲谈者》和《旁观者》这些刊物为其辩护。事实上,早在 1641 至 1660 年王政空缺期的牛津咖啡馆里鉴赏家们的第一次聚会时就已然出现。

为什么咖啡馆对英国鉴赏家群体的吸引力如此之甚?首先也是最重要的是,去咖啡馆非常方便,这一优势在王政复辟期,随着伦敦成为名副其实且独一无二的鉴赏家名流活动中心变得愈发显著。而在 17 世纪初时,鉴赏家往往在自己贵族式的“私人宅邸”(great houses)中举办活动并开展社交,比如托马斯·霍华德(Thomas Howard)在阿伦德尔的宅邸,但是,到了 17 世纪下半叶,鉴赏家们活动的地点慢慢转向伦敦,最终,他们不约而同地选择了伦敦大都市中的各种公共场所。[36] 在活动场所自乡间迁往城镇的过程中,名流鉴赏家们只是经历了一场上流社会士绅社交方式的转变。这种社交方式规模更大、更为缓慢,意义更加深远,它见证了“伦敦社交季”、全国性婚姻市场的兴起以及伦敦西区(London's West End)住宅区的发展,同时也见证了热情好客的社交理想私人化的过程。[37]

和宅邸中的正式社交场合不同,咖啡馆里的社交活动更多是自发的,不那么拘泥于形式。咖啡馆里不在意等级和优先权等规矩,一份宣传画上曾刊登的一则小诗赞美咖啡馆的规则和秩序:“贵族和商贾,往来皆是客;不为礼法苦,满面盈喜色;人人有所处,换盏言欢乐;若有贵客入,无须避旁侧。”(图 4-2)咖啡馆里的这些规则,并非像其早期批评者和现代历史学家所认为的那样,是促进社会“平等”的方式,而是作为一种手段,将这种新型的大都会“城镇”士绅礼仪与过去那种被认为是过度僵硬和令人窒息的旧礼仪去分开来。[38]

在 17 世纪末到 18 世纪初的学术机构中,有与之相似的促进社会平等的行为方式,拒绝在成员之间进行社会阶层区分。同样,在法国沙龙宫廷之外的世界里,人们认为“交谈的乐趣,恰恰来源于大家一起努力创造出来的,不存在等级差异的理想世界之
103 中”。到了 18 世纪初,《旁观者》盛赞这种彬彬有礼的交往方式是城镇绅士风度优于乡村的原因之一。之前艾迪生认为:“人们之间的交谈,类似罗马天主教,充斥着作秀与礼仪形式,它需要一次改革,用以减少其冗余和粉饰,并恢复其自然与美好的状态。因此,目前无拘无束的姿态与开明的行事风格才是良好教养的标志。这样时尚的场合既自由又轻松,人们的举止更加随意:再没什么比令人愉悦的不拘小节更加时兴了。”[39]

王政复辟后,鉴赏家名流不断变化的社交模式反映了英国精英社交行为方式的转变。18 世纪,即便旧礼仪尚存,但造访鉴赏家士绅们的私人宅邸已不再是一位绅士在鉴赏家群体中确认和维持自身地位的主要方式了。王政复辟后两个重要的新机构作为补充,替代了上述私人宅邸的社交功能。首先是英国皇家学会提供的正式的授勋、赞助以及出版场所,其次是伦敦咖啡馆这种由非正式的协商管理组成的机构。对胡格

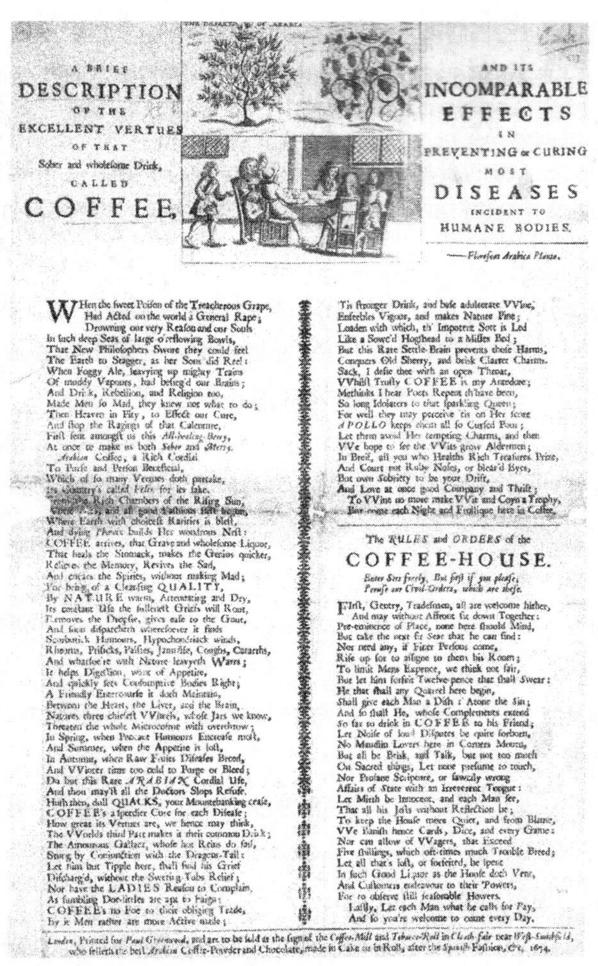

A BRIEF
DESCRIPTION
OF THE
EXCELLENT VERTUES
OF THAT
Sober and wholesome Drink,
CALLED
COFFEE,

AND ITS
INCOMPARABLE
EFFECTS
IN
PREVENTING or CURING
MOST
DISEASES
INCIDENT TO
HUMANE BODIES.

—Florescat Arabica Planta.

When the sweet Poison of the Treacherous Grape,
Had Acted on the world a General Rape;
Drowning our very Reason and our Souls
In such deep Seas of large o'reflowing Bowls,
That New Philosophers Swore they could feel
The Earth to Stagger, as her Sons did Reel:
When Foggy Ale, leavying up mighty Trains
Of muddy Vapours, had besieg'd our Brains;
And Drink, Rebellion, and Religion too,
Made Men so Mad, they knew not what to do;
Then Heaven in Pity, to Effect our Cure,
And stop the Ragings of that Calenture,
First sent amongst us this *All-healing Berry*,
At once to make us both *Sober* and *Merry*.
*Arabian* Coffee, a Rich Cordial
To Purse and Person Beneficial,
Which of so many Vertues doth partake,
Its Country's called *Felix* for its sake.
[illegible] Rich Chambers of the Rising Sun,
[illegible] and all good Fashions first begun,
Where Earth with choicest Rarities is blest,
And dying *Phenix* builds Her wondrous Nest:
COFFEE arrives, that Grave and wholesome Liquor,
That heals the Stomack, makes the Genius quicker,
Relieves the Memory, Revives the Sad,
And cheers the Spirits, without making Mad;
For being of a Cleansing QUALITY,
By NATURE warm, Attenuating and Dry,
Its constant Use the fullenest Griefs will Rout,
Removes the Dropsie, gives ease to the Gout,
And soon dispatcheth wheresoever it finds
Scorbutick Humours, Hypochondriack winds,
Rheums, Ptisicks, Palsies, Jaundise, Coughs, Catarrhs,
And whatsoe're with Nature leavyeth Wars;
It helps Digestion, want of Appetite,
And quickly sets Consumptive Bodies Right;
A Friendly Entercourse it doth Maintain,
Between the Heart, the Liver, and the Brain,
Natures three chiefest VVitches, whose Jars we know,
Threaten the whole Microcosme with overthrow;
In Spring, when Peccant Humours Encrease most,
And Summer, when the Appetite is lost,
In Autumn, when Raw Fruits Diseases Breed,
And VVinter time too cold to Purge or Bleed;
Do but this Rare *ARABIAN* Cordial Use,
And thou may'st all the Doctors Slops Refuse.
Hush then, dull QUACKS, your Mountebanking cease,
COFFEE's a speedier Cure for each Disease;
How great its Vertues are, we hence may think,
The VVorlds third Part makes it their common Drink;
The Amorous Gallant, whose hot Reins do fail,
Stung by Conjunction with the Dragons-Tail:
Let him but Tipple here, shall find his Grief
Discharg'd, without the Sweating-Tubs Relief;
Nor have the LADIES Reason to Complain,
As fumbling Dot-ttrels are apt to Feign;
COFFEE's no Foe to their obliging Trade,
By it Men rather are more Active made;
'Tis stronger Drink, and base adulterate VVine,
Enfeebles Vigour, and makes Nature Pine;
Loaden with which, th' Impotent Sott is Led
Like a Sowe'd Hogshead to a Misses Bed;
But this Rare Settle-Brain prevents those Harms,
Conquers Old Sherry, and brisk Claret Charms.
Sack, I defie thee with an open Throat,
VVhilst Trusty COFFEE is my Antedote;
Methinks I hear Poets Repent th'have been,
So long Idolaters to that sparkling Queen;
For well they may perceive 'tis on Her score
*APOLLO* keeps them all so Cursed Poor;
Let them avoid Her tempting Charms, and then
VVe hope to see the VVits grow Aldermen;
In Breif, all you who Healths Rich Treasures Prize,
And Court not Ruby Noses, or blear'd Eyes,
But own Sobriety to be your Drift,
And Love at once good Company and Thrift;
To VVine no more make VVit and Coyn a Trophy,
But come each Night and Frollique here in Coffee.

The *RULES* and *ORDERS* of the

COFFEE-HOUSE.

*Enter Sirs freely, But first if you please,*
*Peruse our Civil-Orders, which are these.*

First, Gentry, Tradesmen, all are welcome hither,
And may without Affront sit down Together:
Pre-eminence of Place, none here should Mind,
But take the next fit Seat that he can find:
Nor need any, if Finer Persons come,
Rise up for to assigne to them his Room;
To limit Mens Expence, we think not fair,
But let him forfeit Twelve-pence that shall *Swear*:
He that shall any Quarrel here begin,
Shall give each Man a Dish t' Atone the Sin;
And so shall He, whose Complements extend
So far to drink in COFFEE to his Friend;
Let Noise of loud Disputes be quite forborn,
No Maudlin Lovers here in Corners Mourn,
But all be Brisk, and Talk, but not too much
On Sacred things, Let none presume to touch,
Nor Profane Scripture, or sawcily wrong
Affairs of State with an Irreverent Tongue:
Let Mirth be Innocent, and each Man see,
That all his Jests without Reflection be;
To keep the House more Quiet, and from Blame,
VVe Banish hence Cards, Dice, and every Game:
Nor can allow of VVagers, that Exceed
Five shillings, which oft-times much Trouble Breed;
Let all that's lost, or forfeited, be spent
In such Good Liquor as the House doth Vent,
And Customers endeavour to their Powers,
For to observe still seasonable Howers.
Lastly, Let each Man what he calls for Pay,
And so you're welcome to come every Day.

*London*, Printed for *Paul Greenwood*, and are to be sold at the sign of the *Coffee-Mill* and *Tobacco-Roll* in *Cloth-fair* near *West-Smithfield*, who selleth the best *Arabian* Coffee-Powder and Chocolate, made in Cake or in Roll, after the *Spanish* Fashion, &c. 1674.

**图 4-2 “咖啡馆的规则和秩序”一文,对这种令人头脑清醒,身体健康的饮料——咖啡的最佳品质做了简要描述。伦敦大英图书馆供图,书架号 C.20.f.2。(377)**

诺派教徒埃布尔·博耶(Abel Boyer)来说,英国知识阶层不拘一格的社交方式与更为正式的法式社交形成鲜明的对比:“那些最具才思的英国人,没有像我们在法国巴黎看到的那些美思学院(Academies de Beaux-Esprits)那种固定的聚会场所,他们常常会混迹于咖啡馆、私人俱乐部和酒馆等这些鱼龙混杂之处。”[40] *104*

咖啡馆社交的主要优势在于它相对舒适的氛围、便宜的价格和便利性。一个人可以随时光顾某家咖啡馆,或者去好几家,他也可以出于一种习惯,或是心血来潮,天天都去咖啡馆坐坐。与之相比,登门拜访就需要做得体的自我介绍,客人要提前约好,主人得负责款待。[41]登门拜访是客人在主人私宅中进行的私人化仪式,同时也是传统社会中寻求经济赞助或委托关系的重要方式，因此，它会成为强化来访者与主人间社会地位差异的有力手段。相比而言，咖啡馆里的交往是平等的，它发生在公共场所，允许甚至鼓励顾客以平等身份进行社交。尽管约翰·伊夫林之类的名流鉴赏家仍倾向于用登门拜访展示自己的才学与技艺，但其他人，尤其是鉴赏家名流圈内那些不太富裕的人，发现咖啡馆社交是向同好学习或展示才艺的最佳方式。在整个17世纪以及这之后的一段时间内，尽管登门拜访仍旧是一种重要的社交方式，但在咖啡馆中那些既彬彬有礼又不拘泥于形式，并且更加平等的社交活动被用来弥补登门拜访的局限。

咖啡馆独特而新颖，它为名流鉴赏家们的社交活动提供了新的可能。除了咖啡馆，传统的小酒馆、客栈和啤酒屋等为伦敦快速发展的盈利型服务业提供了其他选择，
105 但它们都因酒鬼、妓女、贩夫走卒或平民大众混迹其中而饱受诟病。尽管以上这些地方并非绅士名流的禁区，但毫无疑问它们会受地位低下的污名所累。彼得·克拉克(Peter Clark)曾有过类似的表述，他指出，这并不意味着啤酒屋那种社交圈子构成了一个“另类社会”或是流行文化的避风港，这种流行文化与更具绅士风度的精英阶层，甚至与体面的中产阶级社交世界形成鲜明的对比，因此，显而易见的是，只有在那些狂热的神职人员心目中，啤酒屋对“体面庄重的教会集会场所构成威胁”。[42]尽管在现实中，酒馆这些地方很难与“上流社会”隔绝开，但在人们的观念里公共酒馆里常常发生不端行为。即便很多人认为酒馆里的乱象是其魅力所在，但很少有人愿意被当作小酒馆或是啤酒屋里的常客。

相比之下，咖啡馆成了一方净土，这里的社交方式更加文雅，更加注重礼仪教养，因此，人们普遍认为咖啡馆内“太文雅，以致不适合那些低俗放浪的玩笑”。人们对咖啡馆所做的早期辩护明确地援引了它彬彬有礼的特质：“简言之，不可否认的是，咖啡馆提供了最文明……最具智慧的社交空间。经常光顾咖啡馆，听那里的人们谈天说地，观察他们的一言一行，就会自然而然地注意自己的举止，提高自己的见识，精练自己的语言，赋予我们充足的信心和富有魅力的交谈方式，摆脱那种使人们显得羞怯可笑的乡巴佬式的腼腆和常见于才学优秀之士身上的愚蠢的谦虚”。当然，现实中的咖啡馆并不一定比小酒馆和啤酒屋更文明、更得体，但大体上，那个时代的人是这样认为的。[43]而这才是最关键的。

罗伯特·胡克(Robert Hooke，1635—1703)恐怕是全伦敦最热衷于咖啡馆的士绅名流了。胡克的第一本日记里显示，1672至1680年间，他至少光顾了64家伦敦咖啡馆，几乎没有一天不去，即便是在生病和天气恶劣的情况下，他也可能一天辗转三家咖啡馆。牛津大学历史系教授罗伯特·伊理夫(Robert Iliffe)和芝加哥大学历史系教授阿德里安·约翰(Adrian Johns)近期的研究表明，胡克是如何利用这样的机会，从仆从、技工到贵族等各色人等那里学习知识、增长见识，又是如何给众人分享并展示最新的科学仪器的。胡克也把咖啡馆作为开展讨论和裁决哲学论争或个人冲突的场所，

他甚至还与鉴赏家士绅阶层中志同道合的人一起组建了小团体或称“俱乐部”。[44]胡
克把咖啡馆当作从事严肃工作的场所，当他无法在那里进行“哲思”时他就会发牢骚抱 106
怨。咖啡馆确实是胡克“充实学识，增长见识的最佳场所，在这里，胡克“将自己视为一名鉴赏家，一位商人，同时还是一个处于伦敦城市知识生活中心的骄子”。虽然很少有证据证明咖啡馆里可以进行科学实验，但显而易见，作为一个公共空间，人们可以在此讨论和争辩实验数据。胡克本人就曾在加洛韦咖啡馆(Garraway's Coffeehouse)里指责约翰·弗拉姆斯蒂德(John Flamsteed)不知道如何正确使用自己的天文望远镜。相对于难以管理的印刷出版界和皇家学会在鉴赏家社交圈内所举办的正式会面而言，咖啡馆中面对面的谈话和辩论提供了一种重要的补充。在这个空间中，辩论可以及时进行并且相对不受限制。因此，咖啡馆也是鉴赏家们确立学术威望抑或痛失学术声誉的重要场所。[45]

胡克对鉴赏家文化的兴趣超出了相关文献记载的新科学领域，他又一次在咖啡馆里找到了探索这些兴趣的最佳捷径。通过阅读印刷出版物、观看图片以及其他“珍品”，或是在拍卖会上购买以上种种，以及在咖啡馆与画家交谈，他可以培养和提升自己的艺术鉴赏力。在加洛韦咖啡馆，他有时会长篇大论地谈及异国风物，例如东印度群岛和岛上的奇珍异兽。同样是在加洛韦咖啡馆，在博学同伴的陪同下，胡克查阅新版的书籍。哪怕是坐在那里读报纸，也能让他深受鉴赏家文化的熏陶：他阅读《荷兰高级公报》，其中提到“某些人能在水中行走”。[46]诸如此类稀奇古怪的信息是鉴赏家们在一起高谈阔论的常见话题。

塞缪尔·佩皮斯(Samuel Pepys，1633—1703)对咖啡馆的热情稍低一些，他从17世纪60年代开始的日记中记录了自己大概80次光顾咖啡馆的细节，这些咖啡馆多数位于康希尔的海军办公室(他工作的地方)和皇家交易所附近，尽管他也偶尔去考文特花园附近的那几家。当时，咖啡馆还刚刚起步，对佩皮斯而言，与其说那是他展露学识的地方，还不如说是他求教于他人的地方。在参加完罗塔俱乐部的会议后，佩皮斯一直与俱乐部的其他前任成员保持联络，比如威廉·配第，佩皮斯认为配第“在谈话中……是我所见过的最理性的人之一，他的见解最为清晰明了”。两人曾多次谈及各种
各样的话题，如当代文学、音乐、“通用字母”(他们试图创造一种可以代表任何语言的 107
文字或符号系统)、记忆之术、亚伯拉罕·格里·格兰杰(Abraham Gowrie Granger)的伪造签名法、笛卡尔的梦境论以及其他“极具品质的话题”。[47]

在成为皇家学会会员之前，佩皮斯就对咖啡馆有关科学实验的故事充满好奇，比如皇家学会格雷沙姆学院的名流鉴赏家进行的实验以及实验的一般程序。他还找机会在皇家交易所附近的一家咖啡馆里与皇家学会的那些成员碰面，其中就包括格雷沙姆学院秘书亨利·奥尔登伯格(Henry Oldenburg)。1663年11月，佩皮斯顺道去了海军办公室附近的一家咖啡馆，在那里，他听到“两位内科医生……和几位药剂师之

间冗长且激烈的争论”,他们讨论盖伦医学和帕拉克斯医学孰优孰劣。佩皮斯回忆说:“事实上,被在场的人们指责最多的那位药剂师,他的辩论非常精彩,他措辞优美,气势磅礴,也许他并不了解内科医生这一行,所以并没有和他们一争高下。因此,谈话逐渐和缓,最终聚会结束。”[48]在咖啡馆中,这样的辩论非常常见,并且像是按照一种相互认可但并未被明确表达的文明行为准则展开。说服对方需要使用一种非常理性且华丽(漂亮)的修辞,借此炫耀学识。就这方面而言,咖啡馆里的辩论与大学里的正式辩论相似,但在自发性、随意性以及开放程度等方面又有所区别:辩论陷入僵局也无妨,大可以就像开始时那样就此结束。虽然话题可能相当严肃,但人们处在咖啡馆这样的环境中,会倾向于用相当轻松的语调交谈。在这里,聊天的目的除了接受知识和教育,也是娱乐和放松,因此,佩皮斯和其他一些咖啡馆的常客经常表示,他们在咖啡馆里享受“精彩谈话”是一种乐趣。

此外,佩皮斯还就有关生物学和自然史(例如昆虫是不是自然发生的)等广泛的领域进行了自己的推测性论述,包括新机械的发明、奇怪的自然现象以及医学和化学等。[49]他和罗伯特·胡克一样,对鉴赏家文化的兴趣几乎不局限于科学领域,他利用咖啡馆中的社交活动来结识画家或作曲家,或是讨论政治经济学理论和罗马帝国
108 史。[50]1664 年 2 月,佩皮斯匆匆来到考文特花园弓街的威尔·厄温咖啡馆(Will Urwin's Coffeehouse),在那里,他目睹了诗人约翰·德莱顿(John Dryden)和“小镇上所有才思敏捷之人”进行的“机智幽默和令人愉悦的谈话”。他对“贸易史”的兴趣,是通过在咖啡馆里与商人或工匠的交谈培养起来的,这一话题也是英国皇家学会成立之初名流鉴赏家的重要话题。咖啡馆里的另一个热门话题是异国文化和传说。在康希尔咖啡馆里,佩皮斯听到“科洛内尔·巴伦中尉(Lieutenant Collonell Baron)讲述自己在亚洲高耸入云的山上精彩的旅行”。还有一次,佩皮斯在咖啡馆偶遇亨利·布朗特爵士(Sir Henry Blount),他是第一个在黎凡特旅行时喝咖啡的英国人之一,爵士讲了“埃及和其他事物”的故事逗他开心。[51]因而,咖啡馆成为传播旅行家探险故事的新场所,而这些故事恰恰是鉴赏家文化的核心构成要素。

虽然涉及艺术和科学的高深话题常常在咖啡馆里引人注目,但佩皮斯并不总是关注这类内容。毫无疑问,他还参与了许多闲聊和“普通交谈”,内容涉及他在海军办公室的相关业务,以及大量散布的谣言和有关社会的或政治的流言蜚语。咖啡馆的社交活动令佩皮斯增长学识、放松心情的同时,也会给他带来尴尬。有一次,在考文特花园的一家咖啡馆里,一位客人嘲笑佩皮斯最近在议会发表的演讲,佩皮斯顿时觉得自己在“整个咖啡馆里所有的客人”面前“蒙羞”。[52]

除了交谈和社交等活动,咖啡馆对佩皮斯来说也是一个接触印刷品的地方。一些咖啡馆和书商联系紧密并在自己店内出售书籍。佩皮斯就是通过这种方式在交易巷(Exchange Alley)咖啡馆买到一本关于建筑的书,尽管他读完之后懊悔不已,认为这

本书“狗屁不通，一文不值”。虽说佩皮斯经常购买复辟初期获得新的出版许可的新闻书，但在日记中从未提及自己在咖啡馆里读报的经历；或许是因为他更喜欢私下阅读，而在咖啡馆这种公共场合喜欢倾听和讨论。[53]

咖啡馆引入英国之初，并未消减鉴赏家群体社交的中心地位。到了 17 世纪 90 年代，伦敦的咖啡馆业务已经非常成熟，它们为城市社交生活提供了各种各样的场所。詹姆斯·布里吉斯(James Brydges，1674—1744)，皇家学会会员(1694 年 11 月 30 日入选)，1719 年成为钱多斯公爵一世(Duke of Chandos，1719)，可能是 17 世纪最后一位鉴赏家了。年轻时，他怀揣着寻找自身爱好和增长学识的愿望来到伦敦的咖啡馆中，[54]并将自己 17 世纪 90 年代末期在伦敦的各种活动悉数记录下来。从 1697 年 2 月 8 日到 1702 年 12 月 12 日，还光顾了各种咖啡馆共计 280 次，这个数字还不包括一 *109*
天内去多家咖啡馆，有些日子可能一天去过三家以上。在伦敦逗留的那些日子里，布里吉斯大概去过 65 家咖啡馆、巧克力屋和小酒馆。[55]

布里吉斯将咖啡馆作为社交场合，他的目的非常直接：他清楚哪家咖啡馆可能会吸引有趣的伙伴和潜在的客户，因此就成了那里的常客。布里吉斯经常光顾像奥辛达和怀特这样的时尚巧克力屋，也经常光顾加洛韦、曼恩或希腊咖啡馆等商业气息更加浓厚的咖啡馆。大多数情况下，他都能在这些地方发现值得交往的同伴，一旦他注意到“没什么绅士来这儿”，他就会马上离开，继续寻找下一个能遇到志同道合之士的地方。[56]

17 世纪 90 年代伦敦精英阶层的社交圈中，巧克力屋与咖啡馆相得益彰，并驾齐驱。事实上，比起更具“民主”氛围的咖啡馆，巧克力屋更能营造出与众不同的氛围。巧克力屋的出现主要是为了满足布里吉斯所属的有闲阶层进行社交活动的需求，但并不像理查德·斯蒂尔所理解的怀特巧克力屋的特点或是威廉·康格里夫(William Congreve)在《如此世道》(*The Way of the World*，1700)的第一幕中所描述的那样，发生在巧克力屋里的谈话并非总是类似“献殷勤或讨好”这种轻松愉悦的内容。在怀特巧克力屋，布里吉斯和巴特先生就“人民在政府中的权力”发生争执，他还讨论了其他一些时事话题，比如和平的前景和西班牙王位继承权问题。他还和德温特沃特勋爵(Lord Derwentwater)以及约翰·雷克(John Lake)之子，时任奇切斯特(Chichester)的拒绝效忠宣誓的主教，讨论桑德兰伯爵图书馆的藏书，以此增进自己作为鉴赏家的声誉。在汤姆咖啡馆，布里吉斯见到了古代手稿的收藏家，在与另一位对这些手稿感兴趣的鉴赏家讨论绘画艺术之前，他安排了一次正式登门拜访以参观这些手稿。[57]

布里吉斯就像十年前的佩皮斯一样，借助咖啡馆和在咖啡馆展开的社交来与皇家学会成员们保持联系。这些人经常在教堂咖啡馆(the Temple Coffeehouse)与汉斯·斯隆博士会面，在那里讨论一些新鲜事，比如如何穿越爱尔兰沼泽。私下里，布里吉斯 *110*
借机向斯隆博士询问如何缓解背部疼痛，或称之为“风湿病”。在去克雷沙姆学院前，布里吉斯经常和皇家学会的人一起在庞塔克酒馆进餐,这些安排经常因为有人想去加洛韦咖啡馆喝杯咖啡而被打断。正是在这样的晚餐上,布里吉斯结识了外交官、艺术品鉴定大师,同时还是皇家学会会员的威廉·阿格里诺比(William Aglionby)。[58]

尽管咖啡馆是布里吉斯年轻时实现抱负的关键所在,但在1705年他被任命为驻外军队的司库后,就没时间去咖啡馆了。[59]到1710年,已经厌倦了咖啡馆里激烈辩论和交谈的布里吉斯私下里向好友约翰·德拉蒙德(John Drummond)表示:希望"能够找到一些办法来安抚人们无法形容的愤怒和激情(因为你的《公报》永远无法治愈那些整天泡在咖啡馆里嚼舌头半死不活的人)"。[60]当布里吉斯开始大量收集珍贵的书籍和艺术品时,他选择了与居住在国外的采购代理及经销商取得联系,而不是去参加在伦敦咖啡馆举办的拍卖会。[61]如此看来,布里吉斯和咖啡馆社交世界的关系日渐疏远,这恰恰反映出他作为杰出的艺术和科学赞助人的地位已经稳固。他不再需要巴结怀特巧克力屋里的那些人了,也不需要努力在克雷沙姆学院的名流鉴赏家中树立自己的声誉。18世纪初,布里吉斯凭借自己的实力成为一名财力雄厚的赞助人,他作为鉴赏家的身份也因他所拥有的大量土地、田产而得到保障,尤其是他在乡间庄园中那些声名卓著的藏品、火炮以及他作为这些藏品的主人所获得的名望。[62]

在这方面,土地贵族詹姆斯·布里吉斯已经从塞缪尔·佩皮斯那种年轻人的社交界转向了约翰·伊夫林更加欣赏的社交圈。随着年龄的增长,即使是佩皮斯也大大减少了自己在公共场所的社交活动。尽管在咖啡馆社交环境的发展过程中,尤其是早期阶段,名流鉴赏家们发挥了核心作用,但是咖啡馆从来也没有被他们全盘接受。尤其是伊夫林,依然对咖啡馆保持警惕,事实上,他从未在日记里提到过自己去咖啡馆。当谈及咖啡馆时,他的用词往好了说是不屑一顾,往坏里说是嘲讽鄙视。尽管他偶尔会开玩笑,称皇家学会为"博学的咖啡馆俱乐部",但严肃时,他认同托马斯·特尼森的观点,后者曾抱怨自己教区里的年轻牧师很少花时间看书,而把大量的时间都花在"屡屡光顾酒馆或咖啡馆上"。伊夫林在皇家学会《哲学汇刊》的旁注中流露出他对新兴咖啡
111 馆的真实看法。他在前往康斯坦丁堡的旅行途中,阅读了托马斯·史密斯(Thomas Smith)的文章,其中提到当局曾考虑关闭咖啡馆,因为人们经常在咖啡馆进行煽动性集会。据此,伊夫林断言:"出于同样的原因,我一直以为咖啡馆里的人们举止粗鲁,放浪形骸,即便我们这样的人去了也会如此。"[63]

对伊夫林而言,咖啡馆不适合开展鉴赏家群体所热衷的学术讨论。伊夫林认为,咖啡馆太新潮,不分等级阶层对所有人开放,这样过于随意,因而无法维持社交场合中温文尔雅的谈话所具备的精英特质。就这方面,伊夫林勇敢地与他那个时代占据主导地位的有关文明礼仪(politiness)话语作斗争,这种话语使得阶层的界限更容易被打破。与罗伯特·胡克不同,即便伊夫林相信能够从那些社会地位低的工匠、"呆板或反复无常的人"处学习到实践型知识,与他们相处也会令他感到不适。这种上流社会对

平民举止的厌恶之情成为他未能在英国皇家学会引以为豪的“贸易史”上有所建树的主要原因之一，也正是这一点使伊夫林一直处于伦敦蓬勃发展的咖啡馆社交界的边缘。作为《烟尘防控建议书》①(*Fumifugium*,1661)的作者，他对伦敦忧心忡忡，他一方面赞颂伟大的首都，另一方面又极力控诉那里的雾霾和污秽。早在17世纪50年代，伊夫林就公开嘲笑伦敦是“一个面目狰狞的城市”，完全是“人世间地狱”，他还私下向他的堂兄猛烈抨击“这座疯癫之城的罪恶”。[64]咖啡馆的流行，让文化上保守而克制的伊夫林非常厌恶，作为阿隆德尔伯爵(Earl of Arundel)的信徒，他认为，一个致力于世俗享乐与炫耀性消费奢侈物件的地方，很难对学术有所增益。

罗伯特·波义耳，另一位地位显赫的名流鉴赏家，不像伊夫林那样极力排斥咖啡馆，而且还对咖啡本身的医药价值非常感兴趣，但对咖啡馆似乎也保持着某种冷漠。安妮女王统治时期的卡莱尔主教威廉·尼科尔森(William Nicolson)(1655—1727)，更倾向于亲自登门拜访他的鉴赏家朋友，而不是约在咖啡馆见面。虽然尼科尔森不常去咖啡馆，但也偶尔会按捺不住好奇心，踱到某家小酒馆去参观在这些公共场所展出 112
的珍品。因为托兰在公共场合发表轻率的宗教言论，这一行为让当时的很多人都备感震惊。[65]在批评约翰·托兰时，爱尔兰学者、皇家学会成员威廉·莫利纽克斯(William Molyneux)告诉好友约翰·洛克说，“咖啡馆等公共场所不适合就最重要的真理进行严肃的讨论”。托兰本人后来否认自己“在咖啡馆有抱怨和责骂”的行为，并告诉沙夫茨伯里伯爵三世(the Third Earl of Shaftesbury)，自己不会像先前那样喜欢“在咖啡馆里闲逛，也不再和那里的人闲言碎语了”。同样，沙夫茨伯里伯爵也表达了他对咖啡馆的厌恶，他把咖啡馆和法国“世界报”(*le monde*)相提并论，认为咖啡馆不过是虚情假意、说三道四、阿谀奉承和装腔作势的汇合处而已。沙夫茨伯里告诉他的同道们，那些名流鉴赏家们利用的是“俱乐部中的自由，以及那种在彼此熟识的绅士和朋友间所享有的自由”，而不是“混迹于男人们为消遣或寻找风流韵事的场所”，那些罗伯特·胡克和塞缪尔·佩皮斯年轻时轻松出入之所。[66]

具有讽刺意味的是，17至18世纪初，部分英国最伟大的名流鉴赏家对他们中的旅行家热切地拥抱社会和商业变革无动于衷，但这些态度并非异类。事实上，这种态度揭示了英国鉴赏家文化自身的焦虑。在17世纪末和18世纪初，咖啡馆成为供鉴赏家群体开展社交的更为新颖、更具公共性同时更加商业化和城市化的场所，但有些鉴赏家固执己见，他们仍然坚持社交场合应当具备一定的限制性、私人化和个性化特征，而这些正是拥有土地的士绅们私人宅邸的专利。因此，我们不能想当然地认为旧的社交观念已停滞不前，并逐渐被大都市咖啡馆里充满活力的新社交世界所替代。一些名

① 这是一篇写给英王查理二世的长篇报告：《防烟》又名《论空气的不适与笼罩伦敦的浓雾》(*Fumifugium, or The Inconveniencie of the Aer and Smoak of London Dissipated*,1661)。在文中他痛陈煤烟浓雾之弊、伦敦污染之况，被公认为目前发现的最早的有关空气污染的文献。

流鉴赏家,比如詹姆斯·布里吉斯发现自己可以同时辗转于两种社交世界。弗吉尼亚绅士、旅行鉴赏者、皇家学会会员,威廉·伯德(William Byrd,1674—1744)在伦敦的大部分社交生活都是在咖啡馆里度过的,并有幸参观了伊斯莱勋爵(Lord Islay)的藏品。[67]

咖啡馆虽然未能取代私人宅邸成为鉴赏家群体的社交中心,但对那些为提升个人学术声誉投入了大量文化与经济资本的鉴赏家而言,咖啡馆的确是一种可资选择的替代品。这是因为,尽管迄今为止咖啡馆仍旧受到限制与严格的管制,但那些胸怀大志但囊中羞涩的鉴赏家们,因无力承担赴乡间私邸旅行和收集珍贵藏品的费用,便在咖啡馆中获取信息,开展社交,咖啡馆为他们开辟了一个信息与交往的世界。

## 注释

[1] Barry,"Bourgeois Collectivism?" 84.

[2] Wood,*Life and Times*, 1:168; 1:188-89; compare 2:212-13.

[3] Wood, *Life and Times*, 1:201. On Tillyard, in addition to the following, see also 1:203, 244, 350, 477; 2:229, 3:134.

[4] Clark,*British Clubs and Societies*; Allen,"Political Clubs in Restoration London"; Wood, *Life and Times*, 1:466.

[5] Wood,*Life and Times*, 1:472-73. See also Turnbull, "Peter Stahl, the First Public Teacher of Chemistry at Oxford."

[6] Wood,*Life and Times*, 2:147.

[7] Wallis, "Dr. Wallis' Letter Against Mr. Maidwell," 314. For a detailed discussion of the debate, see Caudill, "Some Literary Evidence," 339-48.

[8] Wallis, "Dr. Wallis' Letter Against Mr. Maidwell," 315-16, 328;参照:Caudill, "Some Literary Evidence," 344-45, 373.

[9] 参见:Wood, *Life and Times*, 2:300 and 2:429; 2:332; 2:56; 2:334.伍德对王政复辟后的学术状况和公共道德的看法,总体而言是悲观的,具体在 1:296-297 页,301 页,509-510 页。

[10] 分别参照:Wood, *Life and Times*, 2:279; 3:235; 3:263; 2:93; 2:60; 2:332-33. See also 2:531. North, *Lives*, 2:291-92; and of Thomas Tenison as recorded in Evelyn, *Diary*, 4:367-68. Goldgar, *Impolite Learning*, 228-31.

[11] CUL, T.II.29, Item 1, fol. 2r; Wood,*Life and Times*, 2:396; Bodl. MS Tanner 102, fol. 115; and Cooper, *Annals of Cambridge*, 3:515. 参照:Caudill, "Some Literary Evidence," 368; Aubertin-Potter and Bennett, *Oxford Coffee Houses*, 14.

[12] Bodl. MS Wood F.39, fol. 347r; fol. 351v; Bodl. MS Wood F.44, fol. 111; compare fol. 131.

[13]有关伦敦咖啡馆早期历史的最好描述,参见:Houghton, *Collection for the Improvement of Husbandry and Trade*, no. 458 (2 May 1701). 约翰·奥布里认为第一家伦敦咖啡馆是由一个

名叫鲍曼的人创建的，他是“土耳其商人霍奇斯先生（Mr. Hodges）的马车夫”。但霍顿的描述告诉我们鲍曼是从罗西那里学来的，他是在罗西离开英国后才开始经营自己的咖啡馆的。参见：Aubrey，*Brief Lives*，1:108-111，对照阅读：*Athenian Mercury*，vol. 9，no. 5（1692），q. 2；Bradley，*Virtue and Use of Coffee*，21-22；Ellis，*Penny Universities*，30-33.

[14]对照 Shapin and Schaffer，*Leviathan and the Air-Pump*，292；参见：Johns，*Nature of the Book*，231；Worden，*Rump Parliament*，403（quoted）. Houghton，*Husbandry and Trade Improv'd*，2:126；GL，MS 3018/1，fol. 140r；BL，Add. MS 10116，fol. 33r. Rugge's journals attest to his own interest in some of the characteristic objects of virtuosic curiosity，particularly strange news from foreign lands，natural marvels，exotic animals，and monstrous births.鲁格的日记证实了自己对一些充满艺术特色的珍奇物品的兴趣，特别是那些来自异域的新奇消息、自然奇观、异国动物和巨型怪兽。

[15]*Kingdoms Intelligencer*，2:50（8-15 Dec. 1662），89；*Intelligencer*，2nd series，no. 7（23 Jan. 1664/65）.

[16] Aubrey，*Brief Lives*，1:289. See also Russell Smith，*Harrington and His Utopia*，101. On Harrington and Neville，see Pincus，“Neither Machiavellian Moment nor Possessive Individualism，” 719. *Humble Petition of Divers Well-Affected Persons*；*and Proposition in Order to the Proposing of a Commonwealth or Democracie*. 有关弓街俱乐部的相关研究，参见：Bow Street club，see Ashley，*John Wildman*，142.《海洋联邦安全委员会的法令和命令》（*Decrees and Orders of the Committee of Safety of the Commonwealth of Oceana*）是对“弓街咖啡俱乐部政客们”的戏谑之辞。

[17] Harrington，*Political Works of James Harrington*，110-11，here 111；Routledge，ed.，*Calendar of the Clarendon State Papers*，4:264；*Political Works of James Harrington*，856-57. 有关复辟政权对弓街俱乐部煽动叛乱相关调查的进一步研究，参见 PRO，SP 29/41/32；SP 29/46/30；CSPD 1661-62，347。人们对国内俱乐部成员可能继续阴谋反对政府的恐惧依旧存在，参见：CSPD 1663-64，161，392；PRO，SP 29/81/109. Pepys，*Diary*，1:61 concurs with Aubrey，*Lives*，1:289；compare Russell Smith，*Harrington and His Utopia*，108.

[18] Aubrey，*Lives*，1:289；Harrington，*Political Works of James Harrington*，814，117；compare Russell Smith，*Harrington and His Utopia*，101；Pepys，*Diary*，1:13；Hunter，*Science and Society in Restoration England*，77.

[19] Aubrey，*Lives*，1:289；Pepys，*Diary*，1:20-21；Harrington，*Political Works of James Harrington*，117；Woolrych，“Introduction，” 129；Worden，“Harrington's ‘Oceana，”' 136-37；and Strumia，“Vita Istituzionale Della Royal Society，” 522. Compare Hill，*Experience of Defeat*，191，200-201.

[20] Harrington，*Political Works of James Harrington*，859；Hirst，“Locating the 1650s in England's Seventeenth Century，” 367.

[21] Pepys，Diary，1:14；1:17；1:61；also 1:20-21；Aubrey，*Brief Lives*，2:148. 有关佩蒂和哈特利布圈的相关研究，参见：Webster，*Great Instauration*，70-76，81-84；Harrington，*Political Works of James Harrington*，814.这方面的重要文献为乔治·佩蒂（George Petty）和巴塞洛缪·杨

(Bartholomew Young)于 1581—1584 年译为英文的 Stefano Guazzo's *La Civil Conversazione* (1574),参见:Findlen, *Possessing Nature*, 104-105.

[22] 有关罗塔俱乐部成员相关研究的重要资料为 Aubrey, *Brief Lives*, 1:289; Wood, *Athenae Oxonienses*, 3:1119。参见:Russell Smith, *Harrington and His Utopia*, 102-3. Strumia, "Vita Istituzionale Della Royal Society," 520-23;对照阅读:Hunter, *Establishing the New Science*, 8-9, and Johns, *Nature of the Book*, 471 n. 50.

[23]有关罗塔俱乐部和皇家学会投票程序在威尼斯的先例,参见:Wootton, "Ulysses Bound?" 349-50.有关罗伯特·波义尔科学辩论的文明规则,参见:Shapin and Schaffer, *Leviathan and the Air-Pump*, 72-76; Biagioli, "Etiquette, Interdependence and Sociability in Seventeenth-Century Science",这部著作将皇家协会的文明行为准则放置在欧洲语境中进行了研究。

[24] Ward, *Diary of the Rev. John Ward*, 116.罗塔开创的危险先例可能也促使 1660 年培根《新亚特兰蒂斯》(*New Atlantis*)续集的作者(可能是罗伯特·胡克)强调所罗门家族的人"不敢揭露"深奥的规律(*arcana imperii*),参见 See R.H., *New Atlantis begun by the Lord Verulam*, 39。尽管国会图书馆(the Library of Congress)的目录将这部作品归于理查德·海恩斯(Richard Haines, 1633—1685),但胡克的作者身份在约翰《书的性质》(*Nature of the Book*)一书第 478-479 页和弗里曼的《关于 1660 年成立英国学会的建议》(Proposal for a English Academy in 1660)第 297-300 页中提及。人们一直认为英国皇家学会的成立是为了"让人们远离党争的痛苦",相关讨论参见 *Spectator*, no. 262 (31 Dec. 1711), 2:519。

[25]*Censure of the Rota upon Mr. Milton's Book*; Underdown, *Freeborn People*, 72; Allen, *Clubs of Augustan London*, 15-19; Russell Smith, *Harrington and His Utopia*, 99; I have been unable to locate the tract *Rump's Seminary . . . by the Coffee Club at Westminster* (1659? Thomason Tract E.1956) cited by Russell Smith. *Late Letter from the Citty of Florence, written by . . . a counsellor of the Rota*; Tatham, *Dramatic Works of John Tatham*, 289.

[26] Butler, *Hudibras*, 184, 175; [Butler?], *Censure of the Rota*; Butler, *Satires and Miscellaneous Poetry and Prose*, 324-27.巴特勒对鉴赏家群体的讽刺,另参见 *Satires and Miscellaneous Poetry and Prose*, 167-68 和 *Characters*, 121-24, 247-48, 以及尼克尔森的评论, *Pepys' Diary and the New Science*, 122-57. *Rota or, News from the Common-wealths-mens Club*, in BL shelfmark C.20.f.2.

[27] BL, Evelyn MS 39a (out-letters), no. 329 (unfoliated); St. Serfe, *Tarugo's Wiles*, 20.毛里希(Woolrych)对罗塔俱乐部的评价,参见:*Complete Prose Works of John Milton*, 7:130. Levine, *Dr. Woodward's Shield*; see also Johns, *Nature of the Book*, 456-57.

[28]*Character of a Coffee-House with the Symptomes of a Town-Wit*, 1.关于小牛头俱乐部的传说,参见:Allen, *Clubs of Augustan London*, 58-67; Lund, "Guilt By Association." Leigh, *Censure of the Rota upon Mr. Driden's Conquest of Granada*, sig. A2r. Compare Hirst, "Locating the 1650s in England's Seventeenth Century," 367 n. 36.

[29] Caudill, "Some Literary Evidence," 380.关于 18 世纪早期伦敦咖啡馆成功举办科学公开讲座的相关研究,参见 Stewart, *Rise of Public Science*, xxxii, 29, 117-19, 143-44, 174-81, 210,

251; Stewart, "Philosophers in the Counting Houses"; 以及 Stewart, "Other Centres of Calculation"。

[30]*Collection for the Improvement of Husbandry and Trade*, no. 461 (23 May 1701).有关本文的评论由霍顿在"关于咖啡"(A Discourse of Coffee)一文中进行了细致的描述,原文刊载于 1699 年 9 月《哲学会刊》(*Philosophical Transactions*)第 256 期第 317 页。

[31] M.P.,*Character of Coffee and Coffee-Houses*, 9; *Poor Robin's Intelligence* (25 Sept.-2 Oct. 1677); [Richard Leigh], *The Transproser Rehears'd*, 48. *Coffee Scuffle*, quatrains 3, 5.本书大英图书馆藏本中有一个难以辨认的评注:"人们认为此书出自伍毛斯・埃文斯(Woolmoth on Evans 存疑)和詹姆斯・兰厄姆爵士之手。"参照 Ward, *London Spy Compleat*, 137。那些专门进行拉丁语对话的咖啡馆仍旧蓬勃发展直至 18 世纪,参见:William Hogarth's father, Richard, kept one. See Paulson, *Hogarth*, 14-15.

[32]*Coffee Scuffle*, quatrains 9, 13; *News from the Coffee-House*, BL Luttrell Collection II; 在 1675 年 10 月 29 日举行的市长选举会上重复了这首诗歌,参见:Thomas Jordan,*Triumphs of London*, 23. St. Serfe, *Tarugo's Wiles*, 19-21;皇家学会对输血的研究尝试,参见:Nicolson, *Pepys' Diary and the New Science*, 55-99,皇家学会与伦敦咖啡馆的联系,参见:Johns, "Coffee, Print, and Argument";idem, *Nature of the Book*, 553.

[33] 一个名为《讲演者詹博的更正》(*Juniper Lecturer Corrected*)的小册子反驳了《咖啡渣》(*Coffee Scuffle*)一诗,小册子作者试图用拉丁文来展示他的才华与学识。咖啡馆学识的相关评论,参见:Klein, "Coffeehouse Civility, 1660-1714," 35-36.

[34] Klein,*Shaftesbury and the Culture of Politeness*, 12; Pincus, "Coffee Politicians Does Create," 822-30; Klein, "Coffeehouse Civility," 39; Elias, *Court Society*; for the contested nature of gentility, see Corfield, "Rivals: Landed and Other Gentlemen."

[35] Bryson,*From Courtesy to Civility*; Shapin, *Social History of Truth*, 同样参见:Findlen, *Possessing Nature*, and Johns, *Nature of the Book*. Klein, *Shaftesbury and the Culture of Politeness*, 11-13.

[36] Shapin, "The House of Experiment in Seventeenth-Century England," 381; Howarth, *Lord Arundel and His Circle*, 参照: Girouard, *Life in the English Country House*, 170-79.亨特(Hunter)的《科学与社会》(*Science and Society*)一书中强调了 17 世纪晚期的伦敦在鉴赏家文化中发挥的重要作用。

[37] Fisher, "The Development of London as a Centre of Conspicuous Consumption in the Sixteenth and Seventeenth Centuries"; Stone,*Crisis of the Aristocracy*, 357-63, 385- 98, 623-25; Stone, "Residential Development of the West End of London in the Seventeenth Century";这些主题是维曼(Whyman)《社交与权力》以及罗森海姆(Rosenheim)《统治秩序的出现》(*Emergence of a Ruling Order*)一书第 215 至 252 页中所探讨的核心问题。

[38]*Brief Description of the Excellent Vertues of that Sober and Wholesome Drink*, BL shelfmark C.20.f.2. (377).同样可参见 Character of a Coffee-House (1665), 2; M.P., *Character of Coffee and Coffee-Houses* (1661), 5-6; 以及 *Character of a Coffee-House with the Symptomes of a*

*Town-Wit* (1673), 3; 参照:Ellis, *Penny Universities*, xv; and see Sennett, *Fall of Public Man*, 81-82.

[39] Goldgar, *Impolite Learning*, 236; Roche, *France in the Enlightenment*, 540; Goldsmith, *Exclusive Conversations*, 69 (quote); compare Gordon, *Citizens Without Sovereignty*, 93-112, 127-28, and Goodman, *Republic of Letters*, 122; *Spectator*, no. 119 (17 July 1711), 1: 487; compare *Lucubrations of Isaac Bickerstaff*, 1:v.

[40] The best discussion of the etiquette of the virtuoso visit is found in Findlen, *Possessing Nature*, 97-150; but the English case is also well documented in Caudill, "Some Literary Evidence," 1-266; Biagioli, "Etiquette, Interdependence and Sociability in Seventeenth-Century Science"; Johns, "Coffee, Print, and Argument," and especially his *Nature of the Book*, 444-542; [Boyer], *Letters of Wit, Politicks and Morality*, 216.

关于鉴赏家群体访问礼节的最佳讨论参见:Findlen, Possessing Nature, 97-150;有关英国的情形参见:"Some Literary Evidence," 1-266; Biagioli, "Etiquette, Interdependence and Sociability in Seventeenth-Century Science"; Johns, "Coffee, Print, and Argument," 特别是 *Nature of the Book*, 444-542; [Boyer], *Letters of Wit, Politicks and Morality*, 216。

[41] 相关例证参见:Bodl. MS Tanner 22, fol. 41r; and LMA, Acc. 1128/177, fol. 9r.

[42]尽管小酒馆被认为更加接近来自绅士阶层的顾客,但人们仍然将它们与不道德行为相联系,参见:Clark, *English Alehouse*, 11-14; Westhauser, "Friendship and Family in Early Modern England." Clark, *English Provincial Society*, 156; Clark, "Alehouse and the Alternative Society"; 参照:Collinson, *Religion of Protestants*, 103-5, 109, 132, 148, 203-7, 216-17; Collinson, *Godly People* 407-8.

[43]Coffee-Houses 在 1、5 处引用了正确的引用。参考西塞罗写给卢修斯( Lucius Lucceius)的信,*Epistolae Ad familiares*, 5.12。有关咖啡馆中的醉酒事件,参见:Hearne, *Remarks and Collections of Thomas Hearne*, 390.

[44] Hooke, Diary, 463-70. Mulligan, "Self-Scrutiny and the Study of Nature," 325, 327.有鉴于胡克本人日记的记载,我们得知在 17 世纪 80 年代后期至 90 年代,胡克去咖啡馆的次数并未减少,参见:"Diary"; Iliffe, "Material Doubts"; Johns, *Nature of the Book*, 554-60; Johns, "Flamsteed's Optics"; 参照夏平《谁是罗伯特·胡克?》第 261 页。

[45] Hooke, Diary, 429; Mulligan, "自我审视与自然研究"引自第 327 页,对比 311-312 页; *Excerpt Out of a Book, Shewing, That Fluids Rise Not in the Pump*, BL shelfmark 536.d.19 (6); Johns, "Flamsteed's Optics," 81-84.

[46] Hooke, *Diary*, 13; 64; 210; 232; quote at 358; 88; 82; 225; quote at 313.

[47] Pepys, *Diary*, 10:71, 11:62-63; 5:27-28; 5:12 (quote); 5:108.

[48] Pepys, *Diary*, 5:123; 4:263; 5:290 (quote);另见佩皮斯与皇家协会成员丹尼尔·惠斯勒(Daniel Whistler)在咖啡馆中的谈话,引自佩皮斯日记第五卷,第 14 页,第 274 页; 佩皮斯日记第四卷,第 361-362 页。

[49] Pepys, *Diary*, insects: 1:317-18.从莱瑟姆提供的大量参考资料中可以清楚地看出,关于

自发的讨论在鉴赏家群体的圈子中非常流行。参见佩皮斯日记，有关发明的讨论：卷4:256-57；卷4:263；有关自然现象的讨论：卷3:35-36；卷4:365；卷5:346；有关医学和化学的讨论：卷4:378。

[50] 参见佩皮斯日记。约见画家，卷3:2，尽管这一次，肖像画家塞缪尔·库珀并未按时赴约，卷9:139；卷9:140；约见作曲家：卷1:63；约见政治经济学：卷4:22-23；卷5:45；约见罗马历史学家：卷4:434。

[51] Pepys, *Diary*, 5:37 (quote).威尔咖啡馆很快成为伦敦文人的最爱光顾的地方，参见：Lillywhite, *London Coffee Houses*, 655-59; Matthew, ed., *Oxford DNB*, s.v. "William Urwin." Pepys, *Diary*, 4:212; 5:63; 5:83.关于皇家学会的"交易历史"，参见 Houghton, "History of Trades"; Ochs, "Royal Society of London's History of Trades"; Eamon, *Science and the Secrets of Nature*, 342-45; Pepys, *Diary*, 5:34 (quote); 5:274 (quote)；同时当晚在场的还有外科医生 Daniel Whistler，皇家协会成员。

[52] Pepys, *Diary*，日常交流，卷4:353；5:44；办公：卷4:380；4:287；5:119；5:293；6:28；7:89；传闻：4:438；小道消息：5:1；4:281；5:18；5:23-24；政治八卦：4:322；5:35；5:142；5:186；5:355；4:80；4:163；5:356-57；6:108. 丑闻：9:248；对照 9:103-4，在这里他指出，演讲持续了三个多小时。

[53] Pepys, *Diary*, 4:162.这本书为 Balthazar Gerbier's *Counsell to Builders* (1663)。关于他的新闻阅读和购买习惯，请参阅佩皮斯图书馆新闻书，以及佩皮斯日记(Pepys, *Diary*)，卷4:297；卷6:128；卷6:162；卷6:305；卷9:38；卷9:161；特别是卷6:305，佩皮斯可能是去咖啡馆"听新闻"，如卷5:321所示。

[54]有关布里吉斯在伦敦早年活动的简要描述，参见：Collins Baker and Baker, *Life and Circumstances of James Brydges*, 11-12, 17-23.布里吉斯后来在18世纪早期作为著名的科学和技术学习赞助人的角色在斯图尔特《公共科学的兴起》(Stewart, *Rise of Public Science*)一书中有精彩的描述。

[55] Huntington, MS ST 26/1-2 (unfoliated) (9 June 1697); (15 July 1697); (12 Sept. 1697); (18 Oct. 1697); (18 Nov. 1698); (23 Dec. 1700); Collins Baker and Baker, *Life and Circumstances of James Brydges*, 41.

[56] Huntington, MS ST 26/1-2 (3 Feb. 1701)，在山羊小酒馆。

[57] Matthew, ed., *Oxford DNB*, s.v. "Francis White"；参照 Swift, *Prose*, 4:28, 12:50; Congreve, *William Congreve*, 20. Huntington, MS ST 26/1-2 (1697年7月12日) 和 (1697年8月7日)；参照 *Tatler*, no. 1 (1709年4月12日), 1:16。更多有关怀特巧克力屋中的政治话语，参见 Huntington, MS ST 26/1-2 (1698年2月6日)。有关德温特沃特勋爵，参见 MS ST 26/1-2 (1697年8月6日)。另见1697年9月8日在怀特巧克力屋中有关对自然史的质询和疑问。有关汤姆咖啡馆的相关记述，参见 MS ST 26/1-2 (1697年8月21日)。

[58] Huntington, MS ST 26/1-2 (1697年10月7日)，同样参阅1698年4月6日，1698年5月12日，1698年6月2日，1700年12月9日。关于他提供的医学咨询：1700年8月6日，1700年8月9日。Collins Baker and Baker, *Life and Circumstances of James Brydges*, 11-12，书中共记录了四十三次皇家学会晚宴；Huntington, MS ST 26/1-2 (1700年4月3日)，同样参见1700年12月

1日。

[59]这一结论是基于在布里吉斯的大量私人信件中几乎没有任何关于咖啡馆活动的重要讨论。我查阅过亨廷顿图书馆1693年至1713年发出的信件，藏书号MS ST 57/1-8。

[60]Huntington, MS ST 57/4, 153. 布里吉斯的观点受到亨利·萨谢弗雷尔一案的审判及其后果的影响。参见 Huntington, MS ST 57/4, 52-58, esp. 55。

[61]布里吉斯主要通过在鹿特丹的雷尼尔·里尔斯(Reinier Leers)和约翰. 森瑟夫(John Senserf)以及法国巴约纳的酒商路易斯·杜利维尔(Louis du Livier)购买艺术品和书籍，尽管他也依赖诸如监察总长查尔斯. 达文纳特(Charles Davenant)和阿姆斯特丹银行家约翰· 德拉蒙德(John Drummond)这些朋友。关于布里吉斯的藏品，参见：Collins Baker and Baker, *Life and Circumstances of James Brydges*, 63-92; Stewart, *Rise of Public Science*, 155; and Ormrod, "Origins of the London Art Market, 1660- 1730," 177-78, 181, 182.

[62]这并不是说奥古斯都时期的同代人不需要咖啡馆社交。在安妮女王统治的大部分时间里，奥索尔斯顿第二男爵的日记展示了咖啡馆在城市贵族社交中的中心地位，尤其是在伦敦议会召开期间。参见：Jones, "London Life of a Peer in the Reign of Anne," 145-48, 150-51.

[63] Westerhauser, "Friendship and Family in Early Modern England," 524-25; Evelyn, *Diary and Correspondence*, 3:381; Evelyn, *Diary*, 4:367-68; MS annotation to *Phil. Trans.*, no. 155 (20 Jan. 1685), 441; BL shelfmark Eve.a.149.

[64] Sharpe and Zwicker, *Refiguring Revolutions*, 7; *Diary and Correspondence of John Evelyn*, 590 (quote)；关于胡克的情况，参见：Iliffe, "Material Doubts," 并对比 Boyle, Works, 2:163; Eamon, *Science and the Secrets of Nature*, 331; Jenner, "The Politics of London Air." Evelyn, *Character of England*, 27; BL, Evelyn MS 39(a), no. 72 (unfoliated)。

[65] Shapin, "Who Was Robert Hooke?" 261；参照：Boyle, *Works*, 2:182-83; 6:95; Nicolson, *London Diaries*, 189-90, 307-8; 188; 204, 267; Locke, *Correspondence of John Locke*, 6:132.参见 Bodl. MS Ballard 5, fol. 27；对比 Toland, *Collection of Several Pieces of Mr. John Toland*, 2:296。

[66]Bodl. MS Lister 3, fol. 157; Heinemann, "John Toland and the Age of Reason," 49- 50.关于托兰去咖啡馆的情况描述，参见：hampion, *Republican Learning*, 61, 93, 168, 243; Daniel, *John Toland*, 144-47,并参照 Jacob, *Newtonians and the English Revolution*, 226; Jacob, *Radical Enlightenment*, 151; Shaftesbury, *Life, Unpublished Letters, and Philosophical Regimen*, 68; Shaftesbury, *Characteristics*, 2:165, 327-30; 1:53 (quote)；同时参考 Cowan, "Reasonable Ecstasies," 137-38。

[67] Byrd, *London Diary*, 111.[1] North, *Examen*, 141. 这段文字早在出版之前就已完成：诺斯于1734年去世。

# 第五章　异域风情与商业焦虑 113

17 世纪的伦敦，犀牛是个稀罕物。1684 年 10 月 22 日，约翰·伊夫林的运气来了。他和前任驻西班牙大使威廉·戈多尔芬爵士(Sir William Godolphin)去参观了第一头被运到英国的犀牛或称“独角兽”，伊夫林想知道它到底长什么样。“确实令人赞叹”，他说，犀牛“最特别的，令人惊奇之处”在于，它的眼睛“长在面部或者头部正中央，耳朵长在脖子上”。它的牙齿“非常可怕”，它的角“刚刚长出，几乎尚未成形”。他认为犀牛是一种“比我们看到的任何野兽都更像头体型庞大的野猪”。伊夫林对犀牛能长到多大毫无概念，但他推断说：“如果体型和寿命相称，那它会长到一座山那么大。”另外，他在日记里写道：“犀牛的主人是一名印度商人，据我所知，这头犀牛的售价超过 2000 英镑。”[1]

事实上，这头犀牛在一场拍卖会上以 2320 英镑的价格售出。不幸的是(至少对于拍卖商而言)，最初的竞标人约翰·兰利(John Langley)没能拿出钱来，在第二次拍卖会上它也没能吸引到另外的买家。因此，就被搁置在拉德盖特山(Ludgate Hill)的贝拉萨维奇客栈(Belle Savage Inn)里，充当满足人们好奇心的长期展品。贝拉萨维奇客栈非常适合养犀牛，店里的两个院子里都有带马厩的宽敞的内院。[2]只要付“12 便 114
士”，就可以进去参观。想要骑上这头怪兽得另付两个先令，如果要骑一整天，则需付整整 15 英镑。犀牛在贝拉萨维奇旅馆首次亮相三个月后，伦敦人就能买到一张“刻着浅红色犀牛图案”并“印在纸上”的图片，作为参观纪念。[3]

伊夫林和犀牛在伦敦相遇的故事，涵盖了本章所涉及的许多特殊情形，这对理解形塑早期英国咖啡馆发展的社交环境而言是一个良好的开端。伊夫林是 17 世纪英国声名卓著、最受人尊敬的名流鉴赏家之一，他对这头来自异国他乡的怪兽的外形，连同有关它的自然史的兴趣，体现了鉴赏家文化热衷于此类奇珍异兽的特点。这种热情结合了对“奇妙生物”(wonderful creature)的审美鉴赏力以及对自然界运作方式的科学兴趣。对于 17 世纪的名流鉴赏家而言，艺术与自然相互渗透、紧密交织，两者均是值得探究的对象。[4]然而，伊夫林只是众多付费参观的顾客之一，人们大都认为付费参观一头来自东印度群岛的长着角的庞然大物物有所值。此外，出于商业盈利的动机，海外商人将犀牛运往伦敦进行拍卖。大部分的犀牛铜版雕刻画可能都被像伊夫林或塞缪尔·佩皮斯这样的名流收藏家买下，同时，在伦敦王政复辟时期快速扩张的艺术品市场上，这些画也是可供出售的商品。17 世纪后半叶，名流鉴赏家们对异域事物的好奇心逐渐被伦敦的商业文化所同化，而这种融合发生的主要场所就是伦敦的各种公共场所，尤其是咖啡馆，正是名流鉴赏家们塑造了这些场所的社交特征。

英国名流鉴赏家的社交圈和伦敦咖啡馆之间的关系可以说是互惠互利，相得益彰。在这一点上，我一直强调鉴赏家文化对新兴咖啡馆社交特性的发展所产生的影响。然而，通过与咖啡馆的接触，鉴赏家群体的习惯和观念也发生了变化。咖啡馆在真正意义上使得鉴赏家群体能够面对面接触到伦敦的商业文化和消费文化，而此时的伦敦正迅速成为全球贸易网络的中心。通过研究鉴赏家群体对异域的兴趣如何进入更广阔的城市消费市场，本章试图探讨鉴赏家文化的商业化过程。其次，本章将更加细致地展示近代早期伦敦咖啡馆中拍卖会的出现以及它被人们所接受的情况。大多
115 数情况下，书籍和艺术品的拍卖会都是在咖啡馆里进行的，这主要是为了迎合名流鉴赏家们的收藏兴趣。因此，研究拍卖会的历史无疑是探讨都市商业文化对名流社交生活影响的最佳途径。

## 购买异域风情：东方主义与贵族士绅文化的商业化

早期的英国咖啡馆并没有试图隐藏自己的东方渊源，只是通过强调在咖啡馆纯洁真挚的体验来淡化土耳其异教徒所带来的负面影响。喝咖啡的人宣称，咖啡只是一种令人愉悦的消遣品，一款“无害且有益的饮品”，“喝上一杯能够让我们脑清目明、备感愉悦”。尽管咖啡的味道让初尝者难以下咽，但“适应之后就会非常享受和愉悦”。然而，即便是咖啡最狂热的拥趸也总是将咖啡与东方事物联系起来。人们对咖啡馆极尽赞美之辞：“咖啡来自快乐的阿拉伯半岛（阿拉伯费利克斯区，今天的也门），它是来自大自然的馈赠，是令人陶醉的美妙事物，是诸多香料和奇珍异宝之一。”英国消费者愿意尝试咖啡的另一个原因，是因为咖啡在东方非常流行：“任何一个稍微熟悉腰带和头巾的人都知道……咖啡是对身体有益无害的饮料，它深受许多伟大民族的喜爱，这些民族同时以智慧与文明而著称。”在伦敦，至少有 37 家咖啡馆以土耳其人头像命名，其中许多家在徽标和交易代币上用戴头巾的土耳其人像作为标识。其他店面则冠以“苏丹之首”或者“苏丹王妃之首”，或者以奥斯曼帝国著名的统治者来命名，比如穆拉德大帝（Murad the Great）。这些做法不限于伦敦，牛津的咖啡馆也用土耳其人头像命名。[5]有些咖啡馆为了营造一种既吸引人又随意的东方神秘感，还为顾客提供土耳其果子露或土耳其式洗浴，被称为“巴尼奥”或“修玛斯”（bagnios or hummums）。这种现象并不局限于英国，没有一家伦敦咖啡馆能与弗朗西斯科·普罗科皮奥·科尔泰

利(Francesco Procopio Coltelli)的咖啡馆相媲美,科尔泰利于1676年在巴黎开了一家富丽堂皇的咖啡馆,在那里,身着东方服饰的侍者们提供各种异国情调的酒、香料与食物。据说,巴黎的"每家咖啡馆都是一座灯火辉煌的宫殿"。[6]对于17世纪的英国消费者来说,咖啡的异国情调和咖啡馆的异国特色成为吸引他们的部分因素。

这种引入外来文化用于商业目的的行为,构成了所谓的"消费东方主义"。自爱德 116
华·萨义德(Edward Said)的《东方主义》(*Orientalism*,1978)出版以来,在"东方主
义"这个单一的庞大标题下讨论西方对亚洲国家与社会的态度已成为司空见惯的事。
但萨义德提供的框架是否完全合理还有待商榷,尤其是在17世纪,他所研究的那些帝
国制度和新帝国制度话语要么不存在,要么尚处于形成阶段,而欧洲亚洲国家之间的
力量平衡也绝非前者占有优势。[7]尽管如此,17世纪确实存在着一种"东方主义",尽
管其主题并非帝国主义霸权话语,但它的影响远远超出了牛津剑桥的学术圈和名流鉴
赏家们的好奇心。说近代早期的东方主义不等同于帝国主义,并不是否认它被赋予的
西方霸权的主张,而仅仅是为了指出,彼时近代帝国等级制度还尚未建立起来。[8]王政
复辟后的英国咖啡馆,为每一位愿意尝试新式异域饮品的客人带来了一种东方主义,
使他们参与到原先只有社会名流和鉴赏家旅行者们才能进入的社交仪式中。咖啡馆
用这种方式成功地改变了鉴赏家文化本身。

鉴赏家群体的认可对于确立咖啡药用价值的合法性以及咖啡馆作为一种社交场合的合理性均至关重要,但是,新兴的咖啡馆中弥漫着的异国情调也激发了人们对奇妙、陌生的异域事物长期"盛行不衰"的迷恋,这种迷恋与巴塞洛缪博览会上的壮观场面以及庸医和江湖郎中的即兴推销表演有关。[9]咖啡馆以这种方式,在贵族文化和平民文化之间搭建起潜在的联系。尤其是在咖啡馆社交的支持者明确呼吁开放、不拘礼节和不受拘束的社交情形下。咖啡馆不是名流鉴赏家们远离低俗大众的隐蔽避难所,相反,就像人们经常在咖啡馆里读到的廉价印刷品一样,名流和普通百姓在咖啡馆中济济一堂,尽情享受着充满异域风情的饮料和各种稀奇古怪的趣闻逸事。[10]

消费东方主义在咖啡馆里大获成功,最显著的例子是咖啡馆里设有的土耳其浴
室,大受时人欢迎。像"巴尼奥"或"修玛斯"这样的服务在英国的社交生活中闻所未
闻。中世纪晚期,英国乃至整个欧洲都关闭了公共浴室,因为人们担心公共浴室会传 117
播类似瘟疫和梅毒这样的疾病并助长卖淫嫖娼。但17世纪初,医学作家们开始为热
水浴恢复名誉,他们坚持认为"浴疗学"是一种重要的治疗方法,并且在希腊罗马和土
耳其医学中占有非常重要的地位。曾经到东方冒险的旅行家记载了奥斯曼帝国使用
公共浴池的习俗,一些鉴赏家也提倡热水浴的卫生保健效果。[11]17世纪40年代,医疗
商彼得·钱伯伦(Peter Chamberlen)在议会申请土耳其蒸汽浴的专利,却未能获得多
数人的支持,但最终一种商业性的"巴尼奥"浴室于1679年成功引入伦敦。[12]

伦敦的那些"巴尼奥"浴室直接采纳土耳其风俗。泰晤士河北岸新门街(Newgate

St.)皇家巴尼奥(Royal Bagnio)的拥护者们指出,“伟大的领主,苏丹之前土耳其的统治者们,他们的政权建立在重要的准则之上,然而,他们认为在自己的领土上修建这些设施,不仅仅能够提供休闲和享乐,还能保护臣民的健康”。这些人对英国人的身体无法从“土耳其人的发明中”受益的想法不屑一顾,并指出,“巴尼奥浴室可能是最接近土耳其风情的发明”。1710 年,一位到访伦敦的德国游客扎卡里亚斯·康拉德·冯·乌芬巴赫(Zacharias Conrad von Uffenbach)慕名来到皇家巴尼奥,因为他听说“这个地方环境优雅,而且……是人们认为的最好的一家完全按土耳其风情布置的浴室”(图 5-1)。布鲁克浴室(Brooks Bath－house)自称为“中式修玛斯”,模仿中国方式提供“汗蒸和洗浴”的服务。[13]近代早期的道德卫士对“奢侈品”的谴责与抨击引起了太多的关注,以至于人们常常忘记了奢侈品也可以吸引许多消费者。事实上,如果同时代的人也有同样的忧虑,那么道德家的警告就没什么用了。土耳其式的浴室将东方享乐主义作为一种推销手段,但并非所有的浴室都刻意营造东方的神秘感。一些经营者,比如约翰·埃文斯(John Evans),声称要以“新德式”方法经营,或是查尔斯·彼得(Charles Peter),他的浴室则是“意大利式”的,尽管风格迥异,但对英国人来说,吸引他们的仍然是陌生的异域情调。[14]

这些浴室不仅仅提供洗浴服务,还聘有“女按摩师”、理发匠和提供放血治疗的“拔罐师”。当然,也提供咖啡和其他热饮。和咖啡馆一样,有些浴室因成为思想家和批评家的俱乐部而声名远扬。皇家巴尼奥举办过讲座和布道会,还接待过蒙莫斯公爵①
118 (Duke of Monmouth)及其侍从参观,并且在 1687 举办画作拍卖会。[15]尽管店主们小心翼翼地将男女客人分开,以避免任何事关色情淫乱的诋毁,无论男女,店里都愿意接待,并提供“一样的待遇和服务”。行事谨慎且恪守道德规范的店家不会在星期天营业。事实证明,皇家巴尼奥非常成功,老板很快就在主浴室的旁边开了第二家较小规模的浴室。小浴室的价格是 3 先令,主浴室是 5 先令 6 便士。后来,“整间店”两边的费用均以 4 先令为标准。[16]

尽管老板们极力和卖淫嫖娼撇清关系,事实上,它们是妓院的掩护,以至于浴室很快就成了妓院的同义词。道德卫士们敦促伦敦市政府时刻监控这些“暖房”是否有“淫娃荡妇”的出现。那些精力充沛的伦敦人很快发现,浴室是和情妇、娼妓幽会厮混的绝佳场所,身处伦敦的威廉·伯德(William Byrd)似乎就是其中之一。在英国人的刻板印象里,公共浴室是一些好色的东方人和颓废的罗马人放纵情欲的地方,这种刻板印象太根深蒂固,以至于他们不能不将浴室与这些特质联系起来,而且很可能许多经营者意识到东方元素对顾客的吸引力,从而为己所用以谋取利益。文学大师詹姆斯·博斯韦尔(James Boswell)对洗澡的吸引力深思熟虑,他写道:“罗马人多会享受啊,他

① 据传是查理二世的私生子,曾与苏格兰合谋推翻詹姆斯二世的统治,后被镇压处死。

*119*

**图 5-1　“土耳其人头像”，图片来自一位名为威尔科克斯（Wilcox）的拔罐师的名片（c. 1702），引自汤普森《老伦敦的庸医》一书（1928 年），p.268。**

们的身体（在浴池）里得到慰藉……我承认，热水澡是令人愉悦的奢侈品，但是它也非常危险……尤其对男人而言，一定要提防自己被洗得太过娇嫩。”[17]

这些场所也着力淡化自身的东方主义色彩以保证使英国本土消费者感到安全。伦敦的咖啡馆和浴室试图让它们的顾客相信，他们可以通过像喝咖啡或洗浴等类似消费模式来体验东方生活，而无须客人深刻理解甚或接纳东方文化。[18]一家叫做“去土耳其”（Going Turk）的小店就是以这种方式为人们提供了一个既简洁又令人兴奋的场所，在这里，人们在超越了种族差异并在体验新的饮品文化的同时逃避着平淡无奇的都市生活，而这些并不会从根本上挑战英国人自认为的文化霸权地位。

就此而言，咖啡馆和浴室的顾客正在参与一种新的商业化身份的转换，即通过对既定社会等级的控制与有限的转换来重新确认先前存在的身份边界。[19]尽管咖啡馆对于英国传统消费行为的颠覆仅仅是开辟出一种全新的有关土耳其“异域风味”的想象,但显然这种程度的反叛,已然使得咖啡馆如此令人心驰神往。咖啡馆中消费东方的取向源于旧时狂欢节制和中世纪集市中的特许自由,但它也是新的资本主义模式的第一次显现,在这种模式中,身份的转换并非来自确定的周期性仪式,而是来自付费公众的要求。以咖啡馆为代表的消费文化既是传统的也是现代的。咖啡馆中的东方主义为人们提供了一种传统乐趣,它与正常社会秩序仪式化转换的周期性体验所带来的乐趣是一样的,现在它全年供应,并且这种乐趣被彻底地商业化了。

120 一种简单的做法是,将消费行为区分成传统型和现代型,并认为前者指向仪式化的一面,后者则代表了利己、自我的一面。但若撇开这种经不起推敲的二分法带给我们的幻觉,人们就会发现,喝咖啡不仅仅是一种全新的体验,它同时也赋予了消费者们一种主动性,在那里他们可以自由地沉浸在土耳其风情之中,无须囿于一年里的特定时段。17 世纪由咖啡馆和浴室所倡导的商业逃避主义在 18 世纪初以化装舞会的形式表现出来,19 世纪则是百货商店兴起,到了 20 世纪则以“民族”餐馆的出现为代表。咖啡馆开创了一种公认的现代消费文化,这种消费文化赋予游思遐想和短暂逃避以价值,这种价值超越了对永恒的追求和对社会边界固定不变的认识。值得注意的是,在所有这些情形下,消费者的想象都被比喻为“东方的”。[20]

公共浴室巴尼奥是英国复辟时期出现的全新商业机构,它与咖啡馆之间有着千丝万缕的联系。它之所以获得成功是因为找到了一个特殊的市场定位,对人们而言又并非完全陌生,如果是后者,它的服务就会被英国人全然忽视或被认为毫无意义。咖啡馆和公共浴室都向顾客承诺,它们能将健康的身体护理与轻松的环境氛围完美地结合,在这里,顾客们可以通过品尝异域情调的酒水,或者是像土耳其人一样沐浴来沉溺于享乐和放纵。通过诉诸咖啡的药用价值和热水浴的治疗作用,这种奢侈的行为被合法化。咖啡馆将纯洁的休闲与医疗保健相结合,为人们提供了一个重要的新型社交空间,新的消费需求在这里得到认可。王政复辟时期英国咖啡馆在商业上的成功很大程度上是建立在其顾客的错误认知之上的,他们认为咖啡馆应当获得政府的许可,否则喝咖啡可能被视为奢侈的甚至不道德的行为。1690 年,经济学家尼古拉斯·巴尔邦(Nicholas Barbon)即提出一个颇具争议的观点,即消费行为与道德无关且“人类心灵的需求无限”,然而,早在此之前,伦敦人那想象的欲望就已经在咖啡馆里尽情滋长了。[21]

## 理发馆里的怪物们

在近代早期的英国,与咖啡馆或公共浴室最相近的地方不是酒馆,而是理发馆。理发馆是为客人提供身体护理和保持个人卫生的场所,同时也是“男性休闲娱乐的场所,那
121 里提供音乐、饮料、游戏、交谈和新闻”。人们还可以到理发馆寻医问药,那里还能买到烟

草。早些年的烟草商店也有相似的环境和服务。[22]理发馆有时会因展出古董藏品而出名,为顾客提供娱乐并满足他们的好奇心。(图 5-2)在这方面,它们模仿备受尊敬的鉴赏家的私人藏品,以便使更多的人能够有机会目睹那些稀世珍宝。(图 5-3)

**图 5-2　嘲讽理发店:W.H.汤姆斯临摹小埃格伯特·范·希姆斯克里克(Egbert van Heemskerck)的作品(c. 1730),蚀刻雕版画(25.7—23.8 厘米)。BM Sat,1859;由约翰·鲍尔斯(John Bowles)1766 年出版;书架号 LWL 766.0.5,耶鲁大学刘易斯·沃波尔图书馆供图。**

纵观拥有知名藏品的理发店店主们,最出名的是詹姆斯·索尔特(James Salter),他 *122*
的店也兼作咖啡馆。除了提供惯常的理发服务外,还包括剃须、放血、拔牙——他还会拉小提琴供顾客欣赏。[23]索尔特曾是汉斯·斯隆爵士的仆人,西班牙名为“唐·索尔特罗”(Don Saltero),在位于切尔西地区(Chelsea)的他的咖啡馆里,索尔特收藏的各种珍品在整个 18 世纪吸引了名流鉴赏家和好奇的公众前来参观。1729 年,他出版了第一本《唐·索尔特罗藏品目录》(*Don Saltero's Collection*)。在序言里他对“我最亲爱的顾客”,“女士们,先生们”说:“这些年来,我一直努力收集稀世珍品以满足大家的好奇心,期间得到

**图 5-3 鉴赏家的珍奇百宝屋。雕版,转自费兰特·因拉托佩(Ferrante Imperato)《自然史》一书[那不勒斯:C.Vitale,(1599)];书架号 016 040,耶鲁大学拜内克古籍善本图书馆供图。像咖啡馆和理发店一样,鉴赏家的珍奇百宝屋的设计初衷也是为了方便交谈与社交,但与其他公共场所不同的是,这类场所只允许少数充满好奇心的群体进入。**

123 几位贵人资助并获得成功(为了表示感谢,我在书中列出各位的大名),现在我可以大胆断言,即便是最具好奇心的客人在我这里也会得到满足。"他的藏品包括一些可能被视为文物的东西,比如"来自耶路撒冷的柱子和彩绘丝带,当我们的救世主被鞭打时,就是用这条丝带系在柱子上,每条丝带上都写着箴言",还有"圣人的遗骨";其他一些则是来自大自然的奇珍异宝,有"海豹的胚胎"和"带昆虫的琥珀"。其他吸引人的物件还有一些具有历史价值的藏品,比如"伊丽莎白女王装草莓的盘子"和"詹姆斯二世加冕那天穿的鞋子"。"中国的神像"和"印度的坦玛哈克"(Indian tammahacks)①等异域物品也在其列。[24]

索尔特罗和他的藏品很快成为伦敦上流人士讽刺与挖苦的对象。这些人把他的咖啡馆叫做"切尔西的小伎俩","伎俩"就是"欺诈的计谋"一词的简称,或"杂货屋"。索尔特罗本人也被嘲笑为"品质低劣的索尔特罗"和"格拉布街的浅薄之徒"。最出名的是它招致艾萨克·比克斯塔夫(Isaac Bickerstaff)的指责,比克斯塔夫向读者讲述

---

① 即战斧(tomahawk)一词近代早期的拼法,是北美土著人使用的一种斧头。

了他造访索尔特罗的咖啡馆以及他对那些藏品的评价:“当我走进咖啡馆还没来得及和大家打招呼时,就被房间里和天花板上成千上万件粗制滥造,华而不实的物件吸引住了……我无法容忍他擅自给这些东西安上本不属于它们的美名以此来愚弄善良的英国人民……虽然这算不上什么,但他是打着知识推广和古董收藏的幌子把它们强加 124
于人。”索尔特罗的收藏在比克斯塔夫看来可能就是个笑话,不仅因为这些东西是汉斯·斯隆爵士丢弃的藏品或赝品,还因为索尔特罗的身份,他只是一介卑微的理发师。“怎么说呢”,比克斯塔夫不无讽刺地自言自语道,“在下层社会,理发师比其他任何人都更有可能成为笑柄……为什么理发师绞尽脑汁要成为政治家、音乐家、解剖学家、诗人或是医生呢?”不过,这位评论家说,他不是出于势利才蔑视索尔特罗的,也不是因为看到一个普通的工匠试图附庸风雅,模仿有教养阶层的兴趣和爱好这样一种令人遗憾的行为才嘲笑他,他提醒他的读者们,“我的意思是,衡量人的时候要根据他的优点而不是他的形象”。相比而言,比克斯塔夫对索尔特罗的讽刺比对那些轻浮的纨绔子弟的讽刺确实要温和得多,“那些人全神贯注地致力于收集大自然的垃圾……并把这些人们避之不及的东西囤在自己的箱柜里”。[25]艾迪生和斯蒂尔看不惯索尔特罗的自负和虚夸,并非因为索尔特罗渴望跨越自己的地位与阶层,而是因为他助长了那种令人扼腕的热情,那就是名流鉴赏家们对雕虫小技和荒诞不经之事的痴迷。

而名流们对索尔特罗藏品的评价更为真诚和友善。德国收藏家扎卡里亚斯·冯·乌芬巴赫在一些场合曾指出,英国名流社交圈对学术缺乏敬畏,他似乎对唐·索尔特罗的咖啡馆印象很好:“他的店看上去不像咖啡馆,而更像一座陈列艺术品和自然风物的博物馆。因为无论是墙壁上还是天花板上,都挂满了各种充满异域风情的珍禽异兽,比如鳄鱼、乌龟等,还有来自印度或其他地方的服装和武器。不过,令人遗憾的是,这些宝贝中许多确实是稀奇古怪不同寻常,却被烟草的烟雾缭绕损坏。”1723 年 5 月,一位成绩斐然的约克郡古董商拉尔夫·托兹比(Ralph Thoresby),也是皇家学会成员,在参观唐·索尔特罗的咖啡馆时,表达了类似的喜爱之情。“索尔特罗先生的藏品……对于一个咖啡店老板而言,真的非常令人意外”,他这样写道,但紧接着补充说, 125
“他的几位身份显贵的资助人也是功不可没”。事实上,索尔特罗第一本藏品目录里提到了六十八位资助者,其中八位都拥有贵族身份。[26]目录的编撰和出版本身就标志着索尔特罗步入了名流鉴赏家群体,获取了更高的社会地位,因为目录不仅公开了他的全部藏品,也证明了他的许多赞助者都曾慷慨解囊。一册著名的记录藏品或者是记录图书馆书目的目录,同时也是一项对近代早期文学共和国具有重大意义的学术事业,书的内容则被认为彰显了作者和资助者的学识并提升了他们的社会声誉。比如,正是出于同样的原因,时任大主教的纳齐苏斯·马什(Narcissus Marsh)隐瞒了已故前任大主教詹姆斯·乌舍尔(James Ussher)的图书馆馆藏书目的出版,因为马什认为大主教图书馆“与它的主人名声很不相称,要是另一个人的藏书就会是一个很好的图书馆,但对于一个学识渊博的高级教士而言，却并非如此”。然而，唐·索尔特罗的目录不断更新，到了18世纪末还在印刷出版，甚至在索尔特罗本人去世后很久，依旧如此。[27]

早在《闲谈者》对索尔特罗的咖啡馆大加嘲讽之前，托马斯·福克纳（Thomas Faulkner）就在《米德尔塞克斯郡的古董》（*Antiquities of Middlesex*）一书中，称其为切尔西地区最主要的景致之一。福克纳将索尔特罗的咖啡馆视为“城市生活的乐趣所在”，“许多值得尊敬的人，不因头衔、财产或能力，而因温和与幽默的性情……每天在这里聚会”，这家咖啡馆已经因为“陈列其中的奇珍异宝而出名，有些藏品堪称稀世珍宝”。在整个18世纪的伦敦，咖啡馆一直是这座城市的主要景点；英国女作家范妮·伯尼（Fanny Burney）在小说《埃维莉娜》（*Evelina*，1778）中极力推介咖啡馆，说它们是
126 “有教养的人去的地方”，这话激起了年轻的本·富兰克林的好奇心。虽然索尔特罗的藏品在1799年被拍卖出售，但他的咖啡馆和酒馆生意一直持续到19世纪中叶。[28]

索尔特罗并不是唯一提供美食和娱乐用以满足顾客好奇心的人。早在17世纪70年代，罗伯特·胡克就经常去咖啡馆里参观“珍品”，同时也会鉴赏并点评同行鉴赏家的版画作品。1691年年底的一期《雅典水星报》向读者推荐了约翰·科尼尔斯先生（Mr. John Conyers）的藏品展览会，科尼尔斯是肖伊巷（Shooe Lane）的一名药剂师、英国皇家学会成员，也是一名古董收藏家，“他的主要业务就是通过观察鉴赏，收集每天在伦敦和伦敦附近发现的古董”。在店里和他举办的展会上，也鼓励人们观看来自异国的奇妙罕见的动植物，以及来自“埃及、犹太、希腊、罗马、英国、撒克逊、丹麦”的古董，用“拉丁语、汉语、撒克逊语、冰岛语、俄罗斯语、法语和英语”写就的古籍和手稿，还有“稀奇古怪的服装、武器、照片、版画和其他许多玩意儿”。1698年，一些文玩市场的摊主在伦敦股票市场附近开了一家“怪物商店”（Monster Shop），在这里，所有丑陋和奇怪的东西都成了颇具销路的商品。[29]在伦敦新兴的商业氛围下，那些曾经被名流鉴赏家们束之高阁的私人藏品，任何人只要感兴趣都可以在公共场所买到。

除了酒馆、客栈、露天市场，咖啡馆提供了一个展示异域奇观的空间，比如约翰·伊夫林观赏过的犀牛就是被安置在咖啡馆里的。珍奇动物展出备受追捧。詹姆斯·西蒙爵士（Sir James Simeon）相信，观看伦敦展出的珍禽异兽，“会丰富（儿子）对上帝与大自然造物的认识”。[30]在1684年咖啡馆展出犀牛之前，1675年，一头亚洲象在伦
127 敦加洛韦咖啡馆展出。在拍卖会上，以每次增加三先令的价格成交。这次活动的入场受到严格保护，一名年轻的学徒因未购买门票溜进去偷看大象被看守的警卫刺伤。大象不仅激发了鉴赏家群体的好奇心，还激发了伦敦学者和小册子作者的想象力。[31]（图5-4）大象展览在很长一段时间内都是饱学之士和普通公众颇为关注的焦点。在鹿特丹，当伊夫林看到一头“被训练得既规矩又听话”的大象时，他说今后“再也不会对任何事物感到惊讶了”。还有一头大象甚至被送往威尔特郡朗特利庄园（Longleat House in Wiltshire）供泰恩家族（Thynne family）私人娱乐。在巴塞洛缪博览会和南

华克博览会上常常能看见人们被耍猴吸引，而老虎展可以吸引“品位不俗”之人的关注。尽管名流鉴赏家们认为动物表演太奇妙以至于无法抗拒，但它老少通吃的吸引力也引起了不小的惊惧。在巴塞洛缪集市看耍猴时，塞缪尔·佩皮斯抱怨说“和这帮脏人在一起令我如芒在背”，即便有妻子相伴，他也觉得耍猴是一种“龌龊粗鄙的表演，我一点也不喜欢”。内德·沃德(Ned Ward)对五月集市上围观群众的评价就更加直言不讳了：“我生平从未见过这么多蓬头垢面、懒惰邋遢的流氓，面目可憎的乞丐，举止粗俗的荡妇。”面向公众的这些展览有时甚至会被视为麻烦与滋扰，处在市政当局的监管之中。比如1685年，约翰·吉尔(John Gill)和拉斯克(Lasker)被带至法林登的区民大会上听审，“因两人组织展出一只鳄鱼和一个多毛的女人，致使人群大量聚集引发骚乱，给附近居民带来了极大的麻烦”。[32]

普通百姓和上流社会对集市和酒馆、咖啡馆这些公共场合的展出盛事所表现出的共同兴趣，并不意味着它们能够不分青红皂白地取悦所有阶层。事实上，它们为不同阶层提供了不同的乐趣。像佩皮斯和伊夫林这样的名流鉴赏家也会去集市看些稀奇古怪的玩意儿，但是，当不得不与一群“出生卑微，衣衫褴褛”之徒共处一室时，他们就会感到非常不适。《为女性辩护》(*Defence of the Female Sex*,1696》一书的作者用极具嘲讽的口吻描述了鉴赏家和大众之间这种令人不安的兴趣交集。书中将参观名流鉴赏家私人藏品的行为嘲讽为：不过是去看一个怪癖绅士的“西洋景(rare show)而 *128*
已，收藏家会用哀怨的口吻向来访者不断重复藏品的细节”，他那“哲思玩具店中”的奇迹。[33]

或许是为了反击这些嘲讽与批评，鉴赏家群体自身也并非不加批判地接受集市和咖啡馆里的展览和演出。虽然公开展出的藏品和贵族的私人藏品别无二致，但他们显然认为前者不上档次。也许是因为在这些地方，受人尊敬的好奇心与令人生疑的寻欢作乐之间的界限太过模糊。不过，可以肯定的是，一个人的好奇心在士绅名流们聚集的私人场合被认为是合情合理的，而参观集市上的公开展览通常要和普通民众甚至妇女挤在一起，特别是后者，她们的兴趣恐怕不能与名流鉴赏家们的兴趣相提并论。只有在极个别情况下，妇女才会被邀请参观鉴赏家的私人藏品，或是出席皇家学会的会议，集市上的公开展览却对所有人开放，因而被看作娱乐的场所而非学习知识的场所。[34]

去参观展览的鉴赏家得时刻提防骗子和赝品，当然，他们绝对不承认自己其实和集市等商业场所里经常被骗的普通百姓是一个水平。当美国作家约翰·弗尼(John Verney)慕名来到史密斯菲尔德的一家小旅馆，去看一位号称能讲几国语言的神童时，这次拜访却以神童睡着了而告吹，于是约翰认识到，他是被“骗子骗来的，只是为了把人们吸引到那里去”，当他注意到聚在屋里的大部分人都是“随大流(company a drinking)”来的时，他对自己的判断更加确信无疑。在巴黎圣日耳曼博览会(Saint Germain fair)上，马丁·李斯特(Martin Lister)惊讶于“摊主的厚颜无耻”，这个展位

A True and Perfect Deſcription
OF
The Strange and VVonderful
ELEPHANT
Sent from the
Eaſt - Indies.
And brought to *London* on *Tueſday* the Third
of *Auguſt*, 1675.
With a Diſcourſe of the Nature and Qualities of Elephants in General.
*With Allowance.*

Printed for *J. Conniers* at the Black-Raven in *Ducklane*.

**图 5-4 《有关奇妙大象真实且完美的描述》一书标题页,伦敦:J. Conniers,(1675);哈佛大学霍顿图书馆供图,书架号 * EO65 A100 675t。**

广告在广告中宣传将展出四种异国奇兽,实则只展出了两种在他看来“特别普通的动物”:“一只浣熊和一头豹子。”李斯特反应激烈,他质问摊主:“为什么这样骗人,难道就
129 不怕被乱棍伺候?”幸好,李斯特其人儒雅,没有动手痛打摊主。[35]

尽管如此,鉴赏家、绅士和淑女们还是会经常冒着被骗的风险去集市上看展览。那些展品常常和广受赞誉的鉴赏家收集的艺术品和藏品颇为相似。除了罕见的动物之外,长期以来颇受欢迎的还包括人类的怪胎,比如连体人、巨人、侏儒、有胡须的女人、长着三个阴茎的男孩或是三个乳房的女人。皇家学会的绅士们非常热衷于搜罗人

类怪物，他们相信培根的名言："一部有关自然史的专著（或编著而成），必须包括所有怪物和大自然的惊人造物。简言之，所有的事物都应闻所未闻、绝无仅有且异乎寻常。"[36]英国皇家学会著名的《哲学汇刊》以及约翰·邓顿（John Dunton）的《雅典水星报》（*Athenian Mercury*）上，经常刊登有关畸形胎儿和自然奇观的报道。此类科学兴趣使公众对这些奇闻异事兴致倍增。一则公告描述了一个浑身长满鬃毛的男孩并自豪地宣称："人类中的饱学之士"对此饶有兴趣，男孩的情况被作为案例发表到了《哲学汇刊》上。[37]

然而有时，外国的人种也能享受此番待遇（图 5-5）。一张传单上说，在史密斯菲尔德的金色里昂旅店（Golden Lyon）里可以看到"一个高大的黑人，被称为印度国王，他在一艘英国入侵者的船上被出售，还在船上受到了虐待……之后，他被运往牙买加，被人当成奴隶买下来，现在又被转手卖给了伦敦的一位商人"。他现在被"打扮成印第安人在金色里昂旅店供人观看"。[38]有人推测说，只要愿意付费，这个流亡的王子就会 130
把他那些不可思议的冒险故事滔滔不绝地讲给任何愿意倾听的来客。

文学评论家丹尼斯·陶德（Dennis Todd）认为，英国人之所以痴迷于这些稀奇古怪的事物，是因为"边界的模糊和身份的瓦解……是猎获这一经验的核心要素"。人们对展出人和动物相当熟悉并且能够辨认，这就激起了观众的同情心。或许怪胎和印度王子异于常人，但他们毕竟和观众一样同为人类。体型巨大的犀牛看起来很吓人，但仍旧像头体型庞大的猪或是丑陋的独角兽。"吸引观众的不仅仅是怪物"，陶德指出，"而是当看到怪物与正常人的日常生活如此接近时的那种震撼和兴奋"。约瑟夫·艾迪生持相反意见，他在《旁观者》上发表了一篇关于"想象力的乐趣"的著名文章，他声称，怪物（引申为异国情调）的吸引力，来自这些事物的多样性以及人们对寻常事物兴趣的转移："任何新的或者不寻常的事物……对我们而言都是一种调剂，能够使我们摆脱常常抱怨的枯燥乏味的日常生活。正是这一点赋予了怪物们吸引力，致使大自然的不完美之处也能为我们带来乐趣。"[39]也许两人的解释都有一定的道理，但他们都无法解释近代早期（事实上现代也是如此）的人们对异国情调和怪诞口味所产生的变化。

虽然至少自 16 世纪中期起，有关怪胎与畸形的展览就已经出现，但 17 世纪的展览中出现了许多来自东西印度群岛的生物和人类。到 18 世纪中期，来自印度群岛的异域珍品已经没有那么稀罕了，印度群岛的地位随之被南太平洋和非洲等这些新发现的地区所取代。那些评价 17 世纪伦敦怪异秀的评论家们常常会忘记，在当时的英国人看来，那些展出的展品，无论是人或动物都是商品。为刺激伦敦民众对新奇事物和新奇趣味的好奇心，他们被娱乐经理人来回买卖。理查德·斯蒂尔（Richard Steele）也注意到了这一点，他指出，女王下令减少五月集上的相关展览"致使这些大型动物（例如大象）和许多其他自然珍品的价格大幅下降"。[40]与作为商品的咖啡一样，声名 131
卓著的名流鉴赏家阶层对它的兴趣，为普罗大众喜爱咖啡提供了充分的理由。

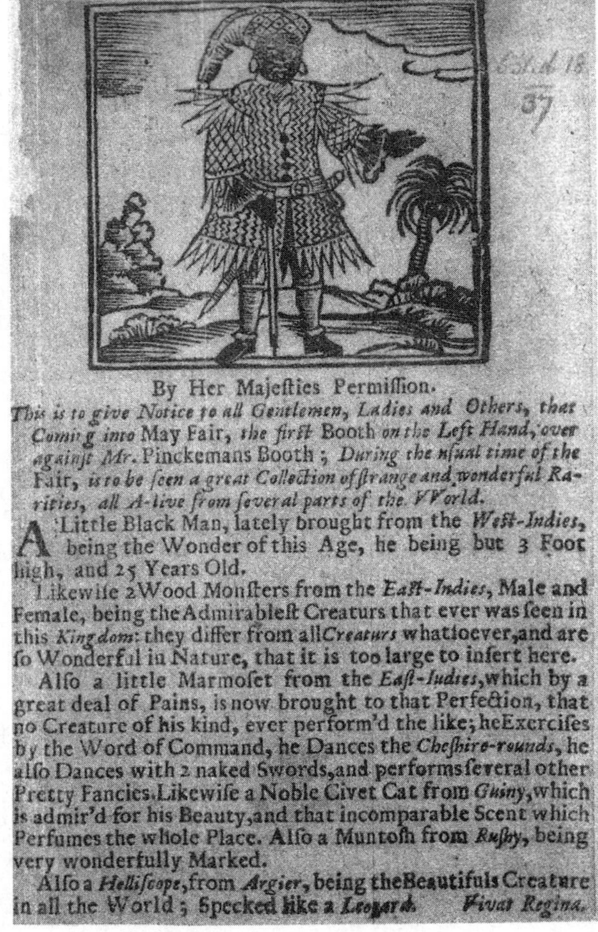


**图 5-5　18 世纪五月集市上的"小黑人"(约 18 世纪)。伦敦大英图书馆供图,书架号 N.Tab.2026/25(37)。**

并不是所有人都赞同咖啡馆里弥漫的消费者导向主义。对许多评论家来说,咖啡馆有意识地营造出的土耳其氛围引起了人们的担忧与恐惧。人们担心频繁出入咖啡馆,会使英国习俗日益退化,取而代之的是"奢侈、放荡、娘娘腔式娇弱的东方式习俗"。长期以来,人们对那些混迹于"摩尔人、土耳其人和异教徒中间"的英国商人心存疑虑,因为是他们将那些异邦"不值钱的小玩意儿"带到英格兰。李维(Livy)和罗马史的其他一些读者意识到,奢侈消费习惯的引入,往往预示着一个安如磐石且充满活力的政权走向衰亡的开始。因此,约翰·伊夫林告诫桑德兰伯爵夫人要留心罗马人征服亚洲后的"致命教训":亚洲民族的某种奢侈和柔弱,导致罗马帝国变得娇弱无力。[41]早年间,人们认为咖啡有"抑制情欲"的功效,这只不过助长了人们对咖啡馆文化女性化后果的担忧。男人是一家之主,但人们认为经常光顾咖啡馆的男人可能会漠视家庭责任,因为他们像女人一样把大量的时间花在闲言碎语上,而且,他们对新奇的、来自外国且富有异域情调的饮料的喜爱与女人们追求时尚的冲动别无二致。[42]

也许,咖啡馆激起仇外心理最极端的例子是约翰·泰瑟姆(John Tatham)在《万事皆欺诈:咖啡馆,一出喜剧》(*Knavery in All Trades: the Coffee-House, A Comedy*,1664)中表达的那样。这部小说的主人公是一家咖啡馆的老板,他被描绘成一个名叫马洪(Mahoone)的土耳其移民,说着一口带荷兰口音的法式英语,设法用各 132
种语言不停地骂人。[43]

批评者们都在极力地否认喝咖啡仅仅是一种消费行为。他们拒绝承认"喝"本身是"无辜"的,背离其文化渊源。最早的反对咖啡馆的小册子中写道:"英国人就像猴子一样,模仿所有其他民族可笑的时尚。他们像奴隶一般,甚至屈服于土耳其和印度的习俗……和印度人一起抽烟,和土耳其人一起喝咖啡。"另一个作者则嘲笑一位咖啡馆老板"出售黑黢黢的泥汤……戴着条头巾,令他看起来像个地道的土耳其人"。有幅画很好地表达了这种外国文化和其商品之间的同一性,画中两个受人尊敬的英国人被夹在一个美洲印第安人和一个土耳其人中间。[44](图 5-6)这四人因消费行为而聚在一起,这意味着一个英国人可以通过其消费偏好而变成一个异教徒。

然而,这种极端的排外情绪在反对咖啡馆的文学作品中并没有持续太久。随着咖啡馆愈加寻常地融入英国城市的日常生活中,将咖啡馆描绘成一种危险的、极具威胁的外来机构就愈发困难了。到了 17 世纪 90 年代,当内德·沃德(Ned Ward)在他的讽刺小说《伦敦间谍》(*London Spy*)中试图延续反东方主义的人们对咖啡的讽刺和排斥,却发现自己已是形单影只孤掌难鸣了。[45]这时咖啡已经不是什么新奇玩意儿了,充满异国风情的咖啡馆也已经完全融入了英国的文化氛围。

## 为无价之宝定价:早期咖啡馆中的拍卖焦虑

随着对异域事物的接纳,复辟时期早期的咖啡馆迅速成为商业交易的中心。伦敦现代保险公司劳合社的前身是劳埃德咖啡馆(Lloyd's Coffeehouse),位于交易所胡同(Exchange Alley)的加洛韦咖啡馆和乔纳森咖啡馆(Garraway's & Jonathan's Coffeehouses),开展早期证券交易,因其在 17 世纪 90 年代至 18 世纪的英国"金融革命"中所发挥的重要作用而备受赞誉。本书将在第六章进一步探讨这些内容。本章将着重讨论早期咖啡馆最常见的商业用途,即作为拍卖室用来拍卖和出售各种商品,从奖品 133
船到其他大宗货物,如布匹、织物甚至鲸油。[46]最为人们称道的是 17 世纪 70 年代后期所举办的许多书籍和艺术品拍卖会,这些拍卖会很快就成为鉴赏家和都市精英社交生活的常规组成部分。与那些猎奇秀相比,咖啡馆里举办的拍卖会更能吸引鉴赏家们

**图 5-6　雕版,引自《两份反对烟草的广告传单》(伦敦:约翰·汉考克,1672),p.63;耶鲁大学拜内克古籍善本图书馆供图,书架号 Ih J231 604Cb。**

走出自己的私人藏室,充分地融入更加广阔的伦敦社交界。正因为如此,拍卖会提供
134 了一个极好的例子,用来说明鉴赏家群体拥抱伦敦咖啡馆世界所带来的社交能力的转变。

在英国拍卖会兴起之初,咖啡馆成为主要拍卖场所之一。至少在 17 世纪早期,海外商人开始普遍采用"蜡烛销售法"在伦敦批发市场快速销售他们的进口商品,这种做法偶尔也会出现在意大利和荷兰,作为出售旧书的方式。直到 1674 年,拍卖会上才开始拍卖艺术品,1676 年,伦敦举行了首次图书拍卖会。[47] 拍卖起初是为商业批发销售提供方便,王政复辟后,作为一种销售媒介,备受书商、艺术品和类似"珍品"收藏者推崇,他们最喜欢的销售场所就是伦敦的咖啡馆。

事实上，深受鉴赏家群体青睐的书籍和艺术品拍卖会很快就主宰了复辟时期的伦敦拍卖市场。系统地研究1660年至1700年40年间期刊上刊登的拍卖广告，会发现在当时举办的所有拍卖会中，书籍或艺术品销售占比88%，而批发仅占5%。并且英国拍卖市场显然以大都市为中心。伦敦举办的拍卖会约占英国拍卖会总数的92%。地方上的拍卖会可能在私人宅邸或集市中举行，而伦敦的拍卖会大多在咖啡馆或者酒馆举办，比如康希尔街的汤姆咖啡馆和巴巴多斯咖啡馆（the Barbados Coffeehouse），以及威斯敏斯特的威尔咖啡馆均以拍卖会闻名。威尔咖啡馆与拍卖业务联系如此紧密，以至于在1691年正式更名为拍卖行（the Auction House）。[48]多年来，这些咖啡馆在它们的经营场所内定期举办艺术品拍卖会。

伦敦咖啡馆拍卖会无疑具有明显的社交支配地位，除此之外，地方拍卖会的地理分布也与学术中心、贵族社交中心高度重叠。牛津和剑桥两座大学城，毫无疑问是图书拍卖的热门场所，而精英阶层的休闲中心，如坦布里奇维尔斯（Tunbridge Wells）、埃普索姆（Epsom）和巴斯（Bath）等地则是艺术品拍卖会所在地，尤其是到了夏季，许多贵族携家眷离开城市来到这些时尚的温泉度假小镇。同样值得注意的是，比利时的布鲁塞尔和荷兰莱顿等城市也会举办拍卖会，并且在英国报纸上刊登广告。这样的拍卖会显然迎合了最热衷于此的名流鉴赏家，对他们来说，为寻找稀有的东方手稿或是“数量巨大的，来自印度、非洲、中国和其他遥远国度的奇珍异宝”，远赴荷兰不成问题。 135
英国鉴赏家群体密切关注荷兰的书籍、艺术品和古董拍卖市场，也是荷兰拍卖会的常客。[49]

在咖啡和咖啡馆进入英国社会的过程中，以及伦敦拍卖市场早期形成的过程中，鉴赏家群体的审美和社交偏好发挥了重要的作用。早期的书籍、画作和几乎任何可供出售的珍品拍卖会均吸引了大批的鉴赏家蜂拥而至。用来推销拍卖品的解说词全部出自鉴赏家群体的语汇：几乎每一位拍卖师都会向他的客人们承诺卖品是“稀世”“珍藏”，是博学之士的作品，出自“古代”与“近代”“最著名的大师”之手。这些说辞来自对名流鉴赏家情感的直接诉求和模仿，在他们看来，人们对物品的最高评价就是称其为“奇特”和“罕见”。或许，正是这种在稀世珍品审美上的共同爱好使得英国鉴赏家群体团结在了一起。

显然，一些拍卖会也在刻意迎合鉴赏家群体热衷的艺术品市场。1688年，一场在伦敦索霍区举行的拍卖会上打出了这样的广告：出售“一批极为精美的油画、素描和版画，还有大量珍贵的印度贝壳、昆虫以及其他自然珍品，它们被陈列在一架两列四十个抽屉组成的柜子里……妥善照看管理”。更早的一次拍卖会则承诺有机会获得一件任何收藏家都无法拒绝且不可或缺的珍贵物品——独角兽角。[50]正如鉴赏家们试图让自己拥有更多珍贵的藏品一样，拍卖会也尽力提供种类繁多且具有收藏价值的商品：在拍卖会上，画作可以和珍贵的书籍、手稿和文物一起出售。1689年5月，位于伦敦金融城中的拉德盖特黑天鹅拍卖行(the Black Swan in Ludgate)刊登一则广告:“拍卖几卷不同寻常的雕像画作,包括古罗马和古希腊文物、地理风貌、建筑和纹章等”。1692 年 6 月,在特许拍卖人办公室举办的另一场拍卖会上,“一幅巨型公骆驼的画作”出现在一众画作之中。[51]

拍卖因此很快成为伦敦鉴赏家群体社交生活的重要组成部分:只要注意到名流们早已是咖啡馆的常客,就不难理解拍卖会为何会在咖啡馆里举行。罗伯特·胡克对拍卖的热情不亚于他对咖啡馆的热情。每逢拍卖会商品名录出版,他都会马上找来阅读,为参加做好准备。在拍卖会鼎盛的旺季,胡克一天可能会参观多达四场。尽管他偶尔也会拍下一些书籍,但仍会抱怨拍卖会上的书“太贵了,是原价的 1.5 倍”。他还会悉心留意哪些东西会在拍卖会上出售,它们最终花落谁家。胡克在日记里记下了那
136 些他感兴趣的书籍的售价。他参加拍卖会不仅仅是因为想购买书籍和艺术品,还因为拍卖会已经构成他社交生活的一部分。他经常陪朋友参加拍卖会或与他们在拍卖会上碰面。参加拍卖会还能够让他为朋友和像约翰·朗爵士(Sir John Long)这样的资助人提供购物等服务。[52]

胡克并非唯一将拍卖会作为自己社交生活重心的人。对许多鉴赏家而言,每次拍卖会不但提供了一个购买大量藏品的机会,并且还是在一个独一无二的公共场合进行。因此,拍卖会就成为一种公共媒介,通过它,渴望得到珍品的竞拍者为那些被认为是“无价之宝”的珍品定价。这些鉴赏家通常会用“不惜一切代价”这样的说法来描述收藏珍品的经历,不过,他们还是敏锐地意识到,因为旺盛的好奇心,他们不由自主地参与了商业交易。因此,他们在拍卖品目录上仔细地标注商品的售价。通常由于暴发户或过于热情的收藏家出价过高致使藏品价格过高时,他们也毫不避讳地发牢骚。汉弗莱·万利(Humfrey Wanley),一位成就斐然的古董收藏家,也是牛津第一任和第二任伯爵罗伯特和爱德华·哈利(Edward Harley)的图书馆管理员和采购商,在第三任图书收藏家桑德兰伯爵查尔斯·斯宾塞(Charles Spencer)去世后松了一口气。“我相信,由于他的离世,”万利说,“哈利图书馆可能从中获益……因为再也没人能哄抬书价了。因此,很可能市场上书籍的价格会下跌,任何绅士都能以不到四十镑或最多五十镑的价格买入一本珍贵的古籍。”[53]

拍卖会上最激动人心的时刻是引人注目的出价竞拍。罗杰·诺斯(Roger North)在自传中回忆在 1688 年彼得·莱利(Peter Lely)的版画和画作拍卖会上,“人们就像饥荒年景看到面包一样”。艺术品经销商索尼斯(Sonnius)受荷兰贝尔斯泰恩勋爵(Lord Berkesteyn)的委托,在拍卖会上为其竞拍拉斐尔的作品,结果卷入了一场激烈的竞价战。尽管价格“被那些固执己见和自以为是的鉴赏家们抬高了”,但索尼斯赢得竞价的决心一点也不比那些同样坚定和“好勇斗狠的大人们”少,最终,他以 100 英镑的价格将其收入囊中。根据诺斯的叙述,“这些大人们举起双手,抬眼仰望天空,祈祷

上帝他永远不再吃便宜的面包度日”。索尼斯的胜利代价惨重，因为直到两年后，贝尔斯泰恩还仍然为被迫支付如此高昂的价格得到此画而十分恼火。[54]

17 世纪晚期伦敦的拍卖会上，并非只有名流鉴赏家们，但正是他们的语言、品 137
味和社交偏好为伦敦拍卖会的举办方式定下了基调。在“光荣革命”之后的几年里，随着拍卖市场的拓展，名流鉴赏家们很可能成为自己在收藏拍卖方面的牺牲品。因为在所有这些拍卖活动中，任一个自称有艺术品位的人都必须从一文不值的垃圾、赝品和复制品中，区分出价值连城的珍品。即便是像威廉三世的私人秘书康斯坦丁·惠更斯这样有鉴赏力的行家，也经常兴致勃勃地去参加拍卖会，结果却失望而归。[55]

当然，最好的办法是坚持只买那些有价值的东西，比如著名学者、神学家或其他闻名遐迩的绅士留下的遗物。除了为藏品提供某种“品牌”背书，这样的拍卖也为买家提供了一个赢得已故者声望的机会。例如，本杰明·沃斯利、迪比家族(Digbys)、肯尼姆(Kenelm)和乔治(George)以及已故布里斯托伯爵(Earl of Bristol)的藏品都被拍卖。那些寻求最有价值的收藏品的贤人名流们，会迫不及待地买下每一件藏品。[56]有些拍卖会用拉丁语或者法语做广告，大概是为了显示待售物品在学术上的地位和价值，同时也将只懂本地语言的顾客排除在外。[57]其他广告的目的则更为明确，比如在 1690 年 11 月 12 日举行的一次版画和油画拍卖会上，主办人爱德华·米林顿(Edward Millington)在拍卖品目录的序言中写道：“尽管许多拍卖会都是为了更加冷静与客观的评价而保留的，但我们认为这是为了使名流鉴赏家们受益，也是为了更加懂行的绅士们，我们从众多的竞拍者中进行选择，而且也能理解他们从大量珍品中挑来拣去的行为。毫无疑问，所有看到这些的人都会羡慕拍卖会流程的公正透明，人们也是为这个而来的。那些有轻微污损的商品，就留到下一次拍卖会上，供另一群人选择、竞拍。”为了把不相干的人隔离在外，有些高级拍卖会可能不会做广告，或是有策略性地选择发放传单和目录，而不是在杂志上广而告之：罗伯特·胡克和康斯坦丁·惠更斯(Constantijn Huygens)似乎都参加过这样的拍卖会。1693 年 6 月 21 日，在白厅宴会厅(the Whitehall Banqueting House)举行的梅尔福特伯爵(Earl of Melfort)的画作收藏拍卖会，就没有任何广告宣传。约翰·伊夫林在这场拍卖会上观察到，有更多的贵族花了几十英镑在范戴克、鲁本斯和巴萨优秀的作品上。即使不能把不受欢迎的人完
全排除在这种拍卖会之外，拍卖会也有其他方法来区分来客的地位与身份。1695 年 3 138
月 24 日，康斯坦丁参加了托勒马什拍卖会，他注意到会上专门有一张长椅为贵族预留，胡克在 1689 年举行的一次拍卖会上，注意到一群荷兰大使“衣着华丽，极具排场”地进入了拍卖会场。[58]

除了阶级和地位的区别，性别也是拍卖会组织者需要考虑的一个重要问题。爱德华·米林顿在康希尔的巴巴多斯咖啡馆举办拍卖会时，为潜在的女性买家提供单独的

住所,他说,咖啡馆里的“便利画廊”是“专为淑女和贵妇们准备的”,他还补充说,“她们出席拍卖会是为了观看”。[59]书籍或批发商品销售会上的女性,远没有在艺术品拍卖会上的女性引人注目。因为女性是最早的艺术品拍卖会赞助人之一,她们参加拍卖会经常会受到拍卖人的追捧。

因此,拍卖会为许多人提供了便利,让他们得以进入先前壁垒森严的士绅名流文化圈。拍卖也早已不是名流和士绅们的专属活动。正如咖啡馆本身向更多的公众开放士绅名流的社交习惯和文化偏好一样,咖啡馆拍卖会让名士的珍藏得以被任何愿意出钱的富人购买。

当然,拍卖会将名流文化的商业化进程推向高峰,但这并不意味着它会被人们毫无保留地接受:这个过程其实充满着焦虑。随着拍卖会和拍卖商成为伦敦时尚的社交生活的一部分,他们也很快成为人们讽刺城市社交和商业场景的靶子。因为拍卖提供了一种媒介,凭借这种媒介,人们可以把稀世珍品拿出来卖,所以对那些想痛斥对手唯利是图的讽刺作家来说,拍卖会成为他们无法抗拒的讽刺对象。

因此,人们对 17 世纪后半期政治环境的怨恨与抵触情绪,很快就以一系列讽刺拍卖会的作品形式发泄出来。在第三次英荷战争期间,一份批评查理二世的手稿广泛流传,其中设想“在皇家咖啡馆举行的一次公开蜡烛拍卖会上”,克利夫兰(Cleveland)的诚实、内尔·格温(Nell Gwynn)的贞操和白金汉(Buckingham)公爵的宗教信仰都被明码标价竞拍。[60]同样,排斥危机之后,保守党讽刺作家从“阿姆斯特丹咖啡馆”举办的拍卖会中获得灵感,他们兴奋极了,因为这场拍卖会竟然拍卖了“下议院的大量选票”和“阴谋”。“光荣革命”后,这样的政治讽刺依然流行,在接下来的几年里,辉格党和马尔伯勒公爵仍是政治讽刺的主题。一篇讽刺文章在关于起诉亨利·萨谢弗雷尔(Henry Sacheverell)的争议达到高潮时,提议拍卖那些负责审判的高级教士和贵族的
139 画像(图 5-7)。这些未被披露姓名的画像价格低得离谱,有些根本就卖不出去,只能白送给不信国教者或贵格会教徒。[61]滑稽的是,这些人物画像就像它们各自所代表的政治人物一样,既不值钱也不受人欢迎,拍卖会被视为展示它们真实价值的完美的公共场合。因此,拍卖会被作为用金钱衡量价值用以表达公众舆论的一种别出心裁的方式。

140 与含有政治意味的讽刺拍卖会的作品同样受欢迎的,是想象中的“妇女拍卖”和拍卖“单身汉名册”(图 5-8)。这些小册子将婚姻市场的概念发挥到了极致。[62]它们引发了人们对家庭形成过程被大规模商业化的恐慌。如果拍卖可以给一件价值连城的艺
141 术品定价,那么为什么它不能给未来的配偶来定价呢?这些模拟的销售目录的幽默之处在于,它们暴露了婚姻市场上已经存在的唯利是图的现象,事实上,这些笑话在大众阶层中变成了现实,在这个时候,他们开始发明公开的“卖妻”的仪式,以此来实现事实上的离婚。值得注意的是,这些关于婚姻市场的讽刺作品在 18 世纪并没有被大量重

**图 5-7　雕版，官方图片拍卖会(伦敦，1710 年)；芝加哥纽伯瑞图书馆供图，书架号 J.54555.058。**

印再版：也许是因为当人们知道这些事情可以并且确实在发生时，与之相关的笑话就不那么有趣了。[63]

实际上，即便是在这些小册子出版的时候，这些笑话也没有很好地被人们理解，因为它们的诚意存疑，所以人们也没把这些笑谈当回事。约翰·邓顿的《雅典水星报》收到了几封来信，询问这些拍卖是否合法。邓顿和他的同僚都觉得这些小册子缺乏诚意，他们不加犹豫地斥责出版这些小册子的文人，邓顿宣称："未经他人同意而干涉他们的私生活，实在是既轻狂又无聊。"换言之，他们"极度反感这种粗鲁无礼且缺乏真诚的行为"。这些讽刺拍卖会的作品可能会令人非常恼火，因为它们和 17 世纪后期另一类传遍大街小巷的廉价印刷品极为相似：妓女的花名册，包括姓名、标价和行踪。[64]把女人(或男人)标价竞拍听上去像赤裸裸的卖淫，这可不是闹着玩的，尤其是对于约

1st Mercurius Matrimonialis:

OR,

CHAPMEN for the LADIES

Lately Offered to Sale by Way of AUCTION.

4. July. 1691 *Procured by one of their own Sex.*

1 A Country Gentleman, who has a very delicate Seat between 20 and 30 Miles off *London*, and a very considerable Estate, a very Proper Comely Person, but not very Witty.

2 A Linnen Draper near the *Stocks Market*, a very handsome Genteel Man

3 A Miliner on the *Royal Exchange*, much admired for his Handsomness and Gentility.

4 A Clergy-man near *Exeter*, but now in Town, a pretty Black Man, a very good Scholar, proposes for a Joynture 200 *l. per Ann.* in Free-land.

5 A Bookseller near the *Exchange*, a very Sober Man, a Man of a Good Trade, besides some Estate.

6 A Linnen Drapers Son in *Cornhill*, a very pretty genteel Man, his Father a Man of a very good Estate.

7 A Goldsmith behind the *Exchange*, so, so.

8 A Miliner in *Cheapside*, near the End of *Breadstreet*, very genteel, but no Conjurer.

9 For the Brewers Daughter, a Lace-man in *Pater-noster Row*, who loves the smell of Malt and good Ale, of good heighth and Stature, and Stomach answerable.

10 A Coffee-man, well lin'd with Broad Peices of Gold, and has a good Trade, a Widdower, wants a Bar-keeper.

11 A lusty, stout proportion'd Man, had a good Estate before the Fire, and is still fit for Womans Service.

12 A Booksellers Son in *Pauls Church-yard*, an extream Genteel Man, and of the same Kidney as the Mercer in *Covent Garden*.

13 A Commission Officer, full of Courage, brim full of Honour, a well proportion'd Man, and very beautiful, and yet wants Money.

14 An Apothecary near *Bread-street* Hill, a very genteel Man, a Widdower.

15 A Young Gentleman now learning to Dance, wants a Wife to guide him, his Estate 150 *l. per Ann.*

16 A Haberdasher's Son in *Cheapside*, makes a great Figure in the World, his Education good, only wants a Wife, or Place.

17 A diminutive Bookseller, very difficult in his Choice, 5000 *l.* proves a Temptation to him.

18 A Mercer upon *Ludgate-Hill*, kin to a good Estate, his Trade indifferent.

19 A Young Merchant, whose Estate lyes on the *Carriby Islands*, if his Cargo misses the *French Fleet*, he makes a good Joynture.

20 An Ancient Gentleman now purchasing an Estate, wants a rich a Wife to stand by him.

21 A Goldsmith near the *Royal Exchange*, a Widdower, of a very considerable Estate, besides a great Trade, will make a good Joynture, and perhaps keep a Coach, he's a very brisk Man.

*These with several more will bid fair upon the Day of Sale, in Case the Ladies prove clear Limb'd, and Members entire upon due Examination.*

**图 5-8　单身男士拍卖(伦敦,约 1702 年):《婚姻信息:近期以拍卖形式为女性出售男性的流动商贩,由其中一位男性提供》:芝加哥纽伯瑞图书馆供图。馆藏号:6A 162 第 1 号。**

翰·邓顿这类热心支持社会礼仪改革的人而言。[65]

真正的拍卖会也没能逃过讽刺作家的口诛笔伐。其中名为"老道的拍卖商"(图 5-9)的作品,正是讽刺拍卖商和拍卖会客人自认为的学识渊博和自命不凡。它描述了一群男女,不加分辨地翻阅一个图书拍卖商的书架,上面的藏书是个大杂烩,既有举世瞩目的鸿篇巨制,比如彼得·海林的《宇宙志》(Peter Heylyn's *Cosmographie*),也有一些声名狼藉的作品,比如流行的亚里士多德性爱手稿和色情文学《索多玛城的游戏》(*Play of Sodom*)。作品底部的文字是:

来吧,先生们,看看这举世闻名的图书馆,

学问被轻视,令人扼腕叹:

**图 5-9　萨顿·尼科尔斯，雕刻，"完成拍卖的人"（约 1700 年？），（17.48—24.46 厘米），伦敦大英博物馆供图，编号 1415；书架号 BL Harley 5947（1），这幅画中"完成拍卖的人"可能是指约翰·帕特里奇（John Partridge），同时也是对他的讽刺。帕特里奇是一位年鉴制作人和占星家，理查德·斯蒂尔、乔纳森·斯威夫特和汤姆·布朗都曾嘲讽过他。可参照图 2-2。**

此处售竹素，如若销路广，
册册值千金，开价并不枉，
先生若看中，速速把它抢。
切莫太心急，我来道玄机：
不论是何书，不论谁人买，
我愿将知识，悉数倾相授。 142

这次拍卖被人讽刺的原因在于，它拍卖了人们认为不属于商业领域的贵重物品。

也揭开了一个令人恐慌的事实:即一个人根本无法"买到"智慧。当然,这个问题也展
143 示了另一个事实:即人们非常担心,书籍市场上那些高雅昂贵更具价值的艺术品会受到低俗廉价的品味排挤。也许,格勒善法则(Gresham's Law,劣币驱逐良币)无论是在观点的自由市场中还是在国家财政中同样有效,这让英国奥古斯都时代的文人们惶恐不已。[66]

在拍卖会上做出错误的判断会令人异常尴尬,尤其是对一个自诩为伟大收藏家的人来说。班布里格·巴克里奇(Banbrigg Buckeridge)建议罗伯特·柴尔德(Robert Child)爵士:"大量品质低劣的画作,不但是对前来观看的人的嘲弄和蔑视,也是持有者自身品味的反映。"这种情况也适用于图书收藏。克莱伦登第二任伯爵亨利·海德(Henry Hyde)在拍卖会上购买了一些典籍后,向博学的托马斯·史密斯(Thomas Smith)坦言:"一个学识更加渊博的人,应该会买一些比这更有学术价值的书,但这些书都是我喜欢的。"沙夫茨伯里伯爵三世安东尼·阿什利·库珀恰当地表达了人们在拍卖会上购买自己所喜欢东西的自由与公众对"高雅品味"的严格限制间的矛盾:"那些通过努力和勤奋获得了真正艺术品味的人,会为自己相对于其他人的优越性而沾沾自喜,因为后者要么一点品味都没有,要么举止可笑庸俗。在书画拍卖会上,你会听到这些绅士劝说大家积极'为自己所爱之物出价'。但同时,如果他们所尊敬的那些优秀的鉴赏家们发现,他们因判断错误或品味差劲而拍下了赝品,那这些人的自信心将会被彻底埋葬。"[67]这就是拍卖会上的核心矛盾所在。它将个人幻想的反复无常与共有的价值对立起来,后者决定了什么才是好的品味或是有价值的学问。

身为上流社会的风云人物,约翰·伊夫林原本对咖啡馆就心存疑虑,对拍卖会的担忧也就不足为奇了。72岁时,他想起自己在肯特郡德特福德的赛耶斯庄园(Sayes Court)安置的遗产,告诉弟弟乔治,他不会"自愿"在那些时下流行的"拍卖会上(按照现在的方式)"来公开自己的家产。他向一位新起的名流士绅、英国皇家学会会员、习惯法博士约翰·哈伍德(John Harwood)坦言,自己从来没参加过任何画作拍卖会。更糟的是,当坦布里奇韦尔斯(Tunbridge Wells)即将举办"美丽的世界"名画拍卖会时,伊夫林在女儿苏珊娜面前谈及此事时就更不屑了:"除了垃圾,还能有什么!"[68]在给塞缪尔·佩皮斯的信中,他感叹道:"许多品位不俗的图书馆和藏品间被这些拍卖会打得七零八落,书籍和藏品流离分散。"他认为,时下流行的用拉丁语 auctio 即"增加"物件来形容拍卖会,旨在描述竞拍过程,这种表述是不恰当的。相反,他建议佩皮斯称其为"减少",因为"一场为期一两天的拍卖会,足以分散那些长年累月收集来的东西"。[69]

144 对伊夫林来说,如果没有什么值钱的东西好买,拍卖会充其量就是轻浮地浪费时间。或者,在他看来更糟的事,反而是有价值的珍品被拍卖——这太可悲了,藏品主人毕生的心血"经过掮客和商人之手,被暴露在肮脏龌龊的街头巷尾",让任何能付得起钱的人都能买到。然而,拍卖会在上层社会的文化圈子里迅速确立了地位,连伊夫林

也不能完全否认它们。毕竟,他准许女儿去参加坦布里奇的拍卖会,并建议她,如果发现“任何值得拥有的画作”,就买下来。他甚至在 1693 年 6 月 21 日亲临白厅宴会厅,参加梅尔福特伯爵(Earl of Melfort)的藏画拍卖会。他非常欣赏佩皮斯等人积极参加拍卖会来充实自己的收藏。他意识到,在拍卖会上,“一个人可以一次性以能够承受的价位买下许多藏品,这可能会比他经历多年一件一件地去收集好得多”。[70]

这既是问题的症结所在,也是拍卖会对英国名流收藏家们的魅力所在:拍卖会是公开的市场,在这里,所谓“无价”的书籍、古董和艺术品都由最高出价者定价和购买。拍卖会既是终止往日收珍藏异这一高雅行为的罪魁祸首,又是让收藏家一步一步积累名望的必要条件。与此同时,拍卖会对那些有着雄心抱负的收藏家吸引力十足,他们希望不费吹灰之力就能用买下的拍卖品装点自己的藏室——如果我们把藏品视为名流士绅的货币的话,那么拍卖会就给了收藏家们快速致富的机会。在名流们争相竞拍书籍和艺术品的过程中,他们也受到了一种社会和经济实践的诱惑,这种实践迄今为止,仅在伦敦商界流通。

伊夫林对拍卖会的焦虑与他对咖啡馆的担忧如出一辙:它们都是公共活动,三教
九流都能参与其中。不仅如此,它们还具备时髦且明显商业化的特点。所有这一切都 145
让像伊夫林这样的名流鉴赏家倍感不安,因为对他们而言,艺术品位是私密的,是经过长年累月的学识沉淀而来的,他们认为艺术品位要远远比充满铜臭味的商业活动高尚得多。不过,即便伊夫林牢骚满腹,也无法凭他一己之力来扭转士绅名流们社交方式的转变,这种变化是由于与咖啡馆环境中商业世界的接触所引发的。

本章解释了咖啡馆与一系列相关机构,如客栈、理发店、妓院和拍卖行等相关场所的关系。正如我们已经看到并且还将再次看到的那样,这些不同的场所间的区别并不总是那么明确:通常,咖啡馆可以兼具多个功能,发挥双重作用。但所有这些场所都和充满好奇心的士绅名流文化有着千丝万缕的联系,到 17 世纪末,它们都成为伦敦城市生活中相当突出的一部分。因此,可以认为它们共同参与了所谓的“咖啡馆环境”。

咖啡馆显然是这个新的社交世界的中心。到 17 世纪末,咖啡馆作为商业场所非常成功,遍及大街小巷,其中许多分化成各种专门机构。在一家新的公共场所的招牌上加上“咖啡馆”这几个字,几乎可以立即将这个地方与新的城市文明联系起来,这种文明首先与 17 世纪中期的士绅名流文化联系在一起。

然而,到了 17 世纪末,好奇心文化由于与伦敦都会咖啡馆环境的密切联系而发生了很大的变化。商业化的进程为士绅名流的社交世界带来了几次重要的变化,这些变化都值得我们关注,因为它带来了金钱的考量,而不是仅仅以社会地位来衡量人。首先,一个人没有名望并不是他被咖啡馆拒之门外的原因,只要他有兴趣、肯付钱,他就能进入咖啡馆。其次,由好奇心驱使的许多具有收藏价值的文物得以在咖啡馆的拍卖
会现场拍卖。这些变化的结果是,它很大程度上模糊了迄今为止上流社会和普罗大众 146

之间森严的壁垒,而这恰恰曾经是士绅名流们自我认同的重要指标。这就是伊夫林对咖啡馆的兴起感到不安的原因所在,然而就连他也不得不承认在咖啡馆里展出的犀牛有着难以抗拒的吸引力。

## 注释

[1] Evelyn, *Diary*, 4:389-90. 原日记强调,在同一天,伊夫林还见到了一条来自西印度群岛的活鳄鱼。

[2] Folger MS L.c. 1579 (23 Aug. 1684); L.c. 1580 (26 Aug. 1684); L.c. 1582 (30 Aug. 1684); London Gazette no. 2072 (24-28 Sept. 1685); no. 1174 (15-19 Feb. 1677); Stow, *Survey of the Cities of London and Westminster*, vol. 1, bk. 3, facing 230-31; and Chartres, "Place of Inns in the Commercial Life of London and Western England, 1660- 1760," 101.作为一个举办展览会的地方,贝勒-塞维奇(the Belle Savage)声名狼藉,以至于成为打油诗作者们的讽刺对象,参见 NAL/V&A, MS D25.F38, 755。

[3] *London Gazette*, no. 1973 (13-16 Oct. 1684); no. 1974 (16-20 Oct. 1684); no. 1977 (27-30 Oct. 1684). The rhinoceros probably remained at the Belle Savage until 14 April 1686: *London Gazette*, no. 2122 (18-22 Mar. 1686); no. 2002 (22-26 Jan. 1685). The print was by Francis Barlow (1626-1704) and is reproduced in Clarke, *Rhinoceros from Dürer to Stubbs*, 40.

[3] *London Gazette*, no. 1973 (13-16 Oct. 1684); no. 1974 (16-20 Oct. 1684); no. 1977 (27-30 Oct. 1684). 这头犀牛一直在贝勒-塞维奇展出至 1686 年 4 月 14 日: *London Gazette*, no. 2122 (18-22 Mar. 1686); no. 2002 (22-26 Jan. 1685). 这幅版画出自弗朗西斯·巴洛(Francis Barlow, 1626-1704)之手,并在克拉克(Clarke)的《从杜勒到斯塔布斯的犀牛》(*Rhinoceros from Dürer to Stubbs*, 40)一书中再次出现。

[4] Daston and Park, *Wonders and the Order of Nature*, esp. 291-92; Houghton, "English Virtuoso in the Seventeenth Century"; and Cowan, "Open Elite."

[5] *Mens Answer to the Womens Petition*, 2; *Coffee-Houses Vindicated*, quotes at 3, 2, 3, respectively; Lillywhite, *London Coffee Houses*, 602-10. On trade tokens, see Akerman, *Examples of Coffee House . . . Tokens*, 3; Burn, *Descriptive Catalogue of the London . . . Coffee-House Tokens*, 16, 21, 89-90. For Oxford: Aubertin-Potter and Bennett, *Oxford Coffee Houses*, 17. For an exegesis of the significance of the "Turk's Head" signs compatible with the one offered here, see Matar, *Islam in Britain*, 115-16.

[5] *Mens Answer to the Womens Petition*, 2; *Coffee-Houses Vindicated*, quotes at 3, 2, 3, respectively; Lillywhite, *London Coffee Houses*, 602-10. 关于贸易代币,参考:Akerman, *Examples of Coffee House . . . Tokens*, 3; Burn, *Descriptive Catalogue of the London . . . Coffee-House Tokens*, 16, 21, 89-90. For Oxford: Aubertin-Potter and Bennett, *Oxford Coffee Houses*, 17. 关于"土耳其人头像"标记的意义与此处提供的标记意义的一致性,参见 Matar, *Islam in Britain*, 115-16。

[6] For sherbets: *Mercurius Publicus* (16-23 Apr. 1663), 4:16, 249; *Intelligencer*, 2nd ser., no. 7 (23 Jan. 1665).安妮女王统治末期,伦敦有 9 家浴室,参见:Lillywhite, *London Coffee Houses*,

95-96. On the café Procope: Leclant, "Coffee and Cafés in Paris," 90-91; *Curious Amusements*, 55.

[7] Said,*Orientalism*. 有关萨义德作品的接受,参考:Prakash, "Orientalism Now,"尽管萨义德声称其著述主要围绕 18 世纪末之后的时期展开,但有时,他也会回溯近代早期的"东方主义"研究,其中包括安托万・加兰(Antoine Galland)、巴特莱米・德赫贝洛(Barthélemy d'Herbelot)、爱德华・波科(Edward Pococke)以及其他早期作家,参见: *Orientalism*, 3; and compare 63-73.

[8] 关于 17 世纪的东方学的学术研究,参见: Champion, *Pillars of Priestcraft Shaken*, 102-5; Toomer, *Eastern Wisedome and Learning*.关于近代早期英国帝国主义的脆弱性,参见 Colley, *Captives*, and Wilson, *Island Race*。

[9] Morley, *Memoirs of Bartholomew Fair*; Porter, *Health for Sale*, 94-111, esp. 109- 10. 当然,这种对异域事物的迷恋风靡欧洲; 与英国相似,法国对此的迷恋与狂热可参见 Isherwood, *Farce and Fantasy*, esp. 16, 24。

[10] Park and Daston, "Unnatural Conceptions." 关于博览会作为贵族文化和流行文化的混合体,参见 Stallybrass and White, *Politics and Poetics of Transgression*, 27-43; 对照阅读 Agnew, *Worlds Apart*, 27, 31, 46-50; Chartres, "Place of Inns in the Commercial Life of London and Western England," 38-39. Harris, "Problematising Popular Culture"; 以及 Reay, *Popular Cultures in England*, 198-218,关于咖啡馆产生之前廉价印刷所具备的广泛吸引力,参见 Watt, *Cheap Print and Popular Piety*。

[11] Thomas, "Cleanliness and Godliness in Early Modern England," 58; compare: Jenner, "Bathing and Baptism," 197; Jorden, *Discourse of Naturall Bathes*. *Sandys*, *Travels*, 12; R.H., *New Atlantis begun by the Lord Verulam*, 73. J 约翰・伊夫林在威尼斯时去了一家浴室。Evelyn, *Diary*, 2:430-31.

[12] Chamberlen, *Vindication of Publick Artificiall Baths*; 对照阅读 *Publique Bathes Purged*; 并见:Webster, *Great Instauration*, 261, 298. 有关伦敦第一个浴场,参见:Haworth, *Description of the Duke's Bagnio*, 35.

[13]*True Account of the Royal Bagnio*, 4, 6; Uffenbach, *London in* 1710, 164. Uffenbach provides the most detailed firsthand account of a bagnio, but compare Hooke, "Diary," 80, and see Ned Ward's facetious account of a visit to a bagnio in *London Spy Compleat*, 216-24; Thompson, *Quacks of Old London*, 268.

[13] *True Account of the Royal Bagnio*, 4, 6; Uffenbach, *London in* 1710, 164. 乌芬巴赫(Uffenbach)提供了关于浴室最详细的一手史料,对照阅读 Hooke, "Diary," 80, 参阅 Ned Ward 著 *London Spy Compleat*, 216-24 一书中有关访问伦敦一家浴室的滑稽叙述;Thompson, *Quacks of Old London*, 268.

[14] 关于这一时期对奢侈品的轻视,参见: Berry, *Idea of Luxury*; Hundert, *Enlightenment's "Fable,"* ch. 4; Goldsmith, "Liberty, Luxury, and the Pursuit of Happiness," 225-51; Gunn, *Beyond Liberty and Property*, 96-119; and Sekora, *Luxury*; 可将上述这些作品中的观点与 de Vries, "Luxury in the Dutch Golden Age in Theory and Practice." BL shelfmark 551.a.32.(60); 和 *Loyal Protestant, and True Domestick Intelligence*, no. 39 (19 July 1681)中所提出的修正进行

对比。

[15]*True Account of the Royal Bagnio*, 4, 6; *London Gazette*, no. 1556 (14-18 Oct. 1680); Ward, *London Spy Compleat*, 216-18. Wits: *Loyal Intelligence*, no. 3 (31 Mar. 1680); Sermons: *Some Reflections on Mr. P—n*, 40-41，这些均表明这位牧师是个不从国教者，或至少对异教徒心怀同情；参见：Monmouth: *Protestant (Domestick) Intelligence*, *no*. 74 (19 *Mar*. 1680). *Art auction*: *London Gazette*, no. 2240 (5-9 May 1687).

[16]*London Gazette*, no. 1560 (28 Oct.-1 Nov. 1680); no. 1599 (14-17 Mar. 1681); no. 2042 (15-18 June 1685); no. 2334 (29 Mar.-2 Apr. 1688); Haworth, *Description of the Duke's Bagnio*, 15; *London Gazette*, no. 1723 (22-25 May 1682); no. 2452 (9-13 May 1689).

[17] Chartres, "Place of Inns in the Commercial Life of London and Western England," 342; Trumbach, *Sex and the Gender Revolution*, 139, 142, 147, 164-65, 182-83, 334, 369-70, 376; OED, 2nd ed., s.v. "bagnio." Stow, *Survey of the Cities of London and Westminster* (1720), 317; Byrd, *London Diary*, 136, 143, 146，伯德的日记(Byrd's diary)中，类似这样的提法不胜枚举。Boswell, *Boswell in Holland*, 45-46.

[18]18世纪流行的土耳其肖像画技法也可以说同样如此，参见 Pointon, *Hanging the Head*, ch. 5。关于近代早期英国对东方物质文化挪用的更加广泛的研究，参见：艾伦《英国品味的趋势》(Allen, *Tides in English Taste*, 1:192-217)以及伯格《制造东方》(Berg,"*Manufacturing the Orient*,"385-419)。

[19] The classic account is Turner, *Ritual Process*, esp. ch. 5. The subversive potentials of this sort of inversion are emphasized in Davis, *Society and Culture in Early Modern France*, 124-51.

对此的经典描述参见：Turner, *Ritual Process*, esp. ch. 5. Davis, *Society and Culture in Early Modern France*, 124-51.书中强调了这种转换的颠覆性潜力。

[20]最近的消费人类学倾向于拒绝承认传统和现代社会消费模式之间的任何区别，参见 Appadurai, *Modernity at Large*, and Miller, *Theory of Shopping*。东方咖啡馆神秘感一直延续至19世纪，相关研究参见：Fisher, *Travels of Dean Mahomet*, 149-52; Castle, *Masquerade and Civilization*, 60-62.参照：Defoe, *Roxana*, 140, 214-17; Walkowitz, "Going Public," 3-4; Williams, *Dream Worlds*, 66-73; Finkelstein, *Dining Out*, 97-98. 对照：Appadurai, *Modernity at Large*, 83-84.

[21]类似"清除公众娱乐中的不道德形象"的过程对维多利亚晚期百货公司的成功至关重要，参见 Rappaport, "Halls of Temptation"，引自第83页，以及 Barbon, *Discourse of Trade*, 14。

关于巴尔邦提出的消费需求合法化的新颖观点，参见 Berry, *Idea of Luxury*, 108-18, and Appleby, *Economic Thought and Ideology*, 168-83。

[22] Pelling, "Barber-Surgeons, the Body and Disease," 95；更多细节参见：Pelling, *Common Lot*, 222-24；有关詹姆斯二世早期理发馆的描述，参见 *Pepys Ballads*, 2:43; Smuts, *Court Culture and the Origins of a Royalist Tradition*, 57-58。

[23]有关詹姆斯·索尔特(James Salte)和他咖啡馆的相关信息，参见：Caudill, "Some Literary Evidence," 381-85; Lillywhite, *London Coffee-Houses*, 194-95; GL, Print Room, Norman collec-

tion, *London Inns and Taverns*, 5:41; Faulkner, *Historical and Topographical Description of Chelsea*, 373-78; Ashton, *Social Life in the Reign of Queen Anne*, 1:129-32; and Timbs, *Curiosities of London*, 75-76, 542.

[24] BL, Sloane MS 4046, fol. 342;*Catalogue of the Rarities . . . at Don Saltero's Coffee-House* (1729).有关索尔特罗(Saltero)咖啡馆内物品与汉斯·斯隆所收集物品之间的相似性,参见 King, "Ethnographic Collections," 230, 240 n. 33。

[25]*British Apollo*, vol. 1, no. 102 (28 Jan.-2 Feb. 1708/9); vol. 1, no. 117 (23-25 Mar. 1709); vol. 2, no. 40 (10-12 Aug. 1709); vol. 2, no. 43 (19-24 Aug. 1709); vol. 2 (5 Oct. [sic]-7 Sept. 1709); *Tatler*, no. 34 (28 June 1709), 1:252, 254, 253-54; compare *Tatler*, no. 195 (8 July 1710), 3:51-52; and no. 226 (19 Sept. 1710), 3:179-80. *Tatler*, no. 216 (26 Aug. 1710), 3:133; compare no. 221 (7 Sept. 1710), 3:153-57; no. 236 (12 Oct. 1710), 3:219; and *Spectator*, no. 21 (24 Mar. 1711), 1:91.

[26] Uffenbach,*London in* 1710, 161; 与他在本书中对皇家学会博物馆的研究进行对比,并且可对照阅读:Findlen, *Possessing Nature*, 147-49; Thoresby, *Diary of Ralph Thoresby*, 2:376; *Catalogue of the Rarities . . . at Don Saltero's Coffee-House* (1729), 4-7.

[27] Bodl. MS Smith 45, 19。关于作为一种类型的目录,参见:Findlen, *Possessing Nature*, 36-44;以及 Chartier,*Order of Books*, 69-71 和 *Catalogue of the Rarities . . . at Don Saltero's Coffee-House*, 26th ed. (1770s?)。大英图书馆内更多有关唐·索尔特罗的条目书架号 1401.c.37, and 1474.b.40。

[28] Bowack,*Antiquities of Middlesex*, 1:13; Burney, *Evelina*, 187; Franklin, *Autobiography of Benjamin Franklin*, 103; Lillywhite, *London Coffee-Houses*, 194-95.

[29] Hooke,*Diary*, 358, and 232.胡克在这里看到了皇家学会成员本杰明·伍德罗夫(Benjamin Woodroffe)收藏的图片; Caudill, "Some Literary Evidence," 381; Bagford, "Letter Relating to the Antiquities of London," lxiii. On Conyers's archaeological work, see Hunter, *Science and the Shape of Orthodoxy*, 184-85; *Athenian Mercury*, 4:16 (21 Nov. 1691); compare *English Lucian*, no. 7 (14-21 Feb. 1698), and no. 11 (14-21 Mar. 1698) (quoted).

[30]关于展览会上的壮观场面,参见 Altick, *Shows of London*, and Irving, *John Gay's London*, ch. 5. Bodl. MS D.D. Weld. c.13/3/1, 引自 Rosenheim, *Emergence of a Ruling Order*, 237。另见尼古拉斯·布伦德尔在 *Great Diurnal of Nicholas Blundell*, 2:155 中描述参观霍尔本(Holborn)的羚羊的经历。这些展览均在王政复辟之前,在 Stone, *Crisis of the Aristocracy*, 389-390 有详细的记载。

[31] Hooke, Diary, 174, 178, 184. Compare: HMC, vol. 6,*Seventh Report*, pts. 1-2, 465a; *City Mercury*, no. 1 (4 Nov. 1675). 有关这一事件所引发的学徒骚乱,参见: HMC, vol. 6, *Seventh Report*, pts. 1-2, 471a; *True and Perfect Description of the Strange and Wonderful Elephant*; *Full and True Relation of the Elephant*; *Elephant's Speech to the Citizens and Countrymen of England*; Etherege, *Man of Mode*, I:487-88 (28-29).

[32] Evelyn,*Diary*, 2:39-40. Compare: Hooke, *Diary*, 423; Lister, *Journey to Paris*, 182;

Landsdowne, *Petty-Southwell Correspondence*, 95; IHR (microfilm), Thynne MSS, vol. 77, fol. 129r; Bodl. MS Tanner 21, fol. 111v; Pepys, *Diary*, 2:166 and 4:298. Compare Evelyn, *Diary*, 3:256, and Pepys, *Private Correspondence and Miscellaneous Papers*, 1:62; Ward, *London Spy*, 173; CLRO, Ward Presentments, 242B, Farringdon extra (1685).

[33]对照阅读 Isherwood, *Farce and Fantasy*, 3-5, 33,另见:Chartier, *Forms and Meanings*, 89; *Essay in Defence of the Female Sex*, 94; see also Levine, *Dr. Woodward's Shield*, 324 n. 34.

[34]关于女性很少参观古董珍品展览的相关研究,参见:Findlen,*Possessing Nature*, 141-44.关于皇家学会的研究,参见 Margaret Cavendish, Duchess of Newcastle, in Nicolson, *Pepys' Diary and the New Science*, 104-14, 以及 Whitaker, *Mad Madge*, 298-300 中的案例。关于巴塞洛缪博览会上的精英女性,参见 HMC, *Twelfth Report*, 附录, pt. 5: *Manuscripts of . . . Duke of Rutland*, 27; BL, Add. MSS 32095, fol. 36r。

[35] HMC, vol. 6, *Seventh Report*, pts. 1-2, 473a; Lister, *Journey to Paris in the Year 1698*, 182.

[36]其中许多例子可以在大英图书馆收藏的 17 世纪传单小广告中找到,书架号:N.Tab.2026/25 和 C.121.b.2。另见 Pepys, *Diary*, 9:398, 9/406-7; Evelyn, *Diary*, 3:198, 3:255-56; and Nicolson, *London Diaries*, 204, 267; Bacon, *Novum Organon* (1620), 2:29, in Bacon, Works, 14:138; 参照: Bacon, *Advancement of Learning* (1605), bk. 2, in *Francis Bacon*, 176-77.有关皇家学会采纳这些奇闻异事,参见:Sprat, *History of the Royal Society*, 83.

[37] Park and Daston, "Unnatural Conceptions," 47-51, 53; BL shelfmark N. Tab. 2026/25 (33).

[38]关于 18 世纪早期的例子,对照阅读 BL,Sloane MS 5246, fols. 11r, 53v;16 世纪末期,参照: Mullaney, "Strange Things, Gross Terms, Curious Customs," 69; BL shelfmark N.Tab.2026/25 (24) (quoted).

[39] Todd, *Imagining Monsters*, 156, 157; Fabaron, "Le commerce des monstres," 95-112; *Spectator*, no. 412 (23 June 1712), 3:541. Compare: *Tatler*, no. 108 (17 Dec. 1709), 2:155.

[40] Park and Daston, "Unnatural Conceptions," 34;参照 Watt, *Cheap Print and Popular Piety*, 165; Wilson, *Island Race*; Outram, *Enlightenment*, 63-79; Looney, "Cultural Life in the Provinces," 41; Semonin, "Monsters in the Marketplace," 69-81; *Tatler*, no. 20 (26 May 1709), 1:159-60; 参照:no. 4 (19 Apr. 1709), 1:40,关于之前一次大象拍卖活动,参见 *London Gazette* (23-26 Feb. 1685),并参照 Verney, *Memoirs of the Verney Family*, 4:269。

[41] Wilson, "Three Ladies of London" (1584), in*Select Collection of Old English Plays*, quotes at 6:306 and 6:276; Livy, *History of Rome*, bk. 39, chaps. 6-7; 伊夫林写给桑德兰伯爵夫人的信,1679 年 4 月 13 日,伦敦,见 BL Evelyn MS 39b (out-letters, vol. 2),罗马人有关亚洲奢侈消费习惯的想法无处不在,参见 Berry, *Idea of Luxury*, 68-69。

[42] 关于英国文化中奢侈与羸弱的联系,见 Pocock,Machiavellian Moment,430-31; Pocock, Virtue,Commerce,and History,114; BarkerBenfield,Culture of sensitivity,104-53; 以及 Cowan," Reasonable ecstasy,"126-27。对照阅读 Evelyn,Diary,5:156。相关讽刺女性时尚的文章,参见:d'

urfey, D'Urfey, *Collin's Walk Through London*, 102-4.

[43]Tatham, *Knavery in All Trades*; *Cup of Coffee*; *Satyr Against Coffee*; *Character of a Coffee-House* (1665), 1.

[44] M.P., *Character of Coffee and Coffee-Houses* (1661), 1; *Character of a CoffeeHouse with the Symptomes of a Town-Wit* (1673), 2; 小册子再版重印为:[Hancock], *Touchstone or, Trial of Tobacco*。

[45] Ward, *London Spy*, 15, 197, 205. 对照阅读 Ward's *Vulgus Britannicus*, part 4, canto 12, 139, 其中咖啡被称为"犹太人的酒"; 参见 Ward 的 *School of Politicks*; Ward 的 *Rambling Rakes*; *Urania's Temple*, 8。

[46]有关劳埃德咖啡馆成立初期的相关研究,参见:Gibb, *Lloyd's of London*, esp. 1-57; Dawson, "London Coffee-Houses and the Beginnings of Lloyd's".其他相关研究参见:Dickson, *Financial Revolution in England*, 490, 503-6; Neal, *Rise of Financial Capitalism*, 22-25, 33, 46.关于鲸油的相关消息,参见 *London Gazette*, no. 1843 (16-19 July 1683)。

[47] Chaudhuri, *English East India Company*, 170, 202. 关于在那不勒斯举办早期图书拍卖会,参见 Hobson, "Sale by Candle in 1608"。荷兰图书拍卖会,参见:van Eeghen, *Amsterdamse Boekhandel* 1680-1725; HMC, *Twelfth Report*, *Appendix*, *Part* 9, 65; *London Gazette*, no. 1140 (19-23 Oct. 1676); Meyers, Harris, and Mandlebrote, eds., *Under the Hammer*; Cowan, "Arenas of Connoisseurship."

[48] Cowan, "Art in the Auction Market of Later Seventeenth-Century London"; *London Gazette*, no. 2630 (22-26 Jan. 1691).

[49] Borsay, *English Urban Renaissance*, 140-43; *London Gazette*, no. 3201 (13-16 July 1696); no. 1363 (9-12 Dec. 1678), quoted; CUL, Add. MS 1, fol. 39; BL, Evelyn MS, 39b, vol. 2, no. 470; Bodl. MS Rawlinson Letters 114, fols. 250-54; Bodl. MS Rawlinson Letters 91, fols. 468r-469r; BL, Harley MS 3777, fol. 150r.另参见 18 世纪早期在阿姆斯特丹举行的古董珍品拍卖会,大英图书馆,书架号 S.C. 467 (1-5)。

[50]考恩的两篇文章对此有相关描述:"Arenas of Connoisseurship" 和"Art in the Auction Market of Later Seventeenth-Century London"; *London Gazette*, no. 2343 (30 Apr.-3 May 1688); no. 2227 (21-24 Mar. 1687); 充满好奇心的人们对独角兽角备加关注,相关描述参见 Schnapper, *Collections et Collectionneurs*, 1:88-94 和 Caudill, "Some Literary Evidence", 150, 153-55。类似的异域珍品的销售状况,对照阅读 *London Gazette*, no. 2608 (6-10 Nov. 1690); no. 2824 (1-5 Dec. 1692)。

[51] BL shelfmark 1402.g.1 (1); see also: *London Gazette* no. 2334 (29 Mar.-2 Apr. 1688); *Catalogue*, GL Broadside 11-49; *London Gazette*, no. 2773 (6-9 June 1692).

[52] Hooke, *Diary* (16 Nov. 1678), 384; Hooke, "Diary" (18, 20 Mar. 1689), 107; (5 Apr. 1689), 111; Hooke, *Diary* (22 May 1678), 359 (quote); (30 Oct. 1676), 255; (28 May 1678), 360; (15 May 1678), 358; Hooke, "Diary" (11 Mar. 1689), 105; (12 Mar. 1689), 105; ([21] Mar. 1689), 108; (18 May 1689), 122; (25, 27 May 1689), 124; Hooke, Diary (27 May 1678),

360; Hooke, "Diary" (14 May 1689), 121; (28 May 1689), 124..

[53] Cowan, "An Open Elite"; Wanley, *Diary* (19 Apr 1722), 1:139; compare (4 Dec. 1721), 1:125, and BL, Harley MS 7055, fol. 242.

[54] North, *Lives of the Norths*, 3:199-200; Huygens, *Oeuvres Complètes*, 9:380.

[55] Huygens, *Journaal* (31 Jan. 1692), 2:13; (5 Apr. 1694), 2:331; (15 Feb. 1696), 2:572.

[56] *London Gazette*, no. 1407 (12-15 May 1679); Hooke, *Diary* (13 May 1679), 358; *Bibliotheca Digbeiana*, in Bodl. MS Wood E.14, no. 3; *Smith's Currant Intelligence*, no. 19 (13-17 Apr. 1680), noted by Hooke, *Diary* (17 Apr. 1680), 443.

[57] *London Gazette*, no. 2155 (12-15 July 1686); *Catalogue des livres Francois, Italiens & Espagnols*.

[58] BL shelfmark 1402.g.1 (53), [Wing C7672]; compare*London Gazette*, no. 2607 (3-7 Nov. 1690); Hooke, *Diary* (14 Dec. 1680), 460; *Huygens*, *Journaal* (20 Mar. 1695), 2:464; compare Ogden and Ogden, *English Taste in Landscape*, 89, 93 n. 37; Evelyn, Diary (21 June 1693), 5: 144-45; Huygens, *Journaal* (24 Mar. 1695), 2: 464; Hooke, *Diary* (27 May 1689), 124.

[59] *London Gazette*, no. 2526 (23-27 Jan. 1689).

[60] BL, Sloane MS 647, fols. 122r-v; compare the variants in: Huntington, MS EL 8771; BL, Add. MS 21094, fols. 67v-68r; BL, Harley MS 7315, fols. 89v-91v; Bodl. MS Firth c.15, pp. 28-30; NAL, Forster & Dyce MS D.25.F.37, p. 53.内部证据有力地表明，这篇讽刺文章是在1672年前后，最后一次英荷战争爆发时写成的。

[61] *At Amsterdamnable-Coffee-House*；这里提到的是阿姆斯特丹咖啡馆。*Catalogue of Books of the Newest Fashion* ([1693], n.p.), BL shelfmark 8122.e.10.; BL, Add. MS 34729, fol. 267r-v; BL, Add. MS 40060, fols. 45r-46v; *Auction of State Pictures*.

[62] *Poor Robin's Intelligence* (3-10 Apr. 1676); *Copy of Verses*, BL shelfmark C.39.k.6. (39); *Catalogue of Batchelors*; *Charecters of Some Young Women*; *Catalogue of the Bowes of the Town*; *Continuation of a Catalogue of Ladies* (1691); *Mercurius Matrimonialis*; *Continuation of a Catalogue of Ladies . . . the 6th of this Instant July* [1702?]; *Pepys Ballads*, W.G. 4:234; compare 5:418, 5:420; 5:433.

[63] E. P.汤姆森(E. P. Thompson)认为"以仪式形式"买卖妻子的行为直到17世纪末和18世纪才出现，参见 *Customs in Common*, 442，他的结论得到以下作者及作品的支持，参见：Ingram, *Church Courts, Sex and Marriage*, 207 n. 47; Trumbach, *Sex and the Gender Revolution*, 267, 384-87; Weeks, *Sex, Politics and Society*, 78-79 n. 32.对照阅读 Menefee, *Wives for Sale*, 2, 31, 211-12 和 Stone, *Road to Divorce*。同时参照 *Wit and Mirth*, 258-60; and Menefee, *Wives for Sale*, 第195页中托马斯·德乌尔菲(Thomas D'Urfey)的幽默民谣《充满希望的讨价还价》。

[64] *Athenian Mercury*, vol. 2, no. 13 (7 July 1691); *Catalogue of Jilts*.这种行为始于 *Wandring Whore* 一文的出版。

[65]关于邓顿与礼仪改革协会的关系，参见：Dabhoiwala, "Prostitution and Police in London,"

246-59;并对照阅读 Turner,"Pictorial Prostitution"中有关(近代早期)邓顿带有色情风格的描述。

[66]参见乔纳森·斯威夫特在《闲谈者》1710 年 9 月 28 日(*Tatler*, no. 230,28 Sept. 1710, 3:191-96)以及他创办的《斯特拉杂志》1710 年 9 月 18 日,(*Journal to Stella*,18 Sept. 1710, 1:22.)上刊登的信件。

[67] [Buckeridge], "Dedication," sig. A2v; Bodl. MS Smith 48, pp. 209-10; Shaftesbury, *Characteristics*, 2:258-59.

[68]BL, Evelyn MS, In-Letters 14 [unfoliated], no. 1581 (21 Nov. 1962); Evelyn MS 39b, Out-Letters 2 [unfoliated], no. 615 (1 Aug. 1689); no. 617 (19 Aug. 1689).《伦敦公报》第 2477 期,1689 年 7 月 22-25 日(*London Gazette*, no. 2477 (22-25 July 1689)刊登了有关在坦布里奇韦尔斯(Tunbridge Wells)举办拍卖会的广告,并出版了长达八页的目录,参见 Millington, *Collection of Curious Prints*。

[69] Evelyn, *Diary and Correspondence*, Bray, ed., 682, 以及 BL Evelyn MS 39b, OutLetters 2, no. 616 (12 Aug. 1689);并请对照阅读 no. 658 (16 July 1692),以便了解伊夫林在罗伯特·波义尔图书馆拍卖会上的遗憾。

[70] Bray, ed.,*Diary and Correspondence*, 679. 伊夫林的观点得到了与他同时代的鉴赏大师约翰·奥布里(John Aubrey)的认同,参见 Hunter, *John Aubrey*, 65-66; BL Evelyn MS 39b, Out-Letters 2, no. 617 (19 Aug. 1689); Evelyn, *Diary* (21 June 1693), 5:144-45; BL Evelyn MS 39b, Out-Letters 2, no. 721 (5 Feb. 1695); 和 Evelyn, *Numismata*, 199。另见 See also Evelyn, *Memoires for My Grand-son*, 51。

# 147 第三部分　咖啡馆的文明化

与早期近代英国的其他公共场所不同，咖啡馆是个别致的所在。与小旅馆、啤酒屋或客栈不同，它是个新颖的场所。正因如此，人们才把它与更为常见的酒馆区别开来。尽管咖啡馆那种明显的优雅气韵使之超然于其他平常的食肆和酒馆，但由于它涉及向普通民众散布煽动性言论或“假消息”，又因为对政府心怀不满的人士经常在那里聚集碰面，因此它还面临着一种特殊的形象危机。以至于17世纪末18世纪初，英国政治文化的一个典型特征就是要不断打压或者规范英格兰、苏格兰和爱尔兰三地的咖啡馆。为什么咖啡馆会激起这样的敌意？在王室和许多其他权威人士的坚决抵制之下，咖啡馆又是如何幸免于难并走向繁荣的？

自咖啡馆出现伊始，类似的问题就争论不休。许多胸怀大志的保皇党人以及之后的托利派历史学家都曾为规范甚至取缔咖啡馆的企图进行辩护，称这些乃必要之举，即便在多年以后，当咖啡馆的存在已成定局，他们仍旧不断重申这些观点。甚至到18世纪早期，罗杰·诺斯还在为查理二世当初未能成功镇压咖啡馆而哀叹。他说：“现
148 在，危害已达到顶峰，那些著名的咖啡馆，不仅煽动叛乱和叛国，还公开散布异端邪说以及各种渎神的言论……一个通情达理、循规蹈矩的人去咖啡馆那种地方，就像牧师时常光顾妓院一样有失体面。”[1]

然而，更为常见的做法是将咖啡馆看作英国自由与进步的标志，庆祝其在王政复辟后仍旧继续生存。在斯图亚特王朝晚期向汉诺威王朝早期过渡的过程中，咖啡馆的兴起，连同议会制度和政党政治的确立对建构辉格党自由主义观念起到了关键作用。王室未能彻底地消灭属于人民的咖啡馆，这一早期迹象表明英格兰不可能由其君主以蛮横专制的方式来统治。这种观点有迹可循，斯图亚特时代最早的辉格史书写也将咖啡馆的存在视为必要，当时“（天主教）教皇和（信奉天主教的）法国势力的扩张”激起了英国人民与生俱来的反感与厌恶，而咖啡馆为这种情绪的发泄提供了必要的出口。对大卫·休谟（David Hume）来说，咖啡馆的兴起证明了“英国政府的才能”，同时也是英国“宪政自由”的标志。其他的辉格史学家则更加直言不讳地赞美咖啡馆胜利崛起的宪政含义。休谟同时代的人物，沃波尔政府的反对派辩论家詹姆斯·拉尔夫认为，压

制咖啡馆的企图背后，表明复辟政权想要“熄灭人民的理性之光并压制他们批判与反思的能力”。19 世纪初，亨利·哈勒姆（Henry Hallam）撰写了《英格兰宪政史》，他将复辟时代针对咖啡馆的禁令视作王室“侵犯议会最高立法权和民众个人权利”的又一例证。而对托马斯·巴宾顿·麦考利（Thomas Babington Macaulay）来说，咖啡馆则是复辟时期英格兰“公众进行舆论宣泄的主要渠道”，并且很快就成为名副其实的“第四等级”，这是麦考利在 20 多年前回顾哈勒姆《英格兰宪政史》一书时自创的一个词。而王室未能彻底消灭这一新的第四等级，再次印证了英国自由进程的历史性胜利，这也构成了麦考利宏大叙事的主题。[2]到了 20 世纪，许多历史学家都认为咖啡馆生存下来可以被视为英国人民反抗专制政府“压制言论自由和个人自由”的成功之举，也是朝着建立新闻自由迈出的关键性步伐。[3]根据这种历史观念，咖啡馆的崛起势不可挡，这是因为，它标志着英国政治必然从专制保皇主义和现代极权统治转向自由民主的议会制。尽管怀特·肯尼特（White Kennett）、麦考利和哈勒姆等坚定的“辉格党人”，往往 149
大肆鼓吹这种胜利主义的目的论叙事，但这个宪政不断取得进步的事实，已经获得了充足的说服力，甚至连詹姆斯·拉尔夫和大卫·休谟这样对辉格派史学自吹自擂颇有微词的批评者们，也深信不疑。[4]

虽然这种未经建构的有关斯图亚特王朝辉格派政治史早已过时，但它被“公共领域”这一更加时髦的概念重新包装并呈现给新近的读者。“公共领域”概念缘于德国思想家尤尔根·哈贝马斯（Jürgen Habermas），他将其作为他后来称为“理想的言说情境”的历史范例。近年来，尤其是在哈贝马斯 1962 年发表的《公共领域的结构转型》一书在 1978 年、1989 年分别被译为法语和英语以来，公共领域这一概念就一直为近代早期历史学家们所津津乐道。对哈贝马斯来说，咖啡馆是他所谓的公共领域的典范：作为城市商业场所（因此是“资产阶级的”），它对所有人（除了妇女）开放。最关键的是，在这里，人们可以以一种冷静、理性和平等的方式就各种问题展开辩论，从文学价值的探讨到有关王室的话题等不一而足。在这里，决定谈话输赢的不是一个人的社会地位，而是其健全的理性。[5]

很少有历史学家相信哈贝马斯对于奥古斯都时代咖啡馆的这种乐观观念，但他们中的确有很多人都认可咖啡馆在当时政治文化中的核心地位以及创新性。史蒂芬·平卡斯（Steven Pincus）和约翰·萨默维尔（John Sommerville）认为，作为复辟时期政治辩论的中心，咖啡馆的出现为一种更加包容和更加世俗化的政治文化开辟了道路，它标志着与 17 世纪上半期由精英和宗教驱动的政治的根本决裂。罗伯特·布霍尔兹（Robert Bucholz）对安妮女王时期宫廷政治的研究表明，咖啡馆的兴起，连同它所属的商业休闲世界，为 18 世纪早期关心社会与政治进步的社会精英们提供了一个替代性场所，从而加速了宫廷作为精英社交中心地位的衰落。约翰·布鲁尔（John Brewer）将斯图亚特王朝晚期的咖啡馆描绘成一个彻底地开展“反抗王室的活动中心”，从而进一步强化了王室同咖啡馆之间这种所谓的对立关系。而劳伦斯·克莱因(Lawrence Klein)则认为，咖啡馆的出现同王政复辟后政治上“文雅文化”的发展密不可分，它所创造的这个温文尔雅的世俗世界同斯图亚特王朝早期那种恭谨而神圣的宫廷政治文化大相径庭。对哈贝马斯公共领域理论以及咖啡馆在其中的重要地位最重要的支持者当属玛格丽特·雅各布(Margaret Jacob)。她认
150 为，咖啡馆政治“是西方现代民主社会萌芽确立的前提条件之一”。[6]所有诸如此类的说法都包含着一种辉格主义的倾向，即聚焦于咖啡馆新颖和现代的一面，以此来解释它的兴起。至于咖啡馆的生存则被解释为现代世界政治逐渐被公共领域所接受的结果。

研究王政复辟时期的历史学家们采取了修正主义视角，他们倾向于忽视咖啡馆的政治作用，更愿意强调传统的政治说服模式，如皇室的克里斯马权威和宫廷偏好，以及讲坛布道在英国旧政权中的持续不衰的优势地位。换句话说，就修正主义对复辟时期的政治文化理解而言，咖啡馆的兴起充其量只是个引起麻烦的事实，甚至根本就无关紧要。但事实并非如此。咖啡馆的兴起仍有一定的讨论空间，它有机地产生于英国17世纪的政治与社会秩序之中。[7]以下几章正是对此的阐述与说明。

不管是传统的辉格史，还是全新的哈贝马斯式的解释，两者都清楚地区分了以宫廷为代表的旧式国家和以咖啡馆为代表的新生的、充满活力的和正在崛起的公民社会。通常，辉格史将这种对立表述为王室与民众间的冲突。哈贝马斯则将之描述为一个古老的“表演型”公共领域与一个全新的“以话语为导向的”资产阶级公共领域的对立，其中前者因后者的出现而受到侵蚀。王政复辟后有关咖啡馆合法性的辩论中，尽管存在着重大的利益和原则冲突，但本书最后一章力图阐明，我们不应将这些冲突理解为国家和公民社会之间的直接对立。

“政府”的确付出了巨大的努力来管制不列颠群岛的咖啡馆，但政府并非仅限于王室。政府本身也构成近代早期社会秩序的一个部分，其中包括地方官员和地方治安官，这些人实际上更多地卷入了特定辖区内咖啡馆的日常监管。[8]因此，咖啡馆之所以能够合法化，首先要诉诸它们同不列颠群岛近代早期政治秩序间的联系。事实上，在咖啡馆的兴起中，国家权力起到了至关重要的作用。[9]第六章详细介绍了英国咖啡馆如何深度融入近代早期城市社会秩序之中，并展示了公共场所经营许可证制度如何促
151 进了城市咖啡馆的合法化。第七章叙述了王政复辟后的各个政权是通过何种方式费尽心机且不择手段地控制咖啡馆政治，包括从国家政治层面转向其他非正式的针对咖啡馆社交的监管方式，后者同样具备影响力。对咖啡馆中男男女女各类活动的正当性与合法性表达道德上的关切同样是有力的控制手段之一。这一章特别关注的是，在咖啡馆社交的过程中，性别对男性和女性正当行为的期望如何影响他们的社交体验。与其将咖啡馆的崛起作为王政复辟后国家与日趋恢复活力的公民社会之间日益对立的

一个例证，倒不如在接下来的几章中将其作为一个有用的案例，来研究近代早期国家治理的局限性和灵活性。从这个角度来看，咖啡馆的出现为近代早期各种权力间的博弈提供了一个重要的新场所。

## 注释

[1]North，*Examen*，141.这段话在出版之前就早已写好，但是诺斯死于1734年。

[2][Kennett]，*Complete History of England* 3：336；Hume，*History of England*，4：281；[Ralph]，History of England，1：297；Hallam，*Constitutional History of England*，2：170- 71（quote at 170）；Macaulay，*History of England*，1：360-62，引用自360，361；关于Macaulay的"第四等级"概念，参见Clive，*Macaulay*，124-25。

[3] Ellis，*Penny Universities*，94. 类似观点参见Siebert，*Freedom of the Press in England*，296. Cranfield，*Press and Society*，20-21。

[4]辉格式的历史有很多种不同的版本，参见Butterfield，*Whig Interpretation of History*；关于此的复杂性讨论，参见Patterson，*Nobody's Perfect*，1-35。

[5]关于哈贝马斯的接受史，参见：Cowan，"What Was Masculine About the Public Sphere?"；Goodman，"Public Sphere and Private Life"；Ellis，"Coffee-Women，*The Spectator* and the Public Sphere." 最近有关哈贝马斯就咖啡馆的相关研究，参见：van Horn Melton，*Rise of the Public in Enlightenment Europe*，240- 50，；Blanning，*Culture of Power and the Power of Culture*，159-61.

[6]Pincus，"Coffee Politicians Does Create"；Houston and Pincus，"Introduction，" in *Nation Transformed*，14，18；Sommerville，*News Revolution in England*，esp. 75-84；Bucholz，*Augustan Court*，149，200，248；Brewer，*Pleasures of the Imagination*，quote at 37 and see ch. 1.对照阅读Zook，*Radical Whigs and Conspiratorial Politics*，6-7；Klein，"Coffeehouse Civility，1660-1714"。不同的研究视角，参照Berry，"Rethinking Politeness in Eighteenth-Century England" 以及Jacob，"Mental Landscape of the Public Sphere"。

[7] 参见Clark，*English Society*；Scott，*England's Troubles*；有关王政复辟后英国历史研究中存在的两种互不相容的修正主义观点，参见Cowan，"Refiguring Revisionisms"。就复辟时期咖啡馆政治的研究，以下作品均提供了不同于辉格史的历史解释，Claydon，"Sermon，the 'Public Sphere' and the Political Culture of Late Seventeenth-Century England." Miller，*After the Civil Wars*，60-64，and Raymond，"Newspaper，Public Opinion and the Public Sphere。"

[8] This expansive view of the early modern English state is articulated in works such as Goldie，"Unacknowledged Republic"；Hindle，*State and Social Change*；and Sacks，"Corporate Town and the English State."

这种近代早期英格兰政府相关研究的开阔视野，可参见：Goldie，"Unacknowledged Republic"；Hindle，*State and Social Change*；Sacks，"Corporate Town and the English State，"相对的晚期研究

可参阅:Eastwood, *Government and Community in the English Provinces*.

[9]Braddick and Walter, eds., *Negotiating Power in Early Modern Society*, and Griffiths, Fox, and Hindle, eds., *Experience of Authority*; Braddick, *State Formation in Early Modern England*, 432.

# 第六章　面对官僚体制 152

1703年5月2日晚间，来自兰开夏郡的天主教绅士尼古拉斯·布伦德尔(Nicholas Blundell)，来到了考文特花园弓街的威尔咖啡馆。那里是当时伦敦文学界的中心，并因约翰·德莱顿(John Dryden)经常造访而声名远扬。当布伦德尔第一次小心翼翼地来到威尔咖啡馆时，德莱顿已离世多年，但布伦德尔一定对当晚的造访抱有很大的期望。他没有遇到像威廉·康格里夫、威廉·威彻利(John Wycherley)或约翰·丹尼斯(John Dennis)，任何一位能够比肩德莱顿成为英国文坛大师的伦敦文人。相反，布伦德尔坐下来听一位名叫劳森的先生(Mr. Lawson)给他讲占星术。[1]或许，这是个漫长的夜晚。布伦德尔没有提及劳森的谈话是否令人愉悦，我们也无从知晓他是否因为那天没有在威尔咖啡馆遇到伦敦任何一位文坛巨匠而感到失望。但令人讶异的是，布伦德尔认为不虚此行。那么，这位来自北方的天主教绅士为何会走进一个通常被认为是伦敦知识界中心的地方？

布伦德尔是威尔咖啡馆的一名观光客，他冒险来到这家著名的咖啡馆，是因为此前，无论是与他人交谈，抑或读到某本小册子中所谈及的威尔咖啡馆同伦敦文人们的联系，都令他感受到那种激动人心的氛围，此行他希望能够亲身体验。伦敦的咖啡馆，
尤其是威尔咖啡馆，在17世纪末已经成为都市生活的代名词。伦敦以其久负盛名的 153
咖啡馆而闻名整个欧洲，咖啡馆完全融入了伦敦人的日常生活之中。如果你想知道伦敦的生活是什么样的，那么最简单的方法就是走进当地任意一家咖啡馆。布伦德尔第一次来到威尔咖啡馆，也是怀抱着这重目的。在后来的伦敦之行中，布伦德尔接连光顾了许多咖啡馆，还又去了几次威尔咖啡馆。这种社交行为模式一直贯穿在整个18世纪。詹姆斯·博斯韦尔到达伦敦时，刚刚二十出头，这位年轻的苏格兰小伙子很快就成了伦敦咖啡馆里的常客，在尊贵的威尔咖啡馆喝咖啡令他备感自豪，因为他知道这里就是“《旁观者》屡次提及”的那个地方，而他所崇拜的约翰逊博士也对其情有独钟。[2]

本章探讨咖啡馆与近代早期城市社会秩序之间的关系。在近代早期的英国，咖啡消费和咖啡馆无疑都是都市现象，在这方面还没有哪个中心城市较伦敦更具特色。[3]

尤其是作为一种都市景观的咖啡馆，它们的社会特征完全由伦敦的氛围所形塑。而伦敦也正是因为有着各色咖啡馆，才成为一个别具一格的地方，只有将英国咖啡馆放置在都市情境下才能完全理解其社会与政治意义。有赖于其庞大的人口规模，以及作为不列颠群岛商业和政治中心的显赫地位，伦敦有着各式各样的公共场所。伦敦的各色咖啡馆也反映出这个大都市本身的多样性。事实上，不存在一种有关伦敦咖啡馆的“理想类型”：它们各式各样，令人眼花缭乱，每一家都独具特色。然而，总的来讲，伦敦的咖啡馆确实为英国咖啡馆社交模式树立了典范。即使在伦敦以外的地方，人们对于咖啡馆的想象依然承载着一种都市理想。

这里提出的证据表明，咖啡馆能够成功地融入城市社会秩序，因此，尽管它们是新奇事物，但仍旧能够获得社会和政治层面的高度合法性。咖啡馆在引进后不久，就成了英国城镇中邻里社交的一个组成部分。对于咖啡馆的管理成为教区级或郡县级政府关注的问题。因此，本章最后一部分详细探讨了作为地方政府管理咖啡馆主要手段的公共场所经营许可证制，这一制度同样用于对啤酒屋、小旅馆和酒馆的管理。许可
154 证制度可以揭示出，为了适应更广泛的近代早期社会秩序，新兴的咖啡馆社交模式是如何谨小慎微地争取自身合法地位的。

## 咖啡馆经营与城市社交生活

伦敦以外的英国城镇都有自己的咖啡馆，事实上牛津是第一个拥有咖啡馆的城市，不过伦敦的咖啡馆比其他任何城市都要多得多。17 世纪后半期，伦敦的咖啡馆遍布大街小巷，但同期英国的大多数市镇，只有寥寥几家咖啡馆能够存活，有些地方甚至仅有一家。比如，尽管 1650 年至 1680 年间，牛津已有四家咖啡馆，但直到 18 世纪 30 年代，这一数字才被打破。另一个例子是约克郡，早在 17 世纪 60 年代中期，那里就有三家咖啡馆，但直到 18 世纪晚期，可能也超不过三十家。在其他省会城市，如伯明翰、布里斯托、伊普斯威奇、纽卡斯尔、北安普顿和诺里奇等，情形似乎也并无二致，即便在乔治王朝①“城市复兴”的鼎盛期，这些地方也仅有大约两到六家咖啡馆。在苏格兰和爱尔兰的主要城市，如爱丁堡、格拉斯哥和都柏林等，咖啡馆也不是很多。相比之下，早在 1663 年，仅在伦敦金融城②一地就有 82 家咖啡馆。[4] 到 17 世纪末，伦敦已有少则数百家，多则上千家咖啡馆。其确切数量众说纷纭，范围涵盖近三百家到一千、两千甚至三千家不等。据 1734 年的《伦敦名录》(*The London Directories*)记载，伦敦共有

---

① 乔治王朝时期，指乔治一世至乔治四世统治英国的时代，时间是 1714 年至 1830 年。

② The City of London，伦敦金融城，占地面积仅 1 平方英里左右，所以还被称为“One Square Mile”。它是伦敦市(Greater London)33 个行政区中最小的一个，但拥有自己的市政府、市长、法庭，是名副其实的“城中城”。这个地区是世界金融首都，不仅英格兰银行，还有伦敦证券交易所，劳埃德银行集团等世界著名的金融机构都坐落于此。

551家持有营业执照的咖啡馆，这一早期数据遗漏了所有未取得经营执照的咖啡馆，而这部分的数量实则相当庞大。很遗憾，伦敦咖啡馆的确切数量已无从考证。1689年年底，财政委员会曾下令对全国咖啡馆展开调查，但这些调查要么半途而废，要么数据未能保存下来。[5]不过，我们仍然可以通过一些史料文件来推断伦敦的咖啡馆数量以及它在全国咖啡馆中所占的比例。

相比不列颠群岛的其他地方，伦敦的咖啡消费似乎遥遥领先。1725年，伦敦金融城有96%的遗嘱认证清单中出现了热饮用具，而在英国其他地方，这一数据仅为15%。[6]在1737至1738财政年度，一份有关咖啡和茶叶经销商数量的调查显示，近70%的经销商将总部设在伦敦（见表6-1）。[7]而在17世纪，伦敦的咖啡消费份额占比很可能超过18世纪初。那时，咖啡消费已风靡全英，即便是上流社会，喝咖啡仍被视 155
为一种“热情的款待”。约翰·沙特尔（John Chartres）得出结论，在17世纪和18世纪的大部分时间里，伦敦的咖啡消费模式“完全……不同于英国其他地方”，在消费规模上可能高出两至三倍。[8]

**表6-1　1736—1737年，英格兰和威尔士的咖啡和茶叶经销商数量**

| 集合 | 经销商数量(个) | 占比(%) |
|---|---|---|
| 巴恩斯特珀尔 | 3 | 0.06 |
| 贝德福德 | 42 | 0.86 |
| 布里斯托 | 74 | 1.51 |
| 白金汉 | 31 | 0.63 |
| 剑桥 | 44 | 0.90 |
| 坎特伯雷 | 43 | 0.88 |
| 切斯特 | 12 | 0.25 |
| 康沃尔 | 0 | 0.00 |
| 坎伯兰 | 22 | 0.45 |
| 德比 | 31 | 0.63 |
| 多塞特 | 3 | 0.06 |
| 达勒姆(杜伦) | 58 | 1.19 |
| 埃塞克斯 | 92 | 1.88 |
| 埃克森 | 15 | 0.31 |
| 格洛斯特 | 18 | 0.37 |
| 格兰瑟姆 | 37 | 0.76 |
| 汉特郡 | 20 | 0.41 |
| 赫特福德 | 36 | 0.74 |
| 赫里福德 | 11 | 0.22 |
| 兰卡斯特 | 32 | 0.65 |

续表

| 集合 | 经销商数量(个) | 占比(%) |
|---|---|---|
| 里奇菲尔德 | 27 | 0.55 |
| 林肯 | 26 | 0.53 |
| 林恩 | 119 | 2.43 |
| 怀特岛 | 0 | 0.00 |
| 马尔伯勒 | 20 | 0.41 |
| 北安普顿 | 33 | 0.67 |
| 诺森伯兰 | 9 | 0.18 |
| 诺里奇 | 106 | 2.17 |
| 利兹 | 12 | 0.25 |
| 牛津 | 31 | 0.63 |
| 里丁 | 30 | 0.61 |
| 里士满 | 6 | 0.12 |
| 罗切斯特 | 134 | 2.74 |
| 索尔兹伯里 | 22 | 0.45 |
| 什罗普 | 13 | 0.27 |
| 谢菲尔德 | 19 | 0.39 |
| 萨福克 | 123 | 2.51 |
| 萨里郡 | 32 | 0.65 |
| 苏塞克斯 | 3 | 0.06 |
| 汤顿咖啡馆 | 10 | 0.20 |
| 蒂弗顿 | 1 | 0.02 |
| 东威尔士 | 8 | 0.16 |
| 中威尔士 | 11 | 0.22 |
| 北威尔士 | 6 | 0.12 |
| 西威尔士 | 5 | 0.10 |
| 华威(沃里克) | 19 | 0.39 |
| 威斯特摩兰 | 1 | 0.02 |
| 伍斯特 | 16 | 0.33 |
| 约克郡 | 11 | 0.22 |
| 伦敦 | 3416 | 69.81 |
| 总计 | 4892 | 100.00 |

备注：消费税收取在主要城市周围大致分组，并不直接对应郡界。

数据来源：PRO，CUST 48/13(1733—1745)，P206. 对照约翰·沙特尔(John Chartres)的同源表格，《食品消费与国际贸易》，第 176 页。

考虑到伦敦是英国最大的转运口岸，进口商品需经此地流通至全国，那么伦敦的意义就不仅如此了。18 世纪 30 年代，有近 3500 家经销商销售咖啡和茶叶，其服务对象不仅局限于伦敦本地人，通常还包括游客，甚至还有些外省人专门冲着某个声誉良好的卖家而来。例如兰开夏郡的尼古拉斯·布伦德尔，他喝的咖啡要么购于伦敦，要么托朋友自伦敦返回时捎回。喝咖啡这件事情，即便不在伦敦，也仍要保有那种都市气息与文化特征。至于地方上的咖啡馆，也秉持同样的做法：它们都试图效仿伦敦那些著名的咖啡馆，营造出那种理想的环境与氛围。[9]

在伦敦哪里可以找到咖啡馆呢？由于缺乏足够的原始资料，很难确定伦敦咖啡馆 157
的确切地理分布，但是通过大量有关伦敦金融城的文件记录，我们得以管中窥豹，冒险提出一些有关这一地区咖啡馆分布的猜想。

首先是 1663 年进行的一项对伦敦金融城咖啡馆的调查（图 6-1）。开展这次调查的原因尚不清楚，且鉴于它忽略了没有营业执照的以及非固定营业的咖啡商，因此这一数据较实际数量偏于保守。这份清单可能是为金融城季审法庭①起草的，咖啡零售许可证的颁发就是由季审法庭负责。调查显示，金融城咖啡馆并不完全集中在人口密集区。[10]尽管城内的法灵登外和法灵登小区②人口稠密，但咖啡馆高度集中在宽街、齐普区、科尔曼街和康希尔区，这表明，伦敦咖啡馆最早出现在商业区的核心地带。具体包括：格雷沙姆学院（Gresham College），皇家交易所（the Royal Exchange）和康希尔街的书商区。至于其余的咖啡馆，则均匀且稀疏地散落在金融城的其他地方。

据此，我们可以推测，从一开始就有两种类型截然不同的咖啡馆并存于都市社交生活之中。第一类是知名的咖啡馆，通常聚集在皇家交易所及其周边，它们显然位于城市最富庶的地段或周边地带。这些咖啡馆为满足商人群体和统治精英的商业与社交需求而存在，其特征是发展迅速且高度专业化。这些豪华气派的大型咖啡馆，为近代早期商人和专业人士提供了类似于办公室的功能空间。在考文特花园与威斯敏斯

---

① quarter sessions，季审法庭，指城市或郡的全体治安官聚集在一起处理事务而组成的法庭。一年四次，按季举行，必要时可以增加开庭次数。在各郡，季审法庭由本郡的治安法官组成，由一名主席主持，通常会有一名或多名副主席，有资格担任主席的包括高等法院法官、郡法院法官、特定自治市的记录法官等。当主席具备法律上的资格时，季审法庭的管辖权会更大。在具有单独的季审法庭的自治市，季审法庭由记录法官主持，他是一名出庭律师，定期到该自治市主持开庭，但仍可继续作为律师执业。季审法庭对所有的公诉罪（indictable offences）具有初审刑事管辖权（制定法另有规定的除外），并有权对治安法院定罪后送交其量刑的犯罪人予以量刑，有权受理对治安法院的判决不服所提出的上诉。在民事管辖权方面，季审法庭只对制定法规定的少数事项有初审管辖权，对有关亲子确认令（bastardy order）及制定法规定的其他事项具有广泛的上诉审管辖权。根据 1971 年的《法院法》（Courts Act），季审法庭从 1972 年 1 月 1 日起被废除，其法律事务管辖权转由刑事法院（crown court）行使，其行政职能转归地方当局。在苏格兰，季审法庭由被任命的治安法官按季举行开庭，以审查特别治安法庭或小治安法庭（special or petty sessions）作出的刑事判决。但它在实践中被长期弃用，现已被废除。见 https://legal-lingo.cn/quarter-sessions/。

② 法灵登外（Farringdon Without）在伦敦金融城内，位于舰队街附近。法灵登（Farringdon）是伦敦市中心的一个小区，在伦敦伊斯灵顿区克莱肯威尔的南部。

158

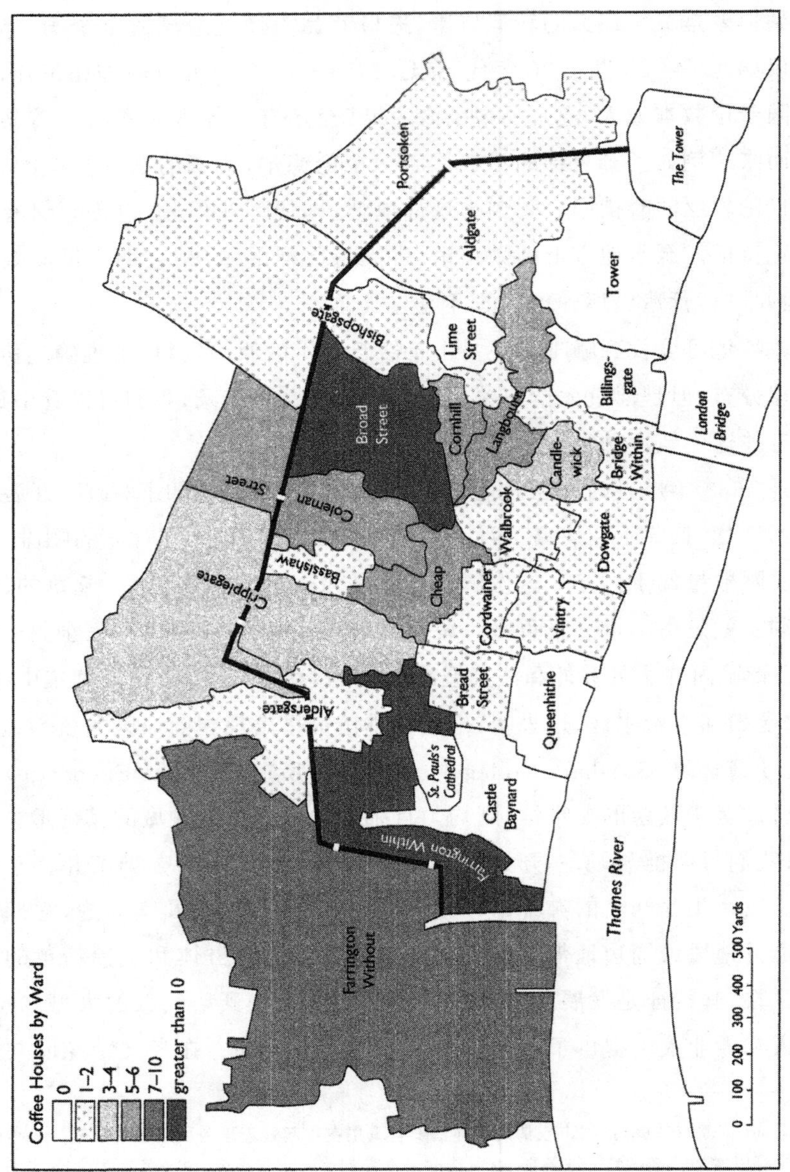


**图 6-1　伦敦金融城咖啡馆分布图,按选区划分。比尔·纳尔逊(Bill Nelson)供图,临摹约翰·斯托(John Stow),来自《伦敦测量》一书,查尔斯·L. 金斯福德(Charles L. Kingsford)编(牛津:牛津大学出版社,2000 年)。**

特教堂附近,也有大量专门服务于伦敦西区上流绅士与朝臣的咖啡馆,尽管它们未被列入 1633 年的调查,但也应被纳入第一种类型。到 18 世纪晚期,这些首屈一指的咖啡馆被列入《伦敦名录》,其名称和地址都登记在册。1796 年,按此方式分类造册的咖啡馆已达 85 家。[11]第二种类型的咖啡馆则更为朴素和寻常,它们位于市内不那么时髦和新潮的地方，也未形成群聚效应。它们都是“本地”咖啡馆，顾客主要是附近居民。它们为当地人提供茶点、报纸和其他各式各样的服务，但不太可能吸引到像尼古拉斯·布伦德尔这样的客人前来光顾。

从复辟时期到17世纪末，伦敦金融城的咖啡馆分布似乎并无明显变化。1692
年，威廉三世政府加征人头税，用以支持对法战争。[12]17世纪90年代，一项有关伦敦 159
人头税相关数据的研究显示，咖啡馆基本上集中在市中心的商业区，如康希尔大街、齐普街和宽街。我们把这份数据同1701年持照售酒商的纳税申报单总额相比较。（表6-2）尽管这些数据并不完整，无法使我们获知伦敦咖啡馆的总数，但从中我们可以发现，在第一份调查之后的三十年间，伦敦咖啡馆的数量一直保持增长态势。其中最引人注目的是，康希尔街的咖啡馆数量翻了三倍，从1663年的6家增加到1698年的17家和1701年的18家。另外一些选区（ward）①，如布里奇，似乎已完全没有了咖啡馆的踪迹，不过，尚不清楚这种情形是真的标志着咖啡馆的流失还是由于小经营者未被纳入这份人头税名单中。有些人之所以没有出现在纳税申报表中，是因为他们可以免税，尤其是那些领着贫困救济金或因过于贫穷而无力缴纳教区济贫税的人。此外，低收入劳动者的子女也拥有税收豁免权。[13]这些免税人群的存在，大约就是造成纳税申报单中小酒馆经营者人数稀少的原因。事实上，可能有相当一部分咖啡馆经营者因经济状况不济而被免税，或者直接被数据收集者排除在外。在人头税申报短短几年之后的1701年，阿尔德盖特（Aldgate）就新增了9家获得营业执照的咖啡馆，根据这一不太合常理的情形推测，当地的咖啡馆可能全是小本经营。

此外，这份人头税数据也揭示了伦敦金融城里的咖啡馆同普通食肆之间的关系。在任何一个选区，食品商和咖啡商的数量之间几乎没有相关性。像主教门区（Bishopsgate）这样有大量食品商店的选区，通常很少有咖啡馆，而在像康希尔区（Cornhill）这样咖啡馆林立的选区，食肆实际上总是少于咖啡馆——在市内多数地方这种情形并不多见。这表明两类商户的目标客户不同且功能迥异。“食品店”在伦敦金融城遍地开花。人头税数据显示，食品零售商、食品供应商和客栈老板这三类人占到全部居民的17%以上，而相比之下，咖啡馆经营者的人数似乎只有上述三类人的五分之一。这表明，17世纪晚期咖啡馆的崛起，并未对商业化城市传统待客之道，如普通旅店、小旅馆、客栈和啤酒屋等的主导地位构成挑战。尤其是酒水交易继续蓬勃发展，仍然是伦敦最大的就业来源。总的来说，每13户家庭就拥有一家酒馆。而这种水平的分布密度是咖啡馆从未企及的，这些数据也打破了有关咖啡馆的一些推断背后的夸张不实之
处，这些观点认为：随着咖啡消费的兴起，酒馆面临着客户流失和服务员失业问题，同 160
时，离开酒馆到咖啡馆饮用咖啡也使英国人变得更加清醒自持。[14]也许只能说，咖啡

① 英国城市中可选出一位地方议员的选区。

馆满足了某种社会需求,而这是传统的酒馆无法满足的。继而,它们在都市社会中开辟了一个崭新且独特的社交空间。

161 **表 6-2　1692—1698 年以及 1701 年伦敦各选区咖啡店和食肆数**

| | 咖啡店 1692—1698 | 食肆(售酒)1692—1698 | 咖啡店 1701 |
|---|---|---|---|
| 奥尔德斯盖特 | 6 | 27 | 无数据 |
| 阿尔德盖特 | 0 | 17 | 9 |
| 巴瑟索 | * | * | 无数据 |
| 比林斯门 | * | * | 3 |
| 主教门区 | 4 | 71 | 无数据 |
| 面包街 | 6 | 11 | 5 |
| 烛芯街 | 0 | 1 | 无数据 |
| 博德街 | * | * | 7 |
| 坎德维尔 | 3 | 13 | 1 |
| 贝纳德城堡 | * | * | 11 |
| 乔普区 | 11 | 21 | 无数据 |
| 科尔曼街 | * | * | 无数据 |
| 科德韦纳 | * | * | 2 |
| 康希尔区 | 17 | 14 | 18 |
| 克利浦尔门 | * | * | 无数据 |
| 克利浦尔门外 | 0 | 33 | 无数据 |
| 道奇门 | * | * | 2 |
| 法灵顿内 | 15 | 83 | 1 |
| 法灵顿外 | 13 | 92 | 无数据 |
| 兰伯恩 | 15 | 36 | 11 |
| 石灰街 | * | * | 无数据 |
| 波特索肯 | * | * | 无数据 |
| 皇后区 | 0 | 30 | 0 |
| 伦敦塔区 | * | * | 9 |
| 温特里区 | * | * | 无数据 |
| 沃尔布鲁克 | * | * | 0 |
| 总计 | 90 | 449 | 79 |

注:许多选区无人头税纳税评估文件,还有一些选区忽视了对不同类型的食肆进行区分;缺少的数据用星号表示;1692 年—1698 年咖啡馆人头税总量中包括一间巧克力屋;持证售酒的食肆统计中包括普通食肆、啤酒屋、葡萄酒馆和白兰地酒馆。数据来源:1692—1698 年的数据来自 P. E. 琼斯,“1690 年交易指数”,基于 CLRO 1692—1694 和 1968 年人头税评估调查;1701 年的数据来自:CLRO, LV (B), 1701, no. 2a, 阿尔德盖特选区 (22 Oct. 1701), no. 2b, 阿尔德盖特选区 (6 Nov. 1701); no. 3, 比林斯盖特选区(1701); no. 5a, 面包街选区(1701); no. 7a—c, 宽街选区; no. 8a-b, 烛芯街选区; no. 11a-b, 科尔曼街选区; no. 12, 科德韦纳选区; no. 13a-b, 康希尔选区; no. 16a-b, 道奇门选区; no. 17, 法灵登区; no. 24, 兰伯恩选区; no. 28; no. 27a-b, 皇后区。

咖啡馆经营者都是些什么人呢？他们是不是像丹尼尔·笛福和其他同时代人所设想的那样，由勤勤恳恳的中产阶级和其他商贾之辈构成的实体零售商？或者，是否更应该将他们理解为一些介于教区贫民与工匠之间，仍在苦苦挣扎的劳苦人士？在1729年出版的一本小册子中，作者斩钉截铁地对咖啡馆老板的社会地位做出判断。他声称，他们是“假装以贸易为生的人类中，最奴颜婢膝、最易受诱惑的一群人”。除了各种“被抛弃的贴身男仆，被解雇的侍从”或“破产的商人”外，其余的咖啡店主则主要是“穷苦人家的孩子，起初被带走……是为了做最卑贱的事情……直到因为表现得温和顺从而被提升为店里的侍者，随着时间的推移，因顾客们打赏积攒下了一些小钱，然后找到一位与他们身份相当的伴侣……最后，在一名值得信赖的酒商连同一位仁慈的药剂师的帮助下，终于置办起了自己的咖啡馆”。[15]那么，我们到底该相信谁的说法呢？

关于这个问题，可以再次求诸17世纪90年代的人头税数据，从中我们发现，在伦敦食品贸易商当中，咖啡馆经营者占据了社会经济的中间地带。（表6-3）虽然咖啡馆的租金远不及客栈或酒馆，但咖啡馆这一经营场所本身的价值超过了小旅店、酒馆甚至普通食肆。事实上，由于许多大型咖啡馆可能觉得有必要精心选址，以便坐落在时尚区域，因此，理所当然地，有些咖啡馆的租金相当高：乔纳森咖啡馆和加洛韦咖啡馆是早期伦敦股票交易市场的两个中心，它们所缴纳的税额都相当庞大，高达150英镑。劳埃德咖啡馆的税率虽然相对较低，但税额仍相当可观，达75英镑。然而，咖啡店的存货价值实际上是衡量咖啡商资产净值的指标，因为净值计算方式为总资产减去负债，而在所有的食品交易商中，咖啡商的净资产是最低的。这大体上反映了咖啡馆贸易高成本低回报的特点。咖啡馆老板除了要承担房屋租赁费外，还得随时准备好咖啡、茶、巧克力，或许还有酒水。在人头税调查中，将近三分之二的咖啡馆持有酒类销 162
售许可证。[16]除了花在饮料和食物供应上的钱之外，在报纸和其他阅读材料上的开销可能也相当可观。

**表6-3　1692—1693年伦敦食品贸易财富值**

| 交易 | 个人 | 户主 | 平均租价 | 平均股价 |
|---|---|---|---|---|
| 食肆店主(售酒) | 773 | 768 | £21 | £26 |
| (男女)咖啡馆老板/经销商 | 137 | 135 | 30 | 20 |
| 葡萄酒商 | 131 | 123 | 80 | 149 |
| 客栈老板或管理员 | 91 | 91 | 80 | 74 |
| 酒保 | 23 | 3 | — | — |
| 啤酒屋老板 | 10 | 10 | 21 | 25 |
| 含酒精饮料销售者 | 10 | 10 | 16 | 42 |
| 总计 | 1175 | 1140 | | |

数据来源：亚历山大，《伦敦金融城的经济和社会机构》表格5.o8，135页。

尽管如此,有些咖啡馆老板仍然经营得相当不错(表 6-4)。查阅几份现存的遗产认证清单可以发现,咖啡商之间存在着巨大的财富差距,如爱德华·海恩斯(Edward Haines,死于 1722 年)和约瑟夫·韦布(Joseph Webb,死于 1726 年)等大咖啡商,其财富并非来自亲自经营咖啡馆,而可能是通过向较小的咖啡馆主供应咖啡和经营价格低廉的庄园来获取利润。应当说明的是,这些人当中并没有一人极端富有,尽管海恩斯绝对是个大商人且实际上经营范围也远远超出了通常的咖啡和茶。约翰·罗利(John Rowley,死于 1729 年)和约瑟夫·瓦吉特(Joseph Waggett,死于 1697 年),两位最为富有的全职咖啡店老板,在去世时所累积的财富足以与药剂师的平均水准比肩,后者是王政复辟之后英国报酬颇丰的职业,高于彼得·厄尔(Peter Earle)所认定的"中等水平",即资产价值为 1000 英镑。[17] 然而,人们猜测,像安东尼·桑巴奇(Anthony Sambach,死于 1672 年)、塞缪尔·诺斯(Samuel North,死于 1693 年)和爱德华·杰克(Edward Jack,死于 1696 年)这样的普通人,更能代表咖啡商的平均水准。这些人去世时的净资产为 100 到 200 英镑,他们一定觉得光是负担咖啡馆每年的租金就已经够艰难的了。最后,尚值得一提的是与众不同的"绅士"咖啡馆的店主,来自林肯郡的威廉·皮尔特(William Peart,死于 1682 年),他微薄的财富与他所声称的绅士风度形成了鲜明的对比,也许这正说明了他从事咖啡馆经营的原因。皮尔特在很多方面肯定
163 都与众不同。在 17 世纪的林肯郡,他貌似是那里唯一的咖啡商,也许经营咖啡馆对一个贫穷的乡绅来讲并不算多么失格,毕竟这意味着他可以款待邻居们了(尽管现在是要收费的),而且,他借此可以收集到当地的流言蜚语以及来自伦敦的消息,从而成为本地的主要信息来源,这样他的咖啡馆就能够一直作为该镇的活动中心存在。

**表 6-4　1672—1729 年男性咖啡馆老板死亡时的财富积累**

| 年份 | | 财产总和(英镑) |
|---|---|---|
| 1672 | 安东尼·桑巴奇 | 188.08 |
| 1682 | 威廉·皮尔特 | 157.76 |
| 1691 | 大卫·豪因 | 306.00 |
| 1693 | 塞缪尔·诺思 | 168.75 |
| 1696 | 爱德华·杰克 | 122.46 |
| 1697 | 约瑟夫·瓦吉特 | 1,001.69 |
| 1716 | *托马斯·蒙塔古 | 322.10 |
| 1720 | *丹尼尔·艾维森 | 392.00 |
| 1721 | *亨利·索雷尔 | 758.71 |
| 1722 | *爱德华·海恩斯 | 3,084.88 |
| 1726 | *约瑟夫·韦布 | 1,550.18 |
| 1729 | 约翰·罗利 | 1,180.38 |
| 1729 | 艾萨克·布兰奇 | 311.79 |

注释:星号表示此人可能只是咖啡经销商,而非真正意义上的咖啡馆老板。

数据来源:CLRO, Orphans Ct. 2240 (CS Bk. vol. 5, fol. 13); CLRO, Orphans Ct. 2211 (CS

Bk. vol. 4，fol. 317)；CLRO，Orphans Ct. 813 (CS Bk. vol. 2，fol. 299b)；PRO，PROB 4/7592；CLRO，Orphans Ct. 3297 (CS Bk. vol. 6，fol. 127b)；CLRO，Orphans Ct. 3080 (CS Bk. vol. 6，fol. 48b)；CLRO，Orphans Ct. 3091 (CS Bk. vol. 6，fol. 53)；CLRO，Orphans Ct. 3112 (CS Bk. vol. 6，fol. 59b)；PRO，PROB 4/8534；CLRO，Orphans Ct. 3315 (CS Bk. vol. 6，fol. 134b)；CLRO，Orphans Ct.，3237 (CS Bk. vol. 6，fol. 102b)；CLRO，Orphans Ct. 3124 (CS Bk. vol. 6，fol. 63)；林肯公民的遗嘱认证清单，1661-1714 79-81。

我们无从知晓这几份遗产认证清单是否能够代表奥古斯都时代所有的咖啡零售商。因为这份样本绝对不是咖啡馆清单的随机抽样。就其本质而言，遗产认证清单明显偏向于那些死时拥有大量财产的人。而考虑到经营咖啡馆通常是寡妇或贫困家庭(更不用说被解雇的贴身仆从)最后的职业选择，很有可能许多咖啡馆经营者死后一贫如洗，因此也就没什么可以向遗嘱登记员报告的。遗产认证清单通常代表了一个人毕 164
生财富积累的最高净值。也有些咖啡馆经营者的遗产认证并非在其去世时记录，而是在其生命的其他阶段记录下来的，这些记录显示，他们的收入极其微薄。1670 年，某位咖啡馆老板的货物总价是 11.65 英镑。而在 1671 年，约翰·伍德(John Wood)的资产是 26.15 英镑，1682 年，弗朗西斯·德文希尔(Francis Devonshire)的资产经评估不到 39 英镑，而另一个咖啡馆老板的资产是 91.46 英镑。[18]

尽管经营咖啡馆成本高，风险大，但干这一行会多少有些好处，从而使咖啡商的地位高于一般食品商。经营一家咖啡馆，供人们冷静持重地交谈和阅读新闻，比单纯提供食物和饮料能够获得更高的社会声誉。有些咖啡馆老板能够趁机结交一些有钱有势的老主顾。在一个基本上以信用为基础的经济体系中，这些联系在特定时期可以用来应付财政方面的问题。17 世纪 80 年代初，得益于罗杰·莱斯特兰奇爵士(Roger L'Estrange)的赞助，塞缪尔·布斯(Samuel Booth)开了一家山姆咖啡馆(Sam's Coffeehouse)，作为托利党的宣传阵地。在政治对垒的另一边，1712 年左右，约瑟夫·艾迪生在考文特花园附近成立巴顿咖啡馆，并任命自己曾经的仆从丹尼尔·巴顿(Daniel Button)经营，为辉格党文人定期集会提供落脚点。巴顿认为，与辉格党的这层联系，可以保证他在汉诺威王朝入主英伦之后能够过上体面的退休生活，为此，他适时地向财政部委员会(Treasury Commission)请愿，要求承认他多年来，"在危难之际，为那些怀抱不屈热情支持汉诺威新教继承的绅士们"提供落脚之处。巴顿的请愿书是否得到了积极的回应我们不得而知，但他不太可能比蒂莫西·哈里斯(Timothy Harris)做得更糟，后者曾是奥蒙德大街(Ormond Street)一家咖啡馆的老板，这家咖啡馆曾有聚集在汉斯·斯隆爵士左右的名流们光顾。后来，哈里斯因债务被关进了王座法庭监狱。他逃脱监禁的唯一希望似乎是获得斯隆医生的庇护，但是没有记录表明医生对哈里斯的求助给予任何回应。即使是为斯隆已故的妻子写颂歌，以及出版"印第安田园牧歌"的承诺也未能打动医生采取有益的行动。哈里斯骄傲地说，"我是一名学者,并非籍籍无名之辈,出身也并不平庸”。但是,这些自命不凡的夸夸其谈并没有使他免于牢狱之灾。他的遭遇正显示了伦敦咖啡馆老板所面临的两难境地:他们一方面有理由为自己的职业感到自豪,因为他们给镇上的男人提供了“大型信息杂志”,但是作为一个咖啡馆店主,无论男女,这一职业并不足以使他们过上舒适体面的生活。[19]

165 即使是那些最善于经营的大咖啡商,也无法避免咖啡交易的脆弱性。英国最著名的咖啡馆老板大概就是威尔·厄温(Will Urwin)了,他是考文特花园威尔咖啡馆的创始人,他的咖啡馆因备受伦敦文人的青睐而声名鹊起。尽管早在1664年左右这家咖啡馆就建成了,但直到1675年,厄温才开始全额支付圣保罗考文特花园教区的济贫税。在17世纪80年代,他可以负担得起每年55英镑的消费税给征税员,但这项税费十分繁重,因此他认为有必要直接向消费税专员请愿,申请免除该项税收。[20]到1693年,厄温支付了整整1英镑的济贫税,这是他在教区内获得稳固地位的明确标志,但当他于1695年去世时,他的遗孀却无力继续支付这笔款项,并且很快也离开人世。然而,在厄温夫妇去世后很长一段时间里,威尔咖啡馆仍保持着蓬勃的发展势头,没人知道是谁取代了威尔咖啡馆吧台后面原属于厄温的位置,但即便到了18世纪中叶,塞缪尔·约翰逊(Samuel Johnson)仍然记得德莱顿最喜欢的是火炉旁的那一把椅子。[21]

咖啡馆总有一种其他食品交易场所不具备的优雅感。即使是那些负责给顾客端咖啡的服务员,也被认为有一种“模仿真正绅士”的绅士风范。事实上,咖啡馆里的男侍从穿戴得体,赏心悦目,不逊于家中的仆从。(图6-2)约翰·麦基(John Macky)在参观什鲁斯伯里时,曾将他的诧异诉诸笔端,他发现那里的“咖啡馆乃毕生所见之最出众,但是当你走进去就发现它们实际上不过是酒馆,只是人们认为将其命名为咖啡馆能给人带来更好的感受”。[22]

在咖啡馆里,人们通常可以就与政府和贸易相关的重要事务展开文雅体面且头脑清醒的交谈,但这一行本身的利润微乎其微。一些擅长经营的咖啡馆老板可能会通过拓展其他业务来获得额外的利润。而正如我们将看到的,新闻业是咖啡馆经营合乎逻辑的伴生物。乔纳森·迈尔斯(Jonathan Miles)经营着乔纳森咖啡馆,同时也接待股票经纪人,他同那些在他的咖啡馆里进行股票交易的经纪人关系匪浅,并且从这种关系中获利良多。劳埃德咖啡馆的创始人爱德华·劳埃德曾经拍卖船只、售卖保险,最终在他的咖啡馆出版了自己的金融类报刊《劳埃德新闻》。到18世纪后期,对于那些在咖啡馆里交易的保险商,劳埃德咖啡馆向他们收取每年十畿尼的入场费。弗朗西斯·怀特(Francis White)的远近闻名的怀特巧克力屋也收取入场费,价格是6便士,那里满是衣着光鲜靓丽的时髦人士,店内允许赌博,而怀特无疑从中获利,因为他在遗嘱中留下一笔价值2500英镑的遗产。怀特的妻子伊丽莎白也在巧克力屋中售卖歌剧、假
166 面舞会和化装舞会的票。汤姆·金(Tom King)和他的妻子莫尔(Moll)的咖啡馆为深

**图 6-2　咖啡馆地面方毯的一部分，上印“咖啡男孩的碟子”(18 世纪早期)。伦敦博物馆供图。咖啡男孩扣着扣子的上衣和时髦长发表明他是个相当富有的侍者。**

夜狂欢和卖淫大开方便之门，从而获取了不那么健康的财富和不怎么光彩的名声。(图 6-3 和图 6-4)金用这些交易所得在汉普斯特德附近购置了一处房产。[23]

很明显，近代早期英国的咖啡馆所从事的生意存在着很大的差异。在一个由商业化、消费主义和金融革命主导的时代，那些传说中的伦敦著名的咖啡馆兴旺发达的机 167
巧在于和那些声名显赫、身居高位、拥有财富的人士建立联系，但更多的咖啡馆老板只是挣扎着勉强维持生计。总之，咖啡馆的经营模式形形色色，各有不同，如同它所赖以生存与繁荣的城市社会一样丰富多彩。

168

**图 6-3　汤姆·金咖啡馆内。汤姆·金:或帕菲安街(1738),耶鲁大学拜内克古籍善本图书馆供图,书架号 1979 108。**

**图 6-4　莫尔·金，18 世纪伦敦最知名的咖啡馆女主人。布·格兰杰收藏；引自詹姆斯·格兰杰《英格兰传记》(1769 年)，版画，加州圣马力诺亨廷顿图书馆供图。**

## 咖啡馆与伦敦大都市

为什么咖啡馆在伦敦尤其兴旺发达呢？首先，也是最重要的原因，伦敦咖啡馆能够为顾客提供多样化的服务，用来满足不同的政治、职业和社会群体需求。在伦敦，著名的威尔咖啡馆和希腊咖啡馆知识分子云集，加洛韦咖啡馆和乔纳森咖啡馆服务于股票经纪人,海军陆战队咖啡馆与劳埃德的咖啡馆从事海事和保险销售,其他各省①的咖啡馆没有任何地方能与它们相提并论。众所周知,伦敦的一些咖啡馆因其所吸引的顾客而具备了各自独特的“特征”。18 世纪 20 年代,一位前往伦敦的瑞士游客塞萨尔·德·索热尔(Cesar de Saussure)曾说:“有些咖啡馆是学者和智者的胜地,另一些则属于纨绔子弟、政客或专业记者,还有其他许多咖啡馆是追情逐爱的维纳斯神庙。不同的咖啡馆服务于不同的目的。咖啡馆创造了一个社交空间,它由个人隶属关系或“生活方式”来定义。[24]既然有这么多咖啡馆可供选择,伦敦人便可以选择前往他们认为社交氛围最令人愉悦和政治基调最适宜的咖啡馆。通过这种方式,他们开始在都市社会中开辟出以自我选择为基础的、别具一格的社区。

在伦敦,由省府为外省人举办的郡宴会均设在特定咖啡馆举行,因此,地域关系会把背景相似的人带到同一间咖啡馆。自安妮女王统治开始,查令街十字②附近的咖啡馆就是伦敦苏格兰人的社交中心,它一直兴旺发达到 19 世纪。后来,喀里多尼亚咖啡馆(Caledonian Coffeehouse)和爱丁堡咖啡馆(Edinburgh Coffeehouse)取代了巴顿咖啡馆加入了这一行列。其他一些名称中带有地域属性的咖啡馆,如埃塞克斯、格洛斯特、肯特郡、兰卡斯特、诺森伯兰、诺里奇、牛津、萨洛普和苏塞克斯咖啡馆,证明了在大都市社交情境中地域认同的力量。伦敦咖啡馆也可以维系国际联系。德国游客扎卡里亚斯·康拉德·冯·乌芬巴赫在 1710 年访问伦敦时,只找到一家自己喜欢的咖啡馆,即巴黎咖啡馆,店主是法国人,但大多数顾客都是德国人。[25]

为满足伦敦大都市各类专业团体及经济团体的社交和商业需求,各种类型的咖啡馆应运而生。到 18 世纪初,伦敦交易所附近的许多独立经营的咖啡馆已开始迎合专门从事不同行业的商人的业务需求,如新英格兰、弗吉尼亚、卡罗莱纳、牙买加和东印
170 度咖啡馆等。儿童咖啡馆(Child's Coffeehouse)位置便利,靠近医师学院(College of Physicians),深受医生和牧师青睐。这是因为,进入这些专业的咖啡馆就相当于打开了一扇通往专业团体的大门,而这种好处众所周知。《旁观者》的记者开玩笑说:“一位年轻的神职人员,在获得了第一个大学学位后来到伦敦,只是为显摆自己。在这种情形下,如果他只穿了长袍和法衣,却没有额外配上一条大围巾作为装饰,他就会认为自己的公众形象不够完整,并且他的女房东和儿童咖啡馆的侍应生们也不会用‘博士’的尊称来称呼他。”在这里,作者调侃了一个年轻牧师的浮夸与自负,但同时也清楚地表明个体的认同对于维持城市社会秩序的重要性,尽管这种秩序仍旧以信誉和惠顾为基础。在恰当的咖啡馆社交圈里,出名有可能会成为获得事业成功的关键。17 世纪末,伦敦有位汉斯博士(Dr. Hannes)是一名志向远大的内科医生,为了提升自己的职业声

---

① province 作“省份”解时,一般指“首都或大都市以外的地方行政区”或“外省”,在英国指伦敦以外的各地。

② 毗邻伦敦城中主要的商业、休闲街区,在它的周围有特拉法加广场(Trafalgar Square)、考文特花园(Covent Garden)、西区剧院集中地、牛津街(Oxford Street)等。

望,他雇了一名男仆假装受出身高贵的病人嘱托,到伦敦最时髦的那些咖啡馆去请汉斯出诊。当男仆到达加洛韦咖啡馆来到著名的医生约翰·拉德克利夫(John Radcliffe)和其友人落座的桌旁时,仆人受到了严厉的斥责:"不,不,朋友,你搞错了。是汉斯医生想要那些出身高贵的病人。"[26]由此可见,在咖啡馆社交空间中,某人的职业声望可以声名鹊起也可以一落千丈。

在漫长的18世纪,大都市的许多咖啡馆彼此分化,其中最主要的原因就是各种政治身份的分歧。大约在17世纪80年代早期,当"辉格"和"托利"这两个标签成为政治身份的标识时,就出现了与这两个派别分别相关的咖啡馆。17世纪80年代,持不同政见者彼得·基德(Peter Kidd)经营的阿姆斯特丹咖啡馆,同泰特斯·奥茨(Titus Oates)以及辉格党反对派之间有着千丝万缕的联系,与此同时,罗杰·莱斯特兰奇将山姆咖啡馆作为保皇派的舆论宣传阵地,用来诋毁辉格党人。1688年光荣革命之后,詹姆斯二世党人的咖啡馆在伦敦如雨后春笋般地出现,辉格党人和托利党人则继续光顾他们各自派别的咖啡馆。在17世纪90年代,辉格党人对理查德咖啡馆情有独钟,到了安妮女王统治时期,则转而光顾珍妮·曼、圣詹姆斯和巴顿咖啡馆。[27]至于托利党人,则在可可树巧克力屋(Cocoa Tree Chocolate House)和奥茨达咖啡馆里寻得了满意的落脚之处。在伦敦这样一个政治倾轧严重的大都市当中,敌对党派的咖啡馆之间几乎水火不容。17世纪20年代,约翰·麦基(John Macky)曾评论道,"一个辉格党人不可能去可可树或奥茨达咖啡馆,就像一个托利党人不会去圣詹姆斯咖啡馆一样",但他同时指出,在伦敦以外的地方,情况就温和多了。他注意到,在时尚温泉小镇爱普 171
生的那些咖啡馆里,"当一个辉格党人进来时,一个托利党人并不会盯着他看,而辉格党人也不会在看到一个托利党人时就立刻酸溜溜地窃窃私语。或许,伦敦人正统严谨的冬日套装和外省人随意的着装习惯是造成上述区别的原因"。[28]

尽管各大城市的咖啡馆都支持并且助长了政治分歧与身份分化,但各家咖啡馆的顾客都对发生在其他咖啡馆里的一言一行有着惊人的了解。罗杰·莱斯特兰奇在《观察家》杂志上发表文章,专门报道其政治对手在伦敦咖啡馆里那些不合时宜的言辞。保皇派新闻记者纳撒尼尔·汤普森(Nathaniel Thompson)也采用同样的策略。《旁观者》的一名记者在1712年注意到,早晨的一句失实之语,在一天之内就会传遍伦敦城内所有的咖啡馆。傍晚,他把这件事当作笑话讲给朋友们听,"这话在考文特花园的威尔咖啡馆内受到攻讦,儿童咖啡馆的客人认为它非常危险,乔纳森咖啡馆里的客人则推测它与股票行情间的联系"。这种有关政治言论的"常识"广泛传播,掩盖了当时人们对于暗箱操作和阴谋煽动的普遍痴迷。复辟时期伦敦的咖啡馆,远非萦绕在奥古斯都时代社会想象中的那种各自为政、水火不容、结党营私和破坏分子肆虐的世界,而似乎更像一个各个组成部分之间不断交流的系统,这种交流凭借流言蜚语、印刷文本以及手稿的流通来维持。[29]

伦敦的咖啡馆为数众多,它们形成了一个互动系统,在这个系统中,信息被高度社会化,并被城里各个选区的选民赋予意义。[30]在近代早期的英格兰,尤其是伦敦,这种 173
信息交流循环的基本形式就已然存在,但早在诸如圣保罗大道或圣保罗教堂庭院的书商商店等地方出现咖啡馆之前,这些新的咖啡馆通过将新闻阅读、文本流通和口头传播整合到一个系统中,迅速确立了自己在城市交流系统中的核心地位。首先,同时也是最重要的,咖啡馆是一个日益复杂的城市化和商业化社会的产物,它需要一种适当的方式来引导信息流通。17 世纪的伦敦,人口急剧增长,使得"有机团结"的必要性变得极为迫切,这种团结有赖于都市社会中更复杂的劳动分工,尤其是那些与传播和交流相关的劳动分工。[31]

172 咖啡馆就是为了满足这种需求而出现的。海外商人需要有地方聚在一起,讨论与他们有生意往来的那些地区的贸易状况;投资者需要有地方会见经纪人,以决定买入或卖出他们所融资的公司的股票。甚至连文学界也需要一个地方来讨论最新上演的戏剧的优劣。在一些特定的咖啡馆内,通常会公开张贴许多告示,供那里的常客来获知他们感兴趣的消息。作为重要的票据交换所,劳埃德咖啡馆通常张贴有有关海外贸易的官方通告以及个人财产的失物招领启事。皇家交易所附近教皇头巷(Pope's Head Alley)的布里奇咖啡馆定期张贴海关提供的入境单。其他如廉价印刷品、宽边广告,甚至大海报形式的广告在咖啡馆里也随处可见。1702 年,爱丁堡市议会试图规范在该市咖啡馆张贴标语牌的行为,并将这一行业作为垄断行业移交给爱丁堡交易所来管理。他们希望控制相关公告的张贴权,特别是苏格兰利斯港船舶出入港的通知。[32]当然,小旅馆或其他一些重要的公共场所,比如皇家交易所或圣保罗大道,也能够为这些信息的交流提供服务,但人们认为咖啡馆特别适合培养大都市的社交生活,因为它们从肇始之日起就被赋予了冷静、体面、优雅和精致等诸多品质。

尤其是咖啡馆成了"新闻"生产和消费的主要社会空间。咖啡馆和新闻文化之间的渊源始于 17 世纪 60 年代,当然,这也解释了咖啡馆为何在王政复辟后依旧大受欢迎,并且其声望也远远超出了名流鉴赏家群体。当时,咖啡馆很快就被称为"出售报纸和新闻信的地方"。扩展新闻业务是许多咖啡馆老板获取额外收入的重要手段。有些咖啡馆会出版自己的报纸,或者抄写一些因为过于敏感而无法公开发表的手写新闻信。早在 1664 年,面包街(Bread St.)上的一个咖啡店主就从下议院的一个职员那里购买议会新闻,并在自己的咖啡馆里出售。几年后,意大利游客洛伦佐·马加洛蒂(Lorenzo Magalotti)评论说,通常,英国咖啡馆里总会有"各种各样的机构或记者团体,纵然真伪存疑,人们总能在那里听到最新的消息"。手写新闻信的记者们也开始把 174
咖啡馆里的流言蜚语编成新闻报道发送给他们的订阅客户。[33]

虽然主要是在大都市,但在咖啡馆里传播新闻的现象并不局限于伦敦。诺丁汉的斯莱特咖啡馆(Slater's Coffeehouse)取得了来自国务大臣办公室的私人情报,伯明翰的西蒙·希思咖啡馆(Simon Heath's Coffeehouse)也是如此。威尔特郡德维斯的布朗斯顿咖啡馆(Brunsden's Coffeehouse)和赫里福德的汉考克咖啡馆(Hancock's Coffeehouse)都接收新闻信。戴维斯夫人咖啡馆(Mrs. Davies's Coffeehouse)和牛津的福格咖啡馆(Fogg's Coffeehouse)各自都收取来自伦敦书商的便笺新闻信,这些书商包括托马斯·盖伊(Thomas Guy)和弗朗西斯"象人"史密斯(Francis "Elephant" Smith)。诺里奇郡的托马斯·马歇尔(Thomas Marshall)也接收来自伦敦的作家威廉·梅森(William Mason)的新闻信。为增加个人收入,爱丁堡邮政局长罗伯特·米恩(Robert Mein)将他在邮政局收到的供市议会使用的新闻信副本提供给咖啡馆,此举从未出过岔子,直到1685年市议会因此决定取消给米恩付款。事实上,这种双重做法并不少见。有人怀疑,一些国王的信使会暗中兼职做新闻供应商或咖啡馆老板,利用自己为王室供职之便来谋取私人利益。[34]

手抄新闻业务实际盈利的能力到底有多大?对此的估算差别很大。1684年,诺里奇郡的马歇尔为获取新闻资讯,每年需花费5英镑,而在1679年,威尔·厄温向他在伦敦的顾客收取了两倍的费用。据威廉·科顿(William Cotton)1683年的估算,他的那些为咖啡馆撰写新闻信的同行们,每年的净收入从16—20英镑到100—150英镑不等。1707年,另一位新闻撰稿人伊弗雷姆·艾伦(Ephraim Allen)告知上议院调查委员会,他每周付给咖啡馆老板18便士以换取他从咖啡馆获取情报。这相当于每年不到4英镑。而艾伦本人每年的新闻写作收入不会超过32英镑,因为他每周向其他咖啡馆出售新闻的利润还不到16先令,并且这还是在议会开会期间。毫无疑问,一个人愿意为新闻支付的价格取决于新闻的质量以及它在大众中的紧俏程度。新闻撰稿人汉考克(Hancock)可以接触到"来自法庭和地方法院的重要情报",为此,他每年向每位顾客收取4－6英镑的费用。其他人专注于特定的新闻市场:如克莱伯勒(Cleypole)、盖伊和罗宾逊(Robinson)这样的新闻撰稿人,他们主要将新闻发送到伦敦以外的地方,布莱克霍尔(Blackhall)则向伦敦客户提供来自荷兰和苏格兰的新闻。在手抄新闻中,大量的新闻被循环利用:克莱伯勒和雷夫(Reive)向汉考克和罗宾逊支付优先誊抄使用费,然后稍加修改以满足他们自己客户的需求。[35]

没有一家名副其实的咖啡馆会拒绝向顾客提供精心挑选的报纸。按照纳撒尼尔·汤普森1683年的估计,为了向顾客提供他们想要的报纸,每个咖啡馆每周需花费4到5先令。按照这个价格,咖啡馆每年不得不为每份报纸支付13英镑的费用,这显然是一个非常高的估算。咖啡馆老板艾萨克·布兰奇(Isaac Branch)一年付给埃德蒙·琼斯(Edmund Jones)4英镑以换取来自"法国的新闻"。17世纪末到18世纪初,报刊日益多样化,这意味着咖啡馆要承受巨大的经济压力去接受大量的报纸刊物。事实上,许多人觉得有必要接受格拉布街上几乎所有出版物。1728年,一群咖啡馆老板抱怨说,"当一份报纸创刊之时,如果确实有价值,咖啡馆老板在一定程度上会不得不将其买下。可一旦报纸进了咖啡馆,再想退可就没那么容易了”,因为“咖啡馆里的每份报纸都有自己的读者拥趸,对这些人来说,它比其他报纸更对口味,更易理解。如果一个咖啡馆老板放胆把一份愚蠢的、流里流气的报纸赶出门去的话,那么十有八九,他就再也见不到那些青睐这份报纸的顾客了”。每年,咖啡馆为报纸支付的费用可能有 10 到 20 英镑,甚至更多。当然并不是所有的咖啡馆都能负担得起所有报纸,但许多咖啡馆仍然向顾客提供国外出版的报纸。在 18 世纪早期,来自巴黎、阿姆斯特丹、莱顿、鹿特丹和哈勒姆的报纸常常被送往伦敦的许多咖啡馆中。位于巴塞洛缪巷(Bartholomew Lane)的苏格兰咖啡馆吹嘘说可以定期提供来自佛兰德斯(Flanders)有关 17 世纪 90 年代战争进程的最新消息。除了报纸,咖啡馆还经常购买小册子和廉价印刷品供顾客阅读。[36]

除了巨大的经济成本外,在咖啡馆里散布和贩卖新闻还是一个危险的行业,可能会招致当局的抓捕。即便是心怀不满的私人聚会也可能造成威胁。一位咖啡馆老板在遇到了一位觉得自己“受到了报纸的诋毁和诽谤”的先生时,才好不容易明白了这一点。他当众遭到毒打,而镇上的人们一点也不同情他:“还有几个人在等待时机,希望以同样粗暴的方式脱掉他的外套。对那些在自身领域之外冒险的人来说,这是最无法预料到的,因为这些事情需要细致敏锐的洞察力和深入的判断力。”[37]在王政复辟后的几十年里,尽管咖啡馆经营和新闻写作同步发展,但它们最终还是分道扬镳。大多数咖啡馆都要求顾客支付订阅费后方能阅读店内报刊,即便它们中的一些刊物已经在店里收集新闻时收取了费用。

18 世纪 20 年代,咖啡馆老板和新闻记者间的这种紧张关系以公开冲突的形式爆发。起因是许多咖啡馆老板开始抱怨向顾客提供新闻的成本过高。1723 年,伦敦咖啡馆老板们审核了一项提案,该提案要求集体抵制除“权威机构”出版外的所有报刊。这项带有自我牺牲性质的提案遭到了报刊出版商的强烈抵制,并且很快就被驳回。但在 1728 年,当伦敦几家更有名的咖啡馆老板开始筹划联合起来建立自己的独家新闻
175 出版业务时,这种对新闻业的不满再次爆发。他们提议建立一个新闻收集系统以巩固新闻业,即每个订阅新闻的咖啡馆都将负责从自己的顾客那里收集有价值的新闻,并且每天分两次将它们发送给一个总编辑,再由总编辑将收集到的新闻重新分发给咖啡馆。通过切断中间商,咖啡商希望减少关于报刊订阅的支出,自行收取订阅费和广告费来增加收入。当然,这种做法只会招致专业新闻撰稿人的蔑视,而它的失败是因为 18 世纪早期的咖啡馆和新闻行业都过于分散和随心所欲,不会允许这样的垄断存在。[38]

随着手抄新闻和印刷新闻的发达,咖啡馆与印刷文化间的联系在更广泛的意义上变得非常紧密。甚至早在罗杰·莱斯特兰奇于 1663 年被任命为新闻调查员之前,他就曾警告说,“据观察,那些主要进行煽动诽谤型新闻交易的经销商是些文具商和咖啡

店主,他们的利润很大一部分依赖于这种贸易”。书店和咖啡馆经常比邻而居。詹姆斯·法尔是伦敦第二家咖啡馆的店主,他在丹尼尔·帕克曼(Daniel Pakeman)文具店所在的同一栋楼里经营他的咖啡馆。书商伯纳德·林托特(Bernard Lintot)住在舰队街南多咖啡馆(Nando's Coffeehouse)的隔壁,高教会教士托马斯·班纳特(Thomas Bennet)在圣保罗教堂庭院附近齐普赛德(Cheapside)的半月酒馆兼咖啡馆(Half Moon Tavern and Coffeehouse)完成自己的出版工作。在伦敦,一些咖啡商与文具商签订了最终的信用与义务契约。托比·科利尔(Tobie Collier)在新门街附近经营一家咖啡馆,1682 年 4 月,书商理查德·詹韦(Richard Janeway)因出版煽动性新闻而被拘留时,科利尔保释他出狱。甚至有些咖啡店老板自己就是文具商。在 17 世纪 80 年代和 90 年代,本杰明·哈里斯(Benjamin Harris)是几家报纸的出版商,他在波士顿寓居期间开始从事咖啡贸易,并在那里出版了第一份美国报纸。约翰·霍顿(John Houghton),皇家学会成员,也是金融期刊《振兴农商纪要》(*A Collection for Improvement of Husbandry and Trade*,1692—1698)的创始人,他退休后从事药剂师和咖啡零售商的工作;书商约翰·索思比(John Southby)退休后也转向经营咖啡馆。[39]

咖啡馆还为顾客提供其他简单但非常实用的服务,只是人们很容易忽略它们。比如咖啡馆通常是人们收发信件的地方。考文特花园的威尔咖啡馆为住在附近像卡尔佩珀爵士(Lord Culpepper)这样的顾客收寄信件。在 17 世纪 80 年代,便士邮政将咖啡馆作为取货和送货中心。有些咖啡馆本身也提供一种代币邮寄服务。位于皮伊角 176
(Pye Corner)的托比亚斯·科利尔咖啡馆(Tobias Collier's Coffeehouse)定期在收信夜将寄存的信件转交邮政总局。后来,托比亚斯·科利尔发现自己成了一个牺牲品,因为邮差们想垄断这门生意,就开始抹黑他。他被指控收受信件和邮资却未完成寄递。便士邮政也遭受了批评。尽管邮局承诺快速而廉价地投递伦敦市内邮件,但书商约翰·史密斯(John Smith)抱怨说,一封在加洛韦咖啡馆付邮资寄给他的信,直到第二天晚些时候才从便士邮局寄来,而且是在他经不住邮递员的恳求,多付了两便士的小费后才送到的。[40]

许多记者将咖啡馆作为方便写信和寄信的地方。乔纳森·斯威夫特(Jonathan Swift)似乎将咖啡馆主要看作写信和寄信的地方:他告诉他的“丝黛拉”,他“永远不会去”咖啡馆除非是为了收取她的来信。他急着这么做可能有其他原因,因为貌似咖啡馆的有些顾客会随意查看别人的邮件而不会感到丝毫的不安。罗伯特·哈利(Robert Harley)批评斯威夫特字迹潦草,因为他“透过咖啡馆的玻璃柜”看到了他的信件内容。事实上,阅读他人邮件的做法似乎非常普遍。私人信件可能会在咖啡馆里被曝光。1690 年,邮政局长约翰·怀尔德曼不得不印刷一本小册子,着重申明自己没有系统地阅读和销毁与即将举行的议会选举有关的信件,当然,他那时正仔细监视邮局信件,寻找二世党人煽动叛乱的蛛丝马迹。激进分子约翰·托兰(John Toland)的众多批评者

之一，就是靠人们热衷于阅读他人信件这个习惯来加害于他。这位仇家将一封寄给托
兰的匿名信放在南氏咖啡馆（Nan's Coffeehouse），信没有密封，信中指控托兰有罪。 178
不出所料，这封信的内容很快就被公之于众，托兰只得不遗余力地捍卫自己的名誉，使自己免受毁谤。[41]

从这些基础性的邮政服务中，咖啡店的老板们得到了什么回报？看起来似乎不多。为顾客接收和保管邮件似乎是店主免费提供的服务，目的是为了鼓励住在附近的人形成这种习惯，尽管他们可能会向不经常光顾咖啡馆的顾客暗示这项服务只针对咖啡馆的常客。乔纳森·斯威夫特就曾发现，在他不再光顾当地的一家咖啡馆后，那里就“不愿意帮我收信了”。在 18 世纪甚至直到十九世纪，咖啡馆一直是重要的邮政中心。18 世纪 80
177 年代，随着定期邮车的使用，皮卡迪利大街的格洛斯特咖啡馆（Gloucester Coffeehouse）就
能收寄来自西方国家的信件，同时也成为西进长途邮车的集结地。[42]（图 6-5）

179

**图 6-5 查尔斯·罗森博格（Charles Rosenberg）临摹詹姆斯·波拉德作品（1828 年），“格洛斯特咖啡馆外来自英格兰西南部诸郡的邮件”，手工水彩画（62.5—79.4 厘米），保罗·梅隆（Paul Mellon）收藏，B.1985.36.845，耶鲁大学英国艺术中心供图。**

正是通过提供这些服务，咖啡馆才彻底地融入了伦敦各个街区的经济和社会生活。城市历史学家杰里米·博尔顿（Jeremy Boulton）曾表示：“伦敦社会可以被想象成一个由多个社区组成的马赛克式的碎片化社区，而不是一个单一的无固定形态的社

180 区。”“邻里”(neighborhood)一词很难界定，因为它曾经是(现在也是)基于城市居民的主观心理世界而不是城市政府的客观结构的一种存在——但对于识别由城市日常生活所构成的微观社会而言，邻里交往是一种颇为有效的手段。[43]邻里可以被理解为教区社会的一个重要组成部分，城市历史学家通常将其视为独特的分析单位。

咖啡馆成为伦敦人理解其社区心理框架的一个重要方面，部分原因是它提供了一个容易识别和记忆的地标。在伦敦 A—Z 地图出现之前，城市居民对周围环境的了解主要是通过散步和遛弯儿来实现的，咖啡馆的招牌有助于伦敦人在这座大都市中明辨方向。几乎每家咖啡馆都把自己的招牌作为潜在顾客识别自家店面的一种手段。在复辟时期的伦敦，商店招牌在大小上是有规定的——它们延伸到街上的长度不能超过两英尺半，并且必须高出地面至少九英尺，给骑马的人留出空间——招牌上通常有醒目的、容易辨识的标志，如土耳其人的头像或是咖啡壶。索热尔认为，如果咖啡馆用“一个女人的胳膊或手拿咖啡壶”作店面标志，则表明那里窝藏着娼妓。在伦敦，招牌的具体内容也可以被加以规范，比如一家酒馆被要求更换招牌，因为它现有的招牌被认为包含“迷信色彩”。《闲谈者》杂志就曾哀叹伦敦店面招牌庸俗的艺术品位和拙劣的拼写方式，作者抱怨说，“人们普遍缺乏识别牌匾的技能，因而导致迷路错过了晚餐”。[44]

咖啡馆能够成为邻里社会一部分，所依赖的一个更基本的方式是发行代币贸易信用(图 6-6 和图 6-7)。在王政复辟初期，这些咖啡馆代币被用来替代货币。它们主要以半便士或一法寻①的面额发行，可以在原发行地咖啡馆或任何愿意将它们作为有效货币的当地商店兑换。[45]咖啡馆的代币是一种便捷的手段，解决了困扰近代早期经济货币不足的问题，并且维系了社区居民与本地咖啡馆之间重要的精神和经济联系，通过这种方式，代币成了咖啡馆的即时广告。

代币是严重违法的。因为王国是法定货币的唯一合法来源，而这种代币侵犯了被谨慎维护的皇家特权，17 世纪 70 年代早期的一系列皇室公告，均谴责了咖啡馆这种铸造代币的行为。王室试图镇压，或至少是主动采取行动进行制止，许多违法者被传唤至国王和枢密院处，要求为他们非法“兜售咖啡便士的行为”负责。尽管王室施加了压力，但这种活动仍在持续，这一事实表明咖啡馆已经迅速成为伦敦复辟时期日常生活微观经济学的核心。尽管咖啡馆似乎并没有延续这种做法，但在整个 18 世纪，社会上铸造交易代币的行为一直持久不衰。[46]

尽管与咖啡馆同时代的反对者为其哀叹，现代的支持者们为其喝彩，但咖啡馆不能被理解为一个与现存政府结构完全对立的机构。在大多数情况下，咖啡馆都能很好地融入近代早期政府各个层面的机构之中。整个英伦三岛的郡议会、市议会、教区议

① 法寻，英国小硬币，面值为旧制便士的 1/4。

**图 6-6　咖啡馆贸易代币(正面),17 世纪。伦敦博物馆,负片 20015,伦敦博物馆供图。**

**图 6-7　咖啡馆交易代币(背面),17 世纪。伦敦博物馆,负片 20016。伦敦博物馆供图。**

会和民间组织都发现咖啡馆是他们开展业务的便利场所。早在 1672 年,伦敦圣斯蒂芬·沃尔布鲁克教区的宗教会议就在当地的多家咖啡馆举行。[47] 从 1674 年开始,咖啡馆遍地开花的康希尔区市议会就在法伦咖啡馆(Farren's Coffeehouse)举行会议。

1707年，爱丁堡市议会开始在爱丁堡一家咖啡馆举行定期例会。甚至小型司法活动也可以由咖啡馆承办，伦敦白教堂区古德曼菲尔德附近曼塞尔街上的轮船咖啡馆(Ship Coffeehouse))即承办这些活动。到了18世纪中期，赫特福德郡(Hertfordshire)的季审法庭经常在当地咖啡馆举行会议。[48]在1717年以前，伦敦温特里区的案件审讯通常在道格小酒馆(Dogg Tavern)进行，1717年之后便搬到了索尔福德咖啡馆(Solford's Coffeehouse)。伦敦金融城的市场监管委员会也在一家咖啡馆碰面开会。私人民间组织如塔哈姆莱特学会(the Tower Hamlets Society)是推动礼仪改革运动(the Reformation of Manners Movement)的关键机构，它的成员会在皇家交易所附近的哈梅林咖啡馆(Hamlin's Coffeehouse)举办会议。[49]当然，咖啡馆并没有垄断这类业务，因为这类会议通常也会在其他类型的公共场所举行，尤其是在客栈和小旅馆里，但令人吃惊的是，新兴的咖啡馆如此迅速地受到了人们的欢迎，成为复辟后英国许多政府部门和志愿者组织举办会议的不二场所。 181

除了公务招待外，咖啡馆还在城市中为私人招待提供了另一种选择。伦敦的绅士们长期以来倾向于将社交晚宴，有时甚至连同住宿，都安排在公共场所而不是住宅之内。许多咖啡馆都提供膳食和饮料，因而很快就成为受欢迎的举办社交晚宴的场所。这样一来，一家设备齐全的咖啡馆同酒馆或其他类似公共场所之间就差别不大了。[50] 18世纪末，伦敦一些最时髦的咖啡馆以其精美的食物与饮品闻名遐迩，正如人们所熟悉的咖啡和报纸使它们在17世纪与众不同一样。很多咖啡馆都很像现代的餐厅，有自己的包厢、餐桌和穿着考究的服务员。咖啡馆里的私人包厢似乎是18世纪早期的一项创新之举，史料显示，在18世纪30年代左右，它们开始在描绘咖啡馆的图片中出现。(图6-8和图6-9)。

"餐厅"一词是在19世纪自法语引进英语中的，即便在那时，这个词也多与法国餐厅联系在一起。在摄政时代①前的一个世纪里，当人们想要外出就餐时，首先就会想到咖啡馆或小酒馆。在18世纪早期的伦敦，最负盛名的餐饮场所是庞塔克酒馆(Pontack's Tavern)，在那里，精致的晚餐代替了咖啡馆里常见的新闻和饮品。1798年，在米德兰兹地区的旅途中，约翰·宾格(John Byng)开始怀念他在伦敦咖啡馆中享受美食的经历："一位伦敦绅士进了一家咖啡馆，点了鹿肉和海龟；(或许还有)一瓶美味的波特酒或干红，他在一块干净的餐布上毫无仪式感地就餐，他想吃就吃，一旦吃饱就离席而去，既不受繁文缛节的约束，也不因享有这样的自由而感到困扰；他无须应酬，也未遭人嘲笑，并且不会因为缺乏高贵的教养而冒犯他人。"他认为，除了在伦敦咖

① 指1811—1820年英王乔治三世的儿子威尔士亲王(后来的乔治四世)摄政的时期。有时1795—1837年，即乔治三世统治后期和其子乔治四世与威廉四世统治时期，也被视为摄政时代。在这个时代英国建筑、文学、时尚、政治和文化均出现了独特的风格。1837年维多利亚女王加冕后，摄政时代结束。

182

图 6-8 威廉·霍加斯，"1730 年巴顿咖啡馆的常客"，蚀刻版画（1786 年），根据塞缪尔·爱尔兰收藏中霍加斯的原画改编；印刷和绘图部，伦敦大英博物馆供图。

图 6-9 C.兰姆（C. Lamb）临摹乔治·穆塔德·伍德沃德（George Moutard Woodward）画作，"一个突然冒出的想法"（伦敦：S.W.Fores，1804 年 1 月 1 日），蚀刻版画和点画（25—35.5 厘米），大英博物馆，编号 Sat.，10325.1；耶鲁大学刘易斯·沃波尔图书馆供图，编号 804.1.1.7。

啡馆，那种优雅和舒适的就餐环境很难在其他地方找到。[51]艾萨克·克鲁克香克(Isac
Cruickshank)在1800年的一幅版画(图6-10)中对比了伦敦优雅的餐饮环境和乡村酒 183
馆的就餐环境，在画中，伦敦优雅的咖啡馆和乡村小酒馆之间差别悬殊，前者有时髦的包厢、精心制作的美食和装在精致的玻璃杯中的美酒；后者只有简单的装饰、单柄啤酒杯和正在跳舞的顾客。

**图6-10 城市咖啡馆与乡村酒馆的对比。艾萨克·克鲁克(Isaac Cruickshank)临摹乔治·穆塔德·伍德沃德(George Moutard Woodward)作品，"屏幕上的漫画装饰"，插图6(S.W.Fores，1800年6月4日)，手工着色蚀刻，42.7—31.7厘米；耶鲁大学刘易斯·沃波尔图书馆供图，编号：800.6.4.1。**

有些咖啡馆除了提供基本的新闻和咖啡外，还提供许多其他服务，因此很难把它 184
们与客栈区别开来。位于埃普索姆的汤萨咖啡馆(Tonsar's Coffeehouse)声称为男人提供住宿，还可以接纳马、马车夫过夜，那里还有"在伦敦能喝到的最好的酒(而且价格最为低廉)"。为增加收入，通常咖啡馆也会收留房客。许多来到伦敦的游客们发现，在咖啡馆住宿非常方便。在17世纪90年代对法战争期间,按照1689年《兵变法》(Mutiny Act)的规定,有些咖啡馆被强制要求为驻扎士兵提供服务,该法案要求公共场所经营人员在他们的经营场所内安置士兵。[52]

咖啡馆作为食物供应中心,还有一个重要的辅助作用,即为议会选举候选人提供方便,供他们在选举前慷慨解囊,为选民分发不可或缺的礼品。市镇选举是城市食品供应商的一项常见活动,而咖啡馆正好适合这种仪式性盛宴。咖啡馆也被用作组织中心,通过咖啡馆,支持特定党派的选民可以找到前往投票站的交通工具。圣殿门的彩虹咖啡馆(Rainbow Coffeehouse)就曾把托利党选民带到吉尔福德(Guildford)参加1710年的萨里镇选举。咖啡馆远非一个“地下世界”,它似乎轻而易举地就适应了王政复辟后的英国社会与政府结构。[53]通过考察地方一级管理咖啡馆的主要法律手段,即餐饮许可证制,这种契合的特点就更加明朗了。

## 185 餐饮许可证制

咖啡馆与专门出售酒水的公共场所,如啤酒屋和小酒馆等,适用于同一套许可证制度。1663年的消费税改革法禁止为咖啡、茶、巧克力和果子露发放零售许可证。这些零售商必须在他们所在地的治安大会上或是居住管辖区内的首席治安官办公室获得许可证。制定这项法令的主要目的是有序地征收这些货物的消费税,任何人如果不能证明自己已缴纳了消费税便无法获得许可证。尽管在英国的任何一个司法管辖区,似乎都没有保存咖啡馆许可证的完整记录,但很明显,该法规得到了遵守,咖啡馆许可证是在季审法庭上发放的,在英国其他司法管辖区也是如此。在17世纪70年代的苏格兰,咖啡馆许可证制也成为格拉斯哥和爱丁堡两个自治政府的一种普遍化管理手段。[54]

伦敦的咖啡馆老板们一般在米德尔塞克斯或威斯敏斯特以及伦敦的议会会议上申请营业执照。伦敦金融城的咖啡销售许可证为期18个月,由市长颁发,威斯敏斯特和米德尔塞克斯的季审法庭治安官同样有权颁发为期18个月的许可证。通常,咖啡馆老板在取得营业执照的同时,还要取得其他食品、烈酒、啤酒等的营业执照。那些因疏忽而未获得正当执照的咖啡馆经营者可能会面临官方调查,甚至可能在季审法庭被起诉。在17世纪70年代,人们对伦敦咖啡馆营业执照管理的关注似乎达到了顶峰,因为在17世纪80年以后,在伦敦的任何一个司法辖区内,有关咖啡馆执照管理的信息几乎寥寥无几,同样在那段时期之后,我们也没有发现任何记录表明咖啡馆老板因无照经营而被起诉。看起来现有的许可证制度已被搁置,这或许可以解释为什么1689年下议院提出一项法案,该法案宣称将对所有麦芽酒、啤酒、苹果酒、菊酒、咖啡、茶和巧克力零售商实行新的许可证制度。1692年4月,伦敦金融城季审法庭的地方法官表现得忧心忡忡,因为咖啡馆许可证制度正在失去应有的效力,以至于他们要提醒治下子民,这项制度仍然是必需的,几个月后,他们跟进此事,要求每个区的执事都要提交一份自己辖区内所有咖啡馆及其店主的情况报告。市政官随后裁定,所有无照经营的咖啡馆都会在下一次季审法庭上被起诉,但当时没有留下任何大规模起诉的记录。伦敦金融城的无照咖啡馆老板偶尔会在区民大会上受到盘查,这表明,即使没有认真记录许可证的发放过程,经营许可证制度仍然是行之有效的。到了 18 世纪,咖啡馆和所有其他食品销售都获得了经营许可证。[55]

对咖啡馆的监管并不仅仅局限在首都,尽管在伦敦以外的地方有关咖啡馆经营许可证的相关文件记载十分稀少。奇怪的是,伦敦之外的地方法官似乎更关心如何维持经营许可证制度这一在伦敦已被暂缓实施的制度。1681 年 1 月,在威尔特郡的季审法庭上,威廉·皮尔斯(William Pearce)开在沃明斯特镇上的咖啡馆被取缔了,因为他“每天向居民们提供各种各样的煽动性小册子,用以诽谤教会和政府”。不过,皮尔斯仍然被获准在半年内更新营业执照。1688 年,经兰开夏郡治安官批准,兰彻斯特的一名外科医生兼理发师理查德·希尔顿(Richard Hilton)开了一家咖啡馆。在剑桥,咖 186
啡馆经营许可证由大学副校长负责颁发,副校长兢兢业业地从事这项工作直到 1699 年。他还增加了取得经营许可证的新规,要求咖啡馆遵守安息日规则,并禁止非法赌博,但其中最值得注意的一条是,在没有指导教师陪同的情况下,禁止年轻学生经常光顾咖啡馆。剑桥郡的法官们也知晓咖啡许可证法,并且可能在季审法庭上颁发本郡的许可证。[56]

咖啡馆许可证制被认为有双重目的,一是确保皇室从咖啡馆所供应的异国饮料中征收消费税,二是将其作为一种维持社会规范的手段。各级政府当局一致认为,应将此类公共场所的总数控制在最低限度:发放许可证是控制数量的手段。伦敦市长和伦敦金融城的政治精英们认为,所有公共场所,无论是啤酒屋、小酒馆还是咖啡馆,均是社会公害,有必要对它们进行严密的监视和市政管控。任何一个人如行为不检或对政府和教会不满,都可能被地方法官拒绝颁发执照。市政府还可以吊销其管辖范围内涉嫌不当经营的经营许可证。那些说政府坏话的人——或者更糟的是说负责颁发执照的地方治安官坏话的人——他们所经营的场所有可能在季审法庭上被查封。皇室公告和地方治安官明令指出:除非咖啡馆或酒馆老板能证明自己是忠诚的臣民,否则不得持有营业执照。早在 1662 年,罗杰·莱斯特兰奇就已经建议在所有的咖啡馆许可证上增加一项规定,即禁止店主在他们所经营的场所内允许阅读涉嫌诽谤的书稿。①

---

① 为了防范清教共和主义和天主教教权主义专制统治的威胁,骑士议会制定了一系列强硬的法令,其中包括 1661 年的《市政法》和 1673 年的《宣誓法》这两部最知名的法律,通过设置宗教考察,将有可能构成威胁的人排除在国家政治权力之外,确保国教徒独占政治权力。咖啡馆经营许可证也在这一背景下纳入考量范围内的。

1675年12月,取缔咖啡馆的做法宣告失败之后,这一条款最终作为一种折中方案被增加进来。[57]

衡量一个人是否忠诚的最佳指标是看他有没有经常去教区教堂。罗马天主教徒和持不同政见者都被明确判定不适合经营这些场所,因为这些地方"天然的是煽动阴谋的场所和政治叛乱的温床"。17世纪80年代早期,围绕着信奉天主教的约克公爵①的王位继承权问题,引发了潜在的政治危机,政府禁止各个教区的高级治安警官向当地的小酒馆和咖啡馆老板颁发经营许可证。[58]泰特斯·奥茨经常光顾的地方,阿姆斯特丹咖啡馆(Amsterdam Coffeehouse)老板彼得·基德,因违反这一规定数度被逮捕并被送上法庭受审。约翰·托马斯,奥尔德斯盖特街(Aldersgate Street)上的另一位持不同政见者,被一份皇家令状逐出教会,并因拒不服从命令而被教会法庭监禁。[59]
187 至于那些尚未拿到许可证的人,他们需要在选举时投出正确的选票以表达忠诚。1682年年末,国王的自信达到了顶峰,詹姆斯二世通知伦敦市长,明令他要求伦敦市所有酒馆和咖啡馆老板参加区民大会(wardmote),如果"他们想要拿到下一年的营业执照的话",就要"投票给国王和政府中意的候选人"。"王室为了清除伦敦市政府中可疑的辉格党分子,甚至开始对酒馆执照进行宗教上和政治上的检验。托利党坚定的支持者罗杰·莱斯特兰奇为这种做法辩护说:这是基于"民事和政治上的双重考虑",在这种情况下,政府有必要肃清潜在的麻烦制造者,以免他们煽动对政府的不满。[60]

对发放许可证进行审查和限制的做法一直持续到18世纪,尽管受其迫害的主要对象已经发生了变化。1688年光荣革命后,许可证歧视的主要对象是二世党人和天主教徒,而不再针对辉格党人和持不同政见者了。1716年12月,地方法官在米德尔塞克斯郡的季审法庭上宣布:通过对持证人及其经营场所的安全保证和宣誓效忠国王的至高无上权威等措施,所有"天主教教士、非陪审员和其他对国王陛下个人和政府不满的人"都应被拒绝颁发执照。在这件事上,地方法官拥有自由裁量权,而如何裁决很大程度上取决于法官的个人偏见。1702年,巴恩斯泰普(Barnstaple)的一位法官拒绝向其管辖范围内的一名女咖啡商颁发许可证,除非她承诺不在咖啡馆里为顾客提供辉格派刊物《观察者》,这份刊物由约翰·图钦(John Tutchin)创办,对政府充满恶意。然而,这种做法被视为无端滥用职权,因此图钦敦促这名妇女聘请一名律师,以便在下次季审法庭推动案件重新审理。[61]

斯图亚特王朝和汉诺威王朝期间,英国公共场所的发展象征着作为"第四等级"的公众舆论在数量与影响力方面均呈上升态势,事实上的情形也的确如此,但同时,它们也始终受到国家和地方政府组织的监管,这些组织进行管理的前提基础是:与其他人相比,一些社会成员,如王室和国教会的忠实臣民享有特权,他们更适合成为第四等级

① 即继位前的詹姆斯二世。

的监护人。对认信国家①的持续期望形塑了政治结构的发展,即使这种期望从未完全实现,但通过它,在王政复辟后的英国,公众舆论能够得以表达。当然,这种认信国家并不稳固:尽管理论上并不允许,但像彼得·基德和约翰·托马斯这样的持不同政见者可以钻法律的空子,拿到经营许可证。其他那些悄无声息的持不同政见的咖啡馆老
板们,很可能能够在不受地方或国家当局干扰的情况下悄悄开展业务。但是,用一个 188
人的宗教和政治倾向来确定他是否有资格获得咖啡馆经营许可证,表明了一种强大的观念已深入地渗透到国家和地方一级政府的政治结构中,那就是一个人只有加入依法建立的国教会才有资格成为国家政治完全合格的参与者。

对于那些苦心孤诣经营咖啡生意的中产阶级男女来说,持有经营许可证意义重大。它为持有人提供了一定程度的安全和法律认可。虽然英格兰的咖啡商不像17世纪巴黎的咖啡店主那样,试图建立行会或企业标识,但他们似乎把自己的执照视为一种特权。格拉斯哥第一家咖啡馆的创始人,同时也是整个苏格兰第一家咖啡馆的创始人沃尔特·怀特福特(Walter Whytfoord)上校,于1673年向格拉斯哥当局提出申请,不仅要求获得为期19年的经营许可证,还要求获得在该市内销售咖啡的垄断权,期限同样是19年。[62]

所有的咖啡馆老板都小心翼翼地维护着自己的特权,凭借着这张经营许可证,他们可以维护自己的权利,不受阻碍地经营。在1672年,不少于140名咖啡馆老板签署了一份著名的请愿书,向英格兰最高级别的财政大臣情愿,请愿书中他们抱怨说,尽管他们持有凭诚意和法定权力获得的许可证,但仍旧受到了皇室代理人的骚扰。请愿书中包括伦敦最著名的咖啡馆老板的名字,如威尔咖啡馆的威廉·厄温、加洛韦咖啡馆的托马斯·加洛韦和詹姆斯·法尔,后者在17世纪50年代末在伦敦开了第一家咖啡馆。这份请愿书含蓄地挑战了英国政府的一项特权,即政府可以在其认为必要的情况下对经济事务进行监管,查理二世试图彻底铲除咖啡馆的行为也引发了类似的争论。这意味着,按照议会法规授予的许可证不能因王室一时起意而遭撤销。当然,怀有献身精神的保皇党人是不会同意这一点的,他们认为,如果国王查理二世愿意,他完全有权吊销这些执照。尽管国王从未放弃这一立场,但他也从未成功地推动大规模地废除咖啡馆经营许可证制度。公共场所的经营者经常抱怨当地治安官的不公正对待或是随意镇压,他们用自己的营业执照,特别是那些执照所表明的对王室收入的贡献,来为自己的营生辩护以反抗种种欺压行为。[63]

---

① 16世纪30年代宗教改革使英国实现了王位与祭坛的结合,实现了政教联合。教会与国家是英国社会两个不可分割的组成部分,一方面,由于英格兰圣公会乃“依法创立,受王权管辖,依据议会制定的法律之权威被奉为国教会”,议会不仅是国家的立法机关,同时也是教会的立法机关,所以,圣公会的教义和仪式乃至管理最终都得听从议会的决定;另一方面,按伊丽莎白一世时代最重要的神学家胡克所言,国教会不仅是国民的灵魂“领路人”,也是国家的“领路人”。在这个认信国家中,基督教被看成公正的法律、温和的统治以及真正的自由的唯一坚实的基础,教会理所当然地成为秩序和道德的维护者,成为政治自由的守护者。参见叶建军“评19世纪英国的牛津运动”,《世界历史》2007年第6期。

然而,颁发营业许可并不是监管咖啡馆的唯一手段。像所有其他贸易商一样,伦敦金融城或爱丁堡自治市这样的特许经营管辖范围内的咖啡馆经营者在从事交易之
189 前,必须首先获得荣誉市民权。相比而言,伦敦金融城中的咖啡馆老板们更可能因为没有荣誉市民权而被送上法庭,而不是被问及有无营业执照或特许证书。直到18世纪,该市荣誉市民在市政府管辖范围内进行贸易的垄断权一直受到严格的保护,如果怀疑邻人非法经营,市民们就会要求他们出示荣誉市民证。[64]

咖啡馆老板同样受教区政府管理条例的约束。尽管教区没有司法部门,但他们可以就教区成员的不当行为提交仲裁和罚款。教区的评估可能针对条件恶劣的咖啡馆,或者也可以针对那些在星期天礼拜日喝得酩酊大醉、谩骂不休或以其他方式扰乱治安的本地顾客。当然,这些违法行为只能被不定期起诉,在一些教区则被处以罚款。圣保罗考文特花园的威斯敏斯特教区在这方面尤为严厉,这很可能使得当地咖啡馆老板极为懊恼,因为他们有时会因在自己的经营场所违规而被处以罚款。至于伦敦的其他教区,如圣邓斯坦和圣阿尔法格(St. Dunstan's and St. Alphage's),在王政复辟后格外警惕当地咖啡馆里道德败坏的行为,尽管到17世纪末,他们对这类问题的担忧似乎已经减弱。[65]

当地地方法官偶尔也试图起诉违反安息日规定的人。1679年12月,伦敦市长宣布将对安息日开门营业的公共场所征收一系列罚金。在17世纪90年代和18世纪早期,礼仪改革学会(the Societies for the Reformation of Manners)激起了人们对公共场所的高度警惕,特别是那些在安息日照常营业,或者纵容“淫荡行为”以及其他形式的“邪恶、诅咒和不体面言论”的地方。对一些改革者来说,公共场所经营就等于从“他人的罪恶”中获利,他们试图继续对这些地方施加监管压力。[66]咖啡馆也不能被排除在外,各级当局响应改革者的号召,更加密切地监督和起诉违反安息日规定或涉嫌扰乱秩序的咖啡馆。光荣革命之后,在苏格兰,无论是官方治安官,还是活跃的礼仪改革学会爱丁堡分会会员,都对咖啡馆违反安息日的行为保持高度警惕。直到18世纪,爱丁堡市议会仍密切关注苏格兰咖啡馆学会的道德表现。1704年4月,该议会委员会全面禁止在当地咖啡馆玩纸牌或掷骰子等游戏,因为这些游戏被认为会煽动道德腐化
190 堕落[67](图6-11)。汉诺威王朝入主英伦之后,伦敦地区的地方法官对赌场也采取了类似的行动,尽管像怀特巧克力屋这样不受待见却很时髦的赌博窝点存续了一个世纪而没有遭遇到任何地方法官的阻挠。这是因为,怀特巧克力屋作为辉格党达官显贵们最喜欢的聚会场所之一,备受他们青睐,因而没什么可担心的。[68]

尽管针对咖啡馆有各个层次的管理手段,但对许多人来说,这还不够。在光荣革命后对法战争的几十年里,英国财政税收达到了近乎疯狂的地步,为实现新的筹资计
191 划和项目,咖啡馆长期处于被压榨之中。为了救济在海战中丧生或失踪的海员的遗孀,筹款方案迅速聚焦新的咖啡馆消费税,把它们当作奶牛和摇钱树。尼赫迈亚·格

**图 6-11 咖啡馆内的赌博，作者布朗(Brown)《托马斯·布朗先生的作品》共 4 卷。(伦敦：艾尔，王尔德，1760 年)，雕版，3:261；书架号 Ij B815 C707k，耶鲁大学拜内克古籍善本图书馆供图。尽管外国游客认为英国咖啡馆内的赌博不像在欧洲咖啡馆那么普遍，但在怀特巧克力屋和青年咖啡馆等场所仍然是一种受欢迎的娱乐活动。**

鲁(Nehemiah Grew)认为，伦敦四分之三的公共场所都是多余的，咖啡馆也不例外，因为"它们不断提供诱惑，吸引各色人等前往消磨时间和浪费光阴"。然而，对于如何处理这些妨害大众的蠹虫，最常见的建议不是直接镇压，而是通过选择性征税来进行社会控制。有人指出，消费税的增加和更为有力的税收制度，可能在清除过多咖啡馆的同时增加王室的收入。[69] 1692 年，托马斯·福克斯(Thomas Fox)起草了一份增加咖啡馆消费税的提案，他评论道："古往今来都有这样的说法，人必有乐，那就让价格去决定这些乐子是什么吧。"他认为，让有罪之人为他们的罪恶行径付出更多的代价，这既能够使他们承担相应的社会责任，也能够增加政府的收入，是一种审慎的财政考量。改革咖啡消费税的征收制度本应是明智之举，但因为咖啡消费税专员中普遍存在的贪污腐败和管理不善等问题，这些项目似乎毫无进展。征收咖啡消费税的责任最终从消费税管理部门转移到了关税管理部门。在18世纪，随着茶叶消费和茶叶走私的急剧增加，经营咖啡馆的收入已经微乎其微，人们因而不再那么关注咖啡贸易和咖啡馆经营为国家财政和军事提供资金的作用了。如果像约翰·奥克森福德（John Oxenford）所认为的那样，咖啡的消费量“随着茶叶消费量的增加而减少”，那么，处于英国国家权力核心的金融家们就没必要为榨取这一潜在的税收而劳心费神了。[70] 在财政革命时代，咖啡业从未像计划制定者所希望的那样成为国家财政收入的来源。

咖啡馆之所以兴旺发达，是因为它们提供了一个社交空间，在这个空间里，城市社会的各个部分可以通过各种媒介相互交流，比如演讲、手稿、印刷品，当然还有金钱和信用。咖啡馆成为一个重要的微载体，通过它，人们可以以个体为基础来获得国外的各种信息。[71] 一个日益复杂但仍然非常个性化的政治和社会秩序，需要像咖啡馆这样
192 的地方，在这里，志同道合的人可以找到彼此来处理生意。伦敦咖啡馆环境整体上是多样化的，然而每一家特定的咖啡馆都保持着自身独特的私密氛围。咖啡馆的顾客可以继续以传统的方式见面，面对面地开展业务，但他们能够进行互动是因为一系列日益专业化的场所为他们提供了许多这样的机会。所以会有如乔纳森咖啡馆和加洛韦咖啡馆这样的金融咖啡馆；劳埃德咖啡馆、布里奇咖啡馆这样的商业咖啡馆；山姆咖啡馆、可可树和阿姆斯特丹咖啡馆这样供海上贸易、政党集会及舆论宣传的咖啡馆，以及威尔咖啡馆和巴顿咖啡馆这样著名的文学中心。但是，这是城市劳动分工发展的中间阶段。虽然早期的许多咖啡馆都具备了我们今天所说的办公空间的功能，但它们并非官僚机构。实际上，它们根本算不上什么机构。它们没有保留任何记录，没有任命任何官员，也没有正式的手续来替换成员流失。[72] 它们仍然是非正式的空间，完全依赖于顾客主动持续的惠顾来维持。这样，咖啡馆就符合了复辟后社会经济秩序的需求。它们坐落在城市环境之中，位置便利，为顾客提供了一个适宜的、中立的、庄重的场所，供人们开展互动与交流。在启蒙运动作家大卫·休谟和亚当·弗格森（Adam Ferguson）等人为咖啡馆命名并阐释它的重要意义之前的一个世纪，咖啡馆也许就已经是公民社会开始蓬勃发展的最重要的社交空间了。

在17世纪末和18世纪初，英国商业、消费和金融革命改变了社会和经济生活的性质，咖啡馆正是在这种潮流中出现的，因此同时代的许多人认为咖啡馆既投射了这些革命中最好的方面，也反映了其中最坏的一面。最好的方面是指，在伦敦交易所附近的加洛韦、乔纳森和劳埃德咖啡馆里，商人所表现出的高贵体面的绅士风度代表了以大都市为中心的“绅士资本主义”（gentlemanly capitalism）的日益繁荣。类似的，在考文特花园的威尔和巴顿咖啡馆里，文人们妙语连珠，咖啡馆内的报刊《闲谈者》和《旁

观者》及其众多效仿者将其精心记录，显示出英国文化在欧洲乃至世界与日俱增的重要性。最坏的方面是指，伦敦金融城咖啡馆里股票交易行情动荡，这常被理解为是投机倒把、自私自利，并且通常是来自外国的“金钱利益”至上的邪恶征兆。就此而言，考文特花园的才子们也会被讥讽为浪得虚名的冒牌货。[73]因此，人们对于咖啡馆及其内部发生的活动莫衷一是。在接下来的两章里，本书将进一步探讨王政复辟后英国咖啡馆所扮演的角色。

## 注释

［1］ Lillywhite，*London Coffee Houses*，655-59；Ellis，*Penny Universities*，58-69；Matthew，ed.，*Oxford DNB*，s.v. “William Urwin”；Blundell，*Great Diurnal*，1:35.

［2］ Blundell，*Great Diurnal*，2:103，2:156，2:157，2:158，2:207，2:207，2:208；Boswell，*Boswell's London Journal*，286；Boswell，*Life of Johnson*，770.

［3］关于城乡之间热饮和相关器具的显著差异，参见：Estabrook，*Urbane and Rustic England*，148-49.

［4］整个不列颠群岛咖啡馆迅速繁荣的历程，参见：Pincus，“Coffee Politicians Does Create，” 812-14；Aubertin-Potter and Bennett，*Oxford Coffee Houses*，42-43；Biggins，“Coffeehouses of York，” 50-60；Borsay，*English Urban Renaissance*，145；Wilson，*Sense of the People*，30，32，290，305；Money，“Taverns，Coffee Houses and Clubs，” 24；CLRO，Alchin Box H/103，no. 12.

［5］ Hatton，*New View of London*，1:30。对照阅读：Miège，*Present State of Great Britain*，1:137；Ellis，*Penny Universities*，xiv；Ashton，*Social Life in the Reign of Queen Anne*，1:214；Burnett，“Coffee in the British Diet，1650-1900，” 38；*Calendar of Treasury Books*，1689-1692（24 Dec. 1689），vol. 9，344.

［6］ Weatherill，*Consumer Behaviour and Material Culture in Britain*，26-27。相关数据可与 Shammas，*Pre-Industrial Consumer in England and America*，182 进行比较。关于埃塞克斯稍晚出现的咖啡和茶具，参见：Steer，ed.，*Farm and Cottage Inventories of Mid-Essex*，24，258.

［7］这里因为消费税目各有不同，所以对“经销商”并未进行明确界定。我们很容易认为这里是指咖啡馆，但更有可能的是，消费税税官寻找那些销售量大的咖啡经销商征税。这些经销商中的许多人可能确实同时是咖啡馆老板，但不能假定咖啡经销商一定是咖啡馆老板。

［8］ Blundell，*Great Diurnal*，3:77，3:109，and Bodl. MS Ballard 17，fol. 126；Chartres，“Food Consumption and Internal Trade，” 176.

［9］ Blundell，*Great Diurnal*，1:178-79，1:239，1:284，1:309，1:310，2:33，3:170；参照：Barry，“Press and the Politics of Culture，” 62-63.

［10］ CLRO，Alchin Box H/103，no. 12. 人口数字通常是由教区而不是选区提供的，但我使用了 Brett-James，*Growth of Stuart London*，，500，并作了粗略的比较。

［11］此处的炉灶税纳税申报单参照：Power，“Social Topography of Restoration London，” 202-

6; *London and Westminster Directory for the Year* 1796.

[12]威廉三世与玛丽二世时期，伦敦的评估记录是伦敦人口统计学和社会经济史的重要来源；参见:Glass, "Notes on the Demography of London at the End of the Seventeenth Century"; Glass, "Socio-Economic Status and Occupations in the City of London"; 以及 Glass, ed., *London Inhabitants Within the Walls* 1695.

[13] Alexander, "Economic and Social Structure of the City of London," 15-16; and Glass, "Socio-Economic Status and Occupations in the City of London," 378-79.

[14] Alexander, "Economic and Social Structure of the City of London," 81, 135-36; *Ale-Wives Complaint Against the Coffee-Houses*; Chamberlayne, *Angliae notitia*, 1:45; and Miège, *New State of England*, 2:37-38.

[15] *Review*, 5:129 (22 Jan. 1709), 515; Campbell, *London Tradesman*, 281; Earle, *City Full of People*, 92; Earle, "Middling Sort in London," 143-44; Earle, *Making of the English Middle Class*, 353 n. 126; *Case Between the Proprietors of News-Papers, and the Subscribing Coffee-Men*, 8-9.

[16] Alexander, "Economic and Social Structure of the City of London," 137.

[17] Earle, "Middling Sort in London," 144;参见 Earle, *Making of the English Middle Class*, 109, Table 4.3.

[18]表中收集的数据来自 PRO 和 CLRO 珍贵的档案史料,同时也是大卫・米切尔(David M. Mitchell)和西蒙・史密斯(Simon Smith)两位博士的帮助,他们为我提供了若干重要史料。关于遗嘱来源中富人比例过高的问题,参见:Shammas, *Pre-Industrial Consumer in England and America*, 19. CLRO, MC 1/177∞122 (1671); CLRO, MC 1/128∞56 (1671); CLRO, MC1/174∞120 (3 Nov. 1670); MC 1/199B∞153 (1682).

[19] Muldrew, *Economy of Obligation*; BL, Add. MS 61615, fols. 35r-v (quoted); BL, Sloane MS 4047, fol. 155; BL, Sloane MS 4046, fols. 343, 345, 347; BL, Sloane MS 3516, fol. 100; BL, Sloane MS 4046, fol. 343 (quoted); *Case of the Coffee-Men of London and Westminster*, 23 (quoted).

[20] Pepys, *Diary* (3 Feb. 1664), 5:37; Westminster, St. Paul's Covent Garden, Churchwarden's Accounts, H 453 (1671), fol. 15r; *Calendar of Treasury Books*, vol. 7 (9 Aug. 1683), 889.

[21] Westminster, St. Paul's Covent Garden, Churchwarden's Accounts, H 473, unfoliated; H 476 [1696 book], 38,以及 [1697 book], [30]; Boswell, *Life of Johnson*, 770; 另见于:Matthew, *Oxford DNB*, s.v. "William Urwin."

[22] *Case Between the Proprietors of News-Papers, and the Coffee-Men of London and Westminster*, 13; Borsay, *English Urban Renaissance*, 145.

[23] Alexander, "Economic and Social Structure of the City of London," 137. 迈尔斯(Miles)与博得(Bodl)股票交易密切相关。MS Ballard 47, fol. 8r; Matthew, ed., *Oxford DNB*, s. v.

"Edward Lloyd"; Gibb, *Lloyd's of London*; Archenholz, *A Picture of England*, 200; Matthew, ed., *Oxford DNB*, s.v. "Francis White"; *Life and Character of Moll King*, 13; *Tom K—g's: or the Paphian Grove*; Berry, "Rethinking Politeness."

[24] Saussure, *Foreign View of England*, 102; compare Macky, *Journey Through England*, 1:168-69, and Hilliar, *Brief and Merry History of Great Britain*, 21-23; Chaney, *Lifestyles*.

[25]*London Gazette*, no. 1355 (11-14 Nov. 1678); no. 1978 (30 Oct.-3 Nov. 1684); Key, "Political Culture and Political Rhetoric of County Feasts and Feast Sermons, 1654- 1714"; Key, "Localism of the County Feast in Late Stuart Political Culture." Macky, *Journey Through England*, 1:168; Lillywhite, *London Coffee Houses*, 132-35, 144-45, 200, 202-3, 237-38, 310, 319-20, 414-15, 431, 510-12, 560-61; Uffenbach, *London in* 1710, 27-28, 97, 142, 149, 151, 182, 188..

[26] Lillywhite,*London Coffee Houses*, 387-90, 622-29, 147-49, 282-86, 198-99; Olson, *Anglo-American Politics*, 95-97, 125-28; Hancock, *Citizens of the World*, 88- 89; Byrom, *Private Journal and Literary Remains*, 1:42; Lillywhite, *London Coffee Houses*, 156-58; *Spectator*, no. 609 (20 Oct. 1714), 5:81; Pittis, *Dr. Radcliffe's Life and Letters*, 46.

[27] *CSPD Jan. 1-Apr.* 30, 1683, 184-86; Dr. Williams, Roger Morrice's Entering Books, Q. 413 (4 Jan. 1689); Folger MS L.c. 1346 (6 Mar. 1683); Monod, *Jacobitism and the English People*, 105-6; Horowitz, *Parliament, Policy, and Politics*, 220 n. 67; Lillywhite, *London Coffee Houses*, 288; Bodl. MS Carte, fol. 100v; *Englishman*, no. 36 (26 Dec. [1713]), 144-48.

[28] Lillywhite, *London Coffee Houses*, 163-66, 432-33; Colley, "Loyal Brotherhood and the Cocoa Tree"; Macky, *Journey Through England*, 1:168, 1:124.

[29]*Observator*, 1:61 (12 Oct. 1681); 1:123 (15 Apr. 1682); 1:217 (4 Oct. 1682); 1:227 (21 Oct. 1682); 1:274 (18 Jan. 1683); 1:343 (23 May 1683); 1:355 (12 June 1683); 1:403 (14 Sept. 1683); 1:450 (5 Dec. 1683); *Loyal Protestant*, no. 74 (8 Nov. 1681); no. 85 (3 Dec. 1681); no. 93 (22 Dec. 1681); *Spectator*, no. 521 (28 Oct. 1712), 4:355-56; Lund, "Guilt by Association."

[30]罗伯特·达恩顿关于旧制度时期法国新闻"传播圈"模型的研究也很符合这里提供的后复辟时代伦敦的形象；参见：Robert Darnton, *Forbidden Best-Sellers of Pre-Revolutionary France*, 188-91, 和 Darnton,"An Early Information Society."

[31]近代早期英格兰口头、印刷和手稿交流的相互关联的本质，已在诸如 Fox, Oral and Literate Culture in England; Love, *Culture and Commerce of Texts*, ch. 5; Johns, *Nature of the Book*,和 Bellany, *Politics of Court Scandal*, ch. 1 中得到了很好的描述。对照阅读 Durkheim, *Division of Labor in Society*。

[32] Folger MS L.c. 3043 (7 Sept. 1706);*London Gazette*, no. 2430 (21-25 Feb. 1689); *Impartial Protestant Mercury*, no. 62 (22-25 Nov. 1681); *Extracts from the Records of the Burgh of Edinburgh*, 1701-1718, 15.

[33]*Cup of Coffee* (quoted); PRO, SP 29/99/7; Magalotti, *Lorenzo Magalotti at the Court*

*of Charles II*, 124 (quoted); LC, MS 18124, vol. 1, fol. 10r; Folger MS L.c. 657 (n.d.), MS L.c. 755 (6 Mar. 1678); MS L.c. 1415 (9 Aug. 1683).

[34] PRO, SP 29/211/28; *Observator*, no. 15 (21 May 1681); *Loyal Protestant*, no. 25 (31 May 1681); PRO, SP 29/333/155; SP 29/416/part 2/120; SP 29/437/24; *Extracts from the Records of the Burgh of Edinburgh*, 1681-1689, 148; PRO, SP 29/417/part 1/82.

[35] PRO, SP 29/437/24; HMC, *Eleventh Report*, appendix, part 7, 20; PRO, SP 29/433/part 2/142; HMC, vol. 7, n.s., *Manuscripts of the House of Lords*, 1706-1708, 52; PRO, SP 29/433/part 2/142; PRO, SP 29/433/part 2/139.

[36] *Loyal Protestant*, no. 239 (1 Mar. 1683); CLRO, CS Bk, vol.6, fol. 127b; *Case of the Coffee-Men of London and Westminster*, 13-15; PRO, SP 9/217; Harris, "Newspaper Distribution During Queen Anne's Reign"; *Collection for the Improvement of Husbandry and Trade*, 5:108 (24 Aug. 1694); *Commons Journals*, 9:690.

[37] Folger MS L.c. 1452 (16 Oct. 1683); PRO, SP 29/433/part 2/139-141; BL, Add. MS 4194, fol. 343r.

[38] *Pasquin*, no. 28 (22 Apr. 1723); *Case of the Coffee-Men of London and Westminster*; *Case Between the Proprietors of News-Papers, and the Subscribing Coffee-Men*; *Case Between the Proprietors of News-Papers, and the Coffee-Men of London and Westminster*.

[39] PRO, SP 29/51/10.I; GL, MS 3018/1, fol. 140r; Lillywhite, *London Coffee Houses*, 382, 254-55; compare Johns, *Nature of the Book*, 111; Folger MS L.c. 1202 (4 Apr. 1682); compare PRO, 29/419/9; *Publick Occurances*, no. 1 (25 Sept. 1690); Dunton, *Life and Errors*, 1:217; *Collection for Improvement of Husbandry and Trade*, 12:583 (24 Sept. 1703); Dunton, *Life and Errors*, 235.

[40] PRO, SP 29/373/125; *For Information to All People*; *London Gazette*, no. 1993 (22-24 Dec. 1684); Mark Knights, *Politics and Opinion in Crisis* 1678-81, 173; Baldwin, *Mercurius Anglicus*, no. 2 (10-13 Oct. 1681); *Impartial Protestant Mercury*, no. 50 (11-14 Oct. 1681). Compare *Kingdoms Intelligencer*, 3:25 (15-22 June 1663); *Smith's Currant Intelligence*, no. 17 (6-10 Apr. 1680).

[41] Swift, *Journal to Stella*, 1:3, 1:25, 1:56-58, 1:72, 1:135, 1:167 (quoted), 1:225; Swift, *Journal to Stella*, 1:183; *London Gazette*, no. 1440 (4-8 Sept. 1679); Wildman, *Advertisement from Their Majesties Post-Office*; Ashley, *John Wildman*, 282-89; Toland, *Collection of Several Pieces of Mr. John Toland*, 2:296-314。类似的咖啡馆中相关信件,参见:BL, Add. MS 38847, fols. 113r, 114r; HMC, *Calendar of the Stuart Papers*, vol. 3, 79-80; and Bodl. MS Carte 125, fol. 100v.

[42] Swift, *Journal to Stella*, 1:246; Lillywhite, *London Coffee Houses*, 237-38.

[43]参见 Boulton, *Neighborhood and Society*, 293;与社区和城市身份的相关研究,参见:Arch-

er, *Pursuit of Stability*, 74-83. 对照阅读:Wrightson, *Earthly Necessities*, 75-79.

[44] Davis, *History of Shopping*, 101; Uglow, *Hogarth*, 39-40; Lillywhite, *London Signs*. 马丁·利斯特(Martin Lister)在1689年巴黎之行(*Journey to Paris in the Year* 1698)第17页中赞叹法国皇室对巴黎商店实施的各种规约。Saussure, *Foreign View of England*, 102; CLRO, Court of Aldermen Repertories, 58, fol. 84r; *Tatler*, no. 18 (21 May 1709), 1:145 (quoted); 对照阅读:*Spectator*, no. 28 (2 Apr. 1711), 1:115-18.

[45]Ellis, *Penny Universities*, 36-37; Akerman, *Examples of Coffee House, Tavern, and Tradesmen's Tokens*;Burn, *Descriptive Catalogue of . . . Coffee-House Tokens*.这种代币并非仅由咖啡馆发行,也不仅限于伦敦地区。白金汉郡艾尔斯伯里(Aylesbury, Buckinghamshire)的一家咖啡馆在1670年发行了两种半便士的代币,参见:Buckinghamshire County Record Office, "Turk's Head," 17-19. Muldrew, "Hard Food for Midas"; van der Wee, "Money, Credit, and Banking Systems," 300.

[46] 参见:Burn, *Descriptive Catalogue*, lxxvi-lxxvii; LC MS 18124, vol. 3, fol. 230r. 两项最重要的公告于1672年8月16日和1675年2月19日发布。参见:1675. PRO, PC 2/63, 25; PC 2/63, 57; PC 2/63, 273 (quoted); Mathias, *Transformation of England*, 190-208.

[47] Goldie, "Unacknowledged Republic"; Hindle,*State and Social Change in Early Modern England*; GL, MS 594/2, St. Stephen Walbrook, Vestry Minutes (19 Dec. 1674, 13 May 1675, 29 Apr. 1680).各式各样的咖啡馆包括霍尔彻(Holcher)咖啡馆,麦迪逊(Maddison)咖啡馆,柏奇院(the Berge Yard)咖啡馆,克拉格(Cragg)咖啡馆和鲍威尔(Powell)咖啡馆。

[48] GL, MS 4069/1-2, Cornhill Ward, Wardmote Inquest Book, vol. 1, fols. 316v, 322r, 353r, 437r, 469r, 473r, 483r; Armet, ed.,*Extracts from the Records of the Burgh of Edinburgh*, 1701-1718, 139, 146, 160; LMA, MJ/SBB/601a, 25. 我非常感谢赫特福德郡档案馆Hertfordshire County Record Office档案管理员A.J.卡西迪(A. J. Cassidy)提供的赫特福德郡的相关信息。

[49] GL, MS 68, Vintry Wardmote Inquest Minutes, see esp. fol. 84r; CLRO, MS 020D, 2 vols., 1:364; Bodl. MS D. 129, fol. 29.

[50] Heal,*Hospitality in Early Modern England*, 55-56, 317-18; *CSPD July* 1-*Sept*. 30, 1683, 286-87, 342; Swift, *Journal to Stella*, 1:130; Ehrman et al., *London Eats Out*, 31-47.

[51]*OED*, s.v. "restaurant"; Spang, *Invention of the Restaurant*; Matthew, ed., *Oxford DNB*, s.v. "Pontack"; Byng, *Torrington Diaries*, 182-83.

[52] (*True*) *Domestick Intelligence*, no. 90 (11-14 May 1680). 关于英国小旅店,参见:Chartres, "The Place of Inns in the Commercial Life of London and Western England" ,Everitt, "English Urban Inn, 1560-1760"; PRO, SP 29/47/118; PRO, SP 35/13/7; Folger MS L.c. 2176 (9 May 1693); Hunter, "English Inns, Taverns, Alehouses and Brandyshops," 80-81.

[53] PRO, C 6/244/2; Scott,*Algernon Sidney and the Restoration Crisis*, 175-78; Everitt,

"English Urban Inn, 1560-1760," 174-75; and Kishlansky, *Parliamentary Selection*, 196-97; Holmes, *British Politics in the Age of Anne*, 461 n. 51; Harris, *London Crowds in the Reign of Charles II*, 28.

[54] Hunter, "Legislation, Proclamations and Other National Directives Affecting Inns"; 15 Car. II, c. 10, § xiv;*Extracts from the Records of the Burgh of Glasgow*, 1663- 1690, 172; *Extracts from the Records of the Burgh of Edinburgh*, 1665-1680, 287.

[55] .CLRO, Misc. MSS 95.10; CLRO, SM 47, unfoliated (Apr. 1676); LMA, MJ/SBB/289, 17-19; LMA, MJ/SBB/294, 24; LMA, MJ/SBB/315, 53-54; LMA, MJ/SBB/316, 23; LMA, MJ/SBB/302, 51; LMA, MJ/SBB/303, 57-58; LMA, MJ/SBB/316, 23; Jeaffreson, ed., Middlesex County Records, 4:36; LMA, MJ/SBB/282, 34; LMA, MJ/SP/1676/Jan. 2; *CSPD* 1689-90, 374-75; CLRO, SM 62, unfoliated (Apr. 1692); CLRO, Aldermen Repertories 96:227; CLRO, SM 62, unfoliated (May 1692); CLRO, Aldermen Repertories 96:432, 440; GL, MS 60, fol. 22r; GL, MS 4069/2, fol. 491v; CLRO, LV (B), 1701; MJ/SBB/755, 55. 许多持经营许可证的食品经营者的记录可能在某一时期被销毁,因为在 17 世纪,伦敦金融城的食品经营许可证是受到限制的。

[56] Cunnington,*Records of the County of Wiltshire*, 266; Lancashire County Record Office, QSP 643/14-15 (10 Jan. 1688); CUL, T.II.29, quote at item 1, fol. 2r; Bodl. MS Rawlinson D. 1136, 75, 78.

[57] CLRO, Common Council Journals, 47, fol. 179r; CLRO, Common Hall Minute Books, 5, fol. 416r; LMA, MJ/SBB/436, 38; LMA, MJ/SBB/437, 45; LMA, MJ/SBB/467, 47; GL, MS 68, fol. 16r; GL, MS 4069/2, fol. 497v, fol. 501v. 关于地方行政官的不合与宿怨相关事件,参见 LMA, MJ/SBB/420, 44; PRO, SP 29/51/10.I。

[58] LMA, MJ/SBB/391, 45; LMA, MJ/SBB/401, 44; LMA, MJ/SBB/394, 48; CLRO, SM 53, unfoliated (Oct. 1682); CLRO, Common Council Journals, 49, fol. 404v; Mayor's precept (26 Feb. 1686) in CLRO, Alchin Box H/103 (15, no. 2); PRO, SP 29/417/part 1/77; *CSPD* 1682, 485; PRO, SP 29/422/part 2/110; PRO, SP 29/422/part 2/151.

[59] Folger MS L.c. 1367 (24 Apr. 1683); MS L.c. 1530 (1 May 1684); MS L.c. 1532 (6 May 1684); MS L.c. 1608 (30 Oct. 1684); *CSPD* 1684-85, 305. CLRO, Sessions Papers, Box 2, depositions concerning remarks made against Sir John Moore [c. Oct. 1681], Information of T. Novell; Lillywhite, *London Coffee Houses*, 80-83. Folger MS L.c. 1510 (15 Mar. 1684).驱逐主教令(*Excommunicato capiendo* writs)是惩罚异见人士的一种行之有效但备受争议的手段,参见:Horle, *Quakers and the English Legal System*, 44-46, 53, 231-32, 250-53 nn. 112, 117, 132.

[60] PRO, SP 29/421/102; CLRO, Sessions Minute Book 53; Journals of the Court of Common Council, 49, fol. 404v. 相关行动参见:Harris, "Was the Tory Reaction Popular?"; *Observator*, vol. 1, no. 285 (7 Feb. 1683).

[61] LMA, MJ/OC/1, fol. 14r;*Observator*, vol. 9, no. 29 (22-26 Apr. 1710).

[62] Franklin, *Café, le Thé, et le Chocolat*, 202-6; and Franklin, *Dictionnaire Historique*, 434-35; *Extracts from the Records of the Burgh of Glasgow*, 1663-1690, 72.

[63] PRO, CUST 48/1, 51-52. 关于这份请愿书中所表达的不满的背后原因,请参阅 *Calendar of Treasury Books* 1672-1675, vol. 4, 59, 132; PRO, CUST 48/4, 30-31;对照阅读 PRO, CUST 48/3, 134-36。

[64]*Extracts from the Records of the Burgh of Edinburgh*, 1665-1680, 211; GL, MS 4069/2, fol. 281v; CLRO, Ward Presentments, 242B, St. Dunston & St. Bride in Farringdon without (1690), 36; Cordwainer (1698), 47; 242C, Aldgate (1703); 242D, Farringdon extra (1706) and Broadstreet Ward (1712); 242E, Cordwainer Street (1714), Part of Farringdon extra (1718), and Tower (1720); 243A, Aldersgate in and out (1728); 243C, Bridge Within (1750).关于公民对非法闯入侵犯自由的控诉与不满,参见 CLRO, Sessions Papers, Box 3 (3 Apr. 1688)。

[65] Westminster, St. Paul's Covent Garden, Churchwarden's Accounts, H 449 (1667), unfoliated; H 450 (1668), fols. 5r, 21r; H 452 (1670), fol. 22r; H 453 (1671), fol. 21r; H 454 (1672), fol. 22r; H 455 (1673), [p. 23]; H 456 (1675), fol. 22r; H 461 (1680), unfoliated; H 462 (1681), unfoliated; H 466 (1686), unfoliated; GL, MS 9583/2, part I, fols. 23v, 53r.

[66]*Mercurius Anglicus*, no. 8 (13-17 Dec. 1679); *Athenian Mercury* (9 Sept. 1693), 11:18, q. 2; *Athenian Mercury* (24 Feb. 1694), 13:6;以及 *Observator*, 1:94 (13-17 Mar. 1703). 关于反对公共场所的礼仪改革运动,参见:Shoemaker, "Reforming the City"; Craig, "Movement for the Reformation of Manners," 103-50.

[67] CLRO, Sessions Papers, Box 3 (7 Dec. 1692); CLRO, Alderman repertories 95, fol. 63b; Luttrell,*Brief Historical Relation*, 3:118, 4:352, 5:161; LMA, MJ/SBB/551, 37; Clark, Longleat House newsletter copies, vol. 304-4, fols. 50r, 55r-v; Shoemaker, *Prosecution and Punishment*, 157-58, 263; *Extracts from the Records of the Burgh of Edinburgh*, 1689-1701, 20-21; Edinburgh, MS Laing III.394, 38-39, 307-13; *Extracts from the Records of the Burgh of Edinburgh*, 1701-1718, 71.

[68] LMA, WJ/SP/1718/October (petition); LMA, WJ/OC I, fol. 4; LMA, MJ/OC/1, fols. 8v-9r; Matthew, ed.,*Oxford DNB*, s.v. "Francis White."

[69] Hunt, "Conquering Desires"; Huntington MS HM 1264, 149-51, quote at 150; PRO, CUST 48/3, 24-25, 71-72; [Bevan?], "Proposal for Raising 125,000 l." (c. 1710) in GL, Broadside 13-19; PRO, T 1/100/90, fol. 331;*Calendar of Treasury Papers* 1708- 1714, 162; Bodl. MS Rawlinson D.360, fol. 84r; compare Brooks, "Taxation, Finance, and Public Opinion, 1688-1714," 248-49, 284, 293, 307.

[70] BL, Add. MS 51319, fol. 117v (quoted),另见 fol. 119r;关于咖啡消费税管理不善的相关史料,参见:PRO, PC 2/65, 199; PRO, T 48/88, 29-30; PRO, CUST 48/2, 217, 219-20, 232-33;

PRO, CUST 48/3, 129, 130, 131-33; 1 W & M, sess. 2, c. 3。参见:*Calendar of Treasury Books*, *vol.* 10, 4 pts., January 1693 to March 1696, 285. 然而,咖啡仍须缴纳关税和消费税,参见:Hoon, *Organization of the English Customs System*, 86; Clark, *Guide to English Commercial Statistics*, 110.

[71]关于更广阔的信息经济研究,参见:Smith, "Function of Commercial Centers in the Modernization of European Capitalism."

[72]因而,咖啡馆和更正规的绅士俱乐部之间也许存在一种共生关系,参见:Clark, *British Clubs and Societies*; Langford, *Englishness Identified*, 253-54.

[73] Cain and Hopkins, *British Imperialism*; Pallares-Burke, "*Spectator* Abroad''; Bodl. MS Ballard 47, fol. 8r; Hoppit, "Myths of the South Sea Bubble"; BL, Harley MS 7317, fol. 126v; Harley MS 7319, fols. 182r, 196r, 366r, 367r.

# 第七章　咖啡馆政治化 193

在上一章中，本书详细探讨了王政复辟后，英国咖啡馆在社会和政治秩序中得以安身立命的各种方式。由此可见，与其理所当然地将咖啡馆视为反叛现实的中心，还不如将它们理解成为在近代早期风俗、习惯，乃至法律规范的框架中发展起来的机构。然而，在17世纪末18世纪初的这段时间里，新兴咖啡馆仍然饱受争议。比如人们很可能会问，如果咖啡馆已经成功地被整合进社会秩序当中，为什么它们仍然会引发如此强烈的焦虑与不安？这一问题的答案并不关乎咖啡馆本身的性质，而在于斯图亚特王朝晚期和汉诺威王朝早期的政治冲突所导致的痛苦变迁。咖啡馆的兴起恰逢所谓的“党派之争”，而这种党派冲突形塑了人们对咖啡馆政治的看法。这一时期，英国政治发生了许多戏剧性的转折，为捍卫政权，复辟后的斯图亚特王朝与国内外的敌对势力展开了艰难的斗争，1688—1689年，王位最终被信奉新教的威廉三世国王和玛丽二世女王继承。这些发生在上层的政治变革必然对咖啡馆管理造成影响。又因为每一个政权所面临的政治议题都不尽相同，所以也采取了殊异的策略来管控咖啡馆。本章将讲述君主制复辟后的六十年间，英国历届政府对咖啡馆政治的应对方式。尽管随 194
着国家政治格局的变化，咖啡馆政治所带来的挑战与威胁也各不相同，但令人震惊的是，人们对咖啡馆政治的焦虑一直存在。这个君主制国家连同它的几任统治者，只是逐渐勉强地接受了一个事实，那就是，不列颠群岛上的咖啡馆不可能被完全压制，与此同时，政府也从未停止监控并规范那些发生在咖啡馆里的政治活动。

## 王政复辟与咖啡馆政治(1660—1675)

面对一个咖啡馆林立的新世界，复辟政权显然感到无所适从。一方面，作为王室合法收入的咖啡消费税构成了复辟政权财政根基的重要部分，但另一方面，自咖啡馆出现伊始，查理二世和他的兄弟詹姆斯二世就视其为包藏祸心之地，担心它们会成为颠覆政府的活动中心。查理二世和克拉伦登伯爵都心知肚明，即便到了1660年年初，在王权复辟已成定局之时，詹姆斯·哈林顿组织的共和主义罗塔俱乐部(Republican

Rota Club)仍在伦敦的迈尔斯咖啡馆(Miles's Coffeehouse)集会。当时的人们认为持不同政见者是“咖啡馆的常客”。考虑到这一情形,查理二世不可能对咖啡馆抱有好感,而最让复辟政权的统治者们感到恐惧的是,咖啡馆充当了政治辩论和新闻传播的中心。[1]正如我们所见,王政复辟后不久,咖啡馆即成为新闻生产及消费的重要场所,也就无怪乎复辟政权从一开始就认为,对咖啡馆里发生的活动进行监视是明智之举。这项工作被委托给了亨利·马迪曼(Henry Muddiman)以及其后的罗杰·莱斯特兰奇(Roger L'Estrange),两人都垄断了新闻出版许可证,并被确保他们的特权不受侵犯。[2]然而,对于一个刚刚重返王位且忧心忡忡的君主来说,这些还远远不够。查理二世决心将全国的咖啡馆赶尽杀绝。

1666年年底,查理二世同大法官克拉伦登伯爵(the Earl of Clarendon)商议彻底取缔咖啡馆的可能性。克拉伦登与国王不谋而合,也认为这是可取之策,因为咖啡馆允许人们“对政府进行最恶毒的诽谤”,而且“人们普遍相信,在咖啡馆里,他们有权利
195 畅所欲言而不被质疑”。他提议,可以通过巧妙地利用间谍记录下那些公开嘲讽政府的言论,再通过王室公告来取缔咖啡馆。查理二世同意了这一提议,并要求克拉伦登在枢密院的一次会议上公开倡议取缔咖啡馆。国务大臣威廉·考文垂(William Coventry)否决了这项提案,他指出:咖啡消费税对王室颇具价值,并且这样的全面禁令可能会招致人们对国王更大的怨恨与不满。此外,他补充道:“相比在其他地方,国王的支持者们在咖啡馆里享有更多的言论自由。”查理二世因此发生动摇,这件事暂时不了了之。[3]克拉伦登和考文垂在1666年爆发的这场短暂的意见冲突,为后来有关咖啡馆管理问题的争论定下了基调。咖啡馆对君主制会造成如此之大的威胁,以至于它们必须被打压吗?又或者说,它们有可能被视为一个颇具价值的新场所,在那里可以培养出忠君爱国的情感吗?尽管在1666年以及此后的数次争论中,后一种观点都占据了上风,但统治者们依旧痴心妄想,妄图有朝一日,他们能够最终平息充斥在咖啡馆里的煽动性言论。

枢密院没有直接起诉咖啡馆,而是颁布了一项禁令,禁止向在咖啡馆里兜售不实之词和小册子的小贩出售印刷品。尽管克拉伦登的建议注定失败,但在其后不久,王室又开始考虑直接对咖啡馆采取进一步的行动。1671年2月,国王再次公开质询枢密院是否能够使用合法且有效的手段来打压咖啡馆。尽管当时并未采取任何行动,但在那年晚些时候,国务卿约瑟夫·威廉姆森(Joseph Williamson)将此事提上日程,他表示“对于政府而言,没有什么比取缔伦敦的咖啡馆更重要的事了”。到1672年年初,国王将取缔咖啡馆的合法性问题交由奥兰多·布里奇曼勋爵(Lord Orlando Bridgeman)和一个法官委员会来审议定夺。[4]

查理二世并未对咖啡馆进行直接的打压,而是决意严惩咖啡馆中的煽动叛国行为,由此可见,委员会决议并未支持国王打压咖啡馆的计划。当年5月,查理二世命令

司法部部长亨内吉·芬奇爵士(Sir Heneage Finch)起草一份公告,禁止在咖啡馆内散布谣言惑众,同年6月,国王适时发布了这份皇室公告,要求"治下臣民,无论高低贵贱,亦无论在任何条件下,都不得发表或出版任何有关国家和政府事务的虚假新闻报道,或在日常交谈中涉及任何一位王室顾问与大臣"。王室对咖啡馆尤其不满,要求任何在咖啡馆内听到类似政治言论的人,都要向当局进行举报。这份公告在爱丁堡和都 196
柏林两地也被一再重申,对查理二世的苏格兰和爱尔兰臣民同样有效。[5]

17世纪70年代,官方对针对政府的批评与不满更加厌恶与反感。1674年5月2日,国王又颁发公告,慷慨陈词,谴责在公共场合传播虚假新闻和"肆无忌惮地谈论国家和政府事务的行为"。然而,与先前的公告一样,这份公告也收效甚微。1675年11月,议会对公告授权后,位于查令街十字的国王雕像上贴满了反对王室的诽谤言论。不久,一本备受争议的小册子,《一位品质优良的人写给乡下朋友的信》(*A Letter from a Person of Quality to His Friend in the Country* 1675),出现在咖啡馆里。作品指责王室正在沦为阴谋集团的牺牲品,这个阴谋集团由高级教士和骑士组成,力主将天主教与专制王权分别引入宗教信仰与王国统治之中。上议院下令将该作品焚毁,并公布作者、印刷商和发行商的身份。他们首先搜查了伦敦的咖啡馆以及经常光顾这些咖啡馆的小贩们,但小册子的最终源头,沙夫茨伯里伯爵一世安东尼·库珀和他圈子里的知情人却毫发无损。公开的取缔使这本小册子更受欢迎,人们更想要读到它,因此,秘密书商立即将它的售价提高到两倍多。[6]面对这种在咖啡馆里的公开批评,国王准备在1675年年底之前再次尝试取缔咖啡馆。

这次枢密院做好准备支持国王。史蒂夫·平卡斯(Steve Pincus)的研究向我们展示了这一事件。1675年年末,高教会保皇派在王室中占有暂时性支配地位,它为推动打压咖啡馆的公告提供了必要的政治支持。1675年12月29日,国王宣布:自1676年1月10日开始,禁止零售"任何一种咖啡、巧克力、果子露或茶"。公告要求治安官撤销所有此类商品的销售许可证,并在今后不再发放。该公告由伦敦金融城的枢密院和普通法委员会正式记录在案,发表在官方的《伦敦公报》(*London Gazette*)上,同时以手写新闻信和传单等形式发表。12月29日,另一份公告同时发布,鼓励对散布诽谤言论的人进行更严厉的起诉,并悬赏50英镑鼓励检举。[7]

国王强硬的法令激起了人们不屈的斗争和反抗,但也有一部分人认为,在一段时间内,这项禁令可能真的发挥了作用。理查德·兰霍恩(Richard Langhorne)指出,"由于强行打压咖啡馆,伦敦现在处于叛乱状态"。他认为:"强行打压咖啡馆是对政府 197
执政技巧的考验,所有人都在想方设法地规避王室公告",但他"怀疑他们是否真会这么做。因为如果这样的话,就会证明公告是错误的,可是如果政府表现出惧怕人民的样子,我想人民就不会害怕政府了"。在禁令宣布后,王室与咖啡馆之间较量的赌注大大提高,国王的信誉与咖啡贸易的命运、咖啡馆老板们的生计直接相关。

很快,对此事持怀疑态度的人就开始质疑公告能否达到预期的效果。埃德蒙·弗尼(Edmund Verney)说:“我不相信关闭咖啡馆能够阻止人们之间的言论和交谈。”他的儿子拉尔夫则更加愤世嫉俗,他宣称:“只要不做任何违法的事,英国人是不会长期忍受禁止聚会的法令的。我坚信这些聚会将一如既往地带给人们欢乐,会像原来那样继续下去。比起喝茶或是咖啡,人们更愿意喝鼠尾草、水苏或迷迭香做成的饮料,这些本土的商品便宜,因为它们既不用缴纳消费税又不用缴纳关税。打压咖啡馆,王室就会损失税收,它将会成为这项禁令的受害者。而人们还是会想法子碰面,他们甚至可以什么都不喝,只吸烟就行。”[8]

对公告最激烈的反对来自咖啡馆的老板们。当然,他们也是此次事件中遭受损失最大的群体,所以他们中的许多人联合起来向国王提交了请愿书。一些观察人士认为,此举是精心设计的对财政大臣丹比(Danby)的攻击。1676 年 1 月 6 日,查理二世在白厅接待了这些请愿的咖啡馆老板们,老板们在国王面前争辩说,这项公告极为不公,它将毁掉所有从事咖啡经营的人们的生计。他们还提请国王注意,许多咖啡馆老板已经为此投入了大量的资金,不仅包括储备了大量的咖啡、茶和酒,还包括其他重大负债投资,如场地租赁和雇佣雇工和学徒的费用。[9]在收到请愿书请求宽大处理后,查理二世会见了枢密院和法律专家委员会成员,以进一步商讨这个问题。

第二天,委员会慎重地审议了国王行动的合法性。最核心的问题是经营许可证问题。法定机构依法授予酒类零售商们的经营许可证,王室是否有正当的权力吊销它?对于米德尔塞克斯郡来说,这个问题毫无意义:因为该郡的所有经营许可证均已过期,法官们同意不再颁发新的营业执照并要求地方治安官们拒绝相关请求。但是,伦敦金融城中许多咖啡馆的营业执照仍然有效,而在这里,王室行动的法律基础最不稳固,就连国王的顾问们在这一点上也意见相左。在场人之一、首席大法官弗朗西斯·诺斯(Francis North)回忆说,“我们根本无法达成一致,最终只得向国王表明,我们之间仍
198 然存在部分疑虑和分歧,因此国王陛下没有进一步对我们施压”。[10]这样的僵局似乎也促使查理二世重新考虑公告的合法性,很快,委员会积极参与制定法规,以一种有利于维护王室颜面的办法废除了公告,但同时保留了公告惩罚咖啡馆内煽动诽谤活动的初衷。

财政院首席大法官提议,可以允许咖啡馆老板“像商店里那样”销售咖啡,也就是说“让人们买完咖啡后就离开,不要坐在店里面喝,四五十个人聚在一个房间里可能会制造麻烦,如果是这样的话,就可以拒绝颁发营业执照”。诺斯同意这一提议,他认为“咖啡零售可以在不妨害政府的情况下开展经营,这一点是能够实现的,但鉴于目前人们在咖啡馆聚集并讨论政府事务和重要人物,咖啡馆就成了滋生懒惰与实用主义的温床,并且阻碍英国本土商品的消费,因此咖啡馆很可能会被认为是社会公害”。相关的讨论使得经营许可证问题一直拖在那里,无法解决。并且仅仅提前几天通知相关人员

便禁止售卖咖啡会剥夺数百人的生计，这样会显得王室非常残酷与不公。综合以上的因素，查理二世决定暂缓六个月执行禁令。与此同时，国王颁布了另一份公告，允许咖啡馆一直营业至 1676 年 6 月 24 日，以便让所有咖啡馆尽可能卖掉他们现有的存货。同时，要求所有咖啡馆老板作出担保，保证他们店内不接受任何“充斥着丑闻的报刊、书籍或诽谤性文字”，也不允许出现“任何针对政府或其大臣们的虚假或诽谤报道”，并承诺如果有人这么做的话就向当局报告。然而，到了第二年仲夏，有传言说咖啡贸易将被再次叫停。[11]

在皇室的重压之下，咖啡馆能否幸免于难，其情势尚未可知。埃德蒙·弗尼认为，“如果咖啡馆经营要得到官方许可，且必须签署担保书出卖顾客，那么，何不通过皇室一纸禁令，彻底消灭咖啡馆的存在?”韦尔尼认为“诸如此类的手段极度轻率和拙劣”，而伦敦城里的机敏之士们，则编出各种辞令，来讥讽皇室的溃败。但即便情形进展若此，最初的那份公告也没有要被全盘推翻的迹象。新年伊始，国王依旧未改初衷，试图压制咖啡馆内部与政治相关的敏感议题。就在那份禁令被取消后的短短几天之内，包括威廉·佩特(William Peate)在内的几位咖啡馆老板被拘留审查，罪名是涉嫌发布“煽动性言论、散布虚假信息和诽谤新闻”，并试图在咖啡馆中激起民众对王室的恐慌情绪。[12]

## 党派政治(1676—1685) 199

王室对咖啡馆的禁令在 1676 年 1 月未获通过，即便如此，此后很长一段时间内，它也一直没有放弃对咖啡馆的监管。查理二世最终也未能恢复他 1 月批准的延期令，即要求自 1676 年 6 月起，全国咖啡馆停止运营。虽然他反对咖啡馆，但仍设法提出权宜之计。1676 年 7 月 21 日，国王又给咖啡馆老板们宽限了 6 个月的营业时间。

虚张声势的咖啡馆改革无疾而终。国王未能彻底铲除咖啡馆，因此生意也多多少少仍旧照常进行。几乎没有哪个咖啡馆老板觉得有必要告知客人这些事，尽管加洛韦咖啡馆的老板托马斯·加洛韦的确配合国务大臣约瑟夫·威廉姆森查禁相关言论，但当他被问到乔治·维利尔斯(George Villiers)，即白金汉公爵二世在他咖啡馆中的言行时却三缄其口。据说，公爵曾在那里呼吁“成立新议会，并为所有不向国王缴税的绅士们举杯”。即使面对本地治安官的迫害，一些外省的咖啡馆仍然可以通过重新申请营业执照存活下来。最令政府恼火的是，在约翰咖啡馆里，沙夫茨伯里伯爵一世安东尼·库珀一如既往地抨击政府并为反对派政治做准备，咖啡馆的老板们对此心知肚明但拒不揭发。因而，国王只能建议沙夫茨伯里伯爵一世，最好是离开伦敦，彻底放弃与政治的纠葛，而这也是国王唯一能想到的解决办法。[14]

然而，其他违反规定的咖啡馆因其主顾并非权臣显贵，故而仍然引起了皇室的震怒。不仅仅是国王,很多人都认为,“允许人们冒昧地在咖啡馆里获取信息”是对国家安全的严重威胁。1676 年 10 月,一项远征阿尔及尔(Algiers)海盗的计划以失败告终,因为此前消息已经不胫而走,在伦敦大大小小的咖啡馆中传布,人们担心消息已经传回了海盗那里,因为他们在咖啡馆里安插了“最好的密探”。时任海军大臣的塞缪尔·佩皮斯向国王报告了此次泄密事件。因此,又一次,国王和枢密院大臣们一起审问触犯法律的咖啡馆老板们,警告他们不得在经营场所接受任何报刊,并询问了有关这次泄密事件的来龙去脉。同年 11 月,国务大臣威廉姆森才得知是自己办公室的人走漏了消息,他手下的两名职员一直在向咖啡馆新闻信撰稿人提供有关外交事务的敏感信息。[15]

200 因此,当国王再次延长咖啡馆经营许可证至 1677 年 1 月到期时,是否继续为咖啡馆颁发经营许可证就再一次成为问题。在伦敦,那些生意兴隆的咖啡馆老板们再次请愿,恳请国王陛下准许他们继续自己的营生。国王虽然准许了他们的请求,但提出了一个重要附加条件:在以后任何时候,如果请愿者或咖啡馆老板,任何人行为不端或未能按时遵守他们的承诺和约定,放任诽谤或失德言论在咖啡馆流传,国王就会撤销“对咖啡馆仁慈的恩惠和宽容的政令”。[16]事情发展到这一步,双方似乎在经营许可证问题上达成了脆弱的共识。虽然国王没有立即停止颁发营业执照,但他为自己保留了在未来这样做的权力。因此,王室对咖啡馆的威胁仍然存在。

国务大臣约瑟夫·威廉姆森(Joseph Williamson)继续监视咖啡馆里的谈话,仔细寻访伦敦咖啡馆的店员和顾客。1677 年 6 月,因为人们在阿姆斯特丹咖啡馆里传阅一篇题为“西班牙备忘录”的诽谤性文字,咖啡馆老板彼得·基德接受了皇室的当面质询。[17]几个月后的 9 月 12 日,国王传唤了大约二三十个伦敦咖啡馆老板至枢密院,对他们进行公开惩戒,并下令取消他们续签经营许可证的资格。这一次,没有人试图吊销他们的营业执照:查理二世已经默认,在这方面,皇室特权是有限的。尽管如此,流言蜚语很快就传遍了伦敦的大街小巷,说国王又要下决心惩罚王室眼里“为蝇头小利而出卖灵魂的肮脏无耻之徒。他们厚颜无耻,愚蠢之至。至于那些咖啡馆的常客,他们其中一些人出身卑微且粗鄙下流,从未受过良好的教育”。引起这次皇室打压的直接原因是在咖啡馆中散发“西班牙备忘录”这样的诽谤叛国文字,但皇室真正不满的对象是那些“臭名昭著”的咖啡馆老板,比如阿姆斯特丹咖啡馆老板彼得·基德、加洛韦咖啡馆老板托马斯·加洛韦和威登咖啡馆老板丽贝卡·威登(Rebecca Weedon),威登允许在自己的咖啡馆里散发和复制手抄新闻信,对这些,国务大臣威廉姆森了如指掌。[18]

传播“虚假新闻”非常危险,例如,“英国与西班牙间的冲突一触即发”,这则假新闻在咖啡馆里不胫而走。王室借此机会起诉了一些咖啡馆,这就使得此举并非单纯出于
201 国王的一己之怒,而是为了公众的利益。对任何人而言,新闻报道的真实性至关重要,

尤其是那些依靠新闻信息来处理事务的商人，因此，这是用来解决人们对不实报道长期不满的绝佳时机。对这一事件比较温和的看法或许会强调，政府享有合法的权益来阻止记者散布虚假新闻，因为这些新闻可能会对海外贸易造成干扰或是对国家外交政策产生不利影响。无论如何，王室继续以个人名义起诉违反规定的咖啡馆。接着，苏格兰枢密院命令爱丁堡地方执法官取缔了一家咖啡馆，这家咖啡馆是由一群持不同政见者组成的阴谋集团进行经营的。[19]

尽管王室做出了种种努力，但咖啡馆依然作为政治辩论中心存在。就连本应被取缔的阿姆斯特丹咖啡馆、威登咖啡馆和加勒威咖啡馆也仍旧宾朋满座，生意兴隆。1678 年 2 月，尽管有枢密院的最后命令和国王的直接干预，国务大臣威廉姆森仍坚持开列了一份名单，列出了 13 名咖啡馆老板，他们不顾枢密院的最后通牒和皇室的直接干预依旧违法经营。这些咖啡馆老板中的一些人显然因为与国王的私人接触而受到了惩罚。阿姆斯特丹咖啡馆的老板彼得・基德觉得，必须派仆人到国务大臣亨利・考文垂的办公室告发某些顾客，说他们贸然猜测英国与荷兰再次开战的可能性。仆人小心翼翼地请求考文垂说，“如果进行公开的逮捕或审判……请不要将基德先生牵涉进来，因为他当时并不在店内”。基德显然想暂时避免麻烦。同样，这件事也吓坏了托马斯・加洛韦，他小心翼翼地意图改过自新，要求天主教记者爱德华・辛(Edward Sing)“不要将任何新闻以手稿的形式寄到(咖啡馆)，以免你应我的要求所写的新闻，因为我仆人的失误，使我招致国王陛下的不满。作为你的朋友，我建议你不要与任何一家咖啡馆通信，以免遭受诉讼”。尽管如此，加洛韦还是感慨道，“我的案子颇为棘手，因为在我身边，几乎所有的咖啡馆都对接纳各种报刊信心十足，其中不乏一些本应遵守法律委员会条例的人，而他们本应对此类事物避之唯恐不及”。他指责说，未经许可从事新闻业在伦敦咖啡馆中持续泛滥，其主要原因就是伦敦市长未能服从皇室命令，要求持有经营许可证的那些咖啡馆老板缴纳保证金。[20]

这些权宜之计很难根除咖啡馆内的政治活动，特别是在 1678 年年末围绕“天主教复辟阴谋”所展开的争议，于是，国王又一次试图采取行动再次压制咖啡馆。1679 年
12 月爆发了大规模的请愿活动，人们要求取消约克公爵的王位继承权，并在枢密院提 202
出取缔咖啡馆的建议。似乎 1675 年年末和 1676 年的旧辩论将再次重演，事实上，伦敦咖啡馆的老板们也被动员起来进行游说。他们手持请愿书，出席法律委员会会议，他们指出，禁令会断绝许多咖啡馆老板的生计，他们忠于皇室，且在咖啡豆上进行了大量投资，咖啡豆极易腐烂的特点使得投资更加脆弱不堪。[21]委员会再次屈服于这种压力，没有宣布全面取缔咖啡馆。

在排斥危机中，对于错综复杂的咖啡馆政治，国王与王室成员并非仅有的表示不屑的人。咖啡馆中的新闻贩子们，利用公众对国家事务的兴趣进行盈利，令国会议员们也嗤之以鼻。1678 年 10 月，议会开始调查天主教阴谋案，下议院禁止咖啡馆公布

或传播其选举结果。然而，议会选举结果仍旧在咖啡馆里流传，此举有违议会的"荣誉和良知"，当议员们得知这一信息时备感失望与沮丧。在17世纪剩余的时间里，这样的情形反复出现。议会很快开始着手调查咖啡馆中的煽动性言论。1680年10月，因为否认任何有关天主教阴谋并声称长老会在布里斯托咖啡馆里酝酿阴谋，下院议员罗伯特·卡恩爵士（Sir Robert Cann）被剥夺议员资格，送往伦敦塔监狱。与此同时，一些议员考虑传唤并惩罚部分涉嫌在大学周围咖啡馆里散发煽动性请愿书的牛津大学学者。[22]

对天主教阴谋的指控以及随之而来的约克公爵的继任问题，促使英国国内政治产生严重的两极分化，由此所引发的人们对咖啡馆政治作用的担忧与焦虑，遍布于各级政府和所有政治派别之中，包括王室和议会，以及辉格党和托利党。查理二世的皇家管理机构率先开始迫害咖啡馆老板以及那些在咖啡馆里散布新闻和谣言的人，但皇室对咖啡馆政治本身的监管没有原则性地反对。当监管咖啡馆以遏制"假新闻"作为幌子，这项事业就会赢得几乎所有人的支持。但当要确定哪些消息是假的，哪些是真的，困难就出现了。在17世纪70年代末至80年代初这几年中，有关咖啡馆政治作用的辩论，并非被描述为一个试图镇压所有政治反对派的专制君主政体和一个沉浸在咖啡馆中热爱自由的公民社会之间的冲突。争论的焦点集中在，政治组织中的哪一种因素会对教会和国家的现行宪法构成更大的威胁，是潜在的天主教教廷，还是潜在的共和
203 主义反对派？就咖啡馆在这场辩论中所扮演的角色而言，它们似乎是危险的媒介（dangerous vectors），被用来传播煽动性原则和有关政治对手的假消息。充其量，它们也只是一种必要的恶：通过咖啡馆对对手的观点予以反击。[23]

压制公共政治辩论的目标仍旧摆在面前。自1679年年末，政府就加大了压力，进一步监察和压制所有向咖啡馆提供政治新闻和宣传品的人，包括记者、散布诽谤言论者和咖啡馆内叫卖新闻的小商贩。有几位咖啡馆老板提供了信息，用来确认一些记者和散布诽谤言论者的身份，其中包括一位名叫梅森（Mason）的咖啡馆老板，他于1679年12月17日被传唤到枢密院，后来，在支付了100英镑的保释金后获释。1680年1月，枢密院下令逮捕布里斯托的两名记者，书商弗朗西斯·史密斯二世（Francis Smith Ⅱ）也因向咖啡馆出售带有煽动诽谤言论的新闻而被捕。二月，反对派报刊《国内新闻信息报》（*Domstick Intelligence*）的出版商本杰明·哈里斯因印刷煽动诽谤文字被捕，人们认为这是对他从事新闻写作的惩罚。枢密院咨询了几位法官，以考虑采用王室特权管理新闻和小册子买卖，规范其合法性问题。到了五月份，王室颁布公告反对出版新闻和小册子。[24]

政府还加大了对苏格兰咖啡馆的打击力度。1681年1月，苏格兰枢密院审查并监禁了两名爱丁堡的咖啡馆老板，他们分别是约翰·麦克鲁格（John McClurg）和乌姆普拉·克莱克（Umphray Clerk），两人已着手出版一份公报。此后不久，枢密院认

为对麦克鲁格和克莱克的惩罚力度不足。因而宣布，从今以后，除非经爱丁堡主教、枢密院书记员或其他相关负责人批准，所有咖啡馆或类似的“新闻信息屋”均不得出售任何新闻产品，否则将被处以 5000 马克罚款。48 小时后所有苏格兰咖啡馆均需按此规定行事。这一消息很快被刊登上伦敦各大报纸，英国其他报纸也适时夸张地进行报道，说王室已下令取缔爱丁堡所有的咖啡馆。在此期间，麦克鲁格向苏格兰枢密院请愿，承诺今后改过自新，并希望能够恢复他的营业执照。[25]他最终是否如愿以偿，我们不得而知，我们只知道爱丁堡的咖啡馆依旧为该市人民提供新闻和信息。

伦敦当局还对咖啡贸易是否公正表现出了高度的关注。1681 年 9 月，伦敦市议员法庭下令，对该市每个区所有经营咖啡馆的人进行资格和健康状况调查，但此举并 204
没有对咖啡馆行业造成重大打击。1681 年 10 月，政府对咖啡馆经营的直接干预措施再次给咖啡馆带来了威胁，米德尔塞克斯区的地方治安官宣布他们计划控告辖区内所有“公共场所……人们在那里聚集并商讨如何妨碍辖区内的政府事务”。[26]

在此期间，鼓励地方当局根据具体案情逐个起诉是处理违规咖啡馆的首选方案。1679 年 9 月，有传闻说布里斯托的一家咖啡馆举办阅读时事新闻的论坛，像安格尔西伯爵(Earl of Anglesey)和伍斯特侯爵(Marquis of Worcester)这样的贵族也被牵涉进天主教阴谋案中，成为同谋，枢密院决定采取行动。他们将此事交给布里斯托地方当局处理。几个月后，作为持异见人士的聚集地，约翰・金巴尔(John Kymbar)咖啡馆被迫改址搬迁，尽管金巴尔仍旧继续他的生意并承诺会像以前一样为所有顾客提供服务。布里斯托市的和平法官罗伯特・卡恩爵士(Sir Robert Cann)已经因自己在咖啡馆的言论被逐出议会，他继续调查金巴尔咖啡馆，并准备起诉。卡恩向国务大臣亨利・考文垂报告说，金巴尔鼓励一些“(布里斯托)粗鲁无理的非国教徒”集会，他们“经常在那里散布虚假信息和诽谤新闻”。卡恩试图让咖啡馆顾客互相告发，但没能成功。他向考文垂建议，“如果出其不意地取缔这家咖啡馆，可能会防止邪恶的蔓延”。卡恩的努力最初遭受挫折，但就在年末，布里斯托季审法庭起诉了金巴尔咖啡馆，表面的理由是“在礼拜日本应侍奉上帝的时间，却收留闲散人员酗酒抽烟”。[27]在诺维奇，大陪审团同时对两个违规咖啡馆老板采取了类似的行动。1681 年 3 月，牛津大学副校长明确禁止该校学者经常光顾市内咖啡馆，以防引起议会议员与大学社团之间的争端。[28]

比起其他地区，伦敦官方对咖啡馆的管理模式最为严格。一些咖啡馆，如阿姆斯特丹咖啡馆或理查德咖啡馆，以传布煽动性言论著称，当局会带走那里的顾客接受讯问，并鼓励他们告发自己的朋友和其他客人。在担任米德尔塞克斯郡治安法官时，罗杰・莱斯特兰奇从一位名为托马斯・亚当森(Thomas Adamson)的人那里获悉，在理 205
查德咖啡馆里，反对约克勋爵继承王位的相关谈话与支持蒙默斯公爵合法继承身份的谣言四处流传。亚当森还透露，阿姆斯特丹咖啡馆向顾客提供一本煽动性小册子，名为《黑匣子内容的完整联系》(*A Full Relation of the Contents of the Black Box*,

1681)，尽管他声称自己只是在桌子下面找到的它，而且从来没读过，但显然，这个方便且常见的借口并不成立。[29]情报员们密切关注阿姆斯特丹咖啡馆的常客，并评估伦敦其他咖啡馆，如巴塞洛缪巷(Bartholomew Lane)的鲍威尔上尉咖啡馆和琼斯咖啡馆爆发骚乱的可能性。在阿姆斯特丹咖啡馆，可以找到线人并对其进行讯问，因此，泰特斯·奥茨散布的谣言以及那里传播的诽谤煽动性文字均受到持续的监测，另一个著名的手写新闻信制作中心是库姆斯咖啡馆(Combes's Coffeehouse)，因为怀疑窝藏唐·刘易斯(Don Lewis)遭受搜查，他被指控参与了黑麦屋阴谋(the Rye House Conspiracy)。[30]埃尔福德交易巷(Elford's Exchange Alley)一家公司的药剂师阿梅(Army)，揭露了交易巷咖啡馆内一位顾客的共和主义情绪。当一位自称先知的占星家在基夫特尔咖啡馆(Kiftell's Coffeehouse)里践行他的行当并预测国王未来的凶险时，咖啡馆老板查尔斯·基夫特尔(Charles Kiftell)接受了调查。[31]

保守党地方治安官被指控利用法律手段骚扰涉嫌"辉格"的咖啡馆。迪克咖啡馆的老板理查德·图尔沃(Richard Turvor)猜测，因为自己涉嫌经营"辉格派咖啡馆"，所以他修缮门道的请求未能获得总检察长的许可。作为学院的债权人之一，图尔沃确实与斯蒂芬学院审判(the Trial of Stephen College)有牵连。更具对抗性的骚扰策略可能会对被迫害者产生适得其反的效果，一位保皇派船长闯入阿姆斯特丹咖啡馆，试图拿走一份客人们向议会递交的请愿书。顾客们强迫他归还请愿书，随后指控他是天主教阴谋案中的间谍，并将他交给市政府接受审讯。[32]

任何对约克公爵王位继承权持怀疑态度的人，都会遭到托利派及其党羽们的揭发和起诉，他们对此越来越缺乏耐心，因此提请王室注意当地咖啡馆在此类问题上的争端。韦茅斯(Weymouth)区议员约翰·考文垂爵士因涉嫌在咖啡馆辩论中将国王称
206 为流氓和叛徒而被起诉。奇切斯特的约翰·罗宾逊(John Robinson)告发了他的邻居罗伯特·哈斯伦(Robert Haslen)，只因罗伯特在当地一家咖啡馆拒绝为约克公爵的健康干杯。牛津大学的托马斯·海德(Thomas Hyde)向王室告发，说当地的两家咖啡馆每周都会收到"充满煽动性文字的狂热的信件"。爱德华·惠塔克(Edward Whitacre)在王座法庭上被起诉，因为他在巴斯的一家咖啡馆里辩称，17世纪40年代内战中的议会是正义的一方，并且国王查理一世并非被谋杀，而是在经过公正的审判后得到了应有的惩罚。威廉·沃德(William Warde)报告了1683年夏天，他在沃明斯特(Warminster)、威尔特郡(Wiltshire)等地咖啡馆和西部其他地区所听到的不满政府的言论。此外，还有人向国务大臣莱昂内尔·詹金斯(Lionel Jenkins)举报，在"狂热的"汤顿咖啡馆里(Taunton Coffeehouse)，人们一边为蒙默斯公爵的健康干杯，一边散布国王行将就木的谣言。[33]

并不是所有的咖啡馆都是叛国者和反对派的活动据点。位于查令街十字附近的比克咖啡馆(Beake's Coffeehouse)就与政府通力合作，老板比克本人似乎也是忠心耿

耿的皇家信使。山姆咖啡馆作为罗杰·莱斯特兰奇及其追随者的大本营而声名远播，他们定期在那里集会，并负责托利派的宣传工作。用莱斯特兰奇的话来说："这是一群诚实正直的年轻人，他们聚集在山姆咖啡馆，与那些策划天主教阴谋，企图杀害国王的可耻的辉格党人抗争。"手抄新闻信记者威廉·克拉格米尔(William Cragmile)和托马斯·布莱克霍恩(Thomas Blackhorne)寻求王室明确的认可，允许他们向伦敦和全国的咖啡馆兜售新闻，作为回报，他们"承诺不插手以咖啡馆为基地的小册子撰写或参与任何煽动性事件"。[34]

托利派的咖啡馆活动也不免受到当局的骚扰，甚至同样会被辉格党的地方治安官或议会议员起诉。一名反对排斥法案的文员，因为在伦敦一家咖啡馆里用下议院选票的边页留白，记录了第二届排斥法案议会的会议内容，被议会拘留并遭受处罚。1680年12月，爱德华·罗林斯(Edward Rollins)，托利党宣传报刊《赫拉克利特·里登斯》(*Heraclitus Ridens*，1681—1682)的作家之一，在舰队街的一家咖啡馆里发表演讲，因其演讲内容被理解为"反政府的、莫名其妙的煽动性言论"而遭巡警逮捕，并被带至治安官处受审。在本案中，政府是下议院，该院正在审议一项关于容忍持不同政见者的法案，法案遭到罗林斯的反对。罗杰·莱斯特兰奇发现自己的出版商乔安娜·布罗姆(Joanna Brome)因在托利党报纸《观察家》中的诽谤言论而被起诉，伦敦市议员下令逮捕保守党作家纳撒尼尔·汤普森，因为他们认为他发表了不实信息和煽动性新闻。[35]新闻信使罗伯特·史蒂芬斯(Robert Stephens)对莱斯特兰奇怀恨在心，便以他替《观察家》写稿为由，差点将其告上法庭。山姆咖啡馆的忠实顾客们和老板塞缪尔·布思(Samuel Booth)很快就发现自己被卷入了这场争斗，并被迫为他们的赞助人莱斯特兰 207
奇作证。一群保守党人在国王的鱼商维恩的带领下，冲进阿姆斯特丹咖啡馆，威胁并恐吓店里的顾客，胁迫他们否认天主教阴谋和长老会之间的联系，多亏老板彼得·基德亮明自己巡警的身份，才制止了一场骚乱。当着一名地方治安官的面，他逮捕了维恩，并将其捆绑押送至新门监狱。后来，在1682年9月的伦敦季审法庭上，维恩被判有罪。罗杰·莱斯特兰奇在报纸上嘲笑基德巡警，并发现自己在当地的职务与基德离经叛道的行径格格不入。[36]两个月后，基德也面临指控，因为他怂恿当地一名看守与布鲁默上尉带领的在伦敦受训的一帮人打架斗殴。彼得·基德的多重身份对王政复辟时期咖啡馆在英国社会政治结构中所处的复杂地位颇具启发，他既是交易巷咖啡馆的老板，又是当地巡警和辉格党全国政治事业的热心支持者。尽管基德不是王室的朋友，却是"政府"的一员，他在所属教区享有一定的知名度，是个好邻居、诚实的商人，并担任当地巡警。正是这种与地方政府机构的融合，最适合"教区微观政治"，甚至是君主制国家内"未被承认的共和国"，才使得咖啡馆得以生存并蓬勃发展。[37]旨在钳制咖啡馆政治的高压策略，其本身也受到本地社会微观政治结构的抵制，而咖啡馆本身也是这种微观政治的组成部分。

17 世纪 80 年代,英国社会中弥漫着对天主教/持不同政见者阴谋的猜忌和疑虑,政治风向的不确定性影响了咖啡馆里的大众辩论话语。对于那些政治上的精明人来说,谨言慎行成为他们的日常准则。伦敦女帽商、持不同政见者本杰明·克拉克(Benjamin Clarke)警告他的朋友不要在咖啡馆里谈论国家大事。尽管他自认为谨言慎行,但仍被怀疑散布谣言,说有一项建立天主教专制政府的计划正在进行中。当咖啡馆里的话题开始涉及弑君时,码头搬运工乔治·德雷克(George Drake)因为"害怕这种危险的言论",很快离席。随意谈论政治会使人遭遇尴尬、猜忌甚至被当地官员监禁。在一次咖啡馆辩论过程中,贝雷斯福德(Beresford)对自己在海外广泛的经历和一口流利的葡萄牙语颇为得意,他认为这是"击败竞争者的最有力的武器",同席的客人却认
208 为这是他承认自己耶稣会士身份的表现。他被立即逮捕并带到布里德威尔(Bridewell),后来被法官移送至新门监狱,在那里等待下一季庭审。[38]

在这种恐怖的氛围中,很少能有人逃脱怀疑。即便是皇家探员,常常身负逮捕要犯之重任的皇家信使,他们的忠诚也会遭受猜疑。兰贝斯地区的助理牧师,尼德汉姆(Needham)饶有兴趣地观察了查令街十字附近咖啡馆里的活动,他得出结论说,许多信使与主要的异见人士关系友好,包括书商弗朗西斯·史密斯(Francis Smith)和当地的新闻记者。倘若这些信使"穷困潦倒,丧失了收入来源",尼德汉姆总结道:"那么,我们有理由怀疑,他们中的一些人可能会受礼品和贿赂的诱惑,向敌人出卖王室威严的事业。"[39]

到 1682 年下半年,就在托利党开始对辉格党的残余力量做出反应时,地方治安官对咖啡馆再次警惕起来。杜宾法官(Justice Dolbin)指使米德尔塞克斯郡大陪审团提交那些允许在经营场所张贴煽动性小册子的所有咖啡馆名单。1683 年春,各郡的大陪审团均开始留意在其辖区内无经营许可证且存在煽动性言论的咖啡馆。地区治安官们担心辖区内的咖啡馆会"散布虚新闻和诽谤叛国言论,并传播到其他地方欺骗和毒害人民",或者这些咖啡馆倾向于"把心怀不满的人聚集在一起,插手国家事务,批评他们的上司,贬低臣民们对君主的情感与忠诚"。地方政府对辉格派嫌疑分子的清除工作已接近尾声,法庭上有人认为可以恢复镇压咖啡馆里新闻、诽谤和廉价印刷品的传播。在会见市长、庭审记录员和伦敦市议员时,吉尔福德爵士(Lord Guildford)弗朗西斯·诺斯(Francis North)表达了这一观点。[40]

尽管有传言称,伦敦市议院已完全禁止了在伦敦咖啡馆内贩卖小册子和报纸的行为,而伦敦地方法院实际上是根据个案起诉这些小贩。出版公司多年来一直主张,无论是市长还是地方治安官,都需尽全力镇压非法销售小册子的商贩。1684 年 1 月,伦敦市政厅会议(London sessions at the Guildhall)上,一名在阿姆斯特丹咖啡馆叫卖小册子的女商贩因诽谤罪被处以罚款,然而,这一判决几乎未能阻止煽动诽谤性文字从阿姆斯特丹咖啡馆这个牢不可破的反对派政治中心源源不断地传出。[41]庭审会上,陪

审员们特别注意强调，他们不赞成“人们搁置宗教活动而经常流连于酒馆和咖啡馆 209
中”，他们还告诫当地官员，要尽到维护伦敦公共场所治安的职责。此时，克制这种不满已司空见惯：几个月前，皇家掌玺大臣吉尔福德爵士曾因伦敦市议院议员未能制止诽谤文字和煽动性小册子在咖啡馆里的流传，而指责其失职。[42]

## 二世党人继位危机(1685—1702)

不出所料，事实证明，詹姆斯二世登基后，对咖啡馆表现出的善意并不比他的哥哥查理二世多。在詹姆斯二世召开新议会期间，保皇党狂热分子，前任军官雅各布·伯里(Jacob Bury)敦促下议院通过一项法令，禁止“非法聚集或在咖啡馆内集会”。尽管此项提议无疾而终，但国王本人仍在为抑制咖啡馆内的交谈行为而付诸努力。登基后不久，詹姆斯便宣布，他打算重建一套细致缜密的新闻许可证制和监管制度，同时要求皇家特许出版公司(the Stationers' Company)对那些经常在伦敦咖啡馆叫卖报刊和小册子的商贩保持高度的关注和警惕。最后，国王发布一项公告，禁止廉价印刷品的商贩继续从事他们的生意。詹姆士统治时期的特点由这一系列皇室公告的发布为标志，这些公告告诫人们不得发表批评王室的言论或散布可能有损王室利益的信息，相关言论均被冠以“假新闻”( false news)的标签。1685 年 11 月，爱尔兰上议院大法官们正式谴责“未能及时通报那些发布或出版虚假信息和新闻报道的人，或干涉国家事务和任何使用此类非法言论的人，或出席任何涉及此类言论的咖啡馆或其他公开或私下场合举行集会的人”。这些指责并不比以前的任何努力更见效，仅仅几个月之后，时任爱尔兰总督的克拉伦登伯爵(Earl of Clarendon)就写信给国务大臣桑德兰抱怨说，从伦敦寄往爱尔兰的咖啡馆时事通讯中充斥着“最司空见惯的和最愚昧无知的报道，并且大部分都是不实之词”。[43]

詹姆斯统治期间，对咖啡馆的投诉和迫害仍在继续。伦敦的巴特森咖啡馆(Batson's Coffeehouse)因收受并出售含有“煽动性和宗教性”言论的新闻信而被起诉。1687 年初，康科斯特博士(Dr. Conquest)在咖啡馆里慷慨激昂的长篇大论几乎引发了一场国际争端。据说，在伦敦的一家咖啡馆里，康科斯特公开表达了对奥兰治的威廉王子(Prince William)和玛丽公主(Princess Mary)的“极不体面的恶意诽谤和批评”。荷兰大使对此极其不满，在法庭上提出正式诉讼。然而，詹姆斯二世似乎并未对 210
此作出回应，因为诽谤的目标是他缺乏忠诚的女婿，因此康科斯特没有因他的言论而受到惩罚。新国王对持不同政见者相对而言的宽容大度甚至让一些非国教徒的咖啡馆得以生存。在 1686 年，詹姆斯还赦免了身为再浸礼会教徒的咖啡馆老板琼斯。[44]

当詹姆斯二世决定开始疏远效忠英国国教者之后，咖啡馆里充斥着关于王室和外国活动的各种猜测。1688 年 5 月，詹姆斯二世下令，除非店主先缴付保证金，并保证不会在自己经营的场所内接收和销售任何未经许可出版的书籍或报刊，否则不得为咖啡馆或任何其他公共场所颁发营业执照。同时，他要求地方巡警搜查所有咖啡馆，寻找包含煽动或诽谤性言论的报刊，但似乎这次皇室的意愿并未能转化为正式的官方政策。1688 年的最后几个月里，在奥兰治，荷兰即将入侵的谣言仍在继续，一位新闻记者注意到："尽管对那些整天为收集新闻而奔波在咖啡馆里的大老粗们来说，再也没有比这一事件更好的机会打探新闻了，但是，世界上发生的事情从来没有像现在这样充满变数，绝大多数的人都受到了影响，他们想要掩盖事实真相，而目前，诸多报刊小册子开动起引擎，用来制造有关伦敦的传言和最适合聚会的话题。"这种情况显然会对本已缺乏稳定的局面造成威胁，1688 年 10 月初，国王下令所有咖啡馆不得接收除伦敦官方公报以外的任何报纸。新任大法官杰弗里斯勋爵（Lord Jeffreys）召见了负责威斯敏斯特区和米德尔塞克斯区的两位大法官，要求他们对任何敢于公开谈论"国家大事"的人加大起诉力度。[45]

然而，在 10 月 26 日，詹姆斯二世又颁发一份公告，公告中他感叹说："在咖啡馆和其他一些公开和私人场合的聚会中，通过谈论他们完全无法理解的事务，人们就自以为享有批评和谴责政府事务的自由"，他命令所有的臣民：停止相关言论并向当地的治安官告发那些坚持己见的人。公告正式刊印了好几个版本。第二周，当詹姆斯明令禁止有关奥兰治威廉王子的宣传品传布时，颁布公告的真实原因就昭然若揭了。[46]爱丁堡的苏格兰枢密院颁布了两次类似的公告，都柏林的泰康奈伯爵（Lord Tyrconnel）地方议会则颁布了四次。11 月中旬，英国官方报刊《伦敦公报》（*London Gazette*）开始加
211 班加点，每周出版三期"防止虚假新闻和报道"的相关通告，但随着威廉的统治地位逐渐稳固，相关的反对宣传已为时过晚。[47]日益频繁的皇室政令和宣传活动，反映了 1688 年最后几个月，詹姆斯二世政治地位的迅速崩塌。詹姆斯二世逃离英国并非咖啡馆政客们导致的，但他们确实在时间上取得了胜利。1689 年，王位从詹姆斯二世处传给威廉和玛丽，但新君也将面临在他们的新王国内管理咖啡馆的问题。

事实上，"光荣革命"并没有改变英国政府对咖啡馆的态度。与前几任斯图亚特王朝的君主们相同，为确保咖啡馆不会成为针对新政府的政治活动和言论中心，威廉并未减少对咖啡馆的关注。由于担心咖啡馆里存在有关议会辩论内容的自由讨论，下议院在 1689 年的头几个月拒绝授权咖啡馆公布选举结果。约瑟夫·特雷德纳姆爵士（Sir Joseph Tredenham）认为，在咖啡馆里公布议会选举结果是"一种巨大的犯罪"，他与其他一些人一同，敦促政府惩罚那些向咖啡馆提供此类信息的人。然而，惩戒行动时断时续，事实上，议会的议事程序正是通过伦敦的咖啡馆向外公布的。同年 10 月，下议院批准公布其选举结果，但禁止报刊进行报道。议会坚持保留对任何违反议会特权的人进行起诉的权力，直到 1771 年著名的印刷商案发生之后，新闻界报道国会辩论的自由才得到有效的保障。为捍卫这一议会特权，下议院毫不犹豫地将咖啡馆里

的新闻贩子绳之以法。1696 年 2 月，加洛韦咖啡馆的新老板耶利米·斯托克斯(Jeremiah Stokes)和他的手写新闻信记者格里菲斯·卡德(Griffith Card)被传唤至下院，并因允许在其所经营的咖啡馆里传播议会选举结果和议事程序而遭到训斥。为避免被进一步罚款，他们为自己的过失道歉，同时对自己的违规行为表示懊悔。[48]

威廉治下的议会偶尔会提出一些建议以限制新闻在国内的传播。1695 年，《出版许可证制》废除后，议会未能制定出任何有效的新法律来取代它，对报刊印刷出版的担心则随之增大。一些议员建议限制议员免付邮资的特权，因为来自议会的信件(有时是伪造的)是新闻的主要来源。其他人则希望更进一步，为报刊印刷出版制定一个全新的许可证制度。出版许可证制废除几个月后，出现了三份新报刊，它们每三周出版， 212
分别是《邮报男孩》(*the Post Boy*)、《飞报》(*Flying Post*)和《邮报人》(*Post Man*)；到威廉统治末期，至少有 14 家新报纸出现在英国咖啡馆的咖啡桌上。[49]这种新闻文化的泛滥，显然令威廉政府中的许多掌舵人感到不安，许可证制失效后的一年中，议会就提出过一项法案，规定除《伦敦公报》外，禁止所有报纸出版。尽管该法案未能一次通过，但仍被列入立法议程中。在辉格党的《飞报》冒险发表了对政府国库券的估价后，下议院就此再次提出提案，以限制未经许可发布新闻的行为。这项提案同样未获通过，但《飞报》印刷商约翰·索尔兹伯里(John Salisbury)因发布假新闻而被下议院起诉。就在索尔兹伯里被起诉前不久，其他报纸出版商也受到了来自政府的压力，例如爱德华·劳埃德(Edward Lloyd)，他是劳埃德咖啡馆的老板和《劳埃德新闻报》(*Lloyd's News*)的出版商，这家报纸主要关注商业事务，但因报道议会议程而激怒了议会。面对官方的不满和起诉威胁，劳埃德于 1697 年 2 月 23 日，在出版了最后一期《劳埃德新闻报》后，放弃了他的新闻事业。[50]

为了保护自己的出版物不受其他竞争的影响，皇家特许出版公司，特别是《伦敦公报》的印刷商们，会游说要求取缔非法出版物或报业出版许可证。在限制报刊销售的同时，长期以来，皇家特许出版公司还设法取缔挨家挨户贩卖报纸和小册子的小商贩，尽管他们的销售量一直低于老牌书商。1701 年 2 月，下议院任命了一个委员会专门审议传播虚假新闻的相关法令，但委员们的努力并未迎来相关的立法。[51]这些取缔非法出版物或确立报刊出版许可证制的提案没有一项被议会成功地制定为法律，也许部分原因是他们与皇家特许出版公司所鼓吹的垄断贸易有着令人不悦的联系，还有部分原因则是因为上下两院无法就相关立法达成一致。尽管如此，威廉三世统治时期的议会对新闻界和咖啡馆中出现的不受监管的舆论仍旧惴惴不安。即使他们无法有效地阻止其影响，国家中的其他三个等级：国王、上议院和下议院依旧不欢迎被称为“第四等级”的公众舆论进入政治舞台。“第四等级”一词在十九世纪早期以前并未被广泛应 213
用于新闻界或公共舆论，它通常被用来嘲讽国家政治体制内那些新兴的利益集团。[52]

“光荣革命”并未给咖啡馆里的政治辩论带来全新的自由时代。政治精英们仍旧一如既往地提心吊胆,对于正处于战争状态并受到国内外敌人威胁的政府来说,不受限制的、虚假的甚至是叛国的信息传播,可能会对国家稳定产生破坏性影响。王室和议会在"光荣革命"后都清醒地认识到,咖啡馆在英国社会中已然根深蒂固,不可能被完全取缔。尽管威廉三世和之后的安妮女王仍然对咖啡馆内可能藏匿的煽动叛国活动或不受限制地发泄对现政府及其大臣们的不满情绪保持警惕,但两届政府都未曾尝试彻底取缔咖啡馆。

二世党人的宣传网迅速兴起,对刚刚登基的威廉统治形成了极大的威胁;这就意味着自此之后,新君们将被自己的煽动诽谤者所困扰,而伦敦咖啡馆是这些人发泄不满的主要场所。17 世纪 90 年代二世党人发展起来的由酒馆、咖啡馆结成的公共场所网络一直延续到 18 世纪。像奥茨达(Ozinda)和布罗姆菲尔德(Bromfield)这样的二世党人经营的咖啡馆并非秘密经营:出人意料的是,它们广为人知,即便是那些忠于威廉政府的人也能轻易地将它们识别出来。[53] 这些地方常常是二世党人进行政治辩论的基地,经由这些咖啡馆,二世党人的政治主张得以在伦敦传播,并进一步传至英国其他地方。对于二世党宣传者来说,最常见的方式是传统的秘密手段与公开的传播相结合。他们经常在夜间秘密行动,在伦敦的街头巷尾和许多公共场所散布大量带有诽谤性言论的报刊,以便第二天一早人们相互传阅,而同时作者和发行人却保持匿名。为了取得最大的宣传效果,这些报刊还会被订在地方治安官的门上,或是通过便士邮政①直接寄给枢密院大臣或议会议员。[54]

为了对付上述威胁,位于白厅的新政权签发了搜查令,搜查那些对新政权不满的人常常聚集的咖啡馆,他们可能在那里"发表或传播煽动性言论",那些涉嫌参与二世
214 党活动的人也在他们经常光顾的咖啡馆里被捕。一些曾在詹姆士二世军队中服役的军官,退休后开始经营咖啡馆。不出所料,政府对这些可能隐藏潜在不满情绪的咖啡馆进行了严密的监视。1689 年 5 月,在一名皇家信使的带领下,一支荷兰军队闯入白厅附近白金汉宫(Buckingham Court)的一家咖啡馆,当场逮捕了一名爱尔兰嫌犯。[55] 为王室效忠的人肆意地搜查伦敦各处的咖啡馆,寻找二世党和反对派宣传活动的证据,如果一家咖啡馆内发现了含有煽动性言论的作品,老板会被立即逮捕。议会还承诺调查和起诉据报在咖啡馆中散布煽动性言论的案件,一名议员宣称"人们在咖啡馆享有极大的自由",并提醒到,不要表现出缺乏惩罚此类犯罪的决心。1689 年 7 月,伦敦治安官和市长适时地通知伦敦金融城:"许多闲散人员和对政府不满的人在咖啡馆和其他一些地方散布假新闻,发表反政府言论,这是非常令人厌恶和可耻的行为。"这

① 1680 年由威廉·道格拉创办的伦敦市内邮政。在市内七个区设有分发处及四五百个邮亭,负责收寄市内信件以及重量不超过 10 磅的包裹,收费 1 便士,故称"便士邮政",同时使用"邮资已付"的印章,亦称"道格拉邮戳"。这个邮政收费低、收益高,为市民提供了方便。但由于损害了王室利益,于 1698 年被并入国家邮政,道格拉亦因侵犯皇室特权而获罪。见翟宽编著,中国集邮辞典(上),北京出版社,1997 年版,第 29 页。

些确实是他们服从皇室要求的明证,但对监管咖啡馆收效甚微。于是,革命解决方案的管理者们开始了一种基本上是徒劳的抱怨,他们抱怨那些对政府的不满言论,将其贴上“假新闻”的标签,“并愤怒地企图刺激地方治安官,让他们采取措施来制止此类信息的传播”。[56]

在所有已知的反对派新闻记者中,最知名的就是约翰·戴尔(John Dyer)了。与那些复辟时代的新闻记者相同,戴尔将咖啡馆老板和新闻记者两个职业结合起来,并设法在安妮女王统治时期继续出版手写新闻信。戴尔的咖啡馆位于白修士街(White Friars Street),“光荣革命”前,他就在那里以带有强烈的托利党倾向的手法撰写新闻信,在接下来的20年里,他一直是新政权的眼中钉。他的经营是实质性的:可能雇用了多达50名抄写员为他的新闻编辑室工作,每周三次,出版约500份新闻信。他所提供的信息传遍英伦诸岛,远及欧洲大陆。[57]

王室信使曾多次尝试逮捕他,戴尔似乎特别享受与他们进行周旋。王室直接起诉未能阻止戴尔继续写作,于是他们尝试了另一种办法让他闭嘴。1695年9月和10
月,伦敦中央刑事法院分两次起诉了若干名订阅戴尔新闻服务的咖啡馆老板。两起案 215
件的审理都很成功,每次都有两名咖啡馆老板被处以罚款。同年晚些时候,戴尔本人也再次被捕,但他似乎再次逃脱,一直逍遥法外,直到1697年4月,他再次被下议院警卫长拘押。戴尔似乎并未因此受到困扰,继续工作,并于1699年9月被再次拘押。尽管有人一直试图压制他的新闻写作并对他进行专门起诉,但他并未因此受到干扰,并在安妮女王统治期间继续向咖啡馆提供新闻信。到1716年,戴尔离世后近3年,约瑟夫·艾迪生仍旧抱怨戴尔的新闻信误导了公众,尤其是那些乡绅们。艾迪生指出,戴尔的新闻信读者们仍然顽固地拒绝报纸上的官方报道,因为他们更喜欢戴尔带有明显托利党风格的手写新闻信。[58]戴尔所确立的这种秘密的反对派新闻信写作传统,一直持续到汉诺威王朝来临。

尽管未能成功地打压像约翰·戴尔这样的反对派记者,但威廉政权仍不遗余力地尝试用其他方法压制咖啡馆中出现的煽动叛乱的反政府言论。1691年3月,玛丽女王亲自命令伦敦市长和伦敦治安官搜查并起诉“几个对政府不满的危险分子”,据说这些人“每天都要去伦敦的咖啡馆……蓄意散布不实信息和煽动叛乱的反政府言论”。王室会在它认为合适时主动对咖啡馆采取行动。1689年,威廉的枢密院自行行使皇家特权,查封了白金汉宫附近供二世党人活动的布罗姆菲尔德咖啡馆(Bromfield's Jacobite Coffeehouse),国务大臣们仍保持警惕,监视他们认为的“虚假和煽动诽谤新闻”在咖啡馆里传播。国务大臣威廉·特朗布尔(William Trumbull)在巴塞洛缪巷(Bartholomew Lane)的布莱特咖啡馆(Bright's Coffeehouse)等地监视涉嫌从事二世党活动的新闻报道,他下令搜查那些涉嫌窝藏反政府人士的场所。在1693年1月的季审法庭上,咖啡馆的老板们被起诉,因为他们允许二世党徒进入自己经营的咖啡馆。

1695 年 8 月,一则来源于伦敦庞塔克酒馆(Pontack's Tavern)的假消息谎称威廉三世去世,店主被带至市长面前受审。不久之后,一位名叫斯潘塞利(Spencely)的咖啡馆老板也因发表反对王室的叛国言论而被捕入狱,还没来得及为他的罪行受审就死在了监狱里。[59]

由此可见,更多的案件是针对咖啡馆老板提起的诉讼,虽然针对那些在咖啡馆里
216 散布“假新闻”的人起诉不多,但也确实有过。在伦敦一家咖啡馆里,一位执拗的绅士遭到起诉,因为他一直坚持说奥斯曼土耳其人在匈牙利打败了英国皇家军队。他们抓住了这名男子,并要求他在地方治安官面前宣誓效忠国王和王后。他拒绝这样做,因此被处以 40 先令罚款。

1695 年年底,随着密谋暗杀威廉三世的谣言开始在国内流传,尤其是 1696 年 2 月,芬威克阴谋①(Fenwick Plot)败露之后,二世党人的咖啡馆成为寻找嫌犯的首选地点。1696 年 3 月,十名嫌犯在舰队街主教法冠法院(Mitre Court on Fleet Street)的一家咖啡馆被捕,由枢密院亲自审讯,曾任詹姆斯二世军中上尉的这家咖啡馆老板被交由皇室信使拘押。二世党咖啡馆老板斯潘塞利(Spencely)的遗孀也因涉嫌参与刺杀阴谋而被捕,她的咖啡馆里藏有大量二世党人的宣传品。[60] 在这种恐怖的气氛下,酒馆和咖啡馆等场所的经营者们急于报告顾客的可疑言行,以免遭受指控说他们对煽动叛乱言论的态度过于软弱。7 月,上院法官指使米德尔塞克斯郡的地方治安官搜查所有公共场所,寻找可疑的人、武器和马匹。[61] 直至 1701 年,威廉三世去世前不到一年,议会才通过了《王位继承法》,从而保障了汉诺威王室对英国王位的继承权,在此之前,“光荣革命”的解决之道以及新教继承法依然脆弱。在新政权尚未稳定的气候下,咖啡馆仍有嫌疑,因为它们的存在为政治异见的传播提供了潜在的论坛。对于那些将性命、财产和事业都押在作为“光荣革命”解决之道的威廉政权的上层人士而言,只要在政治上仍存在二世党人复辟的可能性,只要咖啡馆仍旧是反复无常的公共舆论得以表达的场所,那么,其前景仍旧堪忧。

## 18 世纪早期(1702—1720)

1702 年 3 月,斯图亚特新君安妮女王继位,这并没有平息政治精英对公众舆论作用的担忧,但是,与查理二世、詹姆斯二世、威廉和玛丽等国王危机四伏的政权相比,18
217 世纪初,安妮女王政府对咖啡馆有着更高的容忍度。1702 年 3 月 26 日,登基后不久,安妮女王即发布了一项公告宣布“禁止传播虚假新闻,禁止印刷和出版含有不信国教言论和煽动诽谤性言论的报刊”,然而,这项声明并未像 17 世纪 90 年代那样,掀起对

① 1696 年,詹姆斯二世党刺客约翰·芬威克爵士(Sir John Fenwick)发动的刺杀威廉国王的阴谋,又称二世党人刺杀阴谋(Jacobite Assassination Plot,1696)。以失败告终,芬威克遭叛国罪指控。

咖啡馆内新闻传播进行起诉的热情。下议院任命了一个委员会负责制止诽谤和煽动性刊物的传播，但是他们能想出的最好的办法也就是发布声明，宣布禁止发表任何有关国会议程的报道。[62]

坎特伯雷大主教托马斯·特尼森追查到在萨里郡克罗伊登地区(Croydon Surrey)流传的女王已死的谣言，其源头来自伦敦的一家咖啡馆，但人们认为这件事没那么重要，不足以采取后续行动。在伦敦金融城的季审法庭上，大陪审团继续听取与原先类似的那些强烈请求，要求起诉那些接受带有煽动诽谤性刊物的公共场所，但几乎没有证据表明这些义愤填膺的长篇大论像以前一样被陪审团成员们放在心上。为了让劲头十足的约翰·戴尔和其他“丑闻”提供者们收声，陪审团进行了若干秘密的尝试，但没有达到过去几十年前的那种规模。即使偶尔有人向安妮女王的第一任国务大臣诺丁汉伯爵抱怨说：“最近，许多爱尔兰和苏格兰的海军上将、少校、陆军上校和上尉，全是天主教徒，整日成群结队地出现在白厅和圣詹姆斯咖啡馆里，大肆吹嘘他们在对法战争后期的丰功伟绩。”无论是王室、议会还是地方治安官，几乎没有采取任何措施来取缔这些咖啡馆或是起诉那些经常光顾咖啡馆的涉嫌参与二世党活动的人士。下议院确实想要起诉约翰·图钦(John Tutchin)和激进的辉格党报刊《观察者》的出版商，因为他们歪曲报道议会议程和选举结果，并擅自在伦敦的咖啡馆里散布类似的假新闻。但图钦的违规行为并没有像17世纪90年代类似的违法行为那样，激起人们试图彻底查禁报刊的愿望。在这一点上所能做的就是强调议会有权不受外界对其事务进行报道的特权。图钦最终没有被起诉，而是于1707年9月被刺客暗杀，就此收声，但他的《观察家》在之后四年半的时间里照旧发行，继续推进辉格党坚定的政治主张。[63]

当然，新闻业照旧高速发展，新闻信作家们也继续在议会开会期间向伦敦咖啡馆提供每日会议记录手稿，违抗政府法令。总体而言，这种做法是能够被勉强容忍的，但是，在1707年2月，由于其中一份新闻信误报了一项有关教会事务议案的细节，上议 218
院对此进行了认真的调查。其中五名罪犯被上议院羁押，他们分别为新闻记者威廉·罗利、约翰·克雷格、以法莲·艾伦、霍顿以及咖啡馆老板威廉·邦德(William Bond)。他们被带到上议院，在出庭律师席前双膝下跪接受训斥，并在被处以罚款之后得以释放。这次议会的调查与迫害表明，咖啡馆的新闻贩子在从事一项合法性值得怀疑的交易时，仍面临着持续的风险。此次事件无疑毁了威廉·邦德的生计，他因入狱而失去了咖啡馆的租约。[64]但类似这样的调查与迫害并不经常发生，这也显示出咖啡馆在这个时候已经能够勉强被政府接受。只要它们不参与煽动叛乱活动或不负责任的报道就可以继续营业。

由此可见，在18世纪早期，英国政府已将咖啡馆作为政治舞台上的永久性设施，也刚刚学会接受它的存在。与17世纪相比，突袭和查禁咖啡馆的次数要少得多，甚至对个别咖啡馆煽动活动的监测和起诉似乎也大为减少,但是,接受咖啡馆内公众的存在这一社会现实,并不意味着政府的决策者们愿意欣然接受公众舆论在国家政策制定中发挥作用。罗伯特·哈利兴许是第一位在任职期间对公共舆论试图实施积极管理而非彻底压制的政府官员,但即便如此,他的策略也是旨在剔除公众舆论中对政府的偏见。多亏了艾伦·唐尼(Alan Downie)的研究,使哈利在职期间对政治宣传的赞助与管理方式广为人知。哈利招募了一批才华横溢的作家,比如丹尼尔·笛福和乔纳森·斯威夫特,前者的《评论》(*Review*,1704—1713)是政府对咖啡馆公众发声的平台,后者是托利派刊物《审查者》(*Examiner*,1710—1714,第一辑)的主笔。尽管有报刊作为辅助,但大臣们对公众舆论的诉求纯粹出于务实,哈利的《评论》一以贯之地对新闻同行们错误和过激的行为持批评态度。它甚至数度呼吁镇压所有报刊。"无论是《评论》《排练》,还是《观察者》",人们认为最好的办法是"让议会对写作进行限制,由其决定什么能写以及由谁来写"。[65]至于对咖啡馆的管理,哈利在国务大臣办公室的幕僚们则利用邮资特权,以颇具竞争力的价格向伦敦咖啡馆提供获政府批准的报刊。在伦敦以外的地区,政府雇用像笛福这样的人作为代理,负责监督有关国务大臣的宣传
219 品在全国主要是在外省咖啡馆中巡回发放。笛福到外省咖啡馆的巡视,不仅可以宣传政府的政策,还可以了解那些对政府可能不满的信息来自哪里。在纽卡斯尔,他注意到,主要因为那些持不同政见的大臣们光顾,阿姆斯特丹咖啡馆和伦敦的哈梅林咖啡馆仍旧作为向各省传播"谬见和谎言"的交换地。[66]

事实证明,对英国咖啡馆来说,安妮女王统治期间更像官方骚扰的短暂喘息期,而不是开启了一个自由放任的新时代。乔治一世统治初期,政权缺乏稳定性,人们对咖啡馆在英国政体中地位问题的那种长期焦虑再次回归。汉诺威王朝入主英伦,世袭继承权的明确断裂,一个坚决支持新君的辉格党政权前途光明,这些在全国范围内再次唤醒了二世党人严重的政治反叛。1714 年 10 月,汉诺威王朝的新君乔治一世继承王位,接下来的几年中,人们对新政权进行了广泛且持久的政治抵抗,直至 1715 年 11 月,以二世党人的军事失败而告终。[67]面对英格兰广泛的民众抗议以及苏格兰赤裸裸的武装叛乱,毫无疑问,咖啡馆会再次受到审查。

在汉诺威王朝的王位继承危机中,许多 17 世纪 90 年代用来监管反对派报刊的策略又重新出台。无论是咖啡馆中的言论还是咖啡馆内的报刊都受到官方严密的监控,以防出现煽动叛乱的迹象。1716 年,坎特伯雷咖啡馆的一名女老板因对新政权表达不满而被捕,她很快发现自己被捆绑起来送往伦敦接受审讯和惩罚;一年后,另一名在格雷夫森德(Gravesend)开咖啡馆的妇女也遭遇同样的命运。治安官会下令搜查涉嫌存在可疑文献的咖啡馆,如牧师托马斯·刘易斯(Thomas Lewis)的周刊《天灾》(*the Scourge*)。1714 年 11 月,复兴的托利党报刊《检查者》开始推出一系列新的报道,政府开始对其施加压力。当局签发逮捕令,下令逮捕该刊的出版商和作者,到 1715 年 5

月，镇压行动波及向顾客提供《检查者》的咖啡馆。除了对印刷报刊的打压，政府开始关注手抄新闻信的传播。尽管约翰·戴尔已经于1713年9月去世，但他的位置很快就被其他反对派记者取代，如乔治·多默(George Dormer)。多默的手抄新闻信延续了戴尔的托利党高教风格，但在汉诺威入主后的政治形势下，这些新闻信被视为危险 *220*
品，不经官方审查则不得刊印发行。有人向邮政总长、国会议员兼国务大臣汤森(Townshend)控告说，1715年夏天，多默的新闻信中的煽动性评论在多家咖啡馆里流传。到1715年10月，多默以涉嫌煽动叛乱罪被捕，他的行动受到严密的监视。[68]

新成立的汉诺威政权重新采取过去的政策，以散布虚假新闻或发表诽谤文字罪提起诉讼，并将此作为他们控制咖啡馆政治家们的手段。1718年10月，财政部事务律师安东尼·克拉切罗德(Anthony Cracherode)在备忘录中建议采取上述行动。他踌躇满志地说："我确信，那些记者和其他新闻工作者很快就会为我们提供起诉他们的材料，据此给他们定罪易如反掌。"毫无疑问他是正确的。就在克拉切罗德胸有成竹地写下他的预言时，反对派新闻出版商纳撒尼尔·米斯特(Nathaniel Mist)接受审查。1718年10月25日，米斯特在自己创办的《周刊》(*Weekly Journal*)上发表了一封"安德鲁·政治爵士"( Sir Andrew Politick)的来信(很可能由丹尼尔·笛福执笔)，信中强烈地批评政府的外交政策，于是政府宣布他犯有叛国罪，并迅速提起诉讼。[69]米斯特和他的商业合伙人一同受到皇家信使的调查；他们的出版物被暂时扣押；米斯特本人也在他经常现身的柴普特咖啡馆(Chapter Coffeehouse)被捕。在米德尔塞克斯郡和伦敦金融城的伦敦中央刑事法院下一季季审法庭上，《周刊》被判定为诽谤性刊物，在做出了适当且恭顺的道歉并保证不再重蹈覆辙之后，米斯特被允许继续经营他的刊物。[70]

"安德鲁·政治爵士"事件之所以受到关注，主要是因为接踵而至的争吵暴露了笛福作为米斯特《周刊》秘密撰稿人的身份，但这也促使斯坦霍普/桑德兰政权(the Stanhope/Sunderland regime)考虑，采取更严厉的措施打击持不同政见者异议的传播。时任国务大臣的斯坦霍普办公室发布了一份备忘录，提出一项议程用来打压像米斯特《周刊》"这种性质的刊物"，它极大地损害了政府在"普通民众"心目中的信誉。除了以诽谤罪起诉该刊记者、印刷商和出版商外，在季审法庭上，有人建议王室内侍大臣鼓励全国各地的治安法官起诉所有接受米斯特《周刊》的咖啡馆。此外，还提出了一项建议，强化新闻出版后的追惩制度。有人提议克拉切罗德作为合适的人选，负责查阅国内出版的所有报刊，查明是否含有煽动诽谤性文字，以便采取行动迅速搜查相关的咖啡馆或其他公共场所，"尤其是那些心怀不满的人经常光顾的地方"，这样一来，有罪方 *221*
就能被抓捕，受到惩罚，并被吊销执照。

米斯特周刊事件促使政府采取进一步行动，打击潜在的反对派意见来源。对其他鼓吹和宣传反政府观念的人同样也签发逮捕令，比如一位名为奈伊(Nye)的手写新闻信记者，专为诺里奇咖啡馆供稿，还有一位伦敦麻布制品商和一名非陪审团会议室的管理员，他们均涉嫌从事煽动诽谤。[71]然而，总体而言，咖啡馆并未遭到大规模的迫害，新的事后追惩制也未能建立起来。尽管如此，在汉诺威王朝初期，那些在斯坦霍普勋爵办公室经过慎重考察的想法显示了人们执着于旧的思维方式，即有必要提高警惕，并在必要时加大力度镇压公众领域中的不满情绪。汉诺威政权毫不犹豫地通过了《反暴乱法》(the Riot Act，1715 年)和将议会任期从三年延长至七年的《七年法案》(the Septennial Act，1716 年)，清除了大学中的异己分子，并确保上议院贵族人数。由上述可见，这绝非一个对公众舆论进行自由表达怀抱好感的政府。汉诺威王朝中的辉格党人与复辟后的斯图亚特君主们一样，均不欢迎一个政治化公共领域的存在。

17 世纪后期到 18 世纪初，对咖啡馆实施某种政治管制的愿望一直未曾改变。这不仅仅是王室的特权，议会也想限制咖啡馆内的新闻传播并惩罚个别违法者。在所有情形下，咖啡馆治安管理的有效性取决于当地治安官和政府官员是否具备执行法律和指令的意愿和能力，这些法律和指令是在法庭和议会中由上级下达的。虽然地方官员对咖啡馆的监管并非毫无用处，但事实证明，他们不可能完全压制新闻、谣言以及政治宣传品的传播。

以咖啡馆为中心的第四等级的公共舆论场所确实发展成为一种不容忽视且日益强大的政治力量，然而它的出现只是受到英国政体勉为其难的欢迎。辉格党和托利党均非咖啡馆政治毫无保留的拥护者：安妮女王统治时期的约瑟夫·艾迪森和理查德·斯蒂尔，与查理二世和詹姆斯二世统治时期的罗杰·莱斯特兰奇一样，对民众不负责任地干预国家高层政治事务所造成的危险持批评态度。正如我们将在下一章所看到
222 的，艾迪生式的辉格党人在控制咖啡馆政治方面采取了不同于莱斯特兰奇和他的托利党高层盟友的策略，但是，对于不受约束的公众舆论的关注与担忧，在近代早期所有政治派系中均有认同。关于咖啡馆可以允许什么样的话题存在的争论，一直持续到 18 世纪。直到 1779 年，诺斯勋爵(Lord North)仍旧嘲笑“民众、报纸读者和咖啡馆读者”有权获得有关北美战争中军费开支的信息。然而，到了美国独立战争时期的议会辩论中，发言者可以通过捍卫“咖啡馆读者”了解国家事务信息的权利来获得支持，理由是公众普遍缴纳了支持诺斯勋爵和乔治三世在北美发动战争的税款。[72]这样的观点在 18 世纪初几乎无迹可寻。在复辟后的一个世纪里，作为一种不可忽视的政治力量，英国的咖啡馆事实上已经根深蒂固地盘结于城市生活的社会、经济与文化结构之中，但旧政权的王公大臣和地方治安官们宁愿看到它们逐渐走向消亡，显然，他们的这一梦想永远也不可能实现。

## 学习与咖啡馆一起生活

那么，17 世纪后期，英国政府是如何向以咖啡馆为代表的长久存在却变动不居的

"第四等级"做出让步与妥协的呢？答案是，它别无选择，只能接受咖啡馆的存在。规范性理想将国家和社会看作不可分割的一个整体，其中政府和其臣民的利益和观念合二为一，但在英国的现实中，它与咖啡馆辩论和咖啡馆中的媒介所表达的生动、多元的利益及观念产生了令人不安的冲突。

这就是为什么在评估复辟时期的政治文化如何学会与咖啡馆以及咖啡馆中所表达的公众舆论共处时，我们必须仔细地区分规范与实践。[73] 17 世纪 50 年代到 60 年代，新咖啡馆出现伊始，咖啡馆中的政治实践便确立了自己的地位。但将其作为一种合法和可接受的事物来认识要滞后许多。英国王室、议会和政府官员对咖啡馆政治的出现一直心怀疑虑。因此，本章详细地描述了在一再试图阻止人们利用咖啡馆作为政治表达场所的过程中各种力量的介入。君主制中央集权可以诱骗和命令臣民在咖啡馆里维持得体的言行举止，但是，如果没有新闻信使、教区官员、区议员、各郡治安官与 223
市政当局的全面合作，这些命令的严格执行则无法实现，因为正是它们共同构成了近代早期英国层层的政府结构。即便是最宽容的人，也不会为发表"煽动诽谤言论"或"虚假新闻"的权利进行辩护，合作是存在的，但也是断断续续的，最后一个事例则表明，这种合作是完全不可靠的。

这是因为，从查理二世复辟到乔治一世登基的这段时期，政治上的分裂使人们越来越难以就什么样的人才是这个国家真正意义上的好臣民达成一致，更别说什么样的言论可以称为"诽谤"或"假新闻"了。查理二世和詹姆斯二世颁布的公告坚持强硬路线，即咖啡馆里的任何政治言论都是非法的。在面临执行公告或其他此类规定的实际情况时，许多人表现得宽容得多。即便后来在托利党的压力下他们被迫撤销了那些咖啡馆的经营许可证，但最初向彼得·基德和约翰·托马斯等持不同政见者颁发营业执照的伦敦金融城的地方治安官们显然认为，这些人有资格获取此类执照。在基德的案子中，我们还看到了一个咖啡馆老板是如何通过担任地方巡警一职来参与地方政府事务的。就国家层面而言，国务大臣约瑟夫·威廉姆森可能对王室压制咖啡馆的意愿表示支持，然而，他自己办公室的职员们却向咖啡馆的新闻记者提供颇具价值的政治信息，威廉姆森本人也一度想要开展自己的新闻信服务，与亨利·穆迪曼(Henry Muddiman)等人所提供的相关服务展开竞争。[74]在复辟时期的政府结构内部，存在着许多这样的断裂与缝隙。由此看来，要将王室的规范性价值转化为国内臣民的政治实践并非易事。

也许这并非巧合，政府放弃了全面压制咖啡馆言论的企图，但几乎与此同时，《容忍法案》(the Toleration Act，1689 年)使新教徒的异见成为一种合法的宗教表达形式。在这两种情形下，"宽容"都并不意味着接受——"宽容"与欣然接纳完全是两个概念。在 18 世纪，政治异见以及它虚伪矫饰的另一种表达方式"偶尔顺从"，一直是激发高教会托利党人政党热情的风向标。出于同样的原因，即便对大多数城市居民而言，咖啡已成为日常生活的必需品，但对咖啡馆内可能隐藏的假新闻或煽动叛乱的政治信仰，政府的恐惧并没有减弱。咖啡馆和其他一些持不同政见者集会场所的存在，撕碎了一种神话般的幻想，即幻想在英国人的政治和宗教生活中存在内在的完全一致性。

224 那些有着高教倾向的人们对这种状况无法容忍，将其视为一种令人不安的干扰。他们憎恨咖啡馆政治就如同憎恨宗教异见一样。即便就事实而言并不成立，但 17 世纪末至 18 世纪初政治舞台上的托利党观察家们通常认为，辉格党人“是咖啡馆里最大的新闻贩子”。在 1682 年的一次一般性陈述中，米德尔塞克斯郡的大陪审团提出了反对秘密集会的理由：

“我们认为，秘密集会场所的存在会损害国家利益。这些集会将我们这些政府官员的分歧透露给国外的王公大臣，因而会暴露国家的弱点，并且，毫无疑问，会使我们之间令人不悦的分歧永久存在，而事实上，面对如上分歧，每位心地善良的人都会抱憾，而每位充满智慧的人都会尽力调和。这是为国家服务的一部分，我们有责任就弥合分歧撰文一篇，这也是我们在现在这个岗位上的职责所在。”

这与针对咖啡馆提出的控诉如出一辙。1681 年，托利党刊物《赫拉克利特・里登斯》(*Heraclitus Ridens*)向读者抱怨道：“秘密集会场所和咖啡馆没有太大的区别，法律却允许其中一个存在，而不允许另一个，‘百年之后，它们会合二为一，并将充斥着噪音和幻觉’。”1713 年，出版商本杰明・图克(Benjamin Tooke)重印了这部作品，用来证实人们对上述恐惧的忍耐力。而此时，已是颁布《容忍法案》和新教继承权获得保障的多年之后，也是艾迪生的《闲谈者》和斯蒂尔的《旁观者》问世很久之后，这两份刊物将咖啡馆作为英国政治中形塑新式文明礼仪以及打造辉格党共识的主要场所来看待。[75]

对社会分裂的恐惧始终萦绕在 18 世纪英国的政治想象中，尽管如此，事实上它还是学会了与咖啡馆这个既有聚会场所又有咖啡的环境共存。1713 年，丹尼尔・笛福以戏谑的口吻描述了曾经严重困扰 17 世纪后期英国国王的事，他写道：“至于说在咖啡馆里四处分发含有叛国言论的报刊，每个人都知道这是那个被称为‘咖啡馆’的地方的原创，咖啡馆老板的职业就是这样，而且似乎很难用这个理由来惩罚他。对咖啡馆老板而言，这样做非常自然也很有必要，为了满足自己的顾客，他们会把从议会得来的带些叛国嫌疑的秘闻与顾客分享。此事从开始如此，现在也是如此，并且将来永远会是如此。”[76]

一个人的叛国言行，对另一个人而言，似乎是无伤大雅的娱乐。然而，接受咖啡馆和秘密集会场所仍将继续存在的社会现实，与拥抱它们所体现出的社会、政治和宗教多样性是截然不同的两件事。这个政治国家的一些成员也许同笛福一道，已经接受了那些由咖啡馆政治辩论所引起的活力和愤怒，但对其他许多人来说，它仍然是一种令人恐惧而非欣然接受的力量。

## 注释

[1] Harrington, *Political Works*, 856-57; BL, Stowe MS 185, fol. 175r; Slaughter, ed., *Ideology and Politics on the Eve of Restoration*, 56.

[2] PRO, SP 29/47/118; PRO, SP 29/51/10.I; Love, *Culture and Commerce*, 74; Miller, *After the Civil Wars*, 60.

[3]参照:Seaward, *Cavalier Parliament*, 73, 257; Hyde, *Life of Edward Earl of Clarendon*, 2:298-99.

[4] SCA, Court Books, Lib. D, fol. 143b; HMC, 12th rpt., App., Part VII, *Manuscripts of Sir Henry Le Fleming*, 52; PRO, PC 2/63, 173; PRO, SP 29/294/64; LC, MS 18124, vol. 3, fol. 154r.

[5] PRO, SP 29/311/112; PRO, PC 2/63, 252; CLRO, Journals of the Court of Common Council, 47, fol. 179v (quoted); PRO, PC 2/63, 259; Steele, *Bibliography of Royal Proclamations*, 3, no. 2359; 2, no. 824.

[6] Steele, *Bibliography*, 1, no. 3595; BL, Add. MS 25124, fol. 53r; HL, HA 4685, Hastings MSS, Box 40 (Christina Hastings to Earl of Huntingdon, Nov. 1675); 另见:(Ralph Verney to Edmund Verney, 6 Dec. 1675); (Edmund Verney to Ralph Verney, 9 Dec. 1675); 以及(Edmund Verney to John Verney, 27 Dec. 1675) in Princeton Verney MSS, microfilm reel 29; [Nedham?], *Paquet of Advices and Animadversions*, 4; HMC, vol. 8, Ninth Report, 66; (William Fall to Sir Ralph Verney, 11 Nov. 1675) in Princeton, Verney MSS, microfilm reel 29.

[7] Pincus, "Coffee Politicians Does Create," 828-29. PRO, PC 2/65, 79; 参照:PRO, SP 29/376/80; CLRO, Journals of the Court of Common Council, 48 (pt. 1), fols. 189r-91r; *Proclamation for the Suppression of the Coffeehouses*; Steele, *Bibliography*, 1, no. 3622; *London Gazette* (27-30 Dec. 1675); Folger MS L.c. 269 (30 Dec. 1675); PRO, PC 2/65, 81; Folger MS L.c. 270 (1 Jan. 1676); SCA, Court Books, Lib. D, fol. 296a.

[8] BL, Add. MSS 29555, fol. 288r; (Edmund Verney to Ralph Verney, 3 Jan. 1676); (Ralph Verney to Edmund Verney, 3 Jan. 1676) both in Princeton, Verney MSS, microfilm reel 29.

[9] BL, Add. MSS 29555, fol. 292r; PRO, PC 2/65, 86; 参照:(Ralph Verney to Edmund Verney, 3 Jan. 1676) in Princeton, Verney MSS, microfilm reel 29; Folger MS L.c. 273 (8 Jan. 1676).

[10] PRO, SP 29/378/40; BL, Add. MS 32518, fol. 228r.

[11] PRO, SP 29/378/48; BL, Add. MS 32518, fol. 228r; 参照:North, *Lives*, 1:197-98; PRO, PC 2/65, 88; PRO, PC 2/65, 92-93; *CSPD* 1675-76, 503; Steele, *Bibliography*, 1, no. 3625; *Additional Proclamation Concerning Coffee-Houses*; *London Gazette*, no. 1059 (10-13 Jan. 1676); LC, MS 18124, vol. 5, fol. 3v.

[12] (Edmund Verney to Ralph Verney, 10 Jan. 1676) in Princeton, Verney MSS, microfilm reel 29; Ellis, *Penny Universities*, 93-94; Pincus, "Coffee Politicians Does Create," 831; (Edmund Verney to Ralph Verney, 6 Jan. 1676) in Princeton, Verney MSS, microfilm reel 29 (quoted); Bodl. MS Don. b.8, 557; De F. Lord, ed., *Poems on Affairs of State*, 1:283. 参照:[Defoe], *Re-*

*view*, vol. [9], no. 76 (28 Mar. 1713), 151; PRO, SP 29/378/76-77, 79; Folger MS L.c. 275 (13 Jan. 1676), quoted.

[13] PRO, PC 2/65, p. 293; PRO, SP 29/383/132; HRHC Bulstrode MS (30 June 1676); Folger MS L.c. 354 (28 July 1676).

[14] PRO, SP 29/385/245-246 [renumbered 325-26],引自 fol. 336r;参照:PRO, SP 29/391/45; HRHC, Bulstrode newsletter (15 Sept. 1676); Beinecke, Osborn MS N 10810; BL, Add. MS 36988, fol. 199r; PRO, SP 29/379/43; Haley, *First Earl of Shaftesbury*, 403-5.

[15] Beinecke, Osborn MS N 10810; HRHC, Bulstrode newsletters (20 Oct. 1676).参照:PRO, SP 29/385/250; Folger MS Xd.529, no. 2 (4 Nov. 1676); Muddiman, *King's Journalist*, 205-7.

[16] PRO, PC 2/65, 439-40; PRO, PC 2/65, 442; CLRO, Misc. MSS 19.4; CUL, T.II.29, item no. 24 (24 Jan. 1677).

[17] PRO, SP 29/391/45; PRO, 29/394/111; PRO, 29/394/174; Dr. Williams, Roger Morrice's Entring Book, vol. 1, P.58. 这份手稿很可能后来以"The Last Memorial of the Spanish Ambassador" (London: Francis Smith, 1681)为题刊印出来。

[18] PRO, PC 2/66, 108; BL, Add. MS 32095, fol. 38r; Bodl. MS Carte 79, fols. 126r-v; (Francis Benson to Sir Leoline Jenkins, 11 Sept. 1677) in HL, HM 30314; PRO, PC 2/66, 108; PRO, 29/396/115, 116;*CSPD* 1677-78, 339; *CSPD* 1677-78, 338.

[19] *Extracts from the Records of the Burgh of Edinburgh*, 1665-1680, 322-23; Hume Brown, ed., *Register of the Privy Council of Scotland* (1676-1678), 278, 283.

[20] Lillywhite, *London Coffee Houses*, 80-83, 216-24; PRO, SP 29/401/60; PRO, SP 29/405/98; PRO, SP 29/401/96. 关于其作为天主教手写新闻信记者,参见 PRO, SP 29/396/115, 116;后来,人们认为他每周领取 20 先令的津贴,用以"在咖啡馆和公共集会中诋毁发现(天主教)阴谋的那些人"。Old Bailey, Ref. o16810228-2 (28 Feb. 1681).

[21] Folger MS L.c. 876 (20 Dec. 1679); (*True*) *Domestick Intelligence*, no. 48 (19 Dec. 1679); *Haarlem Courant*, no. 4 (6 Jan. 1680); Knights, *Politics and Opinion in Crisis*, 172-73.

[22]*Coppy of the Journal Book of the House of Commons*, 33; NLS, MS 14407, fols. 72-73; Grey, *Debates of the House of Commons*, 7:380-85; HRHC, Bulstrode newsletters (27 Oct. 1680); compare Knights, *Politics and Opinion in Crisis*, 276, n. 125; Bodl. MS F. 39, fol. 27v.

[23]因此,讽刺新闻信写手的作品得以流行,例如 *Iter Oxoniense*; Harris, "Venerating the Honesty of a Tinker"。

[24] PRO, PC 2/68, 323, 334;*London Gazette*, no. 1469 (15-18 Dec. 1679); *True Domestick Intelligence*, no. 48 (19 Dec. 1679); PRO, PC 2/68, 359; *Domestick Intelligence*, no. 54 (9 Jan. 1680); Crist, "Francis Smith and the Opposition Press," 131-32; 118; LC, MS 18124, vol. 7, fol. 19; PRO, PC 2/68, 477, 495, 512; Folger MS L.c. 934 (15 May 1680); *London Gazette*, no. 1509 (3-6 May 1680); no. 1513 (12 May 1680).

[25] Hume Brown, ed.,*Register of the Privy Council of Scotland* (1681-82), 1, 21; *Book of*

*the Old Edinburgh Club*, vol. 16, 104; *Smith's Protestant Intelligence*, no. 2 (1-4 Feb. 1681); Hume Brown, ed., *Register of the Privy Council of Scotland* (1681-82), 52.

[26] CLRO, rep. 86, fol. 178r; PRO, SP 29/417/37.

[27] LC, MS 18124, vol. 6, fol. 267; HRHC, Bulstrode newsletters (6 Sept. 1679); [Harris], *Domestick Intelligence*, no. 53 (6 Jan. 1680); IHR (microfilm), Coventry MSS 6, fols. 210 (quoted), 215, 217, 218, 242; *Loyal Protestant*, no. 18 (7 May 1681).

[28] *Currant Intelligence*, no. 26 (19-23 July 1681); Knights, *Politics and Opinion in Crisis*, 173; CSPD 1680-81, 371; *Grand Juries Address*, 2; Atherton, "This Itch Grown a Disease," 44, 58; Folger MS L.c. 1055 (19 Mar. 1681).

[29] PRO, SP 29/413, part 2/169;参照:PRO, SP 29/413, part 2/170; PRO, SP 29/414/55; PRO, SP 29/414, part 1/55:i.

[30] PRO, SP 29/423, part 2/98; PRO, SP 29/431/69; PRO, SP 29/433, part 2/140; Folger MS L.c. 1398 (5 July 1683);参照:PRO, SP 29/433/142; Lillywhite, *London Coffee Houses*, 170; Greaves, *Secrets of the Kingdom*, 254-55.

[31] PRO, SP 29/417, part 1/51. 埃尔福德咖啡馆曾因允许公众阅读亨利·马迪曼的时事通讯而遭受质疑。PRO, SP 29/ 385/250; Muddiman, *King's Journalist*, 205-6. PRO, SP 29/425, part 3, unfoliated/ 138, 33.

[32] Folger MS L.c. 1210 (25 Apr. 1682); Lillywhite, *London Coffee Houses*, 191; Folger MS L.c. 882 (3 Jan. 1680).

[33] Folger MS L.c. 908 (4 Mar. 1680); LC, MS 18124, vol. 7, fol. 26; PRO, SP 29/415, part 2/178; PRO, SP 29/416, part 2/120; Folger MS L.c. 1294 (31 Oct. 1682); PRO, SP 29/427, part 1, unfoliated/23; PRO, SP 29/428, part 1/26 i.

[34] PRO, SP 29/422/26; *Observator*, no. 140 (20 May 1682); 参照:*Diaries of the Popish Plot*, 116. PRO, SP 29/437/15.

[35] Folger MS L.c. 1005 (8 Nov. 1680); *English Gazette*, no. 3 (25-29 Dec. 1680); Folger MS L.c. 1024 (24 Dec. 1680); Crist, "Francis Smith and the Opposition Press," 222-23; CLRO, Aldermen Rep. 87, fol. 126r.

[36] PRO, SP 29/422, part 2/158; PRO, SP 29/422, part 2/164; Folger MS L.c. 1250 (29 July 1682); compare LC, MS 18124, vol. 8, unnumbered fol. between fol. 33 and fol. 34 (25 Mar. 1682); vol. 8, fol. 108; *London Mercury*, no. 34 (28 July-1 Aug. 1682); *Observator*, no. 104 (27 Feb. 1682); no. 123 (15 Apr. 1682); no. 184 (5 Aug. 1682).

[37] Folger MS L.c. 1296 (4 Nov. 1682); MS L.c. 1306 (28 Nov. 1682). 这支训练有素的鼓乐队直接对皇室负责。Allen, "The Role of the London Trained Bands in the Exclusion Crisis." Wrightson, "Politics of the Parish in Early Modern England"; Goldie, "Unacknowledged Republic."

[38] PRO, SP 29/417/36; PRO, SP 29/417, part 1/79; *English Intelligencer*, no. 3 (28 July 1679).

[39] PRO, SP 29/417, part 1/82.

[40] Folger MS L.c. 1298 (9 Nov. 1682); PRO, SP 29/422, part 2/110; PRO, SP 29/422, part 2/151; Folger MS L.c. 1390 (19 June 1683).

[41] HMC, *Seventh Report*, pts. 1-2, 480b; Folger MS L.c. 1240 (11 July 1682); SCA, Court Books, Lib. D, fol. 350a; Lib. D, fol. 350b; Lib. F, fol. 16b; PRO, SP 29/436, part 1/44; 参照：McDowell, *Women of Grub Street*, 60.

[42] LC, MS 18124, vol. 9, fol. 10; Folger MS L.c. 1390 (19 June 1683).

[43] Bury, *Advice to the Commons*, 49; SCA, Court Books, Lib. F, fols. 36a-37b, 68b, 81b; Steele, *Bibliography*, 1, no. 3859; Luttrell, *Brief Historical Relation*, 1:431; SCA, Supplementary Documents, Series I, Box A, Envelope 2, ii (10 Feb. 1688); HMC, *Report on the Manuscripts of the Marquis of Ormonde*, vol. 2, 364; Steele, *Bibliography*, 2, no. 952; *CSPD* 1686-87, no. 281, 73.

[44] PRO, SP 31/1/141; Dr. Williams, Morrice Entring Book, vol. 1, P.599; Folger MS L.c. 1765 (25 Jan. 1687); Clark, Longleat House newsletter copies, vol. 2, fol. 102r; Dr. Williams, Morrice Entring Book, vol. 1, P.563.

[45] BL, Add. MS 4194, fol. 337r, 341v; Clark, Longleat House newsletter copies, vol. 304-3, fol. 109r; BL, Add. MS 4194, fol. 416r; Bodl. MS Don c.38, fol. 299r; Luttrell, *Brief Historical Relation*, 1:467.

[46] CLRO, Journals of the Court of Common Council, 50 (pt. 1), fols. 355r-v; Luttrell, *Brief Historical Relation*, 1:471; Steele, *Bibliography*, 1, no. 3888; Steele, *Bibliography*, 1, no. 3889; CLRO, Journals of the Court of Common Council, 50 (pt. 1), fols. 355v-356r. 关于1688年年末威廉政权的宣传特点，参见：Claydon, *William III and the Godly Revolution*, 24-63.

[47] Steele, *Bibliography*, 3, no. 2746; Steele, *Bibliography*, 3, no. 2747; Luttrell, *Brief Historical Relation*, 1: 478, 1: 489; Steele, *Bibliography*, 2, nos. 1000, 1004, 1005, 1006; *London Gazette*, no. 2400 (15-17 Nov. 1688).

[48] *Commons Journals*, 10:43, 45, 10:273; Cobbett, *Parliamentary History of England*, 5: cols. 164-68，引自：5:165; Grey, *Debates of the House of Commons*, 9:142- 47; Hanson, *Government and the Press*, 76-83; Rea, *English Press in Politics*; *Commons Journals*, 11: 438, 11:439.

[49] Luttrell, *Parliamentary Diary*, 395; Folger MS L.c. 2685 (22 Oct. 1696); L.c. 2686 (24 Oct. 1696); Luttrell, *Brief Historical Relation*, 4: 204; Cocks, *Parliamentary Diary*, 180; Gibbs, "Press and Public Opinion: Prospective," 241; 另见：Gibbs, "Government and the English Press."

[50] Folger MS L.c. 2685 (22 Oct. 1696), L.c. 2686 (24 Oct. 1696); *Commons Journals*, 11: 567; Hoppit, ed., *Failed Legislation*, 212; *Commons Journals*, 11:765, 11:767, 11:774, 11: 777; Hoppit, ed., *Failed Legislation*, 216; Cobbett, *Parliamentary History*, 5: col. 1164; compare Matthew, ed., *Oxford DNB*, s.v. "Edward Lloyd."

[51] Folger MS L.c. 2676 (1 Oct. 1696); SCA, court books, Lib. F, fols. 119a, 121b,. 143b-

144a，146b；SCA，Supplementary Documents，series I，box F，envelope 25，petition vs. hawkers (n.d.)；Hoppit，ed.，*Failed Legislation*，184，190，202，206；Johns，*Nature of the Book*，154-57；Folger MS L.c. 2768 (18 Feb. 1701).

[52] Gibbs，"Government and the English Press，" 89；Hanson，*Government and the Press*，8-10；Gunn，*Beyond Liberty and Property*，90-92.

[53] Luttrell，*Brief Historical Relation*，1:516；Monod，*Jacobitism and the English People*，105-6；Lillywhite，*London Coffee Houses*，135-36，432-33；Bodl. MS Aubrey 13，fol. 85r.

[54]关于这种政治策略的先例，参见：Bellany，*Politics of Court Scandal in Early Modern England*；Fox，*Oral and Literate Culture in England* 1500-1700，chs. 6-7；Folger MS L.c. 2072 (10 Nov，1691)；L.c. 2115 (3 Nov. 1692)；L.c. 2217 (2 Sept. 1693)；L.c. 2293 (27 Feb. 1694)；Luttrell，*Brief Historical Relation*，2:304，2:606，2:608，2:613.

[55]*CSPD* 1689-90，53 (quoted)；*London Gazette*，no. 2429 (18-21 Feb. 1689)；Luttrell，*Brief Historical Relation*，2:202；PRO，SP 44/351，3；HMC，*Report on the Manuscripts of the Duke of Buccleuch & Queensbury*，vol. 2，144，322；Folger MS L.c. 2020 (25 May 1689).

[56] Folger MS L.c. 2073 (12 Nov. 1691)；L.c. 2074 (14 Nov. 1691)；L.c. 2214 (16 Aug. 1693)；*Commons Journals*，10:62-64；Grey，*Debates of the House of Commons*，9:183，188-90，引自：189；CLRO，Sessions Papers，Box 3，8 July 1689；Luttrell，*Brief Historical Relation*，2:253.

[57] HMC，*Twelfth Report . . . Manuscripts of the House of Lords*，1689-1690，40；Folger MS L.c. 2389 (23 Oct. 1694)；Snyder，"Newsletters in England，" 8-9；Love，*Culture and Commerce of Texts*，12；Richards，*Party Propaganda Under Queen Anne*，58；Defoe，"Correspondence Between De Foe and John Fransham，" 261.

[58] Old Bailey，Ref. T16931206-60 (6 Dec. 1693)；Luttrell，*Brief Historical Relation*，3:521，3:542，3:547，4:206；5:287，5:602；Folger MS L.c. 2537 (22 Oct. 1695)；*Commons Journals*，11:710，14:256，14:268；*Flying Post*，no. 692 (12-14 September 1699)；HMC，*Fourteenth Report*，Portland MSS，vol. 4，248；Addison，*Freeholder*，no. 22 (5 Mar. 1716)，132.

[59]*CSPD May* 1690-*Oct*. 1691，263. 另见：Dawson，"London Coffee-Houses and the Beginnings of Lloyd's，" 82；PRO，PC 2/73，253；PRO，SP 32/6/34 (quoted)；PRO，SP 32/12/246；POAS，5:40；HMC，*Report on the Manuscripts of the Marquess of Downshire*，vol. 1，483，参照：482，489；Luttrell，*Brief Historical Relation*，4:448，3:17，3:513，3:533；Folger MS L.c. 2508 (17 Aug. 1695)；Matthew，ed.，*Oxford DNB*，s.v. "Pontack"；Folger MS L.c. 2529 (3 Oct. 1695)；*CSPD July* 1-31 *Dec*. 1695 *and addenda* 1689-95，72-73.

[60] Folger MS L.c. 2378 (2 Oct. 1694)；L.c. 2560 (17 Dec. 1695)；HL，MS HM 30659，no. 60 (19 Mar. 1696)；no. 61 (26 Mar. 1696)；Folger MS L.c. 2593 (7 Mar. 1696).

[61] Folger MS L.c. 2626 (21 May 1696)；L.c. 2650 (16 July 1696)；L.c. 2492 (6 July 1695).

[62] Steele，*Bibliography*，1，no. 4315；Luttrell，*Brief Historical Relation*，5:157，5:132，5:143；*Observator*，no. 2 (8 Apr. 1702).

[63] PRO，SP 34/2/64，fol. 97；HMC，*Fourteenth Report*，Portland MSS，vol. 4，258；CSPD

1703-4, pp. 471, 477; Luttrell, *Brief Historical Relation*, 5:287; PRO, SP 34/3/115, fol. 176;对照阅读:PRO, SP 34/8/62, fol. 98; *Commons Journals*, 14:269-70, 4:336-37; *Observator*, vol. 6, no. 60 (24-27 Sept. 1707); 对照阅读:Matthew, ed., *Oxford DNB*, s.v. "John Tutchin," Black, *English Press in the Eighteenth Century*, 156.

[64] HMC,*Manuscripts of the House of Lords*, 1706-1708, vol. 7, n.s., 50-52; *Lords Journals*, 18:307.

[65] Downie,*Robert Harley and the Press*; [Defoe], *Review*, 5:108 (4 Dec. 1708), 430b; 对照阅读:8:2 (29 Mar. 1711), 7a.

[66] Harris, "Newspaper Distribution During Queen Anne's Reign"; Defoe,*Letters of Daniel Defoe*, 108-18, 388 (quoted); Downie, *Robert Harley and the Press*, 69-70.

[67] Monod, *Jacobitism and the English People*, ch. 6 and passim; 对照阅读: Rogers, "Popular Protest in Early Hanoverian London"; Wilson, *Sense of the People*, 101- 17.

[68] Folger MS L.c. 3944 (10 Sept. 1715);*Weekly Journal or Saturday's Post*, no. 15 (23 Mar. 1716); no. 76 (24 May 1718); *Post-Boy*, no. 4411 (2-5 Nov. 1717); Hyland, "Liberty and Libel," 875; PRO, SP 35/3/78/1-6.

[69] PRO, SP 35/13/6; SP 35/13/7; SP 35/13/17;*Weekly Journal or Saturday's Post*, no. 98 (25 Oct. 1718); PRO, SP 35/13/28.

[70] PRO, SP 35/13/32; SP 35/13/33; SP 35/13/36;*Weekly Journal*, *or*, *British Gazetteer* (1 Nov. 1718), 1192; PRO, SP 35/13/59; *Weekly Journal or Saturday's Post*, no. 100 (8 Nov. 1718); Old Bailey, Ref. T17181205-53 (5 Dec. 1718).

[71] PRO, SP 35/13/31, quoted; SP 35/14/36.

[72]对照阅读:Lund, "Guilt by Association"; Cowan, "Mr. Spectator and the Coffeehouse Public Sphere"; Cobbett, *Parliamentary History of England*, 20:328-29.

[73] 有关规范性公共领域和实际公共领域之间的区别,参见 Cowan, "What Was Masculine About the Public Sphere?" 133-34 中有关介绍。

[74] Muddiman,*King's Journalist*, 200-201.

[75] IHR (microfilm), Thynne MSS 25, fol. 424r;另见:*Dialogue Between an Exchange and Exchange Alley*, 1-2; LMA, MJ/SBB/401, 41; *Heraclitus Ridens*, no. 12 (19 Apr. 1681); *Heraclitus Ridens* (1713).

[76]*Review*, vol. [9], no. 76 (28 Mar. 1713), S 152a.

# 第八章　教化社会 225

请读者对比后面两张咖啡馆插图(图 8-1 和图 8-2)。一张图中的咖啡馆看上去理性持重又宁静祥和,另一张的则显得喧嚣杂芜,混乱不堪。在第一张图中,咖啡馆被描绘成一处能够进行文明交谈和培养艺术鉴赏力的场所——注意墙上的挂画,以及它在顾客中引起的话题——以及对每日新闻和最新出版的政治小册子安静思考的地方。第二张图中的咖啡馆混乱不堪,像“乌合之众”的聚集地。虽然它的陈设和第一张图片十分相似——相似的挂画、印刷品、报纸以及店里男侍者和吧台后的女招待——但顾客们的举止并不十分得体,似乎在没有礼貌地交谈。前者呈现的是理想中的咖啡馆,井然有序,一派祥和,而后者混乱不堪。不难想象,第一张图片将咖啡馆视为开展文明社交和培育公民社会的场所,第二张图片则讽刺咖啡馆,认为它与啤酒屋和供“流动人口”聚集的场所相比强不了多少。[1]

但是,仔细观察就会发现,两张图之间的差别并不像看上去那么大。在第一张图中,对咖啡馆社交的正面刻画令人生疑,因为墙上张贴着一张报纸,宣称“这里有爱尔兰威士忌”,还有一些上面写着格拉布街文人的名字,其中就有在 17 世纪末至 18 世纪初创作了大量流行歌曲和诗歌的托马斯·杜尔费(Thomas D'Urfey)。这意味着,咖 226
啡馆的顾客既不像乍看上去那样正襟危坐,也并非那样值得人尊敬。两张图片都体现出对咖啡馆内社交场合潜在危险的担忧和劝诫。它们以各自的方式暗示:公认的绅士风度只是表面现象,咖啡馆的实际状况并非那么体面。第一种情况的潜在危险是,在它所营造的理想状态下,人们会将谎言、谣言和无聊地消磨时光统统当作文明社交。第二张情况的问题则更为明显:喧闹和暴力极易撕裂咖啡馆里伪装的文明。在英国,自咖啡馆出现伊始直至 18 世纪,种种对公民社会将走向歧途的恐惧便一直困扰着人们对咖啡馆在英国社会中作用的理解。

人们的担忧有着充分的理由。咖啡馆的确是散布流言蜚语,煽动诽谤叛乱和从事政治活动的主要场所。第二张图中所描述的咖啡馆中的混乱场面并非完全出自想象,也并非充满恶意的宣传。事实上,咖啡馆里的意见分歧经常演变成暴力冲突,尤其是在激烈的政局动荡期,例如 17 世纪 70 年代末到 80 年代初,17 世纪 90 年代后革命时

227 

**图 8-1　作者不详,"咖啡馆的内部"(约 1700 年)(147—220 厘米);大英博物馆印刷和绘图部,主色调[1931－6－13－2],伦敦大英博物馆供图。**

期,以及 18 世纪早期政权更迭期。1683 年,在阿姆斯特丹咖啡馆内的激烈辩论中,辉格党破坏分子泰特斯·奥茨被对手用手杖多次击打头部。因为奥茨被挤得太靠近桌子,以至于他无法反击,于是就用一杯热咖啡泼向攻击者的眼睛。[2]从 17 世纪末到 18 世纪初,类似的暴力冲突在咖啡馆里屡见不鲜。

与近代早期社会秩序的许多方面一样,人们对咖啡馆里的言行举止是否得体存在
228 着认知上的性别差异。我们应该能注意到,两张图片中的客人均为男性,而这正是想象中咖啡馆的样子。并不是说有什么规定严禁妇女进入:这类硬性强制的规定并不存在,也没有必要。女性是咖啡馆中的重要成员,图中吧台后站着的女招待也表明了这一点。然而,通常和咖啡馆相关的活动——尤其是围绕着政治或学术话题、商业贸易等展开的辩论——从传统意义上都被认为是属于男性的活动领域或职责所在。它们被称为咖啡馆中"真正的"活动,与身在其中的妇女和侍者提供服务的日常活动截然不同。理查德·斯蒂尔在《旁观者》中开门见山地阐述了理想的男性化咖啡馆:"那些不喜欢嬉戏玩闹或是女性聚会场合的男性,自然会很喜欢咖啡馆中的谈话。"[3]当时的人们推崇咖啡馆作为男性社交场所的补充,因为它有别于那些男女混杂的俱乐部、啤酒屋和小酒馆里不那么严肃的聚会。

理查德·斯蒂尔和约瑟夫·艾迪生所倡导的文明的、以男性为主导的咖啡馆,潜

**图 8-2　选自瓦古斯·布里塔尼乌斯(Vulgus Brittanicus)的第四部分或《英国的赫迪布拉斯》一书,作者爱德华·沃德(Edward Ward)(伦敦:詹姆斯·伍德沃德,1710 年)(约 9.53—14.6 厘米)。伦敦大英图书馆供图,编号 11631.d。**

移默化地影响了我们所能接受的咖啡馆的理想模型。20 世纪的理论家如尤尔根·哈贝马斯和理查德·桑内特(Richard Sennett)经常重申这一点,他们认为,咖啡馆的兴起意味着一种新的公共生活模式的出现,在这种公共生活中,大家就公认的重要问题进行理性的辩论,因此,在这种公共生活中,起决定作用的不再是社会地位或政治权力,而是理性辩论。[4] 因为咖啡馆中的公共舆论具备理性,所以值得信赖。但是,作为"启蒙"公民社会标志的咖啡馆总是不得不与这两张图中所描述的咖啡馆中的不文明行为做斗争。 *229*

本章将要探讨的是王政复辟后伦敦的咖啡馆中,人们对男女两性得体举止的不同想象与期待,并借此来规范咖啡馆社交世界中那些令人反感的行为。诞生在咖啡馆中的英国"公民社会",无论是在思想上还是实践中,都并非自发地走向成熟,它建立在一种文化基础之上,这种文化对未得到国教会和政府认可的公众社团抱有极大的疑虑。18世纪初,英国社会中普遍存在着对咖啡馆的担忧与恐惧,人们认为咖啡馆内的社交粗鄙无礼,为了对抗这种看法,艾迪生和斯蒂尔努力将咖啡馆描绘成供上流社会男性社交的重要场合。[5]因此,咖啡馆的文明化是一个缓慢且不完整的发展过程:在这个过程中,咖啡馆在小心翼翼地进行试探和尝试,另一方面还要面对排山倒海的批评和拒斥。

## 纨绔子弟、搬弄是非的新闻人和咖啡馆政治家

在咖啡馆出现后的一个世纪里,人们普遍认为它是男性的专属领地,“女性咖啡馆”(women's coffeehouse)只是特例,这进一步证明了咖啡馆内所遵循的男性规则。那些供女人们聚在一起喝咖啡,讨论“政治、丑闻、哲学等话题”的公共场所被称为“女性咖啡馆”。[6]如果女性是咖啡馆中的常客,就没有必要说明某些咖啡馆是专门为女性开设的了。但是,仅仅因为咖啡馆是公认的男性专属场所,就认为它们会毫无疑问地保留了男性统治的权力,这种看法未免流于肤浅。事实远非如此:作为处于男性公共生活前沿的单一性别环境,咖啡馆引发了大量关于男性行为规范的焦虑。

没有人比约瑟夫·艾迪生和理查德·斯蒂尔更清楚这一点了。《闲谈者》《旁观
230 者》和《卫报》都将咖啡馆看作一个虚拟舞台,供它们尽情揭露公共场合中男性行为举止的种种不堪和愚蠢。这些文字寓教于乐,在英国文学市场的激烈竞争中拔得头筹。刊物的销量也非常可观,譬如《旁观者》曾有三四千册的日销量。艾迪生曾保守估计,每册约有20名读者。艾迪生和斯蒂尔的文章以倡导新的社交礼仪,并将此置于18世纪初的咖啡馆中而闻名。也正因如此,《旁观者》及其同类刊物在描述王政复辟后英国“资产阶级公共领域”和“礼仪文化”诞生中占据了重要的位置。[7]在这些报道中,很少有人意识到《旁观者》等道德文章对18世纪初伦敦咖啡馆里的失当行为所进行的批判。

那么,在咖啡馆里,什么样的行为是最令人忧心的呢?《闲谈者》和《旁观者》主要的攻击对象之一是男性气质的缺失,即“娘娘腔”(Effeminacy)(图8-3)。在近代早期的英国,“娘娘腔”是一个非常流行的贬义词,它并非人们通常所认为的那样,只与同性恋有关,而是被用来批评各种男性气质的缺陷和不足。艾迪生和斯蒂尔认为,纨绔子弟、花花公子、向女人献殷勤的乡村富绅,以及法国少爷等,都是妨碍咖啡馆内文明交往的典型祸根。人们认为,这类人通常过于关注自我,尤其关注那些琐碎的事物,比如赶时髦、出风头,过分注重隆重的仪式和礼节等,如此做派的男人会招致同伴们的责难。阿贝尔·波耶认为,花花公子是“包揽了女人身上所有愚蠢、虚荣和轻浮”的男人。[8]这便是上流社会就礼仪行为进行性别分工的悖论:女性肩负着保持礼仪水准的

重任，但同时女性特质也被作为过分讲究的罪魁祸首。

**图 8-3　完美主义者。雕刻，《为女性辩护的文章》(1696 年)，大英图书馆供图，BL 1081.e.15。**

因此，当男人将沾染女性气质的礼仪带入男性公共领域时，所谓的纨绔习气和愚蠢行为(foppery)便产生了。所以，那种将女性私人领域视为启蒙时期"重要社交活动发生地"的说法未免显得有些虚伪失实，因为它忽略了女性进入男性单一性别环境(如咖啡馆)所受到的社会限制，并夸大了家庭礼仪的重要性，认为它超出了这种谨慎管制的限制。这一点在英国尤为突出，因为启蒙运动时的"重要活动"并不在沙龙里举办，而是在咖啡馆里展开。

菲利普·卡特(Philip Carter)曾指出，"男性进入公共领域，一方面为彰显男性气 231
质提供了机会，但另一方面也增加了自己被人们讥讽和嘲弄的可能性"。[9]那些以恶毒攻击与拖沓冗长著称的奥古斯都时代的文人们，无论是文质彬彬的知名散文家，还是格拉布街那些不怎么出名的雇佣文人，都不会轻易放过类似这样嘲弄他人愚蠢行径的机会。在印刷小册子和诽谤性言论的手稿中，充斥着嘲笑和揶揄伦敦花花公子们“娘
232 娘腔”的字句。《闲谈者》呼吁圣詹姆斯咖啡馆和怀特巧克力屋的侍者们，一定要阻止这些“娘娘腔”顾客进入文雅的公共社交场所。比克斯塔夫对这些“娘娘腔”顾客心怀鄙夷，这与人们对“莫莉”①们的嘲讽极其相似。在咖啡馆里，被称为“莫莉”的妓女们同样是一群城市社会的越轨者和边缘人，而她们更多的是因为性行为不端而不是作风浮夸被排挤。无独有偶，《闲谈者》的妇女版也鼓励人们将“娘娘腔的花花公子”和“厚颜无耻的纨绔子弟”从上流社会中清除出去，因为“公民社会不会承认他们的公民身份，所以活该被扫地出门”。[10]纨绔子弟和花花公子们的言谈举止，通常会被塑造成法国人和犹太人的样子——言下之意是：英国人的男子气概与此类恶习毫不相关。

然而，将“花花公子”们逐出咖啡馆简直难如登天，因为咖啡馆构成了这类人社交圈子的重要组成部分。（图 8-4）埃布尔·博耶笔下所描述的约翰·富平顿爵士（Sir
233 John Foppington），就将怀特的巧克力屋当成自己“表演的舞台”，“在那里，约翰对着一面大镜子自夸，一刻钟后，他转过身来向周围人致敬”。这位公子哥儿装腔作势，吸了口鼻烟，开始谈论时尚、饮食，以及他与各种法国女人之间的风流韵事。据说，约翰经常去汤姆咖啡馆“了解新闻”，或是到威尔咖啡馆“搜集才思敏捷的谈话内容”，但他这样做并非为了探索新知，而只是为自己收集闲聊的谈资罢了。[11]虽说这些“花花公子”们是咖啡馆里的常客，但他们的错误在于，他们只把咖啡馆当作显摆自己、消遣时光的舞台，而不是与良伴一同分享新闻和开展严肃讨论的地方。

当然，只有在旁观者眼里才会有所谓的“花花公子”：没有人会愿意承认自己是“花花公子”。这是因为在那时，“花花公子”是对对手的谩骂之词，而不是一个用来进行自我评价的专用术语。若干世纪以来，它一直被用来暗示愚蠢之人，直到 17 世纪后期才和城市时尚间有了特殊的联系。比如，在丹尼尔·笛福那里，“傻瓜”“花花公子”“纨绔子弟”等都是同义词。到了 17 世纪后期至 18 世纪初，类似的词汇日渐流行，比如“美男子”“纨绔子弟”和“少爷”，其中很多来自法语。英国人认为，法国人的“娘娘腔”和对时尚追求的殚精竭虑源自宫廷社交中的种种陋习，就这方面而言，再没有哪儿能比凡尔赛更堕落的了。[12]英国奥古斯都时代的道德倡导者们将“花花公子”视为“另类”，并且将他们排除在文雅社交之外。这种刻板印象来自他们的担忧，即咖啡馆世界并非他们所设想的理想状态。人们担心，咖啡馆不是一个就严肃学术问题进行讨论的文雅场所，而是业已成为庸俗的闲聊和用以自我展演的舞台。因此，要清除掉咖啡馆中华而不实的风气，客人们就必须学会在彬彬有礼和故作姿态、品味高雅和卖弄才学以及富于价值的新闻和毫无价值的流言蜚语之间做出区分。

---

① 前文提及的莫莉咖啡馆，是指风月场所，这里指咖啡馆里的妓女们。

**图 8-4　威廉·霍加斯,"巴顿咖啡馆的美女"(约 1720 年),(伦敦:W.狄更森,1786 年 3 月 1 日),基于塞缪尔·爱尔兰(Samuel Ireland)收藏的威廉·霍加斯(约 1720 年)所画原图,蚀刻版画(1786);大英博物馆印刷和绘图部,编号 Sat.no.1702。大英博物馆供图。**

然而,对人们来说做出上述区分绝非易事,因为这些判断是有条件的,即便不是来自直截了当的争论,也要经过相互之间的协商。"花花公子"们真的是咖啡馆这片高洁圣地的无聊之客吗?或者说情况更糟,那些品位不凡的标准制定者和发号施令者们自己是否也可能有矫揉造作的倾向?这是一位诗人得出的结论,他认为威尔咖啡馆里"永远挤满了浪荡子",其中不乏才思敏捷的文人,甚至连咖啡馆老板威尔·厄温本人也位列其中。尽管作为王政复辟后伦敦文学生活的中心,威尔咖啡馆成为最突出的批评对象,但文雅社交中的浮夸之风并不局限于此:在所有接待上流社会精英顾客的咖 234
啡馆里,都能看见这些恶习。[13]

浮夸之风会带来巨大的风险,因为如果咖啡馆里的这种风气发展到极端,势必会导致更为严重的问题,比如道德败坏,以及对一切权威的蔑视和不屑一顾。这样的所谓"城镇智者"是一群毫无节制的人:"他们惯于游思遐想,学了些精致的淘气,性情从此娇弱不堪,已无法在青灯黄卷或积德行善中为获取虔诚和美德而进行严肃的训练。"人们对伦敦咖啡馆最主要的担忧,是它对所有人开放,并且言论自由,当"伦敦的纨绔子弟"去思考比打领结和染假发更为深刻的问题时,他们就会暴露出自己的狂妄和无知:"他佯装信仰霍布斯哲学,即便终其一生从未亲眼看见,他也会发誓说一个强大的国家(利维坦)会准许像所罗门这样的英明君主统治一切。然而,咖啡馆里的喧哗和嘈杂教会了他嘲笑神灵。”[14]这就是咖啡馆里浮夸之风的真正危险所在:如果不坚持对人们的行为进行约束,那么洪水之门就会打开,堕落与恶行便会蔓延。

特别值得关注的是,咖啡馆里的批判话语被认为促进了无神论思想的传播。咖啡馆和普通酒馆一样,都是供人们交谈和辩论的场所,但人们担心强调言论自由会导致相应而生的思想自由。一本小册子里写道:“无神论被看作一种英勇无畏的表现,是我们假装以非凡智慧超越了祖先的结果。”无神论也普遍被理解为城市社会的产物,特别是伦敦这种大都市。理由是,在城市中,人们从传统的思维方式中解放出来,因此可以思考之前无法想象的事物——一个没有上帝的世界。去过伦敦的人常常会因这座城市对思想自由的包容而感到震惊。托马斯·亨特(Thomas Hunt)对马修·亨利(Matthew Henry)说,他发现“在伦敦这样一个频频发生人员聚集的城市里,弥漫着无神论……和对宗教的漠不关心”。罗伯特·波义耳更是认为伦敦是“一个不受道德和传统约束的城市”。这个观点得到了近代早期最杰出的无神论历史学家迈克尔·亨特
235 (Michael Hunter)的认可,他认为:17世纪末,伦敦“崇尚智慧与学识的文化”是培养英国无神论的沃土。这种文化产生于受到过良好教育的阶层之中,但这种教育又并非严格意义上的学院教育,这其中才学和智力是最高评价标准。当然,智慧与学识的捍卫者们会不遗余力地强调,娴熟的智慧和温文尔雅的态度很难让人成为无神论者,因为就其本身而言,智慧与学识“容不下对神灵的亵渎和诽谤”。[15]伦敦咖啡馆中那些自由的、漫无目的的闲谈是否真正产生了无神论,这一点并不重要,重要的是人们普遍地认为它确实存在,这表明了由城市环境、智慧与学识的价值化以及咖啡馆里男性主导的社交方式三者结合所引发的人们强烈的焦虑。[16]

对男性咖啡馆社交礼仪的诸多批评中,有一个共同的关注点是要改变18世纪早期盛行于伦敦咖啡馆中,对新奇事物、对女人献殷勤和对时尚的过度追逐。[17]这种对新事物的渴望不仅对个人而言无益,也是对公共领域的腐化和滥用。它违反了咖啡馆社交中被认为是得体的行为,如行事内敛,品味高雅,礼貌持重。人们认为,这种仅仅因为“新”而追逐新鲜事物的行为是一种非理性的陋习,必须加以矫正。在这一点上,最令人深恶痛绝的就是那些搬弄是非、散布不实消息的新闻贩子,毫无疑问,咖啡馆就是他们的温床。

英国公众对新闻的过度追逐在17世纪讽刺文学中常受指责,这些指责经常会被为王室服务的人们所利用,他们想要借此控制宫廷管制之外的信息向公众传播。1663年,王政复辟后不久,罗杰·莱斯特兰奇被任命为查理二世的首席审查官,负责颁发出版许可证,他解释了严格控制出版的种种原因。他在一篇文章中说,即便“新闻界秩序井然,人们头脑清醒”,“我也绝不会赞成公共信息在民众中流通。因为这会使普通民众过于熟悉上层的活动,因而致使他们过于自负和独断,并且对政府过分挑剔,继而给

予他们不仅仅是渴望，而是实实在在干预政府事务的权利和许可”。自相矛盾的是，这篇文章刊登在他亲自授权出版的《信使报》(*The Intelligencer*，1663—1666)第 1 期上，在他看来，这份报纸的唯一使命是“把庸众从他们之前的错误和妄念中解救出来，并使他们在之后也免遭类似荼毒”。这就是王政复辟后王室及其最热情的支持者的恐惧和担忧，而这些保皇派们是 17 世纪晚期镇压咖啡馆的主要力量。[18]

鉴于大众对新闻的需求旺盛，英格兰出版商们在王政复辟后也在极力满足这些需求，他们出版了各式各样的书籍，特别是在 1679—1685 年以及 1695 年之后《出版许可 236
证法》失效期间。然而在近代早期的英格兰，报刊出版还面临着严重的合法性危机。1695 年《出版许可证法》的废除在当时并未受到普遍拥护，同时也并未昭示着英国“出版自由”新时代的来临，尽管今天当我们回溯这段历史时它会多少带有这样的意味。18 世纪早期的期刊出版物与 17 世纪内战和王政复辟危机期那些短命的、含有讽刺意味的、党派色彩浓烈且充斥着失实新闻的宣传品类似。[19] 当时，期刊出版物中充斥着诽谤和丑闻，而期刊作家们是备受质疑和非议的人。

罗杰·莱斯特兰奇爵士为《信使报》和备受争议的《观察者》写作，赌上他已然岌岌可危的社会声誉来捍卫斯图亚特王朝，帮助其抵御 17 世纪 80 年代来自辉格党的威胁。很显然，爵士认为这种冒险是值得的。莱斯特兰奇回避了将出版物献给有价值的资助人的惯常做法，而是选择向下层民众提出抗议，他声称《观察者》是献给“无知者、易于煽动者和支持分裂者的出版物”，一种民粹主义的策略。尽管是公然谴责派系斗争，但仅仅获得了极其有限的正当性，其主要的目的仍是惩戒辉格党。尽管《观察者》在 17 世纪 80 年代成功地将政治辩论的内容决定性地转向了有利于托利党的一边，但莱斯特兰奇本人从未因为这些宣传工作而获得任何尊敬，甚至不得不多次面对被官方起诉的情形。像其他许多报刊散文作家一样，他否认他实际上从事的是报刊出版工作。他辩称：“已经有多久报刊上全是诽谤他人的内容；又有多久，当皇室和教廷的荣耀与权威在印刷物上被公然攻击与扭曲，我们用印刷品来为政府辩护。”[20] 莱斯特兰奇向时任国务大臣的利奥莱恩·詹金斯(Leoline Jenkins)抱怨说，他出版《观察者》所付出的忠诚努力不仅没有被认可，而且毫无回报。“我与卡桑德拉(Cassandra's fate)的命运相同，当我说出真相时无人相信，当我提供必需的服务以对抗恶棍时无人支持”。1687 年初，他听从皇室命令将《观察者》停刊[21]

在限制民众阅读新闻一事上，莱斯特兰奇这样雄心勃勃的保皇党人并不孤独。丹尼尔·笛福将批评新闻写作与散布不实信息作为《评论》的主要题材。笛福声称《评论》不同于寻常的报纸或宣传文章，它将为其他刊物上频繁出现的“荒唐和矛盾”提供 237
“必要的矫正”当作自己的任务。《旁观者》大量借鉴了笛福在《评论》中的创新，艾迪生与斯蒂尔借用了笛福《评论》中的“丑闻俱乐部”；他们在自己的期刊中重申了笛福对期刊新闻业的批评。[22] 通过《旁观者》，艾迪生和斯蒂尔发表了对 18 世纪早期英格兰新闻文化所作的最为关键的批判。

如同莱斯特兰奇和笛福,艾迪生和斯蒂尔也利用新闻这一形式来表达他们对于传播不实信息的不满。一旦我们认识到这一明显的矛盾之处,我们就很难在17世纪新闻革命和哈贝马斯式的公共领域之间建立起任何形式的简单联系。《旁观者》设想公共领域的理想形态应是一个被精心监管的论坛,在那里,人们进行温文尔雅而非粗鄙下流的谈话,进行道德的沉思而非沉迷于近期的新闻八卦和流行时尚,对国家事务展开温和的协商而非激烈的政治辩论。换句话说,它并未被设想为供不同观点与利益进行激烈辩论的开放论坛,而是作为一种通过将党派政治辩论排除在公共空间如咖啡馆或报刊等媒介外,来稳固与加强社会政治共识的中介。

不管是对艾迪生和斯蒂尔这样的新辉格党人,还是对莱斯特兰奇那样的老托利党人来说,咖啡馆辩论都只有在政治上风平浪静之时才是适宜的。所有派别,辉格和托利,都对扩大民众参与政治公共领域持反感态度。蒂姆·哈里斯(Tim Harris)关于复辟后的王政法院诉诸民众支持作为最后手段的论点,也同样适用于18世纪早期的党派政治文化。大众政治近来颇受历史学家倾心,但对17世纪晚期至18世纪早期英格兰政治家们而言则令人厌恶。尽管在连王权更迭都存有疑问的残酷世界里,诉诸民意是现实的需要,但公共领域的政治化仍然是只有在极端情况下才采取的行动。在这个问题上,艾迪生和斯蒂尔坚决反对让“乌合之众挤在街上、咖啡馆里、宴会和公共交谈的桌子上”,闯入有关国民政治事务的辩论中。[23]辉格党的道德说教与王政复辟时的
238 托利党宣传之间的主要区别在于,《旁观者》将对公共领域的规训,从依靠政府职员的镇压与监视转变为依靠每一个社会成员个体的自觉意识。《旁观者》所倡导的“文雅文化”是一种社会交往伦理,它通过外在的羞耻与内在的愧疚共同作用来规范得体的行为,其重要程度堪比一次社会“改良净化”或城市生活方式的推行。在这个意义上,辉格党所推行的文雅文化在本质上与托利党的迫害同样严格,同样是一种社会排斥的手段。[24]

尽管《闲谈者》和《旁观者》在外观与出版周期上都与一份普通报纸一般无二,但二者在严格意义上说并不算一份报纸。虽然《闲谈者》在出版伊始也刊登了一些传统意义上的“新闻”,但这些内容随着时间的推移变得越来越少,而《旁观者》中根本就没有出现过这样的内容。艾迪生骄傲地宣称:“我这份报纸上没有一个关乎新闻的字眼儿,也没有对政治的反思,或任何对政党的攻讦。”艾迪生和斯蒂尔对传统的新闻都不屑一顾,认为它们要么自相矛盾(党派性太强),要么鸡零狗碎,他们甚而在文章里对传统新闻的生产者和读者大肆批判。他们指出,定期出版物在读者心中制造出一种关于“有价值的”新闻事件会定期发生的期待。[25]因此,他们宣称新闻人一定是继续对法战争的最大支持者,因为有关战争的报道既可充实版面,又可促进销售。没有战争的话,新闻人就只能自己编故事。斯蒂尔指出,在相对和平的查理二世统治时期,“假如德国没

有点亮彗星，莫斯科没有大火……那就无新闻可报”。斯蒂尔借比克斯塔夫之名指出，更糟的是，当时的新闻撰稿人行文风格简直不知所云，可信度极差，结果使“那些天生脑袋中空空如也的人们连连点头称是”。读这些“粗俗”的文章，后果不堪设想：“种种自相矛盾，陈词滥调，缺乏确信，令许多政客空空的头脑中充满虚幻的满足感，并使其对自己的烦恼和困顿反而视而不见。这同样会使那些社会阶层更高的人们忧心忡忡，令他们对所有接触的事务都产生难以排遣的烦恼。”另一方面，假使读者每天都能接收到正确而富有启发的信息——有助于“培养高尚和健全情感”的信息——大众就有可能不去阅读格拉布街雇佣文人们写的新闻了，也不会因此而感到彷徨与无望了。因此，新闻读者堪称“社会的空白”，真正意义上的白板，他们变得高尚还是邪恶完全取决于他们所读到的东西。[26]

那些读了报纸错误内容的人很容易变成“新闻贩子”。艾迪生和斯蒂尔以漫画的 239
手法讽刺他们，说他们对其他国家的事务，尤其是政治事务，有着异乎寻常的兴趣。斯蒂尔在《闲谈者》上花了好几期讲述了某家具商的故事，说他是“我们这个地区最伟大的新闻贩子”，那个商人醉心于新闻胜过照料自己的生意，最终店铺倒闭，陷入贫困。斯蒂尔最后说，他的这个故事是“为了那些优秀公民之特殊利益考虑，他们现在泡在咖啡馆里的时间比在自己商铺里的时间都长，他们全部的心思都被西班牙王位继承战中的盟军占据，根本顾不上招呼自己的顾客”。[27]

那个家具商对新闻的痴迷被刻画为一种典型的英国式尤其是托利式的恶习。比克斯塔夫将家具商的政治幻想与堂吉诃德式的骑士幻想相提并论。他宣称，“英格兰的报刊与西班牙描写骑士的书籍一样，对意志力薄弱的人而言贻害无穷”。对家具商的这番挞伐尽管是冲着英国人易于沾染的这种恶习而来，但他无疑对托利党抱有同情：他最喜欢的期刊是托利党的《报童》(*Post Boy*)、《调解人》(*Moderator*)、《审查者》》(*Examiner*)等；在辉格党的报刊中，仅有雅各·德·芳维夫(Jacques de Fonvive)办的《邮差》(*Postman*)受到他的青睐。对其他报纸，他会嘲笑那些相信约翰·戴尔的传统托利派新闻信真实性的读者们。像堂吉诃德一样，英国托利党人，比如那位家具商和罗杰·德·克夫里爵士(Sir Roger de Coverley)，被艾迪生和斯蒂尔描绘为彻底的过时的白日梦空想家，他们可能会享受古怪的幽默、同伴们提供的温暖的陪伴和消遣，但同时也明显地不适合承担严肃的政治责任。[28]不过，家具商和爵士先生这样堂吉诃德式的托利党人是最受人们喜爱的人物形象，这也从另一方面证明了《旁观者》的成功。

“散播不实信息”无疑是复辟时期反对咖啡馆兴起的主要原因。塞缪尔·巴特勒(Samuel Butler)的西奥弗拉斯塔(Theophrastan)式的角色包括频繁出入“俱乐部和咖啡馆等新闻市场”的“信息员”，专门兜售“谣言的零售商”即新闻贩子，还有专靠阅读和分享新闻来吸引顾客的咖啡商。他所刻画的这些形象是17世纪晚期对咖啡馆新闻业

**图 8-5 "铁匠边听《闲谈者》的新闻边等铁器冷却"(1772),线雕,大英博物馆,编号:Sat.5074;耶鲁大学刘易斯·沃波尔图书馆供图,编号:772.6.0.2。**

240 司空见惯的讽刺。这些讽刺一直持续至 18 世纪。丹尼尔·笛福颇为赞许地引用了斯蒂尔创作的家具商的故事,并进而提醒那些雄心勃勃的商人:"政治新闻和政府事务……同他们毫无干系。"辉格党报纸《每日新闻》(*The Daily Courant*,1702—1735)定期刊登写给那位"热心政治的家具商"的信件,还不断刊登讽刺漫画,暗讽那些就算牺牲自己的生意也要插手新闻与政治事务的商人。艾迪生和斯蒂尔甚至为这些讨人厌的新闻贩子发明了一个新词,叫做"喜欢说长道短的人"(quidnunc),这个词源自拉丁语,意为"现在怎么样?"或"有什么消息吗?"这个新名词似乎引起了读者的共鸣,因为直到 19 世纪它还广为流行。[29](图 8-6)

241 追逐无关紧要的琐屑新闻除了浪费时间之外,这种信息狂热症本身还引发了另一重忧虑,即造成咖啡馆社交话语质量本身的下降。这就是《旁观者》进行咖啡馆社交改

**图 8-6　“搬弄是非的人在剃须”(1771),雕刻,编号771.12.0.5。耶鲁大学刘易斯·沃波尔图书馆供图。《旁观者》讽刺的对象:一个热衷于谈论政治的家具商,在这幅画中被嘲笑为“搬弄是非、说长道短之人”。**

革背后的真正原因。在复辟后的英格兰,如果一则新闻被称为“咖啡馆新闻”,其价值
和可信度就会大打折扣,无异于流言蜚语甚至谣言。乔纳森·斯威夫特(Jonathan
Swift)坚决地表示:“我绝不会做出散播咖啡馆新闻这样的事。”还常常声称自己从不 242
会去什么咖啡馆,因为那里是闲言碎语的集散地。伦敦主教亨利·康普顿(Henry
Compton)也声称,自己从不去咖啡馆,也从未“将咖啡馆传来的任何消息记录下来”。
查理二世的国务大臣利奥莱恩·詹金斯(Leoline Jenkins)爵士认为,“用咖啡馆里的
幽默来判断国民性情”是极不明智的,因为“大部分国民”并不像那些固执己见的主导
咖啡馆谈话的人们“缺乏公允、性情恶劣”。[30]这些谣言提供者,“咖啡馆政治家”,或称
“咖啡馆政客”,是另一种被嘲讽的笑柄。因为,同新闻贩子一样,他们的时事评论同样

毫无可取之处,比起行之有效地推动公众舆论的形成,他们更关心如何自我炫耀。他们充其量仅能算业余选手,名副其实的不负责任的批评家,对公共事务的利害关系知之甚少却十分热衷于发表自己欠缺考虑的建议。复辟时期的一部讽刺作品中这样抱怨:“没有人去……(咖啡馆)了,但他是通晓国家事务的大师,可以临时支配任何(他认为)值得由内阁或议会来执行的事务。”这一讽喻被艾迪生和斯蒂尔用在了他们的文章中,咖啡馆政治家在长达一个多世纪的时间里都是人们嘲笑的对象。在摄政时代,威廉·黑兹利特(William Hazlitt)在他的《席间谈话》(*Table Talk*,1821—1822)中描述了那些爱读对咖啡馆政治家进行批评的文章的人们。[31]

在这方面,男人们在咖啡馆里不负责任的喋喋不休可以说同女人们家长里短的闲言碎语本质上并无区别。这种比较成为讽刺文学中有关咖啡馆谈话的标准修辞,在王政复辟时的伦敦成为一种值得注意的现象。1667 年,一篇抨击文章以打油诗的形式在咖啡馆里走红,“男人在这里谈天说地,肺活量不可小觑,就像女人们在闲聊”。另外一篇担忧“男人们流连于阴暗的酒馆咖啡馆,会侵夺女人们拉杂扯闲的特权,很快变得比女人们唠叨,而这是女人的性别优势”。[32]这一类比所反映的正是艾迪生和斯蒂尔所希望革除的倾向,他们不遗余力地整肃咖啡馆谈话中的琐屑、不可靠和女人气。斯蒂尔的《闲谈者》自称为纪念“男女平等”,但其真实意图是改革话语实践本身,将闲言碎语改造为文雅谈话。相比之下,丹尼尔·笛福对《旁观者》所做的咖啡馆谈话改革的
243 前景就没有那么乐观。他说,“淑女的茶座和男人的咖啡桌,使行为和道德败坏,丑闻滋生,让各种人和各种职业遭受无情的非议,在那里只有羞辱无往而不胜,人们无所顾忌地用世界上最粗野和最不友好的方式相互攻击”。[33]换句话说,女人们私下的闲言碎语与男人的交谈并无区别。

《旁观者》对咖啡馆谈话的批评并不仅仅针对闲言碎语和散布不实信息。艾迪生和斯蒂尔还针对任何未能达到他们谈话礼仪标准的人,他们认为谈话的一般性原则“不是取悦自己,而是取悦听众”。因此,他们极力抨击那些浪费光阴的咖啡馆演说家,比如喋喋不休的人,爱吹牛皮的人,纸上谈兵的阴谋家,掉书袋子式的学究,还有嘲讽的笑声,讲话时各种手势,甚至歌声和口哨声。斯蒂尔呼吁要“彻底根除那些令人厌恶的演说家和讲故事的人,他们是害群之马,社会毒瘤”。他的声明并未打算被人们普遍采用,他提出了“性格平等”原则的具体安排,从而进一步强调了规范严肃的男性谈话与女人闲聊的区别,这个规范注定会失败。肤浅的咖啡馆政治家们每天在私人圈子里发表的那些“冗长而乏味的高谈阔论”所酿成的后果,与爱搬弄是非的人所招致的恶果相似,无非是“大批信誉良好的商人破产,若干杰出的公民受了诱惑,无数男性感兴趣的内容出现。所有这些对国王陛下的臣民造成了极大的伤害与困扰”。[34]

对于艾迪生和斯蒂尔这些奥古斯都时代的道德倡导者而言,咖啡馆礼仪的改革是一件严肃的事情,因为这触及了他们对新英国(new Britain)社会秩序的核心设想。从

理论上讲，咖啡馆对所有臣民开放，不论出身高低或品德优劣。繁荣开放的都市社会生活依赖于政治辩论、商业贸易和文化批评这些活动的展开，而咖啡馆是这些活动赖以生存的重要场所。妇女在这些事情上很难找到一席之地。实际上，《旁观者》有几期专门探讨了妇女出现在咖啡馆而带来的特殊问题，咖啡馆里的女性大多是侍女或店主。她们很容易成为“偶像”，或者成为咖啡馆里男客们过度关注的对象。一封写给报社的信抱怨说：“这些‘偶像’终日坐在店里，受到年轻男人的仰慕和崇拜……我尤其清楚， 244
海关未按规定进货，圣殿里未能细致地研读法律报告，因为一位美女蛊惑了年轻的商人们，他们在交易巷咖啡馆停留的时间太久，另外一位漂亮的女子在学生们应该埋头苦读时却把他们留在了自己的咖啡馆里。”[35]这便是咖啡馆里男女混杂的危险。即便这些女性声称是一心为顾客服务，但也会使男人们时不时地从他们所从事的严肃事务中分神。

咖啡馆的批评者认为，男女混杂还会有更糟的后果，女性身处（但没有完全参与）公共领域，就意味着她们不得不忍受顾客多余的殷勤暗示。一位咖啡馆的女老板在写给《旁观者》的一封信中抱怨道，她“无意中听到顾客讲的那些不体面的言辞。他们油嘴滑舌，争着在我面前说下流话。与此同时，还有六个人懒洋洋地坐在吧台前，盯着我看，准备好用自己的想象来诠释我的表情和姿势。”在理想的咖啡馆环境中，对女性角色的想象来自人们的刻板印象，她们要么是贤惠的女仆，要么是邪恶的娼妓。但更有趣的是，《旁观者》对咖啡馆女性的描述中，改革的对象并非女性，而是那些把时间浪费在咖啡馆吧台后面坐着的“偶像”身上，或者是用语言猥亵女招待的男人们。艾迪生和斯蒂尔并没有说受人尊敬的女性不该开咖啡馆，倒是那些男人有必要在咖啡馆里有所克制。[36]因为咖啡馆毕竟是体现男性社交行为准则的重要场所。

值得注意的是，所有这些有关咖啡馆男性气概的担忧和焦虑，不仅来自咖啡馆旗帜鲜明的反对者，也来自它的顾客们。威尔咖啡馆的文人雅客，以及艾迪生和斯蒂尔这样的后来者，都是巴顿咖啡馆里举足轻重的人物，他们特别关注咖啡馆里的礼仪规范，因为类似咖啡馆这些地方正是英国社会中政治、商业和文化领袖们的社交场所。（图 8-7）在很大程度上，他们批评的纨绔子弟、花花公子、才思敏捷者、新闻贩子和政客，或是咖啡馆里的无聊闲人，都来自他们自己和他们的同伴们。任何人都有可能染上华而不实、浮夸纨绔的恶习，即便是艾迪生或斯蒂尔这样的人也会如此。所以，他们 245
认为，让读者们注意到这些男性的缺点，是他们倡导新都市道德主义的特殊职责所在。[37]

如果说男性咖啡馆礼仪的改革目标是明确的，那么，理想的咖啡馆是什么样的呢？在《旁观者》中，艾迪生和斯蒂尔再一次给出了设想。在第 49 期的文章中，两人将其描述为“为所有附近居民提供的一个聚会场所，从而让他们享受宁静又平凡的生活”。斯蒂尔认为，最恰当地利用这个公共场所的是“那些有生意往来或头脑清醒的人，他们光顾咖啡馆，不是为了处理生意上的事务，而是为了享受交谈的乐趣”。这些人的“娱乐

**图 8-7　伯纳德・皮卡特,"自由的共济会",雕刻(1734 年),来自《已知世界几个国家的宗教仪式和习俗》,卷 7。(伦敦:尼古拉斯・普雷沃斯特,1731—1739)耶鲁大学拜内克古籍善本图书馆供图。在图中,理查德・斯蒂尔的肖像被挂在咖啡馆中央,早期英国共济会地方分会在咖啡馆蓬勃发展。**

活动源于理性而非幻想",他们中天然的领袖被斯蒂尔称为"尤布卢斯(Eubulus)",他
246 是一个富有但不招摇的人,是他为自己的同伴们服务,"担任地方议员、法官、执行官,还是所有熟人的朋友,但他不仅没有通过这些身份得益,也没有得到应有的尊重"。也许,在斯蒂尔理想化的精神世界中,我们得以发现哈贝马斯所倡导的冷静、理性的公共领域,即私人聚焦在一起,在公共领域试炼理性。然而,在伦敦的咖啡馆里,我们很难找到这样的理想型公共领域。

因此,艾迪生声称他的"旁观者先生"希望被人们称为"将哲学从私室、图书馆、课堂、学府带进俱乐部、会议厅、茶桌和咖啡馆之中"的人。[38]换言之,他想将咖啡馆等场合变成哲学的摇篮,为了这个目的,他必须清除"旁观者先生"在其中常常看到的邪恶、失序和愚昧。同样的情况也发生在茶桌上,它是女人传播八卦和滋生丑闻的温床。[39]然而两者并不完全相同:咖啡馆是男性的地盘,是明确的"公共场所",茶桌则属于女人并通常位于家庭这样的"私人"场合。艾迪生可能声称《旁观者》对人们具有普遍的吸引力,但这不意味着刊物中所描写的所有场所都是一样的。艾迪生和斯蒂尔在这方面的理解远超哈贝马斯及其支持者,18 世纪早期英国的公共领域如此复杂和多样,甚至连公共领域的支持者都很难下一个贴切的定义,更别说去改造它了。

## 淑女不该去的地方:女性与咖啡馆环境

在咖啡馆的运作中,男性占有绝对主导的地位,当时的人们倾向于忽视女性的贡献,但女性仍是重要的参与者,并且扮演着至关重要的角色。女性是否有能力参与到那些被视为在咖啡馆中男性从事的社交活动中去?例如传播新闻信息、参与政治活动和探讨学术问题呢?就理论上而言,将女性排除在外是没有道理的,任何一位进入咖啡馆的女性都可以参加那里的交谈,但在实际上,没有任何证据表明女性在真正意义上参与了咖啡馆里的辩论。要理解女性的缺席,就必须考虑到男女双方在阶级、地位和性别上的差异,因为,在咖啡馆社交生活中,恰恰是英国社会中精英阶层的女性明显缺席。对一个顾及身份和体面的女士而言,伦敦的咖啡馆根本不是她该去的地方。

这并不意味着我们找不到任何关于高贵女士光顾咖啡馆的证据,但罕有的例外证 247
明了这个规律。首先也是最重要的一点是,这种情况非常罕见。即便是坚持认为咖啡馆可以对上流社会女性开放的人们,能找到的相关资料也非常有限。托马斯·贝灵汉姆(Thomas Bellingham)在日记中写道,某天晚上他在普雷斯顿的社交活动就包括"在一家咖啡馆和几位女性会面……回到家已经很晚了"。[40]可这是正常的吗?似乎不是,因为贝灵汉姆的日记里只记载了一次这样的经历。值得注意的是,他和女人会面的地点是在普雷斯顿的咖啡馆,一个远离伦敦众多咖啡馆的地方,而恰恰是伦敦的咖啡馆设定了城市理想型咖啡馆的模型。和他见面的到底是店老板的亲戚还是女佣,我们已无从知晓。在18世纪初的伦敦,乔纳森·斯威夫特写道,"吉法德夫人(Lady Giffard)家中的贵妇",是他的心上人"斯黛拉",埃丝特·约翰逊(Esther Johnson)的母亲,"曾出现在咖啡馆里,打听'丽贝卡·丁利夫人'(Mrs. Rebecca Dingley)"。我们是否应该引以为证,来证明贵妇们经常在咖啡馆里消磨时间,并流连忘返,就像德莱顿把威尔咖啡馆当成自己的第二个家那样。如果是这样的话,令人惊讶的是,在斯威夫特与"斯黛拉"以及圈子里其他人的大量通信中,却再也没有提及丁利夫人去咖啡馆的事情。事实上,在之后斯图亚特时期的文字资料里也很难找到相关的内容。[41]

有一些女性可能是例外,她们能够轻松自如地往来于咖啡馆中,尤其是在需要处理特殊事务的时候。海丝特·平尼(Hester Pinney)是一位成功的单身女性,从事服装花边生意,当她不得不处理她在南海公司和其他合资项目的相关业务,或是保持与西印度商人的联系时,与加洛韦咖啡馆、乔纳森咖啡馆里的证券商打交道对她而言似乎并非什么难事。但是,很少有单身女性能像平尼一样成功,因为,正如理查德·格拉斯比(Richard Grassby)所言,"在产权社会中,能够从事贸易或手艺的大龄未婚女性寥寥无几"。[42]

在某些特殊的场合,高贵优雅的女士会被咖啡馆接纳。巴斯和坦布里奇的咖啡 248

**图 8-8 "茶桌"(约 1710 年),雕刻;印刷品,耶鲁大学刘易斯·沃波尔图书馆供图,编号 766.0.37。**

馆,是上流人士聚集地,里面高朋满座,无论男女都可入内,尤其是咖啡馆兼作赌场时。但巴斯毕竟不能与伦敦相提并论。此外,巴斯和坦布里奇的咖啡馆是人们休闲、娱乐和相亲的首选场所,对女性社交非常包容,这与伦敦咖啡馆中更为商业化的社交场景有所不同。巴斯咖啡馆和伦敦咖啡馆的另一区别在于,巴斯的咖啡馆致力于为人们提供一个避风港,使他们远离常见于大城市咖啡馆中的党派纷争。这些咖啡馆更像 18
249 世纪歌剧院里的"咖啡间"(coffee-room):两者都是在伦敦男性咖啡馆单一性别模板上衍生出的男女两性混合的产物。它们改变了男性咖啡馆固有的严肃清醒和注重礼节的文雅特质，并将其转化成一种更为休闲的社交环境，从而与伦敦男性主导的充满商业氛围的咖啡馆区分开。在巴黎的圣日耳曼和圣劳伦斯集市上，法国女性经常光顾的咖啡馆中似乎也开始忽视传统的以性别作为礼仪规范标准的相关礼节。[43]

另一个重要的例外场合是拍卖会，尤其是艺术品拍卖会。在咖啡馆举办的拍卖会上，女客户备受欢迎，而且拍卖商也不遗余力地为女士提供舒适的服务。爱德华·米林顿(Edward Millington)在康希尔郡的巴巴多斯咖啡馆举行拍卖会时，就为女客户提供单独住宿。甚至，在这里的咖啡馆中，女性在平时也大受欢迎，咖啡馆会为女性设立单独的展厅，从而再次强化了女性暂时侵入男性领地的感觉。伦敦的"拍卖季"随着伦敦市内及周边贵族家庭的迁移时间来设定。在整个夏天，埃普索姆和塔布里奇·威尔斯都会举办拍卖会，目的是"为绅士和淑女们提供消遣和娱乐"。当时上流社会的许多人都会前往这些地方享受温泉。据推测，小到伦敦，大到英国，大多数女士光临拍卖会是为了寻找适合挂在家中的装饰画，其中不乏一些大师级画家的热心追随者。例如，1682 年，尽管拉特兰夫人(Lady Rutland)已委托他人在彼得·莱利爵士(Sir Peter Lely)藏品拍卖会上替她竞拍，但仍然渴望得到更多佳作。然而，许多女士参加拍卖会可能醉翁之意不在酒，而是希望通过欣赏作品和观察其他行家的竞拍来增长艺术知识，提升艺术品位。在 18 世纪后期，安娜·朗普特(Anna Larpent)经常出于"教育目的"参加伦敦各种艺术品拍卖会，这似乎为我们提供了一个例证。[44]

为什么在拍卖季，女性不但能够进入拍卖会而且受到咖啡馆老板们的欢迎呢？这是因为，拍卖会是一个极其特殊的社交场合，在拍卖会期间，咖啡馆暂停日常业务，一切都为拍卖让步。女性之所以受到欢迎，是因为她们此举是为家庭服务。倘若一位女士在拍卖会上一掷千金，多半是为了将自己的家布置得精致且具品位。故而，闯入男性化的咖啡馆世界在这种情况下被认为是可以接纳的例外，毕竟她这样做是为提升家族的声望。[45]

除了这些例外，还有大量的证据表明在城市上流社会的社交活动中，男性和女性 250
的活动方式截然不同，尽管两者并不相互排斥。自 1697 年初到 1702 年末，詹姆斯·布里吉斯住在伦敦，他的日记中记录了城市上流社会男女不同的社交方式，成为这方面的经典文献。布里吉斯一丝不苟地记录了他光顾咖啡馆的方式，尽管他经常和妻子在镇上四处游历，但值得注意的是，他的妻子从未陪同他去过咖啡馆。1687 年 10 月 1 日，他这样写道："妻子让我在汤姆咖啡馆小憩，而她去拜访他人。"当布里吉斯的妻子做客归来，她便前往咖啡馆与丈夫汇合一同回家。显然，布里吉斯的妻子将拜访看作她专属的社会责任，而布里吉斯，这位在伦敦上流社会刚刚崭露头角的年轻绅士，被留在咖啡馆世界寻找适合自己的位置。[46]

即便在王政复辟后的伦敦，也不存在男女两性完全"分离的社交领域"，但男女两性平等的社交环境也并未出现。也许，最好方式是将男女两性的社交领域看作相互关联而不是一味认为两者间相互独立,毫无瓜葛。例如看戏、购物、散步和参观游乐场等这些所谓“公共”活动,通常参与者有男有女,而其他一些活动,比如俱乐部生活和光顾咖啡馆,则仍然是男性的专利。认识到这些差异可能有助于缩小凯瑟琳·威尔逊(Kathleen Wilson)和劳伦斯·克莱因(Lawrence Klein)两人观点间的差距,前者指出“尖锐的性别对立和将女性拒之门外的政治主体观念……发挥了核心的作用,它们进一步加固了私人领域与公共领域两者间的对立”,后者则认为(这一时期)“女性出现在各种各样的……公共场所之中”。[47]显然,威尔逊和克莱因思考的是两种类型的公共领域,前者是国家权力和宫廷与党派政治的权威领域,后者是独立于国家发展的商业化休闲世界。事实上,在所有这些情形下,公共(开放性)和私人(排他性)的程度各不相同,而排他性的原则也往往因阶级、地位、政治依附、地域身份、种族或性别的不同而有所区别。

正如认为有身份教养的淑女可以自由进出咖啡馆是错误的一样,认为所有的女士在咖啡馆里不受欢迎也是不对的。矛盾的是,社会地位相对较低的女性比那些出身高贵的女性更容易进入咖啡馆,因为她们中的大多数都是为男性顾客提供服务的。

251 葆拉·麦克道尔(Paula McDowell)有关王政复辟时期女性参与印刷文化的相关研究显示,女性在小册子及其他廉价印刷品流动售卖过程中起着举足轻重的作用。这些妇女时常在伦敦的咖啡馆里推销商品,这一点不足为奇。麦克道尔力图强调这些妇女“绝非其他人政治观点的搬运工”。相反,她们通过自身敏锐的洞察力和感知力,掌握了公众对新闻信息和昙花一现的印刷品的品味和需求,从而强有力地推动并塑造了那个时代的政治话语模式和表述方式。在咖啡馆里,新闻贩子了解到本地顾客的新闻偏好,反过来将其反馈给记者与格拉布街的文人,这些人再生产出新闻,供新闻贩子售卖。[48]情况既是如此,但这些售卖新闻的女人们很难被看作男性公共领域的全面参与者,尽管她们满足了男人们了解时事的需求。这类女性通常出身贫寒,大字不识,她们虽跻身于咖啡馆中,却不被男性接纳。可以肯定的是,麦克道尔敏锐地洞察到她们因阶级和性别而受到限制,正是这些限制掩盖了她们对咖啡馆内信息传播所做的贡献。

最常见的情况是,这些女性本身就是咖啡馆的老板:1692 和 1693 年支付人头税的咖啡馆老板中,女性超过两成。这些职业女性赢得了“咖啡女士”的称号。然而,这个词并不总是那么体面。正如人们给啤酒屋的女老板总是打上可疑人物的标签一样,“咖啡女士”们也因打开房门为顾客提供服务而难逃非法经营的指控。咖啡馆老板的社会地位很低,而顾客中的许多人社会地位比她们高,这就使“咖啡女士”们容易受到客人的诱惑。“咖啡女士”安妮·罗奇福德(Anne Rochford)和莫尔·金都曾受到公众的讽刺,她们从出身卑微不名一文到成为成功的咖啡馆老板的经历,经常被人们暗示其中存在某些不正当交易,即她们的成功并非归功于纯洁的商业经营头脑,而是靠出卖自己的肉体。[49]尽管她们试图将自己的生意与酒馆区分开，但咖啡馆老板和酒馆老板一同，身陷造成城市道德沦丧和秩序混乱的指责之中。

到了 17 世纪 90 年代，社会礼仪改革学会抓住这些指责和担忧，约翰・邓顿发表文章，指出咖啡馆与淫秽罪行之间的紧密关联并表达了他的不满。他指出：

> 现在，边远地区的咖啡馆都已备受指责，这简直就是一种可怕的耻辱，这些咖啡馆理应受到惩罚，或者至少要管制它们的数量，这样，我们的地方治安 *252*
> 官才方便承担责任，针对对它们的指责进行调查。像咖啡馆这样的地方还能用来做什么呢？它们通常都在穷人聚居区，那里的人们不得不为下一顿面包而劳苦工作，当然，(这些地方)还会有一两家酒馆，从事体力劳动的人更需要它们；这些地方成为学徒工和年轻人的陷阱，如果没有它们的诱惑，人们或许永远不会堕落。同样值得地方治安官们思考的是，一个年轻女人，有时是两个一起，与其说是卖咖啡，不如说是用自己来招徕生意，她们经营这些场所理应受到惩罚……这种看法并非空穴来风——即便在城市车水马龙的繁华之地，也有妻子在丈夫眼皮底下纵情声色。这说明，在当下这个道德散漫的年代，女性出现在公共场所会有诸多不便，她们中很少有人能经得住意料之中的反复攻讦，因此，咖啡馆里除了男人，不应有女性出现，除非情况特殊。

邓顿几乎是带着歉意补充道："我不是说所有的咖啡馆都是色狼放纵淫欲之所(萨蒂尔①，Satyr)，也不是针对那些名声清白的女人所经营的咖啡馆，这座城市和其周边地区有各色人等。但必须承认的是，女性作为弱者，既不应主动抛头露面，也不应该被动地暴露在众目睽睽之下受到邪恶的诱惑。"[50]邓顿的长篇大论既揭示了职业女性可以自由进出咖啡馆的事实，也表达了他对此举是否得体的强烈焦虑。

邓顿的危言耸听与杞人忧天，也可以看作 17 世纪末人们对咖啡馆社交规范指南的期待。邓顿指出，咖啡馆不适合城镇中的劳工阶级，这类人更需要酒馆，酒馆是娱乐和喝酒的好去处。因此，在这样的情形下，咖啡馆唯一的用处恐怕就是充当妓院的门面。邓顿提出，咖啡馆适合安逸的绅士，不适合下层民众，后者只会在咖啡馆里放浪形骸。

令人惊讶的是，与邓顿同时代的人经常把咖啡馆里的女人和娼妓联系在一起。内德・沃德(Ned Ward)在伦敦间谍(*London Spy*)中就影射了那些女人，她们经常光顾一家由鳏夫经营的咖啡馆，她们之所以这样做是希望"镇上的淫荡之风"能给她们带去"一个容易上当受骗的男人"。塞萨耳・德・索热尔，一位在伦敦旅行的瑞士人，他警

---

① 古希腊神话中的萨蒂尔(Satyrs)，又译作萨提儿、萨堤洛斯，半人半兽的森林之神，是长有公羊角、腿和尾巴的怪物。他耽于淫欲，性喜欢乐，常常被作为色情狂或者性欲无度的男子标志。

告说,许多咖啡馆不过是妓院的门面而已,他告诫人们,那里的“服务生美若天仙,穿着
253 整洁,衣着考究,她们满面春风,但事实上极度危险”。当时的人们认为,卖淫不仅仅意味着以提供性服务来换取金钱,而且是一种更广泛和更普遍的不道德行为。“娼妓”并不仅仅是单纯的卖淫,还违反了人们公认的性行为规范。打破规则并因此获得不道德的名声,最行之有效的办法就是经常光顾酒馆、咖啡馆等公共场所。[51]

将咖啡馆里的女人等同于妓女,这些指责并非毫无根据。伦敦教会法庭和伦敦金融城季审法庭会议记录文字资料显示,女性可以进入伦敦咖啡馆,但大多数女性要么是自己经营咖啡馆,要么是在咖啡馆里当招待。[52]而咖啡馆的女顾客,要么与不道德性行为相关,要么就是从事其他形式的犯罪活动。比如,一位名为伊丽莎白·韦(Elizabeth Way)的女人经常和一群男人在咖啡馆或小酒馆聚集,后来这帮人被指控洗钱,因为他们打磨硬币的周边制造削边货币①,以获取金银碎屑。咖啡馆里也时常发生道德或不道德的性行为被偷窥。[53]这就引出另一个重要的问题,即咖啡馆的空间是否过于通透。咖啡馆通常也是老板和家人的住所,位于其他私人住宅旁。通常“咖啡馆”只是私人住宅里的一个专门用来给顾客提供咖啡的房间。

这就意味着咖啡馆作为公共空间和家庭内部私人空间之间的分界从来就没有明确的划分。如果咖啡馆只是私人住宅中的某一处房间,那么它当然会受到其他家庭成员的入侵和监视。伦敦蕾丝花边零售商海丝特·平尼就曾租住在咖啡馆、小酒馆和其他一些业内人士家的楼上。不过,最令她父亲恼火的还是住在小酒馆。1715年,劳埃德夫人(Mrs. Lloyd)也在阿姆斯特丹咖啡馆留宿了几个晚上。[54]像平尼和劳埃德这
254 样的女房客,肯定会无意间听到一些咖啡馆里的流言蜚语,甚至在租住期间她们自己也会不时加入这些议论。

在调查女性如何在咖啡馆找到自己的容身之地之后,我们就不能再武断地认为女性完全被排除在英国咖啡馆社交世界之外了。但是,如果认为女性和男性一样可以自由进出咖啡馆显然也是不对的。这样就会忽视日常生活和空间体验的重要方式,而这些方式从根本上是(并且仍然是)由有关性别规范的文化观念所决定的。就这样,男性对咖啡馆公共空间的设想就影响了这个空间的实际使用方式。即使女性能够而且实际上也确实进入了伦敦的咖啡馆,她们也永远无法融入男性群体中,和男性一样有“宾至如归”的感觉。

性别并非用来限制进入咖啡馆公共领域的唯一门槛。1732年,《格拉布街期刊》(*The Grub Street Journal*)发表文章,断言女性和“没什么钱的人”不常去咖啡馆。[55]

---

① 早期的硬币均由贵金属制造,有人就将金属硬币的周边打磨一圈从而让硬币变小,得到很多的金银碎屑。为了制止这种洗钱行为,牛顿发明了带边齿的设计用于硬币四周,如果钱币被人动了手脚,马上就会看出来,因而,带边齿的设计就成了硬币的标志,也是硬币的防伪标识。在经过国家改良后,每种硬币的边距和齿度都不一样,并流传至今。

社会阶层、地域、职业、政治倾向，以及独特的个人偏好，所有这些都将咖啡馆里的社交世界分割成为小群体——也就是说，它们并没有形成一个同质化的整体。咖啡馆社会更像一个由各式各样的民众组成的混合体，而不是一个单一化的小型社会。由此产生的咖啡馆里的声音，更像在巴别塔中那样混乱而嘈杂，而并非清醒、理智和理想型交谈场所的产物。因此，对所有关心王政复辟后英国公共生活状况的人来说，控制这些混乱而嘈杂的声音是当务之急，而最行之有效的手段就是规定其准入门槛，要么通过上一章所讨论的那些正式的法律手段，要么通过这一章所讨论的由道德家们所主张的个人自我行为规范和自我道德约束来实现。

## 文明社会？

1723 年，《丑角》(*Pasquin*)的作者模仿《旁观者》，对英国咖啡馆的文化史进行了重大修正。他并没有描述人们是如何逐渐接纳咖啡馆使其成为城市社交场合中的合法部分，而是讲述了咖啡馆礼仪的没落。在查理二世统治时期，咖啡馆参与了王政复辟引发的大规模文化复兴：

> 王政复辟后，这里建起了几家咖啡馆，供文人墨客聚集，镇上已经通知了 255
> 他们，各委员会在什么时候开会发言，说些值得听的话。约翰·德莱顿每晚都会神情庄重地坐在威尔咖啡馆自己的座位上。正是因为他，威尔咖啡馆至今仍被人们铭记。但是，这些聚会随着威廉三世统治的来临而消失殆尽。自此之后，所有类似的组织都发现，它们的集会比之前要矫揉造作得多。据说现在，那些礼仪尚存的咖啡馆或许只能称为法沙利亚(Pharsalia)①的遗风，只有在那里才能看到文雅社会的缩影。

很显然，《丑角》的作者已经忘记了在威尔咖啡馆外，一群革命党暴徒因为对德莱顿最新的讽刺诗歌心怀不满而袭击了他。怀旧是一种明确的迹象，它表明曾经新奇的并且对社会构成潜在威胁的机构，现在已被完全驯化。到了 18 世纪 20 年代，咖啡馆已经成了一种人们公认的社交场所，越来越多的人将其称为“文雅”的交往中心。[56]

当然，道德谴责这种事从来就不曾过时，18 世纪中期，英国道德家的笔下充满着对咖啡馆里令人绝望的野蛮社交行为的谴责，他们从未停止对此表示遗憾与叹惋。不管怎么说，18 世纪 20 年代，咖啡馆的形象发生了变化，艾迪生和斯蒂尔等人努力将咖啡馆塑造为 18 世纪英国令人尊敬的男性礼仪中心。也许是由于《旁观者》的巨大成

---

① 法沙利亚，又名法尔萨鲁斯，是古希腊色萨利地区最大的城市，位于希腊北部色萨利的平原。著名的法萨罗之战即在此地发生，恺撒在此战败庞培。

功,人们发现在这之后,有众多的模仿者试图沿袭《旁观者》的传统,将咖啡馆作为奥古斯都时代英国文明礼仪的典范。正是这个神话,后来被维多利亚时代晚期和20世纪的咖啡馆文物学的学生们铭记于心,并最终被尤尔根·哈贝马斯载入史册。哈贝马斯主要依靠这些解释,对咖啡馆的兴起进行了颇具影响力的分析,并将其作为他所称的"资产阶级公共领域"出现的一个例证。[57]

可达性和排他性之间的巨大张力贯穿了咖啡馆的历史。这种紧张关系始于最早的咖啡馆学会,它的行为准则产生于鉴赏家群体在私人宅邸中的社交方式,但随后也
256 与英国酒馆等其他公共场合更为开放的气氛融合在一起。有时人们认为,到了18世纪末期,相对自由的奥古斯都咖啡馆被更严肃的绅士俱乐部所取代。但是,俱乐部生活与咖啡馆社交密不可分,从牛津蒂利亚德的第一家咖啡馆到伦敦哈林顿的罗塔俱乐部均是如此。[58]虽然它们都是公共场所,并且很少有正式的手段直接将不受欢迎的人拒之门外,但我们已经注意到,有很多非正式的手段在发挥作用,将咖啡馆进行社会分层,使得它们的开放度大大降低,不像乍看之下那样对所有人都开放。

因此,在我们试图将咖啡馆的社交形态与哈贝马斯所描述的不受约束、不存在任何问题的公共领域的兴起进行草率的联系之前,应先停下来进行细致的思考。近代早期英国的公共社交生活不可能臻于完美,公共政治更是如此,就哈贝马斯对这一时期公共领域的描述,我们很难找到合乎规范的支持对象。哈贝马斯称之为政治领域中的公共领域,诞生于现实中党派政治冲突的急迫需要,但是,在近代早期的政治和社会理论中,却鲜有人对其表示公开的支持。不同于哈贝马斯式的公共领域,我们在18世纪初的政治文化中发现了许多倡导"文明"公共生活的人们,比如艾迪生、斯蒂尔以及《旁观者》的同道中人。诚然,这种公共生活无疑以咖啡馆为中心而展开,但这种文明的公共生活其目的并非哈贝马斯范式引导我们所相信的那样,是为富有民主精神的理性政治开辟空间。人们想要一个"公民/文雅"社会,而并非一个"资产阶级公共领域",这也许是为什么"公民/文雅"(civil)这个词在18世纪英国启蒙运动文人中日益流行的原因。[59]他们的目标也不为民主革命时代的来临奠定基础,而是使奥古斯都时代的英国政治文化为辉格党精英的寡头统治提供保障。

## 注释

[1]这些图片是对考恩"What Was Masculine About the Public Sphere" 一书中第134页图片的修正。

[2] *CSPD* 1683, 351-52.

[3] Shepard, *Meanings of Manhood in Early Modern England*; Gowing, *Domestic Dangers*; *Spectator*, no. 49 (26 Apr. 1711), 1:208; 对照阅读: *Tatler*, no. 10 (3 May 1709), 1:89.

[4] Habermas, *Structural Transformation*; *Sennett*, *Fall of Public Man*.

[5] Cowan 在"Mr. Spectator and the Coffeehouse Public Sphere"一文中描述了这一报刊所特有

的辉格党政治特性。

[6] Wortley Montagu, *Complete Letters*, 1:314; *Gray's Inn Journal*, 2:50-54; 关于巴斯的这家女士咖啡馆，参见：Smollett, *Expedition of Humphrey Clinker*, 40 (quoted); 对照阅读：*Vickery*, *Gentleman's Daughter*, 258, 342 n. 82.

[7] *Spectator*, no. 10 (12 Mar. 1711), 1:44; Habermas, *Structural Transformation*; Klein, *Shaftesbury and the Culture of Politeness*; Brewer, *Pleasures of the Imagination*.

[8] Carter, *Men and the Emergence of Polite Society*, 144-46; [Boyer], *English Theophrastus*, 3rd ed., 53.

[9] Gordon, "Philosophy, Sociology, and Gender," 903; Carter, "Men About Town," 57.

[10] Bodl. MS Firth c.15/181-82; NAL/V&A, MS D25.F38/618-19; *Twelve Ingenious Characters*, 30-36; 与 *Character of the Beaux*; *Tatler*, *no*. 26 (9 *June* 1709), 1:200, 198-200; 对照阅读：*Ward*, *History of the London Clubs*, 28-29, ; BL, Harley MS 7315, fols. 224v, 285r; *Female Tatler*, 5-6.

[11] [Boyer], *English Theophrastus*, 55-56; 参照：*Essay in Defence of the Female Sex*, 72; Anon., *Country Gentleman's Vade Mecum*, 31; [Ward], *London Spy Compleat*, 144-45, 201-5; *Female Tatler*, 49, 78.

[12] Carter, "Men About Town," 40-41; Defoe, *Compleat English Tradesman* (1726), 2:231. 参见 Klein, *Shaftesbury and the Culture of Politeness*, 175-94 一书中沙夫茨伯里对宫廷文化的批判，并对照阅读 *View of Paris*, 18。

[13] BL, Harley MS 7317, fol. 126v, and in BL, Harley MS 7319, fol. 366r. 对照阅读：*Essay in Defence of the Female Sex*, 79; 关于对汤姆咖啡馆中"花花公子"的批评，参见：*Humours and Conversations of the Town*, 59; [D'Aulnoy], *Memoirs of the Court of England*, pt. 2, 42; *Female Tatler*, 64.

[14] *Character of a Coffee-House with the Symptomes of a Town-Wit*, 5; T.O., *True Character of a Town Beau*, 2; [Symson], *Farther Essay Relating to the Female Sex*, 113-14; *Character of a Town-Gallant*, 7; ibid., 2nd ed., 4. 对照阅读：*News from Covent-Garden*. 将霍布斯主义作为"咖啡馆哲学"，参见：Mintz, *Hunting of Leviathan*, 137; Shapin and Schaffer, *Leviathan and the Air Pump*, 292-93.

[15] Bodl. MS Smith 45/147; 对照阅读：Jacob, *Radical Enlightenment*, 89; Jacob, *Henry Stubbe*, 84; Hunter, *Science and Society in Restoration England*, 164; Redwood, *Reason, Ridicule and Religion*, 30, 41, 66, 175; *Remarques on the Humours and Conversations of the Town*, 69; Bodl. MS Eng Letters e.29, fol. 209r; Boyle, *Works*, 5:515; Hunter, *Science and the Shape of Orthodoxy*, 233. 另参见：Hunter, "Witchcraft and the Decline of Belief"; [Flecknoe], *Treatise of the Sports of Wit* [sig. A3v].

[16] Champion, *Pillars of Priestcraft Shaken*, 7, esp. n. 24, 187; 对照阅读：Jacob, *Newtonians and the English Revolution*, 226; Jacob, *Radical Enlightenment*, 15.

[17] *Spectator*, no. 49 (26 Apr. 1711), 1:209.

[18]关于早期斯图亚特王朝研究,参见 harpe,*Personal Rule of Charles I*,646-47,684-90;关于后期斯图亚特王朝研究,参见 Fraser,*Intelligence of the Secretaries of State*;L'Estrange,*Intelligencer*,no. 1 (31 Aug. 1663);另可对照阅读:no. 32 (21 Apr. 1664),257;Pincus,"Coffee Does Politicians Create";Cowan,"Rise of the Coffeehouse in Restoration England Reconsidered."

[19] Johns,"Miscellaneous Methods";Johns,*Nature of the Book*,174-75;539-40;在 Sutherland,*Restoration Literature*,233- 44 中有更加辉格式的解释。Ford,"Growth of the Freedom of the Press";Siebert,*Freedom of the Press in England*,with Treadwell,"Stationers and the Printing Acts," 755-76;Bellany,*Politics of Court Scandal in Early Modern England*,ch. 2;Raymond,*Invention of the Newspaper*.

[20]Schwoerer,Ingenious*Mr. Henry Care*,138-40;Turner,"Sir Roger L'Estrange's Deferential Politics in the Public Sphere";*Observator in Dialogue*,1.关于莱斯特兰奇的散文风格,参见 Birrell,"Sir Roger L'Estrange: The Journalism of Orality";关于这种民粹主义更广阔的历史背景,参见 Harris,"Venerating the Honesty of a Tinker," *Observator*,no. 325 (23 Apr 1683),quoted,并对照阅读:no. 326 (25 Apr. 1683) with Defoe's similar denial in *Review of the Affairs of France* 5:1 (27 Mar. 1708).

[21] PRO,SP 29/425,part 2/75;另参见:SP 29/431/47;Folger MS L.c. 1761 (15 Jan. 1687);Luttrell,*Brief Historical Relation*,1:392,396.

[22]对照阅读:Downie,"Stating Facts Right About Defoe's *Review*'';Downie,"Reflections on the Origins of the Periodical Essay."

[23] Harris,"Venerating the Honesty of a Tinker."对照阅读莱斯特兰奇的政治社会学著作:*Memento treating of the rise, progress, and remedies of seditions, with Tatler*,no. 153 (1 Apr. 1710),2:361,quoted.

[24] Gordon,"Voyeuristic Dreams";France,*Politeness and Its Discontents*,53-73.

[25] Greenough,"Development of the*Tatler*," 633-63,另参阅:Sherman,*Telling Time*,128-29;*Spectator*,no. 262 (31 Dec. 1711),2:517 (quoted).对照阅读:Spectator,no. 124 (23 July 1711),1:507. 基于同样理由对 18 世纪新闻界的当代批评,请参阅:Sommerville,*News Revolution in England*.

[26]*Tatler*,no. 18 (21 May 1709),1:148-50,引自 149-50;对照阅读:no. 11 (5 May 1709),1:102;no. 42 (16 July 1709),1:305-6;no. 74 (29 Sept. 1709),1:512;*Spectator*,no. 452 (8 Aug. 1712),4:90-94;*Tatler*,no. 178 (30 May 1710),1:471 (quoted). 这里,斯蒂尔援引了近代早期英国常见的对阅读生理性结果的理解:Johns,*Nature of the Book*,ch. 6;*Spectator*,no. 10 (12 Mar. 1711),1:46 (quoted);and compare no. 4 (5 Mar. 1711),1:18.对照阅读:no. 4 (5 Mar. 1711),1:18.

[27]*Tatler*,no. 155 (6 Apr. 1710),2:369-73.这一特点在 nos. 160 (18 Apr. 1710),2:393-97;178 (30 May 1710),2:467-73;180 (3 June 1710),2:478-82;and 232 (3 Oct. 1710),3:199-203 得到进一步发展。

[28]*Tatler*,no. 178 (30 May 1710),2:471 (quoted);no. 232 (3 Oct. 1710),3:201;对照阅

读：no. 155 (6 Apr. 1710), 2:371; no. 178 (30 May 1710), 2:469; no. 18 (21 May 1709), 1:150; no. 214 (22 Aug. 1710), 3:125; *Spectator*, no. 43 (19 Apr. 1711), 1:182-83; *Freeholder*, no. 22 (5 Mar. 1716), 132; Paulson, *Don Quixote in England*, esp. 20-31.

[29] Butler, *Characters*, 129, 177, 256-58;对照阅读:M.P., *Character of Coffee and Coffee-Houses*; *Character of a Coffee-House with the Symptoms of a Town-Wit*; Defoe, *Compleat English Tradesman* (1726), 31, 32 (quoted),并且对照阅读 38; *Tatler*, no. 10 (3 May 1709), 1:89; 参照 *Spectator*, no. 625 (26 Nov. 1714), 5:136-37; OED, s.v. "quidnunc,"特别是与咖啡馆相关的部分:*Letter from the Quidnunc's at St. James's Coffee-House*.

[30] Bodl. MS Wood, F. 40, fol. 72; *Letters Addressed from London to Sir Joseph Williamson*, 1:73; Swift, *Correspondence*, 1:462 (quoted), 1:601, 1:344; Clark, Longleat House newsletter copies, vol. 1, fol. 431r; PRO, SP 104/3, fols. 16r-v (quoted).

[31] *City and Country Mercury*, no. 10 (8-11 July [1667]) (quoted); *Tatler*, no. 84 (22 Oct. 1709), 2:36; *Tatler*, no. 125 (26 Jan. 1710), 2:237; [Defoe], *Vindication of the Press*; BM Sat. nos. 2010 (c. 1733), 5073 (1772), 5074 (1772), 5923 (1781); Woodward and Cruikshank, "Public House Politicians!! N. 11" (1807), LWL, print 807.1.2.1.1; Hazlitt, *Complete Works*, 8:185-204; 对照阅读:Brewer, *Party Ideology and Popular Politics*, 140-41.

[32] *News from the Coffeehouse*; *Women's Petition Against Coffee*, 3-4 (quoted);对照阅读: M.P., *Character of Coffee and Coffee-Houses*, 4; *Mens Answer to the Womens Petition Against Coffee*, 4-5; *City-Wifes Petition, against Coffee*, [2].

[33]有关女性闲谈的特点见 Tatler, no. 1 (12 Apr. 1709), 1:15; 特别参照:*Spectator*, no. 247 (13 Dec. 1711), 2:458-62.并请对照阅读 Shevelow, *Women and Print Culture*, 94-98 与 Rawson, *Satire and Sentiment*, 209-11; Defoe, *Compleat English Tradesman* (1987 ed.), 133-34; *Spectator*, no. 457 (14 Aug. 1712), 4:111-13.

[34]有关话题设计者,参见 *Spectator*, no. 31 (5 Apr. 1711), 1:127-32;有关空谈家,参见 no. 105 (30 June 1711), 1:436-38;有关笑声,参见 *Guardian*, no. 29 (14 Apr. 1713), 125-26;有关夸张的姿势,参见 no. 84 (17 June 1713), 305-7;有关歌声和哨声,参见 *Spectator*, no. 145 (16 Aug. 1711), 2:73; *Tatler*, no. 264 (16 Dec. 1710), 3:337, 338 (quoted). 有关这篇重要的文章,对照阅读:Sherman, *Telling Time*, 131-33; *Tatler*, no. 268 (26 Dec. 1710), 3:351- 52 (quoted).

[35] Copley, "Commerce, Conversation, and Politeness," 68; *Spectator*, no. 87 (9 June 1711), 1:371; 参照: *Case Between the Proprietors of News-Papers*, 12-13.

[36] 莫里尔 *Proposing Men* 一书主题即为 Addison 和 Steele 提出的男性礼仪改革; *Spectator*, no. 155 (28 Aug. 1711), 2:107;另请参照:James Miller, *Coffee-House*, 27-28.

[37] Smithers, *Life of Joseph Addison*, 92, 242-44, 281, 315-17; *Englishman*, ser. 1, no. 36 (26 Dec. [1713]), 144-48; 有关蒲柏对艾迪生和斯蒂尔令人费解的评论,参见: Spence, *Observations, Anecdotes, and Characters*, 1:80,对照阅读:Ketcham, Transparent Designs, 202 n. 24。

[38] *Spectator*, no. 49 (26 Apr. 1711), 1:210, 209-10; no. 10 (12 Mar. 1711), 1:44 (quoted). 这是西塞罗 *Tusculan Disputations*, 5.4.10 的另一种叙述方式,阅读这部分时应参照

Klein, *Shaftesbury and the Culture of Politeness*, 36-37, 42, Klein, "Gender, Conversation, and the Public Sphere," 100, 109-10; Brewer, *Pleasures of the Imagination*, 10 .

[39] *Spectator*, no. 606 (13 Oct. 1714), 5:72.参照:no. 300 (13 Feb. 1712), 3:73; no. 376 (12 May 1712), 3:415;关于茶桌上的理想交谈方式,参见:*Guardian*, no. 2 (13 Mar. 1713), 46; no. 16 (30 Mar. 1713), 86.

[40] Hewitson, ed., Diary of*Thomas Bellingham*, 44. 这里提到的妇女的社会地位尚不清楚。对照阅读:Pincus, "Coffee Politicians Does Create," 816; Klein, "Gender, Conversation, and the Public Sphere," 115 n. 29.

[41] Longe, ed., *Martha Lady Giffard*, 250-51; Hooke, *Diary* (2 Oct. 1675), 184 中包含的一个条目中写道:"在曼恩咖啡馆,与波义尔先生和拉内劳女士(Lady Ranelaugh)共进晚餐。"目前还不清楚胡克是否在与波义耳和他的妹妹共进晚餐之前去过曼恩咖啡馆,或他们两人是否和胡克一起在咖啡馆共进晚餐。考虑到胡克日记中大量证据表明他喜好游荡的本性,我倾向于接受史蒂文·平卡斯的解读。参见:Pincus, "Coffee Politicians Does Create," 816.

[42] Sharpe, "Dealing with Love"; Grassby, *Business Community of SeventeenthCentury England*, 153.

[43] Borsay, *English Urban Renaissance*, 249.其中提及,作为巴斯日常生活的一部分,"女士们和先生们分道扬镳,男人们去了咖啡馆"; Toland, *Collection of Several Pieces of Mr. John Toland*, 2:105; Burney, *Evelina*, 39; Rocque, *Voyage to Arabia the Happy*, 294-95.

[44] BL 1402.g.1 (12); *London Gazette*, no. 2477 (22-25 July 1689); no. 2578 (24-28 July 1690); no. 2584 (14-18 Aug. 1690); no. 2585 (18-21 Aug. 1690); no. 2781 (4-7 July 1692). 有关度假季研究,参见:Borsay, *English Urban Renaissance*, 141-42; HMC, *Twelfth Report*, *Rutland*, 2:67-68; Brewer, "Cultural Consumption in EighteenthCentury England," 380.

[45]拉特兰伯爵夫人(Countess of Rutland)的家庭管理,参见:HMC, *Twelfth Report*, 2: 15-18.

[46] 引自 HL, Stowe MS 26/1-2 (1 Oct. 1697), (22 Apr. 1701)。有关访问私人宅邸的社会意义,以及由此为善于社交的士绅阶层所带来的显著的社会权力,参见 Whyman, *Sociability and Power in Late Stuart England* 一书。

[47] Wilson, *Island Race*, 40; Klein, "Gender and the Public/Private Distinction," 103.

[48] McDowell, *Women of Grub Street*, 60, 84-85, 102-3, and 17 (quoted), 60-61.

[49] Alexander, "Economic and Social Structure of the City of London," 136; *OED*, s.v. "coffee-woman." Dabhoiwala, "Prostitution and Police in London," 42; compare Clark, *English Alehouse*, 79; Hanawalt, "*Of Good and Ill Repute*," 108; *Life and Character of Moll King; and Velvet Coffee-Woman*.

[50] [John Dunton], *Night-Walker*, 2:8-9 (my emphasis); 参照 1:17,对于围绕这本期刊出版情况的相关研究,参见:Dabhoiwala, "Prostitution and Police in London,"246-59.

[51] [Ward], *London Spy*, 27; Saussure, *Foreign View of England*, 102; Gowing, *Domestic Dangers*; Dabhoiwala, "Prostitution and Police in London," esp. 1-92, 93; and

Hitchcock, *English Sexualities*, 94-101.

[52] LMA, DL/C/237 (17 May 1678) Cutt vs. Jacombe; LMA, DL/C/244, fols. 95v- 96v (4 May 1694) Wollasten vs. Jennings; LMA, DL/C/245, fols. 4-7 (20 Jan. 1696) Branch vs. Palmer. 在此感谢 Jennifer Melville 博士提醒我注意这些史料。

[53] CLRO, Sessions Papers Box 2 (1679-86), Sept. 1682 Sessions, 29 Aug. 1682. 有关从伦敦教会法院记录中得到的其他例子,参见:Earle, *City Full of People*, 242, 252, 300 n. 223. 有关咖啡馆作为妓院的例子,参见:Dabhoiwala,"Prostitution and Police in London," 53; LMA, DL/C/245, fols. 194-210, quote at fol. 207 中对玛丽·汉布尔顿(Mary Hambleton)咖啡馆的起诉。

[54]亨特极具洞察力地详细说明了公众关心的问题是如何被嵌入中产阶级私人生活结构中的,参见:Hunt, *Middling Sort*; Sharpe, "Dealing with Love." Ryder, *Diary of Dudley Ryder*, 124.

[55]*Grub Street Journal*, no. 145 (12 Oct. 1732).

[56]*Pasquin*, no. 87 (29 Nov. 1723); *Domestick Intelligence*, no. 49 (23 Dec. 1679); Bodl. MS Don. c.38, fol. 276v; Klein, "Coffeehouse Civility"; Klein, "Politeness and the Interpretation of the British Eighteenth Century."

[57]*Censor*, 2:61 (12 Mar. 1717); *Weekly Journal or Saturdays Post*, no. 288 (2 May 1724); *Grub Street Journal*, no. 142 (21 Sept. 1732), no. 145 (12 Oct. 1732); *Common Sense*, no. 67 (13 May 1738); Timbs, *Clubs and Club Life in London*; Lillywhite, *London Coffee Houses*; Ellis, "Coffee-Women, *The Spectator* and the Public Sphere."

[58] Beljame, *Public et les Hommes de Lettres*, 264-65; Sennett, *Fall of Public Man*, 81, 84;参照 Langford, "British Politeness and the Progress of Western Manners," 62-63, 以及 *Englishness Identified* 一书第 179-180, 253-254, 284 页。有关咖啡馆和俱乐部之间的相互联系,参见:Clark, *British Clubs and Societies*; Allen, *Clubs of Augustan London*; Timbs, *Clubs and Club Life in London*.

[59]参照:Jacob, "Mental Landscape of the Public Sphere,"以及 Cowan, "What Was Masculine About the Public Sphere?" 149-50.

# 257 结 语

每个时代都有属于自己的消费革命和公共领域,就像不断崛起的中产阶级,或是男女两性领域不断趋向相互独立。然而,以上论断未免过于宽泛,有放之四海百代而皆准之嫌。因为从某种意义上说,从古至今的一切社会都有各种各样的商品与服务需求,所以均可被称为"消费社会",只是所需商品和服务的种类以及它们在不同历史时期被赋予的价值有所不同。我们被告知,即便是新石器时代的经济也可以被视为"原始的富裕社会"(the original affluent society)。同样,所有社会均以各种不同的方式为一定程度的公共话语做好了准备。尽管哈贝马斯认为,历史地看,公共领域可以追溯至法国大革命前资产阶级的兴起,并进而将其视作"资产阶级的一个范畴",但较为晚近的学者大多摒弃了哈氏的马克思主义目的论,他们对这一理论仍然卓有兴趣,但当前的学术方向已然转移,他们希图在更为悠远的时间点上找到各种类型的公共领域之起点。[1]一旦掌握了具有独创性的原始资料,人们可能很快就会从考古学家那里读到"旧石器时代公共领域"的说法。

17 世纪后期,喝咖啡这种习惯的兴起与作为一种社交机构的咖啡馆的发展,不仅
258 为英国社会带来一场消费革命和一个全新的公共领域。同时,它们更应被视为伟大的创新。本书之前的章节聚焦于 17 和 18 世纪早期的消费者,试图通过历史性地考察他们如何看待新兴的饮料和场所,进而阐释咖啡和咖啡馆的意义,并真正理解这些创新和变化的要义。对那个时期诸如热饮料和公共酒馆等话题的关注,为我们提供了一个颇有助益的视角。通过它我们得以了解那时不列颠群岛上的人们对诸如经济文化、医学观念、异域文化,性别角色与城市社会关系的合理排序等问题的态度。在近代早期的英国,咖啡社交生活非常活跃,本研究试图从咖啡的记事簿中找出它所涉及的各个方面。为了实现这一目标,我带领读者穿越不列颠群岛的边界:正如英国咖啡的历史发生在伦敦、巴斯和爱丁堡一样,它同样发生在摩卡、苏拉特和开罗。英国历史能够也应当被作为全球史的一个重要组成部分来理解,这样便可以使相关研究活跃起来。[2]同样,本书进行了许多概念性旅行:我们自由地徜徉于咖啡之外的世界中,并将咖啡与鸦片、咖啡馆与秘密集会场所和理发馆等场所间的相似性进行了对比。因为只有了解

了咖啡和咖啡馆及类似事物与近代早期人们精神世界的关系，我们才能够欣赏那个时代的人们赋予这些新奇事物的意义。在王政复辟后的一个世纪里，人们逐渐熟悉了咖啡和咖啡馆，他们将咖啡与其他饮料（如啤酒、艾尔酒、葡萄酒、草药混合物），咖啡馆与其他公共场所（如啤酒屋、小酒馆甚至理发店）进行比较，咖啡文化逐渐成为英国日常生活不可或缺的一部分。就这样，咖啡逐渐对近代早期人们的思想产生作用。

与17世纪的英国人相比，当代历史学家更容易理解近代早期英国咖啡文化的兴起。随着消费革命和公共领域范式在20世纪80年代和90年代日渐流行，研究英国近代早期的历史学家越来越能够接受17和18世纪咖啡文化的兴起，或许这种接受显得过于轻率。在他们的研究中，咖啡的兴起通常会得到相应的关注并略加论述。然而，在这些简短的论述中，咖啡和咖啡馆的引进被视为一个不证自明的例子，用来证明王政复辟后的英国如何成为一个比以往更加民主、更加商业化、更加“文明”，且社会流动性更强从而更具现代性的社会。[3]过去的几十年中，艾迪生和斯蒂尔将咖啡馆公共 259
领域的应然状态作为奋斗理想，在《闲谈者》和《旁观者》中进行了细致的描述，这些内容在许多有关消费革命、公共领域和文雅社会的研究中被视作历史现实。这些新辉格史学家的作品大多是战后一代的产物，并于20世纪七八十年代相继出版，他们在描述咖啡文化的同时赞颂咖啡文化的兴起。在这些赞歌式的美誉中，将咖啡和咖啡馆引入英国社会是不容置疑的明智之举，同时它也是一个例证，被用来证明王政复辟后的英国已然成为一个到处充斥着“文雅体面的商业人士”的国家，就像威廉·布莱克斯通（William Blackstone）所描述的那样。[4]

因此，在过去三十年里，有关王政复辟时期咖啡文化的探讨频频出现在一些颇具权威的历史著作中。咖啡是研究消费革命的历史学家们所熟知的新“商品世界”的成员之一，通常与其他一些进入近代早期店铺或家庭中的新商品一同被提及，例如巧克力、茶、钟表、瓷器、棉布等。更重要的是，咖啡馆同时进入了新的历史研究领域：它们通常是研究王政复辟时期英国城市复兴（urban renaissance）的重要组成部分，也是构成科学辩论的背景，而恰恰是这些辩论形塑了实验科学的兴起。它还是制定文雅文化规则与惯例的重要场所，当然也是“资产阶级公共领域”和随之而来的培育现代民主政治文化和公民社会的主要场所。虽然咖啡文化的繁荣被认为是这些宏大叙事的一个重要组成部分，但是，很少有人对那个时代的人们对这种新饮料，特别是对各式各样的咖啡馆的反应进行过详细的研究。

人们常说：魔鬼藏在细节中，即使是微不足道的细节也可能影响大局。就这一点而言，本书关注相关史料的细微之处。作为对新辉格史的修正，本书将咖啡和咖啡馆的故事复杂化，并坚持认为：没有理由相信咖啡文化的兴起是一个轻易就取得成功的故事：事实上，本书前几章已不遗余力地试图证明，有若干理由表明，那时咖啡并未能深入人心，这些理由同时也迫使我们认识到，相比于辉格史的描述，英国人接受咖啡文化所花的时间要长得多,咖啡所面临的阻力也要大得多。

这可能会激发不同专业领域的历史学家在各自相应研究领域中重新思考他们对
260 咖啡文化作用的理解。当文明史学家思考他们对咖啡馆在18世纪"文雅文化"形成过程中所起作用的理解时,应该回忆一下泰特斯·奥茨在阿姆斯特丹咖啡馆被无情地鞭打,以及他为了自卫将一杯咖啡泼到对手脸上的情形。在近代早期的咖啡馆中,这种情形并不少见。艾迪生和斯蒂尔都很清楚,在日常生活中人们经常违反规则,因此有必要为他们制定若干文明行为准则。

研究近代早期科学史的历史学家中,许多人都强调文明交往的绅士行为准则对产生科学实验和科学论据的重要性,他们或许应该进一步思考,为什么在皇家学会成为正式机构十年前,英国鉴赏家群体就创造出了咖啡馆里的社交准则。本书讲述的发明咖啡馆的故事,推翻了近期科学革命史学界公认的事实,即:咖啡馆不仅仅是实验科学的背景或发展阶段之一,它本身就是英国科学革命时期鉴赏家们所打造的文化世界的产物。我一直坚持认为,英国咖啡馆的文化形态是由名流鉴赏家群体的智识倾向、社交规范和社交风格所决定的。科学实验室、学术期刊、学术团体和咖啡馆都是鉴赏家群体社交文化的遗产。在过去的几十年里,近代早期科学社会史家们对知识的社会史表现出了极大的兴趣,尽管本书本身并非一部科学史著作,但在很大程度上,它是这一令人振奋的新领域的产物。尽管科学思维和科学方法的发展无疑同样重要,但科学史家所揭示出的近代早期鉴赏家群体文化世界的影响更为深远。本书敦促人们更加关注鉴赏家群体,他们是近代早期英国文化中一支重要的创新力量。[5]

研究17世纪末和18世纪的经济史学家,对促进金融和商业革命的文化环境颇感兴趣,他们可能应该重新思考人们在那个经济创新时代接受新商品和新服务的方式。咖啡在商业上取得的成功和咖啡馆在社交上的成功,并不仅仅是因为海外商人最终能够为英国消费者带来一种天然诱人的饮料。引用几乎所有历史研究领域(也许除了经
261 济史)的老生常谈,咖啡的成功需要建构起消费需求。经济史学家们早已认识到,王政复辟后的英国经历了一场"商业革命",这场革命的成就可以用海外进出口的增长量来衡量,但有关它的文化史还有待书写。[6]

本书即是在此方向上的努力。我非常强调鉴赏家群体强大的影响力,他们构成了英国社会精英阶层中的一个小的亚文化群体;我同时注意到伦敦城市发展在塑造英国商业革命的文化轮廓方面所发挥的重大作用。对新事物的需求,以及满足这种需求的生产能力来自何处?几个世纪以来,这个问题一直构成经济史专业学生所面临的挑战。显然它也令马克斯·韦伯备受困扰:"一个人并不是'天生'想挣越来越多的钱,而是简单地按照他所习惯的方式生活并为此目的赚尽可能多的钱。无论现代资本主义自何时开始通过增加劳动强度来提高劳动生产率,它都会遭遇来自前资本主义时期劳动者们的顽固抵抗。"在此,我同样主张,消费者并非自发地对咖啡等新商品产生渴求:

这种渴求必须通过与特定文化中先已存在的各种因素相结合来培养。理解近代早期英国社会咖啡需求的起源，也许并不能为我们提供一把神奇的钥匙，用来打开将资本主义的兴起作为一种独特的经济和社会组织模式来理解的大门，但是，它或许有助于我们认识到某些因素，恰恰是这些因素消融了旧经济体制下消费者们对新口味、新机制与新时尚的那种根深蒂固的抗拒。[7]咖啡和咖啡馆的兴起就这样在英国漫长的资产阶级革命中发挥着重要的作用。

咖啡文化对政治的影响也大致相同。研究复辟时期的政治史学家希望考察咖啡馆在改变政治行为方式和政治说服手段等方面发挥的作用，他们确实应该从事这方面的研究，同时也将咖啡馆为获得合法性而不得不面对的长期斗争纳入思考范围之中。17 世纪中期英国咖啡馆的兴起表明，王政复辟后的英国政治没有重蹈 17 世纪早期的覆辙，但即便如此，也不能证明是咖啡馆催生了公共领域，因为这一历史进程本就无可避免。咖啡馆的兴起的确拓展了王政复辟后几十年中对政治可能性的限制，但本书认 262
为，这只会使咖啡馆政治变得更为复杂，对英国地方和国家层面的管理者而言，也更加令人恼火。在复辟后政治文化的复杂矩阵中，对阿姆斯特丹、威尔、巴顿、奥辛达或希腊咖啡馆的政治特征和意义，仍有很大的空间进行深入的个案研究。咖啡馆在 18 世纪中叶辉格党寡头统治的全盛期以及后来汉诺威王朝的统治期的作用，仍未得到充分细致的研究。[8]这类详细的分析应进一步清楚地阐明，在一个政党冲突和皇室继承危机频发的时代，咖啡馆如何使自己成为无论是大众政治还是精英政治中不可或缺和无法规避的部分。

本书注重历史细节，直截了当地挑战了新辉格史的老生常谈，因此，它很容易被视为对近代早期咖啡文化相关研究的彻底修正。这样的解读是有道理的，就斯图亚特王朝晚期和汉诺威王朝早期的这段历史而言，相关研究迫切需要修正式的激烈辩论，在大约三十年前，类似的辩论彻底改变了斯图亚特早期的相关研究。尽管在此过程中有必要纠正辉格式叙述中的那些陈词滥调和必胜言论，更新的“后修正主义”观点仍然是这里讲述的咖啡的故事的核心。本书不赞成那些有关咖啡兴起的简化论，因而致力于构建起一个有关咖啡文化研究的个案，尝试全面考察那些使得咖啡最终取得成功的诸种积极因素。

在 17 世纪，与咖啡有关的现代性并不存在，英国社会中的某些因素特别容易鼓励人们接受咖啡，并将咖啡馆作为城市生活的中心机构加以推广，例如提倡咖啡饮用的鉴赏家群体和越来越多的大量进口咖啡的海外商人。在英国咖啡文化形成过程中，近代早期英国社会秩序的各个组成部分复杂互动，并占据着咖啡文化兴起的核心位置。它并非由单一动因所推动的故事。咖啡进入英国社会的每一步都会引发一系列的新行动、新反应以及进一步的变革。在 17 世纪初，鉴赏家群体本可以将咖啡引入英国社会，但一旦他们这样做了，喝咖啡的含义，特别是经常光顾咖啡馆的含义，就会变得和

263 近代早期英国社会一样纷繁复杂。英国的早期现代性非常灵活,一旦具备了相应条件,就非常乐于接受社会和文化创新。咖啡文化的崛起即为此提供了一个令人瞩目的例子,用来说明英国旧政权究竟能够在多大程度上适应变化。

咖啡和咖啡馆在近代早期的英国重要吗?这个问题的答案当然取决于我们如何衡量历史意义:如果从国家和社会的戏剧性革命这个角度来理解,那么答案肯定是否定的。咖啡并没有像1649年的议会那样处决一位在位的国王,也没有像1688年末奥兰治王子和他的支持者所做的,迫使另一位国王逃离他的王位。然而,咖啡并非微不足道,正如费尔南·布罗代尔(Fernand Braudel)所说,在咖啡的历史中,"奇闻轶事、美妙风景和不可靠的事物均起着重大的作用"。[10]就像咖啡本身的历史一样丰富多彩,它传入不列颠群岛的故事同样揭示了近代早期英国经济、社会和政治关系的构成方式。本书明确表示拒绝承认咖啡开创了现代职业道德或公认的更加民主的公民社会,并以此为所谓的"咖啡革命"进行辩护。咖啡文化本身并没有改变英国社会,但了解英国咖啡文化不同寻常的崛起方式有助于我们理解即便是前现代社会也可以采纳具有创新性的消费习惯,并可以发明像咖啡馆这样新的社交机构。尽管我们今天很难想象一个没有咖啡的世界,但对于生活在近代早期的英国人而言,想象一个有咖啡的世界是什么样子则更加困难。通过成功地创造了一个属于自己的咖啡世界,他们证明了自己极具适应性的灵活的想象力。

## 注释

[1] Sahlins, *Stone Age Economics* 第一章关于英国历史,史蒂文·平卡斯提出了后复辟时代的概念,参见 Pincus and Houston, eds., *A Nation Transformed*;但这一概念在更早些时候就已经被提及,参见 Norbrook, *Writing the English Republic*; Lake and Questier, "Puritans, Papists, and the 'Public Sphere' in Early Modern England." 对于"消费社会"这一术语的延展性思考近期在 Brewer, "*Error of Our Ways*"一书中也有所体现。

[2] Berg, "In Pursuit of Luxury" 中提供了另一个具有启发的例子。

[3]这方面的典型例子参见:Brewer, *Pleasures of the Imagaination*, 34-40 与 Porter, *Creation of the Modern World*, 35-37.

[4] 对战后新辉格史学的不同评价,参见:Cowan, "Review of Laura Brown"; Laqueur, "Roy Porter"; Hitchcock, "New History from Below"; Clark, *Revolution and Rebellion*.

[5]另见 Cowan, "An Open Elite"。

[6]有关信贷关系的历史研究始于 Muldrew, *Economy of Obligation*,并且 Muldrew, "Hard Food for Midas"为商业革命的文化史提供了重要的基础。有关近代早期消费文化数量和质量平衡问题的研究,参见 de Vries 的"Luxury in the Dutch Golden Age in Theory and Practice"。

[7] Weber, *Protestant Ethic and the Spirit of Capitalism*, 60. 当然,等式的另一端是提高生产力的欲望。有关这一问题近期的相关讨论,参见:de Vries, "Industrial Revolution and the

Industrious Revolution"; Hatcher, "Labour, Leisure and Economic Thought Before the Nineteenth Century."

[8]参照 Scott, *England's Troubles*; 关于本地化研究的例子,参见 Harris 的"Grecian Coffeehouse and Political Debate in London"和 Berry 的"Rethinking Politeness"。有关 19 世纪早期咖啡馆政治的相关研究,参见 McCalman, "Ultra-radicalism and Convivial Debating Clubs in London"; Aspinall, *Politics and the Press*; Herzog, *Poisoning the Minds of the Lower Orders*; Barrell, "Coffeehouse Politicians."

[9]进一步的讨论参见 Cowan 的"Refiguring Revisionisms"和 Lake 的"Retrospective"。

[10] Braudel, *Structures of Everyday Life*, 256.

# 参考文献

All locations are London unless otherwise noted.

*Abbreviations*

| | |
|---|---|
| BAC | British Art Center, New Haven, Connecticut |
| Beinecke | Beinecke Rare Book and Manuscript Library, Yale University, New Haven, Connecticut |
| BL | British Library |
| BM Sat. | British Museum, Department of Prints and Drawings, English cartoons and satirical prints, 1320-1832 |
| Bodl. | Bodleian Library, Oxford |
| Clark | William Andrews Clark Library, UCLA, Los Angeles, California |
| CLRO | Corporation of London Record Office, London |
| *Commons* | *Journals Journals of the House of Commons* |
| *CSP* | *Calendar of State Papers* |
| CUL | Cambridge University Library, Cambridge |
| Dr. Williams | Dr. Williams Library, London |
| *ECS* | *Eighteenth—Century Studies* |
| Edinburgh | Edinburgh University Library, Edinburgh |
| *EFI* | *English Factories in India* |
| EHR | *English Historical Review* |
| Folger | Folger Shakespeare Library, Washington D.C. |
| GL | Guildhall Library, London |
| *HJ* | *Historical Journal* |
| HMC | Historical Manuscripts Commission |
| Huntington | Huntington Library, San Marino, California |

| | |
|---|---|
| HRHC | Harry Ransom Humanities Center, University of Texas at Austin |
| IHR | Institute of Historical Research, Senate House, London |
| LC | Library of Congress, Washington, D.C. |
| LMA | London Metropolitan Archives (formerly the Greater London Record Office), London |
| *Lords Journals* | *Journals of the House of Lords* |
| LWL | Lewis Walpole Library, Yale University, Farmington, Connecticut |
| NAL/V&A | National Art Library at the Victoria and Albert Museum, London |
| NLS | National Library of Scotland, Edinburgh |
| OIOL | Oriental and India Office Library; division of the British Library, London |
| Old Bailey | Proceedings of the Old Bailey London, 1674-1834; (www.oldbaileyonline.org) |
| P&P | Past & Present |
| Princeton | Princeton University, Firestone Library, Princeton, New Jersey |
| PRO | Public Record Office, National Archives, London |
| RSA | Royal Society Archives, London |
| SCA | Stationer's Company Archives, London |
| Westminster | Westminster Archives Centre, London |
| VAM | Victoria and Albert Museum, London |

*Printed Primary Sources*

**PERIODICALS**

*Athenian Mercury*, 19 vols. (John Dunton, 1691-97).

*British Apollo*, 117 issues, 12 monthly papers and two quarterly books (J. Mayo, 1708- 9).

*City and Countrey Mercury*, 33 issues (1667).

*City Mercury* (1692).

*City Mercury* (Andrew Clark, 1675).

*Collection for Improvement of Husbandry and Trade*, 12 vols. (Randal Tayler, 1692- 1703).

*Commonsense, or, The Englishman's journal*, 354 issues (J. Purser, 1737-43).

*Currant Intelligence*, 24 issues (John Smith, 1680). Becomes: *Smith's Currant Intelligence* beginning with no. 10 (13-16 March 1679).

*Current Intelligence*, 24 issues (John Macock, 1666).

*Domestick Intelligence*, nos. 1-55 (Benj. Harris (1679-81). Becomes *Protestant (Domestick) Intelligence*; *Or news from both City and Country*, nos. 56-114 (Benj. Harris, 1680-81).

*Domestick Intelligence*, nos. 1-155 (Thomas Benskins, 1681-82).

*Domestick Intelligence*, 17 issues (Benjamin Harris, 1683).

*English Gazette* (W.E., 1680).

*English Intelligencer* (Thomas Burrell, 1679).

*English Lucian*, nos. 1-15 (John Harris, 1698).

*Englishman*, Rae Blanchard, ed. (Clarendon Press, 1955).

*Female Tatler*, Fidelis Morgan, ed. (Dent, 1992).

*Gray's Inn Journal*, 2 vols. (W. Faden, 1756).

*Grub Street Journal* (J. Roberts, 1730-37).

*Guardian* (1713), John Calhoun Stephens, ed. (Lexington: University Press of Kentucky, 1982).

*Haarlem Courant* (1680).

*Heraclitus Ridens*, 82 issues (B[enjamin] T[ooke], 1681-82).

*Impartial Protestant Mercury*, 100 issues [out of 115] (R. Janeway, 1681-82).

*Intelligencer* (1728-29), James Woolley, ed. (Oxford: Clarendon, 1992).

*Intelligencer*, 4 vols. (Richard Hodgkinson, 1663-66).

*Journal des Sçavans* (Amsterdam: Chez Pierre le Grand, 1669-1796).

*Kingdoms Intelligencer*, 3 vols. (R. Hodgkinson and Tho. Newcomb, 1660-63).

*London Gazette* (Oxford and London, 1660-1700).

*Loyal Protestant, and True Domestick Intelligence*, 247 issues (Nat. Thompson, 1681- 83).

*Medleys for the Year* 1711 (John Darby, 1712).

*Mercurius Anglicus*, 51 issues (Robert Harford, 1679-80). Becomes *True News: or, Mercurius Anglicus*, with no. 11 (24-27 December 1679).

*Mercurius Anglicus*, 3 issues (Richard Baldwin, 10-17 October 1681).

*Mercurius Honestus*, or Tom Tell—Truth, 1 issue (1660).

*Mercurius Politicus*, 514 vols. (Thomas Newcomb, 1650-60).

*Mercurius Publicus*, 4 vols. (Richard Hodgkinson, 1660-63).

*Observator* (J. How, 1702-12).

*Observator in Dialogue*, 3 vols. (J. Bennet, 1684-87).

*Pasquin*, nos. 1-120 (J. Peele, 1722-24).

*Philosophical Transactions*, vols. 1-12 ((1665-78); vols. 13-65 (1683-1775).

*Poor Robin's Intelligence* (A. Purflow, 1676-77).

*Post—Boy* (R. Baldwin, 1695-1728).

*Publick Occurrences*, 1 issue (Boston: Benjamin Harris, 25 September 1690).

*Review of the Affairs of France* (1704-13) in *Defoe's Review*, Arthur Wellesley Secord, ed., 22 vols. (New York: Columbia University Press, 1938). References are to the volume and issue numbers of the originals, and not the reprint, volumes.

*Smith's Protestant Intelligence*, 22 issues (F. Smith, 1681).

*Spectator* (1711-14), Donald F. Bond, ed., 5 vols. (Oxford: Clarendon, 1965).

*Tatler* (1709-11), Donald F. Bond, ed., 3 vols. (Oxford: Clarendon, 1987).

*True Domestick Intelligence* (N. Thompson, 1679-80).

*Weekly Advertisements of things lost and stollen*, 3 issues (Peter Lillicray, 1669).

*Weekly Journal, or, British Gazetteer* (James Read, 1715-30).

*Weekly Journal or Saturday's Post* (Nathaniel Mist, 1716-28)

*Weekly Pacquet of Advice from Rome*, 5 vols. (Langley Curtis, 1678-83).

**BOOKS**

*Account of the Proceedings of the New Parliament of Women* (J. Coniers, 1683).

Ackermann, Rudolph, *Microcosm of London* (1808-1810).

*Additional proclamation concerning coffee—houses* (Bill & Barker, 1676).

*Ale—wives Complaint against the Coffee—Houses* (John Tomson, 1695).

*Answer to a Paper set forth by the Coffee—Men* (1680s? -90s?), Wing A3334.

Antaki, Dawud ibn Umar, *Nature of the Drink Kauhi, or Coffe* [Edward Pococke, trans.], (Oxford: Henry Hall, 1659).

Archenholz, Johann Wilhelm von, *Picture of England* (Dublin: P. Byrne, 1791).

*At Amsterdamnable—Coffee—House on the 5th Of November next* ([1684]).

Aubrey, John, *Brief Lives*, Andrew Clark, ed., 2 vols. (Oxford: Clarendon, 1898).

*Auction of State Pictures* (1710).

Bacon, Francis, Francis Bacon, Brian Vickers, ed. (Oxford: Oxford University

Press, 1996).

———, *Letters and the Life of Francis Bacon*, James Spedding, ed., 7 vols. (Longmans, 1861-1874).

———, *Works of Francis Bacon*, Basil Montagu, ed., 17 vols. (Pickering, 1825-34).

Bagford, John, "Letter Relating to the Antiquities of London," in John Leland, *Joannis Lelandi Antiquarii de Rebus Britannicis Collectanea*, Thomas Hearne, ed., 6 vols. (Oxford, [1715]), 1: lviii-lxxxvi.

Barbon, Nicholas, *Discourse of Trade* (1690), J. Hollander, ed. (Baltimore: Johns Hopkins Press, 1905).

Bayle, Pierre, *Oeuvres Diverses*, 5 vols. (1727; reprint, New York: Georg Olms, 1964-82).

*Bibliotheca Digbeiana*, in Bodl. MS Wood E.14, no. 3.

Biddulph, William, "Part of a Letter of Master William Biddulph from Aleppo" (1600), in Samuel Purchas, *Hakluytus Posthumus or Purchas His Pilgrimes*, 20 vols. (1625; reprint, Glasgow: James MacLehose and Sons, 1900), vol. 8.

Birch, Thomas, *History of the Royal Society of London*, 4 vols. (1756-57; reprint, New York: Johnson Reprint, 1968).

Blackmore, Richard, *Discommendatory Verses* ([1700]).

Blount, Henry, *Voyage into the Levant* (Andrew Crooke, 1636).

Blundell, Nicholas, *Great Diurnal of Nicholas Blundell of Little Crosby, Lancashire*, J. J. Bagley, ed., 3 vols., Record Society of Lancashire and Cheshire, vol. 110 (1968-72).

Bond, Richmond P., ed., *New Letters to the Tatler and Spectator* (Austin: University of Texas Press, 1959).

*Book of the Old Edinburgh Club*, vol. 16 (Edinburgh: Constable, 1928).

Boswell, James, *Boswell in Holland*, 1763-1764, Frederick A. Pottle, ed. (New York: McGraw—Hill, 1952).

———, *Boswell's London Journal*, 1762-1763, Frederick A. Pottle, ed. (New York: McGraw—Hill, 1950).

———, *Life of Johnson*, R. W. Chapman, ed. (1791; reprint, Oxford: Oxford University Press, 1980).

Bowack, John, *Antiquities of Middlesex*, 2 vols. (W. Redmayne, 1705-6).

Bowler, Dom Hugh, ed., *London Sessions Records*, 1605-85 (Catholic Record

Society, 1934).

Boyer, Abel, *English Theophrastus*, 3rd ed. (1702; reprint, Bernard Lintott, 1708). ———, *Letters of Wit, Politicks and Morality* (J. Hartley, 1701).

Boyle, Robert, *Works*, Thomas Birch, ed., 6 vols. (1772; reprint, Hildesheim: Georg Olms, 1966).

Bradley, Richard, *Virtue and use of Coffee, with Regard to the Plague* (Eman. Matthews, [1721]).

*Brief Description of the Excellent Vertues of that Sober and Wholesome Drink, Called Coffee* (Paul Greenwood, 1674).

Bright, Timothy, *Treatise: wherein is declared the sufficiencie of English medicines, for cure of all diseases* (Henrie Middleton, 1580).

Broadbent, Humphrey, *Domestick Coffee—Man* (E. Curll, 1722).

Brome, Alexander, *Songs and Other Poems*, 3rd ed. (Henry Brome, 1668).

Brown, Thomas, *Essays Serious and Comical* (B. Bragg, 1707).

Browne, *Works of Sir Thomas Browne*, S. Wilkin, ed., 4 vols. (Pickering, 1836).

Buckeridge, Banbrigg, "Dedication to Sir Robert Child," in Roger de Piles, *Art of Painting and the Lives of the Painters* (J. Nutt, 1706).

Burney, Fanny, *Evelina*, Edward A. Bloom, ed. (1778; reprint, Oxford: Oxford University Press, 1968).

Burton, Robert, *Anatomy of Melancholy*, Nicolas K. Kiessling, Thomas C. Faulkner, and Rhonda L. Blair, eds., 3 vols. (Oxford: Clarendon, 1989-94).

Bury, Edward, *England's Bane* (Tho. Parkhurst, 1677).

Bury, Jacob, *Advice to the Commons within all his Majesties Realms and Dominions* (Henry Hills, 1685).

Butler, Samuel, *Characters*, Charles W. Daves, ed. (Cleveland: Case Western Reserve University, 1970).

———, *Satires and Miscellaneous Poetry and Prose*, René Lamar, ed. (Cambridge: Cambridge University Press, 1928).

Butler, Samuel[?], *Censure of the Rota* (1660).

Byng, John, *Torrington Diaries: A selection from the tours of the Hon. John Byng*, C. Bruyn Andrews, ed. (Eyre and Spottiswoode, 1954).

Byrd, William, *London Diary (1717-1721) and Other Writings*, Louis B. Wright and Marion Tinling, eds. (Oxford: Oxford University Press, 1958).

Byrom, John, *Private Journal and Literary Remains of John Byrom*, Richard Parkinson, ed., 2 vols. in 4 (Manchester: Chetham Society, 1854-55).

*Calendar of State Papers, Colonial Series* (1860- ).

*Calendar of State Papers, Domestic* (1856- ).

*Calendar of State Papers, Venetian* (1856- ).

*Calendar of Treasury Books* (1904- ).

*Calendar of Treasury Books and Papers*, 1556-57-1745, 11 vols. (1868-1903).

Campbell, R., *London Tradesman* (T. Gardner, 1747).

Cartwright, J. J., ed., *Wentworth Papers*, 1705-1739 (Wyman, 1883).

*Case Between the Proprietors of News—Papers, and the Coffee—Men of London and Westminster* (R. Walker, [1728]).

*Case Between the Proprietors of News—Papers, and the Subscribing Coffee—Men* (E. Smith, [1729]).

*Case of the Coffee—Men of London and Westminster* (G. Smith, [1728]).

*Catalogue des livres Francois, Italiens & Espagnols* ([1699]), BL, S.C. 73 (4).

*Catalogue of batchelors, attenders on the womens auction* [1691].

*Catalogue of Books of the Newest Fashion* [1693], BL, 8122.e.10.

*Catalogue of Jilts, Cracks, Prostitutes, Night—Walkers* (R.W., 1691).

*Catalogue of the Bowes of the Town* [10 July 1691].

*Catalogue of the Rarities to be seen at Don Saltero's Coffee—House in Chelsea* (Tho. Edlin, 1729).

*Catalogue of the Rarities to be seen at Don Saltero's Coffee—House in Chelsea*, 26th ed. (Tho. Edlin, [177?]), BL 1651/1662.

*Catalogue, being an extraordinary and great collection of Antiques, Original drawings, and other curiosities* (1714), GL Broadside 11-49.

*Censure of the Rota upon Mr. Milton's Book* (1659).

Chamberlayne, Edward, *Angliae Notitia*, 2 vols., 2nd ed. (1671; reprint, R. Chiswel, 1672).

———, *Englands Wants* (J. Martyn, 1667).

Chamberlen, Peter, *Vindication of Publick Artificiall Baths and Bath—Stoves* (1648).

Chapman, R. W., ed., *Johnson's Journey to the Western Islands of Scotland* (Oxford University Press, 1924).

*Character of a Coffee—House* (1665).

*Character of a Coffee — House with the Symptomes of a Town — Wit* (Johnathan Edwin, 1673).

*Character of a Town—Gallant*(W.L., 1675).

*Character of a Town—Gallant*, 2nd ed. [Rowland Reynolds, 1680]).

*Character of a Town—Miss*(Rowland Reynolds, 1680).

*Character of the beaux*(1696).

*Charecters of some young women* [1691].

Chaytor, William, *Papers of Sir William Chaytor of Croft* (1639-1721), M. Y. Ashcroft, ed. (Northallerton: North Yorkshire County Record Office Publications, no.33; January 1984).

Christie, W. D., ed., *Letters Addressed from London to Sir Joseph Williamson while Plenipotentiary at the Congress of Cologne in the years* 1673 *and* 1674, 2 vols., Camden Society, new series, nos. 8-9 (Camden Society, 1874).

*City—wifes Petition Against Coffee* (A.W., 1700).

Cobbett, William, *Parliamentary History of England*, 36 vols. (1806-20; reprint, New York: AMS, 1966).

Cocks, Richard, *Parliamentary Diary of Sir Richard Cocks*, 1695-1702, D. W. Hayton, ed. (Oxford: Clarendon, 1996).

*Coffee—Houses Vindicated*(J. Lock, 1673).

*Coffee—Houses Vindicated*(J. Lock, 1675)

*Coffee Scuffle*(London, 1662), [BL 11622.bb.11].

Coleman, George, *Circle of Anecdote and Wit: To which is added, a choice selection of toasts and sentiments* (J. Bumpus, 1821).

Congreve, William, *William Congreve: Letters and Documents*, John C. Hodges, ed. (New York: Harcourt Brace & World, 1964).

*Continuation of a catalogue of ladies* [1691].

*Continuation of a catalogue of ladies* [1702?].

Coolhaas, W. Ph., ed., *Generale Missiven van Gouverneurs — Generaal en Raden aan Heren XVII der Verenigde Oostindische Compagnie* (The Hague: Nijhoff, 1960).

*Coppy of the Journal Book of the House of Commons for the Sessions of Parliament*(1680).

*Copy of Verses, containing, a catalogue of young wenches* (London: P.

Brooksby, n.d.), BL C.39.k.6. (39).

*Coryate, Thomas, Coryats Crudities* (W.S., 1611).

*Country Gentleman's Vade Mecum* (John Harris, 1699).

Crossley, James, ed., *Diary and Correspondence of Dr. John Worthington*, Remains Historical and Literary . . . Lancaster and Chester, 3 vols. (Manchester: Chetham Society, 1847-86).

Culpeper, Nicholas, *Culpeper's Complete Herbal* (1653; reprint, Ware: Wordsworth, 1995).

———.*English Physitian* (Peter Cole, 1652).

———.*Physical Directory*, 2nd. ed. (Peter Cole, 1650).

Cunnington, Howard, *Records of the County of Wiltshire being extracts from the Quarter Sessions Great Rolls of the Seventeenth Century* (Devizes, 1932).

*Cup of Coffee: Or, Coffee in Its Colours* (1663).

*Curious Amusements* (D. Browne, 1714).

*Darby, Charles, Bacchanalia* (E. Whitlock, 1698).

D'Aulnoy, Marie Catherine, Countess of Dunois, *Memoirs of the Court of England*, 2 parts (J. Woodward, 1708).

Day, W. G., ed., *Pepys Ballads*, 5 vols. (Cambridge: D. S. Brewer, 1987).

De Acosta, *Joseph, Natural and Moral History of the Indies*, Clements R. Markham, ed., First Series, no. 60 (Hakluyt Society, 1880).

De F. Lord, G., and others, eds., *Poems on Affairs of State*, 7 vols. (New Haven: Yale University Press, 1963-75).

De Gray Birch, Walter, *Historical Charters and Constitutional Documents of the City of London* (Whiting, 1887).

De la Rocque, Jean, *Voyage to Arabia Felix* (E. Symon, 1732).

De Piles, Roger, *Art of Painting and the Lives of the Painters* (J. Nutt, 1706).

De Saussure, Cesar, *Foreign View of England in* 1725-1729, Mme van Muyden, trans. and ed. (Caliban, 1995).

*Decrees and Orders of the Committee of Safety of the Commonwealth of Oceana* (1659).

*Defence of Tabacco* (Richard Field, 1602).

Defoe, Daniel, *Compleat English Tradesman* (1726; reprint, Gloucester: Alan Sutton, 1987).

———. *Compleat English Tradesman* (1726), 2 vols. (1745; reprint, New York: Burt Franklin, 1970).

———. "Correspondence Between De Foe and John Fransham of Norwich, 1704-1707," *Notes and Queries*, 5th ser., 3 (3 April 1875).

———. *Letters of Daniel Defoe*, George Harris Healey, ed. (Oxford: Oxford University Press, 1955).

———. *Poor Man's Plea* (A. Baldwin, 1698).

———. *Roxana*, David Blewett, ed. (1724; reprint, Penguin, 1982).

———. *Vindication of the Press* (T. Walker, 1718).

Dennis, John, *Poems in Burlesque* (1692).

*Dialogue between an Exchange and Exchange Alley* (1681).

Diderot, Denis, *Rameau's Nephew and Other Works*, Jacques Barzun and Ralph H. Bowen, trans. (Indianapolis: Bobbs—Merrill, 1964).

Douglas, James, *Arbor Yemensis fructum Cofè ferens* (Thomas Woodward, 1727). ———. *Supplement to the Description of the Coffee—Tree* (Thomas Woodward, 1727).

Dufour, Philippe Sylvestre, *Manner of Making of Coffee, Tea, and Chocolate*, John Chamberlain, trans. (1671; reprint, William Crook, 1685).

Duncan, Daniel, *Wholesome Advice Against the Abuse of Hot Liquors* (H. Rhodes, 1706).

Dunton, John, *Life and Errors of John Dunton*, 2 vols. (1818; reprint, New York: Burt Franklin, 1969).

———, *Night—Walker*, 2 vols. (James Orme, 1696-97).

D'Urfey, Thomas, *Collin's Walk Through London and Westminster* (John Bullord, 1690).

———, *Wit and Mirth: or Pills to Purge Melancholy* (W. Pearson, 1719)

Earle, John, *Microcosmography*, Alfred S. West, ed. (1633, reprint, of 5th ed.; Cambridge: Cambridge University Press, 1951).

*Eccentric Magazine*, 2 vols. (G. Smeeton, 1812-13).

*Elephant's Speech to the Citizens and Countrymen of England at his First being Shewn at Bartholomew—Fair* (1675).

Elliott, T. H., ed., *State Papers Domestic Concerning the Post Office in the Reign of Charles II* (Bath: Postal History Society, 1964).

Ellis, Frank H., ed., *Swift vs. Mainwaring: The Examiner and the Medley*

(Oxford: Clarendon Press, 1985).

*Endlesse Queries*(1659).

*Essay in Defence of the Female Sex* (1696; reprint, New York: Source Book, 1970).

*Essays Serious and Comical* (B. Bragg, 1707).

Etherege, George,*Man of Mode*, W. B. Carnochan, ed. (1676; reprint, Lincoln: University of Nebraska Press, 1966).

Evelyn, John,*Character of England*, 3rd ed. (John Crooke, 1659).

——,*Diary and Correspondence of John Evelyn*, FRS, William Bray, ed., 4 vols. (Henry G. Bohn, 1863).

——, *Diary of John Evelyn*, E. S. de Beer, ed., 6 vols. (Oxford: Clarendon, 1955).

——,*Memoires for My Grand－son*, ed. Geoffrey Keynes (1704; reprint, Oxford: Nonesuch, 1926).

——,*Numismata* (Benjamin Tooke, 1697).

Evelyn, Mary, *Mundus Muliebris*, 2nd ed. (R. Bentley, 1690).

*Excerpt out of a book, shewing, that fluids rise not in the pump, in the syphon, and in the barometer, by the pressure of air, but propter Fugaam vacui* (undated) in BL 536.d.19 (6).

*Extracts from the Records of the Burgh of Edinburgh*, 1665-80, Marguerite Wood, ed. (Edinburgh: Oliver and Boyd, 1950).

*Extracts from the Records of the Burgh of Edinburgh*, 1681-89, Helen Armet and Marguerite Wood, eds. (Edinburgh: Oliver and Boyd, 1954).

*Extracts from the Records of the Burgh of Edinburgh*, 1689-1701, Helen Armet, ed. (Edinburgh: Oliver and Boyd, 1962).

*Extracts from the Records of the Burgh of Edinburgh*, 1701-18, Helen Armet, ed. (Edinburgh: Oliver and Boyd, 1967).

*Extracts from the Records of the Burgh of Glasgow*, 1663-90 (Glasgow: Scottish Burgh Records Society, 1905).

*Extracts from the Records of the Burgh of Glasgow*, 1691-1717 (Glasgow: Scottish Burgh Records Society, 1908).

*Extracts from the Records of the Burgh of Glasgow*, 1718-38 (Glasgow: Scottish Burgh Records Society, 1909).

Faulkner, Thomas,*Historical and Topographical Description of Chelsea and*

*Its Environs* (J. Tilling, 1810).

Flecknoe, Richard, *Treatise of the Sports of Wit* (Simon Neals, 1675).

*For Information to All People Where to Deliver their Letters by the Penny Post* [1680].

Foster, William, ed., *English Factories in India* [EFI], old series, 13 vols. (Oxford: Clarendon, 1906-23).

——, *Journal of John Jourdain*, 1608-17 (Hakluyt Society, 1905).

Franklin, Benjamin, *Autobiography of Benjamin Franklin*, Charles W. Eliot, ed. (1771- 88; reprint, New York: P. F. Collier, 1909).

*Friendly Monitor, laying open the crying sins* (Sam. Crouch, 1692).

Fryer, John, *New Account of East India and Persia, being nine years travels* 1672-1681, 3 vols., Hakluyt Society, second series, nos. 19, 21, 39 (Hakluyt Society, 1909-15).

*Full and True Relation of the Elephant that is Brought over into England from the Indies, and Landed at London, August 3d.* 1675 (William Sutten, 1675).

Fuller, Thomas, *Anglorum Speculum, or the Worthies of England* (John Wright, 1684).

Gardiner, Edmund, *Triall of Tabacco* (Mathew Lownes, 1610).

Gerarde, John, *Herball or Generall Historie of Plantes* (John Norton, 1597).

——, *Herball or Generall Historie of Plantes*, 2nd ed., Thomas Johnson, ed. (Adam Norton, 1633).

Glanville, Joseph, *Blow at Modern Sadducism in Some Philosophical Considerations About Witchcraft*, 4th ed. (E. Cotes, 1668).

*Grand Concern of England Explained* (1673).

Grand Juries Address and Presentments to the Mayor and Aldermen of the City of Bristol (Edinburgh: Andrew Anderson, 1681).

Greene, Douglas C., ed., *Diaries of the Popish Plot* (Delmar, N.Y.: Scholars' Facsimiles and Reprints, 1977).

Grey, Anchitell, *Debates of the House of Commons, from the year* 1667 *to the year* 1694, 10 vols. (D. Henry and R. Cave, 1763).

Gronow, Rees Howell, *Reminiscences and Recollections of Captain Gronow: Being Anecdotes of the Camp, Court, Clubs and Society*, 1810-60, John Raymond, ed. (New York: Viking, 1964).

Hammond, John, *Work for Chimny—sweepers: or a warning for tabacconists*

(T. Este, 1602).

Hancock, John, *Touchstone or, Trial of Tobacco* (1676).

Harrington, James, *Political Works of James Harrington*, J. G. A. Pocock, ed. (Cambridge: Cambridge University Press, 1977).

Harrison, William, *Description of England*, Georges Edelen, ed. (1587; reprint, New York: Dover, 1994).

*Hartlib Papers*, CD-ROM (Ann Arbor, Mich.: UMI, 1995).

Harvey, Gideon, *Discourse of the Plague* (Nat. Brooke, 1665).

Hatton, Edward, *New View of London*, 2 vols. (1708).

Haworth, Samuel, *Description of the Duke's Bagnio* (Samuel Smith, 1683).

Hazlitt, W. C., ed., *Select Collection of Old English Plays*, 4th ed. (Reeves and Turner, 1874).

Hazlitt, William, *Complete Works of William Hazlitt*, P. P. Howe, ed., 21 vols. (New York: AMS, 1967).

Hearne, Thomas, *Remarks and Collections of Thomas Hearne*, H. E. Salter, ed., vol. 9 (August 10, 1725-March 26, 1728), Oxford Historical Society, o.s., vol. 65 (Oxford: Clarendon, 1914).

*Heraclitus Ridens*, 2 vols. (Benjamin Tooke, 1713).

Herbert, Thomas, *Relation of Some Yeares Travaile*, *begvnne anno* 1626, 4th ed. (R. Everingham, 1677).

———, *Relation of Some Yeares Travaile*, *begvnne anno* 1626, 1st ed. (William Stansby et al., 1634).

Hewitson, Anthony, ed., *Diary of Thomas Bellingham: An Officer under William III* (Preston: George Toulmin & Sons, 1908).

*Hickelty Pickelty* (1708).

Hilliar, Anthony, *Brief and Merry History of Great Britain* (J. Roberts, [c. 1710]).

Historical Manuscripts Commission, [HMC], *Reports* (HMSO, 1871- ).

Hooke, Robert, "Diary" (November 1688-10 March 1690; 5 December 1692-8 August 1693), *in Early Science in Oxford*, R. T. Gunther, ed., vol. 10 (Oxford, 1935), pp. 69- 265.

———, *Diary of Robert Hooke*, 1672-1680, Henry W. Robinson and Walter Adams, eds. (Taylor & Francis, 1935).

Hoppit, Julian, ed., *Failed Legislation*, 1660-1800 (Hambledon, 1997).

Howell, James, *Epistolae Ho-Elianae*, 6th ed., 4 vols. (Thomas Guy, 1688).

——, *Instructions for Forreine Travell*, 2nd ed. (W.W., 1650).

——, *New Volume of Letters partly philosophicall, politicall, historicall* (T.W., 1647).

*Humble Petition of Divers Well-Affected Persons, delivered the 6th day of July*, 1659(Thomas Brewster, 1659).

Hume, David, *History of England*, 4 vols. (Albany: B. D. Packard, 1816).

Hume Brown, P. ed., *Register of the Privy Council of Scotland*, 3rd ser., vol. 5 (1676-78) (Edinburgh: H. M. General Register House, 1912),

*Humours and Conversations of the Town*(R. Bentley, 1693).

Huygens, Christiaan, *Oeuvres Complètes*, 22 vols. (The Hague: Martinus Nijhoff, 1898- 1950).

Huygens, Constantijn, *Journaal van Constantijn Huygens, den Zoon*, 2 vols. (Utrecht, 1876-77), Werken Uitgegeven door het Historisch Genootschap, new series, nos. 23, 25.

Hyde, Henry, *Life of Edward Earl of Clarendon, Lord High Chancellor of England*, 2 vols. (Oxford: Oxford University Press, 1857).

*Iter Oxoniense, or, The going down of the asses to Oxenford*(1681).

Jeaffreson, J. C., ed., *Middlesex County Records*, 4 vols. (Middlesex County Records Society, 1886-92).

Jones, John, *Mysteries of Opium Reveald* (Richard Smith, 1700).

Jordan, Thomas, *Lord Mayor's Show . . . performed on Monday, September xxx*, 1682 (T. Burnel, 1682).

——, *Triumphs of London* (J. Macock, 1675).

Jorden, Edward, *Discourse of Naturall Bathes, and Minerall Waters*, 3rd ed. (Thomas Harper, 1633).

*Juniper Lecturer Corrected and his Latin, Pagan, Putid Nonsence Paraphrazed*(1662).

Kennett, White, *Complete History of England*, 3 vols. (B. Aylmer, 1706).

Larkin, James F., ed., *Stuart Royal Proclamations, Volume II: Royal Proclamations of King Charles I*, 1625-1646 (Oxford: Clarendon, 1983).

Larkin, James F., and Paul L. Hughes, eds., *Stuart Royal Proclamations, Volume I: Royal Proclamations of King James I*, 1603-1625 (Oxford:

Clarendon, 1973).

Landsdowne, Marquis of, ed., *Petty — Southwell Correspondence*, 1676-1687 (Constable and Company, 1928).

Lankaster, Edwin, ed., *Correspondence of John Ray* (Ray Society, 1848).

Leadbetter, Charles, *Royal Gauger; or gauging made perfectly easy*, 7th ed. (J. and F. Rivington et al., 1776).

Leigh, Richard, *Censure of the Rota upon Mr. Driden's Conquest of Granada* (Oxford, 1673).

———, *Transproser Rehears'd: or the fifth act of Mr. Bayes's Play* (Oxford, 1673).

Lémery, Louis, *Treatise of Foods* (John Taylor, 1704).

L'Estrange, Roger, *L'Estrange No Papist* (H. Brome, 1681).

———, *L'Estrange's Case in a Civil Dialogue between Ezekiel and Ephraim* (H. Brome, 1680).

———, *Memento Treating of the Rise, Progress, and Remedies of Seditions*, 2nd ed. (1662; reprint, Joanna Brome, 1682).

*Letter from the Quidnunc's at St. James's Coffee — House and the Mall, London* [Dublin: 1724].

*Letters Received by the East India Company*, 6 vols. (Sampson Low, 1896-1902).

*Life and Character of Moll King* (W. Price, [1747]).

Lightbody, James, *Every Man His Own Gauger* (G. C., [1695?]).

Linschoten, Jan Huyghen van, *Voyage of John Huyghen van Linschoten to the East Indies*, Arthur Coke Burnell and P. A. Tiele, eds., 2 vols., Hakluyt Society First Series, nos. 70-71 (Hakluyt Society, 1885).

*List of the Parliament of Women* (T.N., 1679).

Lister, Martin, *Journey to Paris in the year* 1698, R. P. Stearns, ed. (1699; reprint, Urbana: University of Illinois Press, 1967).

Lithgow, William, *Most Delectable, and True Discourse, of an admired and painefull peregrination from Scotland, to the most famous Kingdomes in Europe, Asia, and Affricke* (Nicholas Okes, 1614).

Locke, John, *Correspondence of John Locke*, E. S. de Beer, ed., vol. 6 (Oxford: Clarendon, 1981).

———, *Political Essays*, Mark Goldie, ed. (Cambridge: Cambridge University

Press, 1997).

*London and Westminster Directory for the Year* 1796(T. Fenwick, [1796]).

Longe, Julia G., ed., *Martha Lady Giffard: Her Life and Correspondence* (1664-1722) *A Sequel to the Letters of Dorothy Osborne* (George Allen, 1911).

Lugt, Frits, *Répertoire des Catalogues de Ventes Publiques*, vol. 1: "Première Periode vers 1600-1825" (The Hague: M. Nijhoff, 1938).

Lupton, Donald, *Emblems of Rarities* (London: Nicholas Okes, 1636).

Luttrell, Narcissus, *Brief Historical Relation of State Affairs from September* 1678 *to April* 1714, 6 vols. (Oxford: Oxford University Press, 1857).

———, *Parliamentary Diary of Narcissus Luttrell*, 1691-1693, Henry Horwitz, ed. (Oxford: Clarendon, 1972).

M.P., *Character of Coffee and Coffee—Houses* (John Starkey, 1661).

Macaulay, Thomas Babington, *History of England from the Accession of James II*, C. H. Firth, ed., 6 vols. (1848; reprint, Macmillan, 1913).

Macky, John, *Journey Through England in familiar letters from a gentleman here to his friend abroad*, 2 vols. (J. Hooke, 1722-24).

Magalotti, Lorenzo, *Lorenzo Magalotti at the Court of Charles II*, W. E. Knowles Middleton, ed., (Waterloo: Wilfrid Laurier University Press, 1980).

*Maidens complain[t] against coffee*(J. Jones, 1663).

Mandeville, Bernard, *Fable of the Bees, or Private Vices, Publick Benefits* (1732), F. B. Kaye, ed., 2 vols. (1924; reprint, Indianapolis: Liberty Fund, 1988).

*Mens Answer to the Womens Petition against Coffee* (1674).

*Mercurius Matrimonialis*, [1702?].

Miège, Guy, *New State of England under Their Majesties K. William and Q. Mary* (H.C., 1691).

Miller, James, *Coffee—House* (J. Watts, 1737).

Millington, Edward, *Collection of Curious Prints, Paintings, and Limnings, by the Best Masters* [1689], BL, 1402.g.1[12].

Monardes, Nicolas, *Ioyfvll Nevves ovt of the newe founde worlde*, John Frampton, trans. (Willyam Norton, 1577).

Montagu, Mary Wortley, *Complete Letters of Lady Mary Wortley Montagu*, Robert Halsband, ed., 3 vols. (Oxford: Clarendon, 1965).

Montesquieu, *Persian Letters*, C. J. Betts, trans. (Penguin, 1993).

Mun, Thomas, *Discovrse of Trade*, 2nd ed. (1621) in J. R. McCulloch, ed.,

*Early English Tracts on Commerce* (1856; reprint, Cambridge: Cambridge University Press, 1954).

Naironus, Antonius Faustus, *Discourse on Coffee* (Geo. James, 1710).

*Natural History of Coffee, Thee, Chocolate, Tobacco* (Christopher Wilkinson, 1683).

Nedham, Marchamont?, *Paquet of Advices and Animadversions* (1676).

*News from Covent-Garden or the Town Gallants Vindication* (J.T., 1675).

*News from the Coffee-House* (E. Crowch, 1667).

Nicolson, Majorie Hope, ed., *Conway Letters: The Correspondence of Anne, Viscountess Conway, Henry More, and Their Friends*, 1642-1684 (New Haven: Yale University Press, 1930).

Nicolson, William, *London Diaries of William Nicolson, Bishop of Carlisle* 1702-1718, Clyve Jones and Geoffrey Holmes, eds. (Oxford: Clarendon, 1985).

*Night-Walkers; or, the Loyal HUZZA* (P. Brocksby, 1682).

North, Roger, *Examen* (Fletcher Gyles, 1740).

———, *Lives of the Right Hon. Francis North, Baron Guilford; the Hon. Sir Dudley North; and the Hon. and Rev. Dr. John North*, Augustus Jessop, ed., 3 vols. (George Bell, 1890).

North, Thomas, *Liues of the noble Grecians and Romanes, compared together by . . . Plutarke of Chaeronea* (Thomas Vautroullier, 1579).

*Of the Use of Tobacco, Tea, Coffee, Chocolate, and Drams* (H. Parker, 1722).

Oldenburg, Henry, *Correspondence of Henry Oldenburg*, A. R. Hall and M. B. Hall, eds., 13 vols. (Madison: University of Wisconsin Press, 1965-86).

Oldham, John, *Poems of John Oldham*, Harold F. Brooks, ed. (Oxford: Clarendon, 1987).

Olearius, Adam, *Voyages and Travels of the Ambassadors sent by Frederick Duke of Holstein, to the Great Duke of Muscovy, and the King of Persia*, John Davies, trans. (Thomas Dring, 1662).

*Orbilius Vapulans* (1662).

Ovington, John, *Voyage to Surat in the Year* 1689, H. G. Rawlinson, ed. (1696; reprint, Oxford University Press, 1929).

Paracelsus, *Selected Writings*, Jolande Jacobi, ed. (Princeton: Princeton University Press, 1951).

Parkinson, John, *Theatrum Botanicum* (Tho. Cotes, 1640).

*Parliament of Women* (W. Wilson, 1646).

Paulli, Simon, *Treatise on Tobacco, Tea, Coffee, and Chocolate*, Dr. James, trans. (1665; reprint, T. Osborn, 1746).

Peacham, Henry, *Compleat Gentleman* (Francis Constable, 1634).

——, *Worth of a Penny, or, a Caution to Keep Money* (William Lee, 1667).

Pepys, *Samuel, Diary of Samuel Pepys*, R. C. Latham and W. Matthews, eds., 11 vols. (1971).

——, *Private Correspondence and Miscellaneous Papers of Samuel Pepys* 1679-1703, J. R. Tanner, ed., 2 vols. (G. Bell, 1926).

Phillips, John, *New News from Tory—Land and Tantivy—shire* (1682).

Pinnell, H., *Philosophy Reformed and Improved in four profound tractates*, 3rd ed. (M.S., 1657).

Pittis, William, *Dr. Radcliffe's Life* (Dublin: Pat Dugan, 1724).

Plutarch, *Alcibiades*, in *Plutarch's Lives with an English Translation*, Bernadotte Perrin, trans., 11 vols. (Cambridge, Mass.: Harvard University Press, 1914-16).

*Poetical Contest between Toby and a Minor — Poet of B — tt — n's Coffee — House* (Ferdinando Burleigh, [1714?]).

Pollexfen, *Discourse of Trade, Coyn, and Paper Credit* (B. Aylmer, 1697).

*Poor Robin's Character of an Honest Drunken Curr* (E.C., 1675).

Pope, Alexander, *Poems of Alexander Pope*, John Butt, ed. (New Haven: Yale University Press, 1963).

*Proclamation for the Suppression of the Coffeehouses* (Bill & Barker, 1675).

*Proposition in Order to the Proposing of a Commonwealth or Democracie* [1659].

*Propositions for Changing the Excise, now laid upon coffee, chacholet, and tea* [1680s? 1690s?]. Wing T1451A.

Prynne, William, *Healthes Sicknesse* (1628).

*Publiqe Bathes Purged* (1648).

Purchas, Samuel, *Hakluytus Posthumus or Purchas His Pilgrimes*, 20 vols. (1625; reprint, Glasgow: James MacLehose, 1900).

R.H. [Robert Hooke?], *New Atlantis begun by the Lord Verulam, Viscount St. Alban's*, Manly P. Hall, ed. (1660; reprint, Los Angeles: Philosophical Research

Society, 1985).

Ralph, James, *History of England: During the Reigns of K. William, Q. Anne, and K. George I*, 2 vols. (Daniel Browne, 1744).

Rauwolf, Leonhard, *Aigentliche Beschreibung der Raiss inn die Morgenlaender* (1583; reprint, Graz: Akademische Druck— u. Verlagsanstalt, 1971).

———, *Collection of Curious Travels and Voyages*, John Ray, ed., 2 vols. (S. Smith & B. Walford, 1693).

Ray, John, *Correspondence of John Ray* (Ray Society, 1848).

———, *Philosophical Letters*, W. Derham, ed. (W. and J. Innys, 1718).

*Rebellions Antidote* (George Croom, 1685).

*Remarks upon Remarques* (A.C., 1673).

*Remarques on the Humours and Conversations of the Town* (Allen Banks, 1673)

Rochester, earl of, John Wilmot, *Complete Poems of John Wilmot, Earl of Rochester*, David M. Vieth, ed. (New Haven: Yale University Press, 1968).

Rocque, John de la, *Voyage to Arabia the Happy* (G. Strahan, 1726).

Rollins, Hyder Edward, ed., *Pepys Ballads*, 8 vols. (Cambridge, Mass.: Harvard University Press, 1931).

*Rota or, News from the Common—weaths—mens Club* (n.d.).

Routledge, F. J., ed., *Calendar of the Clarendon State Papers*, 5 vols. (Oxford: Clarendon, 1932).

Rumsey, William, *Organon Salutis* (R. Hodgkinsonne, 1657).

———, *Organon Salutis*, 2nd ed. (D. Pakeman, 1659).

———, *Organon Salutis*, 3rd ed. (S. Speed, 1667).

Rycaut, Paul, *Present State of the Ottoman Empire* (John Starket and Henry Brome, 1668).

Ryder, Dudley, *Diary of Dudley Ryder*, 1715-1716, William Matthews, ed. (Methuen, 1939).

Sachse, W. L., ed., *Diurnal of Thomas Rugg*, 1659-61, Camden 3rd series, 91 (Camden Society, 1961).

Sainsbury, Ethel Bruce, ed., *Calendar of the Court Minutes of the East India Company*, 11 vols. (Oxford: Clarendon, 1907-38).

St. Serfe, Thomas, *Tarugo's Wiles, or the Coffee—House: A Comedy* (Henry Herringman, 1668).

Sala, Angelo, *Opiologia* (Nicholas Okes, 1618).

Sandys, George, *Relation of Iourney begun An. Dom.* 1610 (W. Barrett, 1615).

*Satyr Against Coffee* [1674?].

*Satyr Against Wit* (Samuel Crouch, 1700).

Saussure, Cesar de, Foreign*View of England in* 1725-1729, M. van Muyden, ed. (Hampstead: Caliban, 1995).

Scrivener, Matthew, *Treatise against Drunkennesse* (Charles Brown, [1680]).

Shaftesbury, third earl of, Anthony Ashley Cooper, *Characteristics of Men, Manners, Opinions, Times*, John M. Robertson, ed., 2 vols. (1711; reprint, Indianapolis: BobbsMerrill, 1964).

———, *Life, Unpublished Letters, and Philosophical Regimen of Anthony, Earl of Shaftesbury*, Benjamin Rand, ed. (New York: Macmillan, 1900).

Sheridan, Frances, *Memoirs of Miss Sidney Bidulph* (J. Dodsley, 1767).

Slaughter, Thomas P., ed., *Ideology and Politics on the Eve of Restoration: Newcastle's Advice to Charles II* (Philadelphia: American Philosophical Society, 1984).

Sloane, Hans, "An Account of a Prodigiously Large Feather . . . and of the Coffee—Shrub," *Philosophical Transactions* 208 (February 1694).

Smith, John, *True Travels, Adventures, and Observations of Captaine Iohn Smith, in Europe, Asia, Affrica, and America, from anno Domini* 1593. *to* 1629 (I.H., 1630).

Smollett, Tobias, *Expedition of Humphrey Clinker*, Lewis M. Knapp, ed., with revisions by Paul—Gabriel Boucé (1771; reprint, Oxford: Oxford University Press, 1984).

*Some Reflections on Mr. P—n, Lecturer at the Bagnio in N—te—Street* (A. Baldwin, 1700).

Southerne, Thomas, *Works of Thomas Southerne*, Robert Jordan and Harold Love, eds., 2 vols. (Oxford: Clarendon, 1988).

Spence, Joseph, *Observations, Anecdotes, and Characters of Books and Men*, James M. Osborn, ed., 2 vols. (Oxford: Clarendon, 1966).

Sprat, Thomas, *History of the Royal Society*, Jackson I. Cope and Harold Whitmore Jones, eds. (1667; reprint, St. Louis: Washington University Press, 1958).

Steele, Richard, *Lucubrations of Isaac Bickerstaff Esq.*, 4 vols. (Charles Lillie, 1710).

Steele, Robert, ed., *Bibliography of Royal Proclamations of the Tudor and Stuart Sovereigns* . . . 1485-1714, 3 vols. (Oxford: Oxford University Press, 1910).

Steer, Francis W., ed., *Farm and Cottage Inventories of Mid—Essex*, 1635-1749, Essex Record Office Publications, no. 8 (Colchester: Wiles & Son, 1950).

Stow, John, *Survey of the Cities of London and Westminster*, John Strype, ed., 2 vols. (A. Churchill et al., 1720).

Stubbe, Henry, *Indian Nectar, or a discourse concerning chocolata* (J. C., 1662).

Swift, Johnathan, *Correspondence*, David Wooley, ed., 4 vols. (Frankfurt: Peter Lang, 1999- ).

———, *Journal to Stella*, Harold Williams, ed., 2 vols. (Oxford: Clarendon, 1948).

———, *Prose Writings of Jonathan Swift*, 14 vols. (Oxford: Blackwell, 1939-68).

Symson, Ez., *Farther Essay Relating to the Female Sex* (A. Roper, 1696).

T.J., *World Turned Upside Down* (John Smith, 1647).

T.O., *True Character of a Town Beau* (Randal Taylor, 1692).

Tatham, John, *Dramatic Works of John Tatham*, James Maidment and W. H. Logan, eds. (H. Sotheran, 1879).

———, *Knavery in All Trades: Or, the Coffee—House* (J.B., 1664).

Thirsk, Joan, and J. P. Cooper, eds., *Seventeenth—Century Economic Documents* (Oxford: Clarendon, 1972).

Thoresby, Ralph, *Diary of Ralph Thoresby*, Joseph Hunter, ed., 2 vols. (H. Colburn, 1830).

Toland, John, *Collection of Several Pieces of Mr. John Toland*, 2 vols. (J. Peele, 1726).

*Tom K—g's: or the Paphian Grove* (J. Robinson, 1738).

*True Account of the Royal Bagnio* (Joseph Hindmarsh, 1680).

*True and Perfect Description of the Strange and Wonderful Elephant* (J. Conniers, [1675]).

Tryon, Thomas, *Wisdom's Dictates* (Thos. Salisbury, 1691).

*Twelve Ingenious Characters* (S. Norris, 1680).

Uffenbach, Zacharias Conrad von, *London in 1710*, W. H. Quarrell and Margaret Mare, eds. and trans. (Faber & Faber, 1934).

*Urania's temple* (Rich. Baldwin, 1695).

*Velvet Coffee—Woman* (Simon Green, 1728).

Verney, Margaret M., ed., *Memoirs of the Verney Family from the Restoration to the Revolution*, 1660 *to* 1696, vol. 4 (Longman, 1899).

*Vertues of Coffee set forth in the works of the Lord Bacon his Natural Hist.* (W.G., 1663).

*View of Paris, and places adjoining* (John Nutt, 1701).

Voltaire, *Portable Voltaire*, Ben Ray Redman, ed. (New York: Penguin, 1968).

Wallis, John, "Dr. Wallis' Letter Against Mr. Maidwell [c. 1700]," Thomas W. Jackson, ed., in *Collectanea*, 1st series, C. R. L. Fletcher, ed., Publications of the Oxford Historical Society, vol. 5 (Oxford: Clarendon, 1885).

*Wandring Whore*, parts 1-5 (1660-61).

*Wandring—Whores Complaint for want of Trading* (Merc. Dean, 1663).

Wanley, Humfrey, *Diary of Humfrey Wanley*, 1715-1726, C. E. Wright and Ruth C. Wright, eds., 2 vols. (Bibliographical Society, 1966).

Ward, Edward, *History of the London Clubs* (J. Dutten, 1709).

———, *London Spy Compleat*, 4th ed. (J. How, 1709).

———, *Rambling Rakes* (J. How, 1700).

———, *School of Politicks* (Richard Baldwin, 1690).

———, *Vulgus Britannicus* (James Woodward, 1710).

Ward, John, *Diary of the Rev. John Ward, Vicar of Stratford—upon—Avon*, 1648-79, Charles Severn, ed. (Henry Colburn, 1839).

Wildman, John, *Advertisement from their Majesties Post—Office* (1690).

Willis, Thomas, *Pharmaceuticae Rationalis*, 2 parts (Thomas Dring, 1679).

*Wit at a Venture* (Johnathan Edwin, 1674).

*Women's Petition Against Coffee* (1674).

*Womens Complaint Against tobacco* (1675).

Wood, Anthony, *Life and Times of Anthony Wood*, Andrew Clark, ed., 5 vols., Oxford Historical Society nos. 19, 21, 26, 30, 40 (Oxford: Clarendon, 1891-1900).

*Secondary Sources*

Agnew, Jean-Christophe, *Worlds Apart: The Market and the Theater in Anglo-American Thought*, 1550-1750 (Cambridge: Cambridge University Press, 1986).

Aignon, M., *Le Prestre Medecin, ou discours physique sur l'établissement de la medecine* (Paris: Laurent D'Houry, 1696).

Akerman, John Yonge, *Examples of Coffee House, Tavern, and Tradesmen's Tokens: Current in London in the Seventeenth Century* (1847).

Albrecht, Peter, "Coffee-Drinking as a Symbol of Social Change in Continental Europe in the Seventeenth and Eighteenth Centuries," *Studies in Eighteenth-Century Culture 18* (1988).

Alexander, James M. B., "Economic and Social Structure of the City of London," Ph.D. Thesis, London School of Economics, 1989.

Allen, B. Sprague, *Tides in English Taste* (1619-1800): *A Background for the Study of Literature*, 2 vols. (1937; reprint, New York: Pageant Books, 1958).

Allen, David, "Political Clubs in Restoration London," *HJ* 19:3 (1976).

———, "Role of the London Trained Bands in the Exclusion Crisis, 1678-81," *EHR* 87 (1972).

Altick, Richard, *Shows of London* (Cambridge, Mass.: Harvard University Press, 1978).

Anderson, Sonia, *English Consul in Turkey: Paul Rycaut at Smyrna*, 1667-1678 (Oxford: Clarendon, 1989).

Andrew, Donna, "Popular Culture and Public Debate: London 1780," *HJ* 39:2 (1996).

Appadurai, Arjun, "How to Make a National Cuisine: Cookbooks in Contemporary India," *Comparative Studies in Society and History* 30 (1988).

———, *Modernity at Large: Cultural Dimensions of Globalization* (Minneapolis: University of Minnesota Press, 1996).

Appadurai, Arjun, ed., *Social Life of Things: Commodities in Cultural Perspective* (Cambridge: Cambridge University Press, 1986).

Appleby, Joyce, *Economic Thought and Ideology in Seventeenth-Century England* (Princeton: Princeton University Press, 1978).

Aravamudan, Srinivas, "Lady Wortley Montagu in the Hammam: Masquerade, Womanliness, and Levantization," *ELH*, 62:1 (1995).

Arber, Agnes, *Herbals: Their Origin and Evolution*, 3rd ed. (Cambridge: Cambridge University Press, 1986).

Archer, Ian, *Pursuit of Stability: Social Relations in Elizabethan London* (Cambridge: Cambridge University Press, 1991).

Ariès, Philippe, "Introduction," to *History of Private Life: Passions of the Renaissance*, Roger Chartier, ed., Arthur Goldhammer, trans. (Cambridge, Mass.: Harvard University Press, 1989).

Arnold, Ken, "Cabinets for the Curious: Practicing Science in Early Modern English Museums" (Ph.D. diss., Princeton University, 1991).

Ashley, Maurice, *John Wildman: Plotter and Postmaster* (New Haven: Yale University Press, 1947).

Ashton, John, *Social Life in the Reign of Queen Anne: Taken from Original Sources*, 2 vols. (Chatto & Windus, 1882).

Ashton, T. S., *Economic History of England: The Eighteenth Century* (New York: Barnes and Noble, 1955).

Aspinall, Arthur, *Politics and the Press, c. 1780-1850* (Home & Van Thal, 1949).

Atherton, Ian, "This Itch Grown a Disease: Manuscript Transmission of News in the Seventeenth Century," *Prose Studies*, 21:2 (1998).

Aubertin-Potter, Norma and Alyx Bennett, *Oxford Coffee Houses*, 1651-1800 (Kidlington, Oxford: Hampden, 1987).

Backsheider, Paula, *Daniel Defoe: His Life* (Baltimore: Johns Hopkins University Press, 1989).

Bailyn, Bernard, *Ideological Origins of the American Revolution*, enlarged ed. (Cambridge, Mass.: Harvard University Press, 1992).

Baker, Keith Michael, "Defining the Public Sphere in Eighteenth-Century France: Variations on a Theme by Habermas," in *Habermas and the Public Sphere*, Craig Calhoun, ed. (Cambridge: MIT Press, 1991).

———, *Inventing the French Revolution* (Cambridge: Cambridge University Press, 1990). Barker, Hannah, Newspapers, *Politics and Public Opinion in Late Eighteenth-Century England* (Oxford: Clarendon, 1998).

Barker, Hannah, and ElaineChalus, eds., *Gender in Eighteenth-Century England* (Longman, 1997).

Barker-Benfield, G. J., *Culture of Sensibility: Sex and Society in Eighteenth-*

*Century Britain* (Chicago: University of Chicago Press, 1992).

Barrell, John, "Coffeehouse Politicians," Journal of British Studies, 43:2 (April 2004).

Barry, Jonathan, "Bourgeois Collectivism? Urban Association and the Middling Sort," in *Middling Sort of People: Culture, Society and Politics in England*, 1550-1800, Jonathan Barry and Christopher Brooks, eds. (Basingstoke: Macmillan, 1994).

———, "Identité Urbaine et Classes Moyennes dans l'Angleterre Moderne," *Annales ESC* (July-Aug. 1993), no. 4.

———, "Press and the Politics of Culture," in Culture, *Politics and Society in Britain* 1660-1800, Jeremy Black and Jeremy Gregory, eds. (Manchester: Manchester University Press, 1991).

Becker, Howard, *Outsiders* (1953; reprint, New York: Free Press, 1963).

Beljame, Alexandre, *Le Public et les Hommes de Lettres en Angleterre au Dix-Huitième Siècle* 1660-1744 (*Dryden-Addison-Pope*), 2nd ed. (Paris: Hachette, 1897).

Bellany, Alastair, "Mistress Turner's Deadly Sins: Sartorial Transgression, Court Scandal and Politics in Early Stuart England," *Huntington Library Quarterly* 58:2 (1996).

———, *Politics of Court Scandal in Early Modern England: News Culture and the Overbury Affair*, 1603-1660 (Cambridge: Cambridge University Press, 2002).

Benedict, Barbara M., *Curiosity: A Cultural History of Early Modern Inquiry* (Chicago: University of Chicago Press, 2001).

Berg, Maxine, "In Pursuit of Luxury: Global History and British Consumer Goods in the Eighteenth Century," *P&P* 182 (2004).

———, "Manufacturing the Orient: Asian Commodities and European Industry (1500-1800)," in *Prodotti e Techniche d'Oltremare Nelle Economie Europee Secc. XIII-XVIII*, Simonetta Cavaciocchi, ed. (Florence: Le Monnier, 1998).

Berry, Christopher, *Idea of Luxury: A Conceptual and Historical Investigation* (Cambridge: Cambridge University Press, 1994).

Berry, Helen, "Early Coffee House Periodical and Its Readers: The Athenian Mercury, 1691-1697," *London Journal* 25:1 (2000).

———, "'Nice and Curious Questions': Coffee Houses and the Representation of Women in John Dunton's Athenian Mercury," *Seventeenth Century* 12: 2 (Autumn 1997).

——, "Rethinking Politeness in Eighteenth-Century England: Moll King's Coffee House and the Significance of 'Flash Talk,"' *Transactions of the Royal Historical Society* 5th ser. (2001).

Biagioli, Mario, "Etiquette, Interdependence and Sociability in Seventeenth-Century Science," *Critical Inquiry* 22 (Winter 1996).

Bianchi, Marina, "In the Name of the Tulip: Why Speculation?" in *Consumers and Luxury: Consumer Culture in Europe*, 1650-1850 (Manchester: Manchester University Press, 1999).

Biggins, James M., "Coffeehouses of York," *York Georgian Society: Annual Report* (1953-54).

Birrell, T. A., "Sir Roger L'Estrange: The Journalism of Orality," in *Cambridge History of the Book in Britain*, vol. 4, 1557-1695, John Barnard and D. F. McKenzie, eds. (Cambridge: Cambridge University Press, 2001).

Black, Jeremy, *English Press in the Eighteenth Century* (Croom Helm, 1987).

——, "Underrated Journalist: Nathaniel Mist and the Opposition Press During the Whig Ascendancy," *British Journal for ECS*, 10 (1987).

Blanchard, Rae, "Was Sir Richard Steele a Freemason?" *PMLA*, 63:3 (1948).

Blanning, T. C. W., *Culture of Power and the Power of Culture: Old Regime Europe* 1660-1789 (Oxford: Oxford University Press, 2002).

Borsay, Peter, *English Urban Renaissance: Culture and Society in the Provincial Town, 1660-1770* (Oxford: Clarendon, 1989).

Boulton, Jeremy, *Neighborhood and Society: A London Suburb in the Seventeenth Century* (Cambridge: Cambridge University Press, 1987).

Bourke, Algernon, *History of White's*, 2 vols. (Waterlow, 1892).

Bowen, H. V., *Elites, Enterprise and the Making of the British Overseas Empire, 1688- 1775* (Macmillan, 1996).

Braddick, Michael, *Nerves of State: Taxation and the Financing of the English State*, 1558-1714 (Manchester: Manchester University Press, 1996).

——, *Parliamentary Taxation in Seventeenth-Century England* (Bury St Edmonds, Suffolk: Royal Historical Society, 1994).

——, *State Formation in Early Modern England c.* 1500-1700 (Cambridge: Cambridge University Press, 2000).

Braddick, Michael, and John Walter, *Negotiating Power in Early Modern Society: Order, Hierarchy and Subordination in Britain and Ireland* (Cambridge: Cambridge University Press, 2001).

Braudel, Fernand, *Structures of Everyday Life: The Limits of the Possible*, Siân Reynolds, trans. (1979; reprint, New York: Harper & Row, 1981).

———, *Wheels of Commerce*, Siân Reynolds, trans. (1979; reprint, New York: Harper & Row, 1982).

Bray, Alan, *Homosexuality in Renaissance England* (Boston: Gay Men's Press, 1982).

Brenner, Robert, *Merchants and Revolution* (Princeton: Princeton University Press, 1993).

Brett-James, Norman G., *Growth of Stuart London* (Allen & Unwin, 1935).

Brewer, John, "Cultural Consumption in Eighteenth-Century England: The View of the Reader," in *Frühe Neuzeit—Frühe Moderne? Forschungen zur Vielschichtigkeit vonÜbergangsprozessen*, Rudolf Vierhaus, ed. (Göttingen: Vandenhoeck & Ruprecht, 1992).

———, "Error of Our Ways: Historians and the Birth of Consumer Society," public lecture at the Royal Society, Carlton House Terrace, London, 23 September 2003.

———, *Party Ideology and Popular Politics at the Accession of George III* (Cambridge: Cambridge University Press, 1976).

———, *Pleasures of the Imagination: English Culture in the Eighteenth Century* (New York: Farrar, Straus & Giroux, 1997).

———, *Sinews of Power: War, Money, and the English State*, 1688-1783 (New York: Knopf, 1989).

———, "This, That, and the Other: Public, Social, and Private in the Seventeenth and Eighteenth Centuries," in *Shifting the Boundaries*, Dario Castiglione and Lesley Sharpe, eds. (Exeter: University of Exeter Press, 1995).

Brewer, John, Neil McKendrick, and J. H. Plumb, eds., *Birth of a Consumer Society: The Commercialization of Eighteenth-Century England* (Hutchinson, 1982).

Brewer, John, and Roy Porter, eds., *Consumption and the World of Goods* (Routledge, 1992).

Brooks, Colin, "Taxation, Finance, and Public Opinion, 1688-1714" (Ph. D.

thesis, Cambridge University, 1970).

Brown, Peter, *Body and Society: Men, Women, and Sexual Renunciation in Early Christianity* (New York: Columbia University Press, 1988).

Bryson, Anna Clare, *From Courtesy to Civility* (Oxford: Oxford University Press, 1998).

Bucholz, Robert, *Augustan Court: Queen Anne and the Decline of Court Culture* (Stanford: Stanford University Press, 1993).

Buckinghamshire County Record Office, "Turk's Head: An Aylesbury Coffeehouse?" *Annual Report and List of Accessions* (Aylesbury, 1990).

Burke, Peter, *Art of Conversation* (Ithaca: Cornell University Press, 1993).

Burn, Jacob Henry, *Descriptive Catalogue of the London Traders, Tavern, and CoffeeHouse Tokens* (Privately Printed, 1855).

Burnett, John, "Coffee in the British Diet, 1650-1900," in *Kaffee im Spiegel europäischer Trinksitten*, Daniela U. Ball, ed. (Zurich: Johann Jacobs Museum, 1991).

Butterfield, Herbert, *Whig Interpretation of History* (G. Bell, 1931).

Cain, P. J., and A. G. Hopkins, *British Imperialism: Innovation and Expansion*, 1688- 1914 (Longman, 1993).

Campbell, Colin, *Romantic Ethic and the Spirit of Modern Consumerism* (Oxford: Blackwell, 1987).

——, "Understanding Traditional and Modern Patterns of Consumption in EighteenthCentury England: A Character-Action Approach," in *Consumption and the World of Goods*, Brewer and Porter, eds. (Routledge, 1992).

Camporesi, Piero, *Bread of Dreams: Food and Fantasy in Early Modern Europe*, David Gentilcore, trans. (1980; reprint, Chicago: University of Chicago Press, 1989).

——, *Exotic Brew: The Art of Living in the Age of Enlightenment*, Christopher Woodall, trans. (1990; reprint, Cambridge: Polity, 1994).

Carter, Philip, *Men and the Emergence of Polite Society, Britain*, 1660-1800 (Longman, 2001).

——, "Men About Town," in Barker and Chalus, eds., *Gender in Eighteenth-Century England* (Longman, 1997).

Carter, Susan B., and StephenCullenberg, "Labor Economics and the Historian," in *Economics and the Historian*, Thomas G. Rawski et al., eds. (Berkeley: University of California Press, 1996).

Castle, Terry, *Masquerade and Civilization* (Stanford: Stanford University Press, 1986).

Caudill, Randall L.-W., "Some Literary Evidence of the Development of English Virtuoso Interests in the Seventeenth Century, With Particular Reference to the Literature of Travel" (D. Phil. thesis, Oxford University, 1975).

Champion, Justin, *Pillars of Priestcraft Shaken: The Church of England and Its Enemies*, 1660-1730 (Cambridge: Cambridge University Press, 1992).

———, *Republican Learning: John Toland and the Crisis of Christian Culture*, 1696- 1722 (Manchester: Manchester University Press, 2003).

Chandaman, C. D., *English Public Revenue*, 1660-1688 (Oxford: Clarendon, 1975). Chaney, David, Lifestyles (Routledge, 1996).

Chartier, Roger, *Cultural Origins of the French Revolution*, Lydia G. Cochrane, trans. (Durham: Duke University Press, 1991).

———, *Forms and Meanings: Texts, Performances, and Audiences from Codex to Computer* (Philadelphia: University of Pennsylvnia Press, 1995).

———, ed., *History of Private Life: Passions of the Renaissance*, Arthur Goldhammer, trans. (Cambridge, Mass.: Harvard University Press, 1989).

———, *On the Edge of the Cliff: History, Language, and Practices*, Lydia Cochrane, ed. (Baltimore: Johns Hopkins University Press, 1997).

———, *Order of Books: Readers, Authors, and Libraries in Europe between the Fourteenth and Eighteenth Centuries*, Lydia G. Cochrane, trans. (1992; reprint, Stanford: Stanford University Press, 1994).

Chartres, John, "Food Consumption and Internal Trade," in *London, 1500-1700: The Making of the Metropolis* (Longman, 1986).

———, "Place of Inns in the Commercial Life of London and Western England, 1660- 1760" (Ph.D. diss.,

Cambridge University, 1973). Chaudhuri, K. N., *English East India Company: The Study of an Early Joint-Stock Company*, 1600-1640 (Frank Cass, 1965).

———, *Trading World of Asia and the English East India Company*, 1660-1760 (Cambridge: Cambridge University Press, 1978).

Chaudhuri, K. N.. and Jonathan Israel, "English and Dutch East India Companies and the Glorious Revolution of 1688-89," in *Anglo-Dutch Moment: Es-*

*says on the Glorious Revolution and Its World Impact* (Cambridge: Cambridge University Press, 1991).

Clark, J. C. D., *English Society*, 1660-1832 (Cambridge: Cambridge University Press, 2000).

———, *Revolution and Rebellion: State and Society in England in the Seventeenth and Eighteenth Centuries* (Cambridge: Cambridge University Press, 1986).

Clark, G. N., *Guide to English Commercial Statistics*, 1696-1782 (Royal Historical Society, 1938).

Clark, Peter, "Alehouse and the Alternative Society," in *Puritans and Revolutionaries:*

*Essays in Seventeenth-Century History Presented to Christopher Hill*, Donald Pennington and Keith Thomas, eds. (Oxford: Clarendon, 1978).

———, *British Clubs and Societies*, 1580-1800: *The Origins of an Associational World* (Oxford: Clarendon, 2000).

———, *English Alehouse: A Social History*, 1200-1830 (Longman, 1983).

———, *English Provincial Society from the Reformation to the Revolution: Religion, Politics and Society in Kent*, 1500-1640 (Hassocks: Harvester, 1977).

———, "'Mother Gin' Controversy in the Early Eighteenth Century," *Transactions of the Royal Historical Society*, 5*th* ser., 38 (1988).

———, *Sociability and Urbanity: Clubs and Societies in the Eighteenth-Century City* (Leicester: Victorian Studies Centre, University of Leicester, 1986).

Clarke, T. H., *Rhinoceros From Dürer to Stubbs*, 1515-1799 (Sotheby's, 1986).

Claydon, Tony, *William III and the Godly Revolution* (Cambridge: Cambridge University Press, 1996).

———, "Sermon, the 'Public Sphere' and the Political Culture of Late SeventeenthCentury England," in Lori Anne Ferrell and Peter McCullough, eds., *English Sermon Revised: Religion, Literature and History*, 1600-1750 (Manchester: Manchester University Press, 2001).

Clery, E. J., "Women, Publicity, and the Coffee-House Myth," *Women: A Cultural Review*, 2:2 (1991).

Clive, John, *Macaulay: The Shaping of the Historian* (New York: Knopf, 1974).

Cody, Lisa, "'No Cure, No Money,' or the Invisible Hand of Quackery: The

Language of Commerce, Credit, and Cash in Eighteenth-Century British Medical Advertisements," in Studies in *Eighteenth-Century Culture*, Julie Candler Hayes and Timothy Erwin, eds., vol. 28 (Baltimore: Johns Hopkins University Press, 1999).

Coe, Sophie D., and Michael D. Coe, *True History of Chocolate* (Thames & Hudson, 1996).

Colley, Linda, *Captives: Britain, Empire and the World*, 1600-1850 (Cape, 2002).

——, *In Defiance of Oligarchy: The Tory Party*, 1714-60 (Cambridge: Cambridge University Press, 1982).

——, "Loyal Brotherhood and the Cocoa Tree: The London Organization of the Tory Party, 1727-1760," *HJ*, 20 (1977).

Collins Baker, C. H., and M. I. Baker, *Life and Circumstances of James Brydges, First Duke of Chandos, Patron of the Liberal Arts* (Oxford: Clarendon, 1949).

Collinson, Patrick, *Godly People: Essays on English Protestantism and Puritanism* (Hambledon, 1983).

——, *Religion of Protestants: The Church in English Society*, 1559-1625 (Oxford: Clarendon, 1979).

Cook, Harold J., *Decline of the Old Medical Regime in Stuart London* (Ithaca: Cornell University Press, 1986).

——, "Henry Stubbe and the Virtuosi-Physicians," in *The Medical Revolution of the Seventeenth Century*, Roger French and Andrew Wear, eds. (Cambridge: Cambridge University Press, 1989).

Cooper, Charles Henry, *Annals of Cambridge*, 5 vols. (Cambridge: Warwick, 1842-52, 1908).

Copley, Stephen, "Commerce, Conversation, and Politeness," *British Journal for Eighteenth-Century Studies* 18 (1995).

Corfield, Penelope J., "Walking the City Streets: The Urban Odyssey in EighteenthCentury England," *Journal of Urban History* 16:2 (Feb. 1990).

——, "Rivals: Landed and Other Gentlemen," in N. B. Harte and Roland Quinalt, eds., *Land and Society in Britain* 1700-1914 (Manchester: Manchester University Press, 1996).

Courtwright, David T., *Forces of Habit: Drugs and the Making of the*

*Modern World* (Cambridge, Mass.: Harvard University Press, 2001).

Cowan, Brian, "Arenas of Connoisseurship: Auctioning Art in Later Stuart London," in *Art Markets in Europe*, 1400-1800, Michael North and David Ormrod, eds. (Aldershot: Ashgate, 1998).

———,"Art in the Auction Market of Later Seventeenth-Century London," in *Mapping Markets for Paintings in Europe*, 1450-1800, Neil De Marchi and Hans van Miegroet, eds. (Turnhout, Belgium: Brepols, 2005).

———,"Mr. Spectator and the Coffeehouse Public Sphere," *ECS* 37:3 (2004).

———,"Open Elite: Virtuosity and the Peculiarities of English Connoisseurship," *Modern Intellectual History* 1:2 (2004).

———,"Reasonable Ecstasies: Shaftesbury and the Languages of Libertinism," *Journal of British Studies* 37:2 (April 1998).

———,"Refiguring Revisionisms," *History of European Ideas* 29:4 (2003).

———,"Review of Laura Brown, *Fables of Modernity*," H-Albion, H-Net Reviews, January, 2003. URL: *http://www.h-net.msu.edu/reviews/showrev.cgi?path=178661046324333*

———,"Rise of the Coffeehouse Reconsidered," *HJ* 47:1 (2004).

———,"What Was Masculine About the Public Sphere? Gender and the Coffeehouse Milieu in Post-Restoration England," *History Workshop Journal* 51 (2001).

Craig, A. G.,"Movement for the Reformation of Manners, 1688-1715" (Ph.D. diss., University of Edinburgh, 1980).

Cranfield, G. A.,*Press and Society: From Caxton to Northcliffe* (Longman, 1978).

Crist, Timothy,"Francis Smith and the Opposition Press in England, 1660-1688" (Ph.D. diss., Cambridge University, 1977).

Cust, Richard, and Peter G. Lake,"Sir Richard Grosvener and the Rhetoric of Magistracy," *Bulletin of the Institute of Historical Research* 54:129 (1981).

Daniel, Stephen H.,*John Toland: His Methods, Manners, and Mind* (Kingston: McGillQueen's University Press, 1984).

Dannenfeldt, Karl H., *Leonhard Rauwolf: Sixteenth-Century Physician, Botanist and Traveler* (Cambridge, Mass.: Harvard University Press, 1968).

Darnton, Robert, "Early Information Society: News and the Media in EighteenthCentury Paris," *American Historical Review* 105:1 (Feb. 2000).

———,"Enlightened Revolution?" *New York Review of Books* (24 Oct. 1991).

——, *Forbidden Best-Sellers of Pre-Revolutionary France* (New York: Norton, 1995).

Das Gupta, Ashin, *Indian Merchants and the Decline of Surat*, c. 1700-1750 (1979; reprint, New Delhi: Manohar, 1994).

Daston, Lorraine, "Factual Sensibility," *Isis* 79 (1988).

——, "Ideal and Reality of the Republic of Letters in the Enlightenment," *Science in Context* 4 (1991).

——, "Marvelous Facts and Miraculous Evidence," *Critical Inquiry* 18 (1991).

——, "Neugierde als Empfindung und Epistemologie in der frümodernen Wissenschaft," in Andreas Grote, ed., *Macrocosmos in Microcosmo: Die Welt in der Stube; Zur Geschichte des Sammelns* 1450 *bis* 1800 (Opladen: Lesket Budrich, 1994).

Daston, Lorraine, and Katherine Park, *Wonders and the Order of Nature*, 1150-1750 (New York: Zone, 1998).

Davenport, John, *Aphrodesiacs and Anti-Aphrodesiacs: Three Essays on the Power of Reproduction* (1869).

Davis, Dorothy, *A History of Shopping* (Routledge, 1965).

Davis, NatalieZemon, *Society and Culture in Early Modern France* (Stanford: Stanford University Press, 1975).

Davis, Ralph, *Aleppo and Devonshire Square: English Traders and the Levant in the Eighteenth Century* (Macmillan, 1967).

——, *Commercial Revolution: English Overseas Trade in the Seventeenth and Eighteenth Centuries* (Historical Association, 1967).

——, "English Foreign Trade, 1660-1700," *Economic History Review*, n.s., 7:2 (1954).

——, "English Foreign Trade, 1700-1770," *Economic History Review*, n.s., 15:2 (1962).

——, *Rise of the English Shipping Industry in the Seventeenth and Eighteenth Centuries* (Macmillan, 1962).

Davison, LeeKrim, "Public Policy in an Age of Economic Expansion: The Search for Commercial Accountability in England, 1690-1750" (Ph. D. diss., Harvard University, 1990).

Dawson, Warren R., "London Coffee-Houses and the Beginnings of Lloyd's," in

*Essays by Divers Hands, being the Transactions of the Royal Society of Literature of the UK*, Sir Henry Imbert-Terry, ed., n.s., vol. 11 (Oxford University Press, 1932).

de Vries, Jan, "Between Purchasing Power and the World of Goods: Understanding the Household Economy in Early Modern Europe," in *Consumption and the World of Goods*, John Brewer and Roy Porter, eds. (Routledge, 1993).

——, *Economy of Europe in an Age of Crisis*, 1600-1750 (Cambridge: Cambridge University Press, 1976).

——, "Industrial Revolution and the Industrious Revolution," *Journal of Economic History* 54:2 (June 1994).

——, "Luxury in the Dutch Golden Age in Theory and Practice," in *Luxury in the Eighteenth Century: Debates, Desires and Delectable Goods*, Maxine Berg and Elizabeth Eger, eds. (New York: Palgrave, 2003).

Denison Ross, E., *Sir Anthony Sherley and His Persian Adventure* (Routledge, 1933). Dickson, P. G. M., *Financial Revolution in England* (Macmillan, 1967).

Dobrée, Bonamy, *English Literature in the Early Eighteenth Century*, 1700-1740 (Oxford: Clarendon, 1959).

Douglas, Mary, and Baron Isherwood, *World of Goods: Towards an Anthropology of Consumption* (Harmondsworth: Penguin, 1978).

Downie, J. A., "Reflections on the Origins of the Periodical Essay: A Review Article," *Prose Studies* 12:3 (Dec. 1989).

——, *Robert Harley and the Press: Propaganda and Public Opinion in the Age of Swift and Defoe* (Cambridge: Cambridge University Press, 1979).

——, "Stating Facts Right About Defoe's *Review*," *Prose Studies* 16:1 (April 1993).

Durkheim, Emile, *Division of Labor in Society*, W. D. Halls, trans. (1893; reprint, New York: Free Press, 1984).

Eamon, William, *Science and the Secrets of Nature* (Princeton: Princeton University Press, 1994).

Earle, Peter, *City Full of People: Men and Women of London*, 1650-1750 (Methuen, 1994).

——, *Making of the English Middle Class: Business, Society and Family Life in London* 1660-1730 (Berkeley: University of California Press, 1989).

——— ,"Middling Sort in London," in *Middling Sort of People: Culture, Society and Politics in England*, 1550-1800, Jonathan Barry and Christopher Brooks, eds. (Basingstoke: Macmillan, 1994).

Eastwood, David, *Government and Community in the English Provinces*, 1700-1870 (Houndmills: Macmillan, 1997).

Ehrman, Edwina and others, *London Eats Out: Five Hundred Years of Capital Dining* (Museum of London, 1999).

Elias, Norbert, *Court Society*, Edmund Jephcott, trans. (1969; reprint, New York: Pantheon, 1983).

Ellis, Aytoun, *Penny Universities: A History of the Coffee-Houses* (Secker & Warburg, 1956).

Ellis, Markman, "Coffee-Women, *The Spectator* and the Public Sphere in the Early Eighteenth Century," in *Women and the Public Sphere: Writing and Representation*, 1700- 1830, Elizabeth Eger, Charlotte Grant, Clíona O'Gallchoir and Penny Warburton, eds. (Cambridge: Cambridge University Press, 2001).

Estabrook, Carl B., *Urbane and Rustic England: Cultural Ties and Social Spheres in the Provinces*, 1660-1780 (Manchester: Manchester University Press, 1998).

Everitt, Alan, "English Urban Inn, 1560-1760," in his *Landscape and Community* (Hambledon, 1985).

Fabaron, Élisabeth, "Le commerce des monstres dans les foires et les tavernes de Londres au XVIIIe siècle," in *Commerce(s) en Grande-Bretagne au XVIIIe Siècle*, Suzy Halimi, ed. (Paris: Publications de la Sorbonne, 1990).

Farge, Arlette, *Subversive Words: Public Opinion in Eighteenth-Century France*, Rosemary Morris, trans. (1992; reprint, University Park: Penn State Press, 1994).

Farrington, Benjamin, *Francis Bacon: Philosopher of Industrial Science* (Macmillan, 1973).

Fincham, Kenneth and Peter Lake, "Popularity, Prelacy and Puritanism in the 1630s: Joseph Hall Explains Himself," *EHR* 111:443 (1996).

Findlen, Paula, "Francis Bacon and the Reform of Natural History in the Seventeenth Century," in *History and the Disciplines: The Reclassification of Knowledge in Early Modern Europe* (Rochester, N.Y.: University of Rochester Press, 1997).

——, *Possessing Nature: Museums, Collecting, and Scientific Culture in Early Modern Italy* (Berkeley: University of California Press, 1994).

Finkelstein, Joanne, *Dining Out: A Sociology of Modern Manners* (Cambridge: Polity, 1989).

Fisher, F. J., "Development of London as a Centre of Conspicuous Consumption in the Sixteenth and Seventeenth Centuries," in *Essays in Economic History*, E. M. CarusWilson, ed. (1948; reprint, Edward Arnold, 1962).

Fisher, Michael H., *Travels of Dean Mahomet: An Eighteenth-Century Journey Through India* (Berkeley: University of California Press, 1997).

Fissell, Mary E., *Patients, Power, and the Poor in Eighteenth-Century Bristol* (Cambridge: Cambridge University Press, 1991).

Ford, Douglas, "Growth of the Freedom of the Press," *EHR* 4:13 (Jan. 1889).

Foucault, Michel, *Care of the Self*, Robert Hurley, trans. (1984; reprint, New York: Vintage, 1986).

——, *Discipline and Punish: The Birth of the Prison*, Alan Sheridan, trans. (New York: Vintage, 1977).

Fox, Adam, *Oral and Literate Culture in England*, 1500-1700 (Oxford: Clarendon, 2001).

France, Peter*Politeness and Its Discontents: Problems in French Classical Culture* (Cambridge: Cambridge University Press, 1992).

Frank, Robert G., Jr., *Harvey and the Oxford Physiologists: Scientific Ideas and Social Interaction* (Berkeley: University of California Press, 1980).

Franklin, Alfred, *Café, le Thé, et le Chocolat*, La Vie Privée d'Autrefois, vol. 13 (Paris: Plon, 1893).

——, *Dictionnaire Historique des Arts* (Paris: H. Welter, 1906).

——, *Médicaments*, La Vie Privée d'Autrefois, vol. 9 (Paris: Plon, 1891).

——, *La Vie de Paris sous la Régence*, Vie Privée d'Autrefois, vol. 21 (1727; reprint, Paris: Plon, 1897).

Fraser, Peter, *Intelligence of the Secretaries of State and their Monopoly of Licensed News*, 1660-1688 (Cambridge: Cambridge University Press, 1956).

Freeman, E., "Proposal for an English Academy in 1660," *Modern Language Review* 19 (1924).

Friedman, Jerome, *Battle of the Frogs and Fairford's Flies* (New York: St. Martin's, 1993).

Furbank, P. N., and W. R. Owens, "Defoe and Sir Andrew Politick," *British Journal for Eighteenth-Century Studies*, 17 (1994).

———, "Defoe, the De la Faye Letters and *Mercurius Politicus*," *British Journal for Eighteenth-Century Studies*, 23 (2000).

Gallagher, Catherine, *Nobody's Story: The Vanishing Acts of Women Writers in the Marketplace*, 1670-1820 (Berkeley: University of California Press, 1994).

George, M. Dorothy, *London Life in the Eighteenth Century* (New York: Capricorn, 1965).

Geuss, Raymond, *Idea of a Critical Theory: Habermas and the Frankfurt* School (Cambridge: Cambridge University Press, 1981).

Gibb, D. E. W., *Lloyd's of London: A Study in Individualism* (Macmillan, 1957).

Gibbs, G. C., "Government and the English Press, 1695 to the Middle of the Eighteenth Century," in *Too Mighty to be Free: Censorship and the Press in Britain the Netherlands*, A. C. Duke and C. A. Tamse (Zutphen: De Walburg Pers, 1987).

———, "Press and Public Opinion: Prospective," in *Liberty Secured? Britain Before and After* 1688, J. R. Jones, ed. (Stanford: Stanford University Press, 1992).

Gibson-Wood, Carol, "Picture Consumption in London at the End of the Seventeenth Century," *Art Bulletin*, 84:3 (Sept. 2002): 491-500.

Ginzburg, Carlo, *Clues, Myths, and the Historical Method* (Baltimore: Johns Hopkins University Press, 1989).

———, *Ecstasies: Deciphering the Witches' Sabbath* (New York: Viking, 1990).

Girouard, Mark, *Life in the English Country House* (New Haven: Yale University Press, 1978).

Glamann, Kristof, *Dutch-Asiatic Trade*, 1620-1740 (The Hague: Nijhoff, 1958).

Glass, D. V., "Notes on the Demography of London at the End of the Seventeenth Century," *Daedalus* 97 (1968).

———, "Socio-Economic Status and Occupations in the City of London at the End of the Seventeenth Century," in *Studies in London History: Presented to Philip Edmund Jones*, A. E. J. Hollaender and William Kellaway, eds. (1969).

——, ed., *London Inhabitants within the Walls* 1695, Publications of the London Record Society, vol. 2 (London Record Society, 1966).

Goldgar, Anne, *Impolite Learning: Conduct and Community in the Republic of Letters*, 1680-1750 (New Haven: Yale University Press, 1995).

Goldie, Mark, "Unacknowledged Republic: Officeholding in Early Modern England," in Tim Harris, ed., *The Politics of the Excluded*, *c*. 1500-1850 (Houndmills: Palgrave, 2001).

Goldsmith, Elizabeth C., *Exclusive Conversations: The Art of Interaction in SeventeenthCentury France* (Philadelphia: University of Pennsylvania Press, 1988).

Goldsmith, M. M., "Liberty, Luxury, and the Pursuit of Happiness," in *Languages of Political Theory in Early-Modern Europe*, Anthony Pagden, ed. (Cambridge: Cambridge University Press, 1987).

Goodchild, Peter, "'No Phantastical Utopia but a Reall Place': John Evelyn, John Beale, and Backbury Hill, Herefordshire," *Garden History* 19 (1991). Goodman, Dena, "Public Sphere and Private Life: Toward a Synthesis of Current Historiographical Approaches to the Old Regime," *History and Theory* 31 (1992).

——, *Republic of Letters: A Cultural History of the French Enlightenment* (Ithaca: Cornell University Press, 1994).

Goodman, Jordan, "Excitantia: Or, how Enlightenment Europe took to soft drugs," in *Consuming Habits*, Jordan Goodman, Paul E. Lovejoy, and Andrew Sherratt, eds. (Routledge, 1995).

——, *Tobacco in History: The Cultures of Dependence* (Routledge, 1993).

Goodman, Jordan, Paul E. Lovejoy, and AndrewSherratt, eds., *Consuming Habits* (Routledge, 1995).

Gordon, Daniel, *Citizens Without Sovereignty: Equality and Sociability in French Thought*, 1670-1789 (Princeton: Princeton University Press, 1994).

——, "Philosophy, Sociology, and Gender in the Enlightenment Conception of Public Opinion," *French Historical Studies* 17:4 (Fall 1992).

Gordon, Scott Paul, "Voyeuristic Dreams: Mr. Spectator and the Power of Spectacle," *Eighteenth Century: Theory and Interpretation* 1995 36(1).

Gowing, Laura, *Domestic Dangers: Women, Words, and Sex in Early Modern London* (Oxford: Clarendon, 1996).

Grassby, Richard, *The Business Community of Seventeenth-Century England* (Cambridge: Cambridge University Press, 1995).

Greaves, Richard, *Secrets of the Kingdom: British Radicals from the Popish Plot to the Revolution of* 1688-89 (Stanford: Stanford University Press, 1992).

Greenough, C. N., "The Development of the Tatler, Particularly in Regard to News," *PMLA* 31:4, new series 24:4 (1916).

Griffiths, Paul, *Youth and Authority: Formative Experiences in England*, 1560-1640 (Oxford: Clarendon, 1996).

Gunn, J. A. W., *Beyond Liberty and Property: The Process of Self-Recognition in Eighteenth-Century Political Thought* (Kingston: McGill-Queen's University Press, 1983).

Habermas, Jürgen, "Further Reflections on the Public Sphere," in *Habermas and the Public Sphere*, Craig Calhoun, ed. (Cambridge, Mass.: MIT Press, 1992).

———, *Structural Transformation of the Public Sphere: An Inquiry into a Category of Bourgeois Society* (1962; reprint, Cambridge, Mass.: MIT Press, 1989).

Haggerty, George E., *Men in Love: Masculinity and Sexuality in the Eighteenth Century* (New York: Columbia University Press, 1999).

Hagstrum, Jean H., *Sex and Sensibility: Ideal and Erotic Love from Milton to Mozart* (Chicago: University of Chicago Press, 1980).

Haley, K. H. D., *First Earl of Shaftesbury* (Oxford: Clarendon, 1968).

Hallam, Henry, *Constitutional history of England, from the accession of Henry VII to the death of George II*, 2 vols. (John Murray, 1850).

Hanawalt, Barbara, *"Of Good and Ill Repute": Gender and Social Control in Medieval England* (New York: Oxford University Press, 1998).

Hancock, David, *Citizens of the World: London Merchants and the Integration of the British Atlantic Community*, 1735-1785 (Cambridge: Cambridge University Press, 1995).

Hanson, Lawrence, *Government and the Press, 1695-1763* (Oxford: Oxford University Press, 1936).

Harley, David, "Beginnings of the Tobacco Controversy," *Bulletin of the History of Medicine* 67 (1993).

Harris, Jonathan, "Grecian Coffeehouse and Political Debate in London, 1688-1714," *London Journal* 25:1 (2000).

Harris, Michael, "Newspaper Distribution During Queen Anne's Reign," *Studies in the Book Trade* (Oxford, 1975).

Harris, Tim, *London Crowds in the Reign of Charles II: Propaganda and Politics from the Restoration until the Exclusion Crisis* (Cambridge: Cambridge University Press, 1987).

——, "Problematising Popular Culture," in *Popular Culture in England c.* 1500-1850 (Basingstoke: Macmillan, 1995).

——, "'Venerating the Honesty of a Tinker': The King's Friends and the Battle for the Allegiance of the Common People in Restoration England," in *Politics of the Excluded*, *c*. 1500-1850, Tim Harris, ed. (Houndmills: Palgrave, 2001).

——, "Was the Tory Reaction Popular? Attitudes of Londoners Towards the Persecution of Dissent," *London Journal* 1987-88 13(2).

Hatcher, John, "Labour, Leisure and Economic Thought before the Nineteenth Century," *P&P* no. 160 (Aug. 1998).

Hattox, Ralph S., *Coffee and Coffeehouses: The Origins of a Social Beverage in the Medieval Near East* (Seattle: University of Washington Press, 1985).

Heal, Felicity, *Hospitality in Early Modern England* (Oxford: Clarendon, 1990).

Heinemann, F. H., "John Toland and the Age of Reason," *Archiv für Philosophie* 4:1 (September 1950).

Held, David, *Introduction to Critical Theory: Horkheimer to Habermas* (Berkeley: University of California Press, 1980).

Herzog, Don, *Poisoning the Minds of the Lower Orders* (Princeton: Princeton University Press, 1998).

Hill, Christopher, *Experience of Defeat: Milton and Some Contemporaries* (New York: Penguin, 1984).

——, *World Turned Upside Down* (New York: Viking, 1972).

Hindle, Steve, *State and Social Change in Early Modern England, c. 1550-1640* (Houndmills: Macmillan, 2000).

Hirst, Derek, "Locating the 1650s in England's Seventeenth Century," *History* 81 (1996).

Hitchcock, Tim, *English Sexualities*, 1700-1800 (Macmillan, 1997).

——, "New History from Below," *History Workshop Journal* 57:1 (Spring 2004). Hobson, Anthony, "Sale by Candle in 1608," *Library* 26:3 (1971).

Holmes, Geoffrey, *Augustan England: Professions, State and Society*, 1680-1730 (Allen & Unwin, 1982).

———, *British Politics in the Age of Anne*, 2nd ed. (Hambledon, 1987).

Holmes, Geoffrey and W. A. Speck, *Divided Society: Party Conflict in England*, 1694- 1716 (Edward Arnold, 1967).

Hoon, Elizabeth Evelynola, *Organization of the English Customs System*, 1696-1786 (New York: D. Appleton-Century, 1938).

Hoppit, Julian, "Myths of the South Sea Bubble," *Transactions of the Royal Historical Society* 6th ser. (2002).

Horle, Craig W., *Quakers and the English Legal System*, 1660-1688 (Philadelphia: University of Pennsylvania Press, 1988).

Horowitz, Eliot, "Nocturnal Rituals of Early Modern Jewry," *Association for Jewish Studies Review* 14 (1989). Horowitz, Henry, *Parliament, Policy, and Politics in the Reign of William III* (Manchester: Manchester University Press, 1977).

Houghton, Walter, "English Virtuoso in the Seventeenth Century," *Journal of the History of Ideas* 3 (1942).

———, "History of Trades," *Journal of the History of Ideas* 2 (1941): 33-60.

Houston, Alan and Steve Pincus, eds., *Nation Transformed: England After the Restoration*, (Cambridge: Cambridge University Press, 2001).

Howarth, David, *Lord Arundel and His Circle* (New Haven: Yale University Press, 1985).

Hughes, Ann, "Gender and Politics in Leveller Literature," in Susan D. Amussen and Mark A. Kishlansky, eds., *Political Culture and Cultural Politics in Early Modern England: Essays Presented to David Underdown* (Manchester: Manchester University Press, 1995).

Hundert, E. J., *Enlightenment's "Fable": Bernard Mandeville and the Discovery of Society* (Cambridge: Cambridge University Press, 1994).

Hunt, Margaret, "Conquering Desires: Women, War and Identities in EighteenthCentury Britain," paper presented at the 11th Berkshire Women's History Conference (6 June 1999).

———, *Middling Sort: Commerce, Gender, and the Family in England*, 1680-1780 (Berkeley: University of California Press, 1996).

Hunter, J. Paul, *Before Novels: The Cultural Contexts of Eighteenth Century English Fiction* (New York: Norton, 1990).

Hunter, Judith, "English Inns, Taverns, Alehouses and Brandyshops: The

Legislative Framework, 1495-1797," in *World of the Tavern: Public Houses in Early Modern Europe* (Aldershot: Ashgate, 2002).

———, "Legislation, Proclamations and Other National Directives Affecting Inns, Taverns, Alehouses, Brandy Shops and Punch Houses, 1552 to 1757" (Ph.D. diss., University of Reading, 1994).

Hunter, Michael, *Establishing the New Science: The Experience of the Early Royal Society* (Woodbridge: Boydell, 1989).

———, *John Aubrey and the Realm of Learning* (New York: Science History Publications, 1975).

———, *Science and Society in Restoration England* (Cambridge: Cambridge University Press, 1981).

———, *Science and the Shape of Orthodoxy: Intellectual Change in the late Seventeenth Century Britain* (Woodbridge: Boydell, 1995).

———, "Witchcraft and the Decline of Belief," *Eighteenth-Century Life* 22:2 (1998).

Hyland, P. B. J., "Liberty and Libel: Government and the Press during the Succession Crisis in Britain, 1712-1716," *EHR* 101:401 (Oct. 1986).

Iliffe, Robert, "Foreign Bodies: Travel, Empire and the Early Royal Society of London, Part 1: Englishmen on Tour," *Canadian Journal of History* 33:3 (1998).

———, "Material Doubts: Hooke, Artisan Culture, and the Exchange of Information in 1670s London," *British Journal for the History of Science*, 28 (1995).

Illich, Ivan, *Medical Nemesis: The Expropriation of Health* (New York: Pantheon, 1976).

Inalcik, Halil and Donald Quataert, eds., *Economic and Social History of the Ottoman Empire*, 1300-1914 (Cambridge: Cambridge University Press, 1994).

Ingram, Martin, *Church Courts, Sex and Marriage in England*, 1570-1640 (Cambridge: Cambridge University Press, 1987).

Irving, William Henry, *John Gay's London* (Cambridge, Mass.: Harvard University Press, 1928).

Isherwood, Robert M., *Farce and Fantasy: Popular Entertainment in Eighteenth-Century Paris* (Oxford: Oxford University Press, 1986).

Israel, Jonathan, *Dutch Primacy in World Trade*, 1585-1740 (Oxford: Clarendon, 1989).

Jacob, James R., *Henry Stubbe: Radical Protestantism and the Early Enlight-*

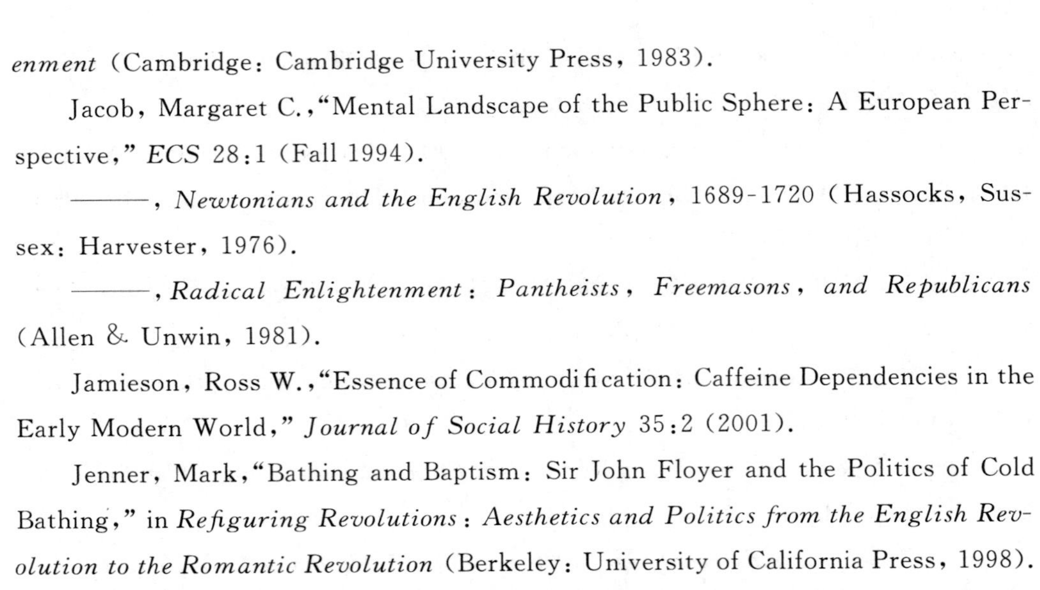

*enment* (Cambridge: Cambridge University Press, 1983).

Jacob, Margaret C., "Mental Landscape of the Public Sphere: A European Perspective," *ECS* 28:1 (Fall 1994).

——, *Newtonians and the English Revolution*, 1689-1720 (Hassocks, Sussex: Harvester, 1976).

——, *Radical Enlightenment: Pantheists, Freemasons, and Republicans* (Allen & Unwin, 1981).

Jamieson, Ross W., "Essence of Commodification: Caffeine Dependencies in the Early Modern World," *Journal of Social History* 35:2 (2001).

Jenner, Mark, "Bathing and Baptism: Sir John Floyer and the Politics of Cold Bathing," in *Refiguring Revolutions: Aesthetics and Politics from the English Revolution to the Romantic Revolution* (Berkeley: University of California Press, 1998).

——, "Politics of London Air: John Evelyn's *Fumifugium* and the Restoration," *HJ 38:3* (1995).

Johns, Adrian, "Flamsteed's Optics and the Identity of the Astronomical Observer," in *Flamsteed's Stars: New Perspectives on the Life and Work of the First Astronomer Royal* (1646-1719), Frances Willmoth, ed. (Bury St. Edmunds: Boydell, 1997).

——, "Coffee, Print, Authorship and Argument," in *Cambridge History of SeventeenthCentury Science*, Lorraine Daston and Katherine Park, eds. (Cambridge: Cambridge University Press, forthcoming).

——, "Miscellaneous Methods: Authors, Societies and Journals in Early Modern England," *British Journal for the History of Science* 33 (2000).

——, *Nature of the Book: Print and Knowledge in the Making* (Chicago: University of Chicago Press, 1998).

Jones, Clyve, "The London Life of a Peer in the Reign of Anne: A Case Study from Lord Ossulston's Diary," *London Journal* 16:2 (1991).

Jones, Clyve, and Geoffrey Holmes, eds., *London Diaries of William Nicolson, Bishop of Carlisle*, 1702-1718 (Oxford: Clarendon, 1985).

Jones, Colin, "Bourgeois Revolution Revivified: 1789 and Social Change," in *Rewriting the French Revolution* (Oxford: Oxford University Press, 1991).

——, "Great Chain of Buying: Medical Advertisement, the Bourgeois Public Sphere, and the Origins of the French Revolution," *American Historical Review* 101:1 (Feb. 1996).

Jones, Colin, and Rebecca Spang, "Sans-culottes, *sans café*, *sans tabac*: Shifting Realms of Necessity and Luxury in Eighteenth-Century France," in *Consumers and Luxury: Consumer Culture in Europe*, 1650-1850, Maxine Berg, ed. (Manchester: Manchester University Press, 1999).

Jones, D. W., "London Overseas-Merchant Groups at the End of the Seventeenth Century and the Moves Against the East India Company" (D.Phil., Oxon., 1970).

———, *War and Economy in the Age of William III and Marlborough* (Oxford: Blackwell, 1988).

Jones, Richard Foster, *Ancients and Moderns: A Study of the Rise of the Scientific Movement in Seventeenth-Century England*, 2nd ed. (New York: Dover, 1961).

Ketcham, Michael G., *Transparent Designs: Reading, Performance, and Form in the Spectator Papers* (Athens: University of Georgia Press, 1985).

Key, Newton E., "Localism of the County Feast in Late Stuart Political Culture," *Huntington Library Quarterly* 58:2 (1996).

———, "Political Culture and Political Rhetoric of County Feasts and Feast Sermons, 1654-1714," *Journal of British Studies* 33 (July 1994).

King, J. C. H., "Ethnographic Collections: Collecting in the Context of Sloane's Catalogue of 'Miscellanies,'" in *Sir Hans Sloane: Collector, Scientist, Antiquary, Founding Father of the British Museum*, Arthur MacGregor, ed. (British Museum, 1994).

Kishlansky, Mark, *Parliamentary Selection: Social and Political Choice in Early Modern England* (Cambridge: Cambridge University Press, 1986).

Klein, Lawrence, "Coffeehouse Civility, 1660-1714: An Aspect of Post-Courtly Culture in England," *Huntington Library Quarterly* 59:1 (1997).

———, "Figure of France: The Politics of Sociability in England, 1660-1715," *Yale French Studies* 92 (1997).

———, "Gender and the Public/Private Distinction in the Eighteenth Century: Some Questions about Evidence and Analytic Procedure," *ECS* 29:1 (1995).

———, "Gender, Conversation, and the Public Sphere," in *Textuality and Sexuality: Reading Theories and Practices*, Judith Still and Michael Worton, eds. (Manchester: Manchester University Press, 1993).

———, "Politeness and the Interpretation of the British Eighteenth Century,"

Historical Journal 45:4 (2002).

———, "Rise of Politeness in England, 1660-1714" (Ph. D. Diss., Johns Hopkins University, 1983).

———, *Shaftesbury and the Culture of Politeness: Moral Discourse and Cultural Politics in Early Eighteenth-Century England* (Cambridge: Cambridge University Press, 1994).

Knapp, Jeffrey, "Elizabethan Tobacco," in *New World Encounters*, Stephen Greenblatt, ed. (Berkeley: University of California Press, 1993).

Knights, Mark, *Politics and Opinion in Crisis*, 1678-81 (Cambridge: Cambridge University Press, 1994).

Lake, Peter, "Retrospective: Wentworth's Political World in Revisionist and PostRevisionist Perspective," in *Political World of Thomas Wentworth, Earl of Strafford*, Julia Merritt, ed. (Cambridge: Cambridge University Press, 1996), 252-283.

———, "Review Article," *Huntington Library Quarterly* 57:2 (1994).

Lake, Peter, and MichaelQuestier, "Puritans, Papists, and the 'Public Sphere' in Early Modern England: the Edmund Campion Affair in Context," *Journal of Modern History*, 72:3 (2000).

Landes, Joan, *Women and the Public Sphere in the Age of the French Revolution* (Ithaca: Cornell University Press, 1988).

Landry, Donna, "Alexander Pope, Lady Mary Wortley Montagu and the Literature of Social Comment," in *Cambridge Companion to English Literature*, 1650-1740, Steven Zwicker, ed. (Cambridge: Cambridge University Press, 1998).

Langford, Paul, "British Politeness and the Progress of Western Manners: An EighteenthCentury Enigma," *Transactions of the Royal Historical Society*, 6th ser., vol. 7 (1997).

———, *Englishness Identified: Manners and Character*, 1650-1850 (Oxford: Oxford University Press, 2000).

———, *Polite and Commercial People: England*, 1727-1783 (Oxford: Oxford University Press, 1992).

Laqueur, Thomas, *Making Sex: Body and Gender from the Greeks to Freud* (Cambridge, Mass.: Harvard University Press, 1990).

———, "Roy Porter, 1946-2002: A Critical Appreciation," *Social History* 29:1 (2004).

Lears, Jackson, *Fables of Abundance: A Cultural History of Advertising in America* (New York: Basic Books, 1994).

Leclant, Jean, "Coffee and Cafés in Paris, 1644-1693," in *Food and Drink in History*, Robert Forster and Orest Ranum, eds., Patricia Ranum, trans. (1951; reprint, Baltimore: Johns Hopkins University Press, 1979).

Leslie, Michael, "Spiritual Husbandry of John Beale," in *Culture and Cultivation in Early Modern England: Writing and the Land* (Leicester: Leicester University Press, 1992).

Letwin, William, *Origins of Scientific Economics* (Garden City, N.Y.: Doubleday, 1964).

Levin, Jennifer, *Charter Controversy in the City of London*, 1660-1688, *and its Consequences* (Athlone, 1969).

Levine, Joseph, *Battle of the Books: History and Literature in the Augustan Age* (Ithaca: Cornell University Press, 1991).

———, *Between the Ancients and the Moderns: Baroque Culture in Restoration England* (New Haven: Yale University Press, 1999).

———, *Dr. Woodward's Shield: History, Science, and Satire in Augustan England* (1977; reprint, Ithaca: Cornell University Press, 1991).

Lillywhite, Bryant, *London Coffee Houses* (Allen & Unwin, 1963).

———, *London Signs: A Reference Book of London Signs from the Earliest Times to About the Mid-Nineteenth Century* (Allen & Unwin, 1972).

Limouze, Arthur S., "Study of Nathaniel Mist's Weekly Journals" (Ph. D. diss., Duke University, 1947).

Lloyd, Claude, "Shadwell and the Virtuosi," *PMLA* 44 (1929).

Looney, J. Jefferson, "Cultural Life in the Provinces: Leeds and York, 1720-1820," in *First Modern Society: Essays in English History in Honour of Lawrence Stone*, A. L. Beier, David Cannadine, and James M. Rosenheim, eds. (Cambridge: Cambridge University Press, 1989).

Loughead, Philip, "East India Company in English Domestic Politics, 1657-1688" (D.Phil., Oxon., 1980).

Love, Harold, *Culture and Commerce of Texts: Scribal Publication in SeventeenthCentury England* (Amherst: University of Massachusetts Press, 1998).

Lund, Roger D., "Guilt By Association: The Atheist Cabal and the Rise of the Public Sphere in Augustan England," *Albion* 34:3 (Fall 2002).

MacGregor, Arthur, "Cabinet of Curiosities in Seventeenth-Century Britain," in *Origins of Museums: The Cabinet of Curiosities in Sixteenth- and Seventeenth-Century Europe*, Oliver Impey and Arthur MacGregor, eds. (Oxford: Oxford University Press, 1985).

Mackie, Erin, ed., *Commerce of Everyday Life: Selections from the Tatler and the Spectator* (Basingstoke: Macmillan, 1998).

———, *Market à la Mode: Fashion, Commodity, and Gender in the Tatler and Spectator Papers* (Baltimore: Johns Hopkins University Press, 1997).

MacLeod, Christine, "1690s Patent Boom: Invention or Stock-Jobbing," *Economic History Review* 2nd ser., 39:4 (1986).

Mandrou, Robert, *Introduction to Modern France*, 1500-1640: *An Essay in Historical Psychology*, R. E. Hallmark, trans. of 2nd ed. (1974; reprint, New York: Holmes & Meier, 1975).

Manley, Lawrence, *Literature and Culture in Early Modern London* (Cambridge: Cambridge University Press, 1995).

Matar, Nabil, *Islam in Britain*, 1558-1685 (Cambridge: Cambridge University Press, 1998).

Mathee, Rudi, "Exotic Substances: the introduction and global spread of tobacco, coffee, cocoa, tea, and distilled liquor, sixteenth to eighteenth centuries," in *Drugs and Narcotics in History*, Roy Porter and Miklulas Teich, eds. (Cambridge: Cambridge University Press, 1995).

Mathias, Peter, *Transformation of England: Essays in the Economic and Social History of England in the Eighteenth Century* (London: Methuen, 1979).

Matthew, Colin and others, eds., *Oxford DNB* (Oxford: Oxford University Press, 2004).

Matthews, L. G., "Herbals and Formularies," in *The Evolution of Pharmacy in Britain*, F. N. L. Poynter, ed. (1965).

Maurer, Shawn Lisa, *Proposing Men: Dialectics of Gender and Class in the EighteenthCentury English Periodical* (Stanford: Stanford University Press, 1998).

Maza, Sarah, *Private Lives and Public Affairs: The Causes Célèbres of Pre-Revolutionary France* (Berkeley: University of California Press, 1993).

———, "Women, the Bourgeoisie, and the Public Sphere: Response to Daniel Gordon and David Bell," *French Historical Studies* 17:4 (Fall 1992).

McCalman, Iain, "Ultra-radicalism and Convivial Debating Clubs in London,

1795- 1838," *EHR* 102 (1987).

McCloskey, D. N., "Economics of Choice: Neoclassical Supply and Demand," in *Economics and the Historian*, Thomas G. Rawski et al., eds. (Berkeley: University of California Press, 1996).

McCracken, Grant, *Culture and Consumption* (Bloomington and Indianapolis: University of Indiana Press, 1988).

McDowell, Paula, *Women of Grub Street: Press, Politics, and Gender in the London Literary Marketplace*, 1678-1730 (Oxford: Clarendon, 1998).

McFadden, George, *Dryden: The Public Writer*, 1660-1685 (Princeton: Princeton University Press, 1978).

McKendrick, Neil, "Commercialization of Fashion," in *Birth of a Consumer Society: The Commercialization of Eighteenth-Century England*, John Brewer, Neil McKendrick, and J. H. Plumb, eds. (London: Hutchinson, 1982).

McKeon, Michael, *Origins of the English Novel*, 1600-1740 (Baltimore: Johns Hopkins University Press, 1987).

Mendyk, Stan A. E., *"Speculum Britanniae": Regional Study, Antiquarianism, and Science in Britain to 1700* (Toronto: University of Toronto Press, 1989).

Menefee, Samuel P., *Wives for Sale: An Ethnographic Study of British Popular Divorce* (Oxford: Basil Blackwell, 1981).

Mennell, Stephen, *All Manners of Food: Eating and Taste in England and France from the Middle Ages to the Present*, 2nd ed. (1985; reprint, Urbana: University of Illinois Press, 1996).

Meyers, Robin, Michael Harris, and GilesMandlebrote, eds., *Under the Hammer: Book Auctions Since the Seventeenth Century* (British Library, 2001).

Miller, Daniel, *Theory of Shopping* (Cambridge: Polity, 1998).

Miller, John, *After the Civil Wars: English Politics and Government in the Reign of Charles II* (Longman, 2000).

———, "Public Opinion in Charles II's England," *History* 80 (1995).

Mintz, Samuel I., *Hunting of Leviathan: Seventeenth Century Reactions to the Materialism and Moral Philosophy of Thomas Hobbes* (Cambridge: Cambridge University Press, 1962).

Mintz, Sidney, *Sweetness and Power: The Place of Sugar in Modern History* (New York: Viking, 1985).

Money, John, "Taverns, Coffee Houses and Clubs: Local Politics and Popular

Articulacy in the Birmingham area in the Age of the American Revolution," *Historical Journal* 14 (1971).

Monod, Paul, *Jacobitism and the English People*, 1688-1788 (Cambridge: Cambridge University Press, 1989).

Morley, Henry, *Memoirs of Bartholomew Fair* (Chapman and Hall, 1859).

Muddiman, J. G., *King's Journalist, 1659-1689* (Bodley Head, 1923).

Mukerji, Chandra, *From Graven Images: Patterns of Modern Materialism* (New York: Columbia University Press, 1983).

Muldrew, Craig, *Economy of Obligation: The Culture of Credit and Social Relations in Early Modern England* (Macmillan, 1998).

——, "'Hard Food for Midas': Cash and Its Social Value in Early Modern England," *P&P* 170 (Feb. 2001).

Mullaney, Steven, "Strange Things, Gross Terms, Curious Customs: The Rehearsal of Cultures in the Late Renaissance," in *Representing the English Renaissance*, Stephen Greenblatt, ed. (Berkeley: University of California Press, 1988).

Mulligan, Lotte, "Self-Scrutiny and the Study of Nature: Robert Hooke's Diary as Natural History," *Journal of British Studies* 35:3 (July 1996).

Neal, Larry, *Rise of Financial Capitalism: International Capital Markets in the Age of Reason* (Cambridge: Cambridge University Press, 1990).

Newdigate-Newdegate, Lady Anne Emily, *Cavalier and Puritan in the Days of the Stuarts* (Smith, Elder & Co., 1901).

Nicolson, Marjorie Hope, *Pepys' Diary and the New Science* (Charlottesville: University Press of Virginia, 1965).

Norbrook, David, *Writing the English Republic: Poetry, Rhetoric and Politics*, 1627- 1660 (Cambridge: Cambridge University Press, 1999).

Novak, Maximillian, *Daniel Defoe: Master of Fictions* (Oxford: Oxford University Press, 2000).

——, *William Congreve* (New York: Twayne, 1971).

Ochs, Kathleen, "Royal Society of London's History of Trades," *Notes and Records of the Royal Society* 39 (1985).

Ogden, Henry and Margaret Ogden, *English Taste in Landscape in the Seventeenth Century* (Ann Arbor: University of Michigan Press, 1955).

Olson, Alison Gilbert, *Anglo-American Politics*, 1660-1775: *The Relationship Between Parties in England and Colonial America* (New York: Oxford University

Press, 1973).

Ormrod, David, "Art and Its Markets," *Economic History Review*, 52: 3 (1999).

———, "Origins of the London Art Market, 1660-1730," in *Art Markets in Europe*, 1400-1800, Michael North and David Ormrod, eds. (Aldershot, UK: Ashgate, 1998).

———, *Rise of Commercial Empires: England and the Netherlands in the Age of Mercantilism*, 1650-1770 (Cambridge: Cambridge University Press, 2003).

Outram, Dorinda, *The Enlightenment* (Cambridge: Cambridge University Press, 1995).

Ozouf, Mona, "Public Opinion at the End of the Old Regime," *Journal of Modern History* 60 (suppl.) (1988).

Pace, Claire, "Virtuoso to Connoisseur: Some Seventeenth-Century English Responses to the Visual Arts," *Seventeenth Century* 2:2 (1987).

Pallares-Burke, "*Spectator* Abroad: The Fascination of the Mask," *History of European Ideas* 22:1 (1996).

Park, Katherine and Lorraine J.Daston, "Unnatural Conceptions: The Study of Monsters in Sixteenth- and Seventeenth-Century France and England," *P&P* 92 (1981).

Patterson, Annabel, *Nobody's Perfect: A New Whig Interpretation of History* (New Haven: Yale University Press, 2002).

Paulson, Ronald, *Don Quixote in England: The Aesthetics of Laugher* (Baltimore: Johns Hopkins University Press, 1998).

———, *Hogarth: The "Modern Moral Subject,"* 1697-1732 (New Brunswick, N.J.: Rutgers University Press, 1991).

Pears, Iain, *Discovery of Painting: The Growth of Interest in the Arts in England*, 1680- 1760 (New Haven: Yale University Press, 1988).

Pelling, Margaret, "Barber-Surgeons, the Body and Disease," in A. L. Beier and Roger Finlay, eds., *London*, 1500-1700: *The Making of the Metropolis* (Longman, 1986).

———, *Common Lot: Sickness, Medical Occupations and the Urban Poor in Early Modern England* (Longman, 1998).

Peltonen, Markku, *Classical Humanism and Republicanism in English Political Thought*, 1570-1640 (Cambridge: Cambridge University Press, 1995).

Phillipson, Nicholas, "Politics and Politeness in the Reigns of Anne and the Early Hanoverians," in *Varieties of British Political Thought*, 1500-1800, J. G. A. Pocock, ed. (Cambridge: Cambridge University Press, 1993).

Pincus, Steve, "'Coffee Politicians Does Create': Coffeehouses and Restoration Political Culture," *Journal of Modern History* 67 (Dec. 1995).

———, "From Butterboxes to Wooden Shoes: The Shift in English Popular Sentiment from Anti-Dutch to Anti-French in the 1670s," *HJ* 38:2 (1995).

———, "From Holy Cause to Economic Interest," in *Nation Transformed*? Steven Pincus and Alan Houston, eds. (Cambridge: Cambridge University Press, 2001).

———, "Neither Machiavellian Moment nor Possessive Individualism: Commercial Society and the Defenders of the English Commonwealth," *American Historical Review* 103:3 (June 1998).

———, "Popery, Trade, and Universal Monarchy: The Ideological Context of the Outbreak of the Second Anglo-Dutch War," *EHR* no. 422 (Jan. 1992).

———, *Protestantism and Patriotism: Ideologies and the Making of English Foreign Policy, 1650-1668* (Cambridge: Cambridge University Press, 1996).

———, "Reconceiving Seventeenth-Century Political Culture," *Journal of British Studies* 38:1 (Jan. 1999).

Pocock, J. G. A., *Machiavellian Moment* (Princeton: Princeton University Press, 1975).

———, *Virtue, Commerce, and History* (Cambridge, UK: Cambridge University Press, 1985).

Pointon, Marcia, *Hanging the Head: Portraiture and Social Formation in EighteenthCentury England* (New Haven: Yale University Press, 1993).

Pollock, Linda, *With Faith and Physic: The Life of a Tudor Gentlewoman Lady Grace Mildmay*, 1552-1620 (Collins and Brown, 1993).

Porter, Dorothy and Roy Porter, *Patient's Progress: Doctors and Doctoring in EighteenthCentury England* (Stanford: Stanford University Press, 1989).

Porter, Roy, *Creation of the Modern World: The Untold Story of the British Enlightenment* (New York: Norton, 2000).

———, *Health for Sale: Quackery in England*, 1660-1850 (Manchester: Manchester University Press, 1989).

Power, M. J., "Social Topography of Restoration London," in *London*, 1500-

1700, A. L. Beier and Roger Finlay, eds. (Longman, 1986).

Prakash, Gyan, "Orientalism Now," *History and Theory* 34:3 (1995).

Rappaport, Erika, "'Halls of Temptation': Gender, Politics, and the Construction of the Department Store in Late Victorian London," *Journal of British Studies* 35:1 (1996).

Rawson, Claude, *Satire and Sentiment*, 1660-1830 (Cambridge: Cambridge University Press, 1994).

Raymond, Joad, *Invention of the Newspaper: English Newsbooks, 1641-1649* (Oxford: Oxford University Press, 1996).

———, "Newspaper, Public Opinion and the Public Sphere in the Seventeenth Century," *Prose Studies* 21:2 (Aug. 1998).

Robert Rea, *The English Press in Politics*, 1760-1774 (Lincoln: University of Nebraska Press, 1963).

Reay, Barry, *Popular Cultures in England, 1550-1750* (Longman, 1998).

Redwood, John, *Reason, Ridicule and Religion* (Cambridge, Mass.: Harvard University Press, 1976).

Reinders, Pim and Thera Wijsenbeek, eds., *Koffie in Nederland: vier eeuwen cultuurgeschiedenis* (Delft: Walburg, 1994).

Richards, James O., *Party Propaganda Under Queen Anne: The General Elections of* 1702-1703 (Athens: University of Georgia Press, 1972).

Roberts, Marie Mulvey, "Pleasures Engendered by Gender: Homosociality and the Club," in *Pleasure in the Eighteenth Century*, Roy Porter and Marie Mulvey Roberts, eds. (Basingstoke: Macmillan, 1996).

Roberts, R. S., "The Early History of the Import of Drugs into Britain," in *Evolution of Pharmacy in Britain* (Springfield, Ill., Charles C. Thomas, 1965).

Roche, Daniel, *France in the Enlightenment*, Arthur Goldhammer, trans. (1993; reprint, Cambridge, Mass.: Harvard University Press, 1998).

Rogers, Nicholas, "Popular Protest in Early Hanoverian London." *P&P*, 79 (1978).

Rogers, Pat, *Grub Street: Studies in a Subculture* (Metheun, 1972).

Rosenheim, James M., *Emergence of a Ruling Order: English Landed Society*, 1650- 1750 (Longman, 1998).

Rouselle, Aline, *Porneia: On Desire and the Body in Antiquity*, trans. Felicia Pheasant (1983; reprint, Oxford: Basil Blackwell, 1988).

Rousseau, G. S. and Roy Porter, "Introduction," in *Exoticism in the Enlightenment*, G. S. Rousseau and Roy Porter, eds. (Manchester: Manchester University Press, 1990).

Russell, Conrad, *Parliaments and English Politics*, 1621-1629 (Oxford: Clarendon, 1979).

Russell Smith, H. F., *Harrington and his Utopia: A Study of a Seventeenth-Century Utopia and its Influence in America* (Cambridge: Cambridge University Press, 1914).

Sacks, David Harris, "Corporate Town and the English State: Bristol's 'Little Businesses' 1625-1641," P&P 110 (1986).

Sahlins, Marshall, *Culture and Practical Reason* (Chicago: University of Chicago Press, 1976).

——, *Stone Age Economics* (New York: Aldine De Gruyter, 1972).

Said, Edward, *Orientalism* (New York: Vintage, 1978).

Saunders, Peter, *Social Theory and the Urban Question*, 2nd ed. (New York: Holmes & Meier, 1986).

Schama, Simon, *Embarrassment of Riches: An Interpretation of Dutch Culture in the Golden Age* (Berkeley: University of California Press, 1988).

Schivelbusch, Wolfgang, "Die trockene Trunkenheit des Tabaks," in *Rausch und Realität: Drogen im Kulturvergleich*, Gisela Völger, ed., 2 vols. (Cologne: Das Museum, 1981).

——, *Tastes of Paradise: A Social History of Spices, Stimulants, and Intoxicants*, David Jacobson, trans. (1980; reprint, New York: Vintage, 1992).

Schmidt, Peer, "Tobacco—Its Use and Consumption in Early Modern Europe," in *Prodotti e Techniche D'Oltremare nelle Economie Europee Secc. XIII-XVIII*, Simonetta Cavaciocchi, ed. (Florence: Le Monnier, 1998).

Schnapper, Antoine, *Collections et Collectionneurs dans la France du XVIIe Siècle*, 2 vols. (Paris: Flammarion, 1988-94).

Schneider, Jürgen, "Die neuen Getränke: Schokolade, Kaffee und Tee (16.-18. Jahrhundert)," in *Prodotti e Techniche D'Oltremare nelle Economie Europee Secc. XIII- XVIII*, Simonetta Cavaciocchi, ed. (Paris: Le Monnier, 1998).

Schumpeter, E. B., *Overseas English Trade Statistics*, 1697-1808 (Oxford: Oxford University Press, 1960).

Schwoerer, Lois, *Ingenious Mr. Henry Care: Restoration Publicist*

(Baltimore: Johns Hopkins University Press, 2001).

———, "Women's Public Political Voice in England: 1640-1740," in *Women Writers and the Early Modern English Political Tradition*, Hilda Smith, ed. (Cambridge: Cambridge University Press, 1998).

Schynder-von Waldkirch, Antoinette, *Wie Europa den Kaffee entdeckte: Reiseberichte der Barockzeit als Quellen zur Geschichte des Kaffees* (Zurich: Jacobs Suchard Museum, 1988).

Scott, Jonathan, *Algernon Sidney and the Restoration Crisis*, 1677-1683 (Cambridge: Cambridge University Press, 1991).

———, *England's Troubles: Seventeenth-Century Political Instability in European Context* (Cambridge: Cambridge University Press, 2000).

Seaward, Paul, *Cavalier Parliament and the Reconstruction of the Old Regime*, 1661- 1667 (Cambridge: Cambridge University Press, 1988).

Sekora, John, *Luxury: The Concept in Western Thought, Eden to Smollett* (Baltimore: Johns Hopkins University Press, 1977).

Semonin, Paul, "Monsters in the Marketplace: The Exhibition of Human Oddities in Early Modern England," in *Freakery: Cultural Spectacles of the Extraordinary Body*, Rosemarie Garland Thomson, ed. (New York: New York University Press, 1996).

Sennett, Richard, *Fall of Public Man* (New York: Norton, 1972).

Shammas, Carol, *Pre-Industrial Consumer in England and America* (Oxford: Clarendon, 1990).

Shapin, Steven and Simon Schaffer, *Leviathan and the Air-Pump: Hobbes, Boyle and the Experimental Life* (Princeton: Princeton University Press, 1985).

Shapin, Steven, "House of Experiment in Seventeenth-Century England," *Isis* 79 (1988).

———, *Social History of Truth: Civility and Science in Seventeenth-Century England* (Chicago: University of Chicago Press, 1994).

———, "Who Was Robert Hooke?" in *Robert Hooke: New Studies*, Michael Hunter and Simon Schaeffer, eds. (Bury St. Edmunds: The Boydell Press, 1989).

Sharpe, Kevin, "Personal Rule of Charles I," in *Before the English Civil War*, Howard Tomlinson, ed. (Macmillan, 1983).

———, *The Personal Rule of Charles I* (New Haven: Yale University Press, 1992).

Sharpe, Kevin and Steven Zwicker, "Introduction," in *Refiguring Revolutions: Aesthetics and Politics from the English Revolution to the Romantic Revolution*, Sharpe and Zwicker, eds. (Berkeley: University of California Press, 1998).

Sharpe, Pamela, "Dealing with Love: The Ambiguous Independence of the Single Woman in Early Modern England," *Gender and History* 11:2 (1999).

Shepard, Alexandra, *Meanings of Manhood in Early Modern England* (Oxford: Oxford University Press, 2003).

Sherman, Stuart, *Telling Time: Clocks, Diaries, and English Diurnal Form*, 1660-1785 (Chicago: University of Chicago Press, 1996).

Sherratt, Andrew, "Alcohol and its Alternatives: Symbol and Substance in Pre-Industrial Cultures," in *Consuming Habits*, Jordan Goodman, Paul E. Lovejoy, and Andrew Sherratt, eds. (Routledge, 1995).

———, "Introduction: Peculiar Substances," in *Consuming Habits*, Jordan Goodman, Paul E. Lovejoy, and Andrew Sherratt, eds. (Routledge, 1995).

Shevelow, Kathryn, *Women and Print Culture: The Construction of Femininity in the Early Periodical* (Routledge, 1989).

Shoemaker, Robert B., *Gender in English Society*, 1650-1850 (Longman, 1998).

———, *Prosecution and Punishment: Petty Crime and the Law in London and Middlesex*, *c*. 1660-1725 (Cambridge: Cambridge University Press, 1991).

———, "Reforming the City: The Reformation of Manners Campaign in London, 1690-1738," in *Stilling the Grumbling Hive: The Response to Social and Economic Problems in England*, 1689-1750 (New York: St. Martin's, 1992).

Siebert, F. S., *Freedom of the Press in England*, 1476-1776: *The Rise and Decline of Government Control* (Urbana: University of Illinois Press, 1965).

Simmel, Georg, *On Individuality and Social Forms: Selected Writings*, D. N. Levine, ed. and trans. (Chicago: University of Chicago Press, 1971).

Skinner, Quentin, "Thomas Hobbes and the Nature of the Early Royal Society," *HJ* 12 (1969).

Smith, Nigel, "Enthusiasm and Enlightenment: Of Food, Filth, and Slavery," in *Country and the City Revisited: England and the Politics of Culture*, 1550-1850, Gerald Maclean, Donna Landry, and Joseph P. Ward, eds. (Cambridge: Cambridge University Press, 1999).

Smith, S. D., "Accounting for Taste: British Coffee Consumption in Historical

Perspective," *Journal of Interdisciplinary History* 27:2 (1996).

———, "Sugar's Poor Relation: Coffee Planting in the British West Indies, 1720-1833," *Slavery and Abolition* 19:3 (1998).

Smith, Woodfruff D., "Complications of the Commonplace: Tea, Sugar, and Imperialism," *Journal of Interdisciplinary History* 23:2 (1992).

———, *Consumption and the Making of Respectability*, 1600-1800 (Routledge, 2002).

———, "From Coffeehouse to Parlour: The consumption of coffee, tea and sugar in northwestern Europe in the seventeenth and eighteenth centuries," in *Consuming Habits*, Goodman, Lovejoy, and Sherratt, eds. (Routledge, 1992).

———, "Function of Commercial Centers in the Modernization of European Capitalism," *Journal of Economic History* 44:4 (1984).

Smithers, Peter, *Life of Joseph Addison*, 2nd ed. (Oxford: Clarendon, 1968).

Smuts, Malcolm R., *Court Culture and the Origins of a Royalist Tradition in Early Stuart England* (Philadelphia: University of Pennsylvania Press, 1987).

Snodin, Michael, and John Styles, *Design and the Decorative Arts: Britain*, 1500-1900 (Harry Abrams, 2001).

Snyder, Henry, "Newsletters in England, 1689-1715, with special reference to John Dyer—a byway in the history of England," in *Newsletters to Newspapers: Eighteenth Century Journalism*, Donovan H. Bond and William R. McCleod, eds. (Morgantown, W. Va.: School of Journalism, West Virginia University, 1977).

Sombart, Werner, *Luxury and Capitalism*, W. R. Dittmar, trans. (1913; reprint, Ann Arbor: University of Michigan Press, 1967).

Sommerville, C. John, *News Revolution in England: Cultural Dynamics of Daily Information* (New York: Oxford University Press, 1996).

Spang, Rebecca, *Invention of the Restaurant: Paris and Modern Gastronomic Culture* (Cambridge, Mass.: Harvard University Press, 2000).

Stallybrass, Peter, and Allon White, *Politics and Poetics of Transgression* (Ithaca: Cornell University Press, 1986).

Stephen, Leslie, *English Literature and Society in the Eighteenth Century* (1903).

Stewart, Larry, *Rise of Public Science: Rhetoric, Technology, and Natural Philosophy in Newtonian Britain*, 1660-1750 (Cambridge: Cambridge University Press, 1992).

———,"Other Centres of Calculation, or, Where the Royal Society Didn't Count," *British Journal for the History of Science* 32 (1999).

———,"Philosophers in the Counting House," in P. O'Brien, ed., *Urban Achievement in Early Modern Europe* (Cambridge: Cambridge University Press, 2001).

Stone, Lawrence, *Crisis of the Aristocracy*, 1558-1641 (1965 reprint, with corrections; Oxford: Clarendon, 1979).

———,"Residential Development of the West End of London in the Seventeenth Century," in *After the Reformation: Essays in Honor of J. H. Hexter*, Barbara C. Malament, ed. (Philadelphia: University of Pennsylvania Press, 1980).

———,*Road to Divorce: England*, 1530-1987 (Oxford: Oxford University Press, 1990).

Strumia, Anna M., "Vita Istituzionale Della Royal Society Seicentesca in Alcuni Studi Recenti," *Rivista Storica Italiana* 98:2 (1986).

Stubbs, Mayling, "John Beale, Philosophical Gardener of Herefordshire," 2 parts, *Annals of Science* 39 (1982) *and* 46 (1989).

Styles, John, "Product Innovation in Early Modern London," *P&P* 168 (2000).

Supple, B. E., *Commercial Crisis and Change in England*, 1600-1642 (Cambridge: Cambridge University Press, 1964).

Sutherland, James, *Restoration Literature*, 1660-1700: *Dryden*, *Bunyan and Pepys*, Oxford History of English Literature, vol. 6 (Oxford: Oxford University Press, 1969).

Sutherland, James, *Restoration Newspaper and Its Development* (Cambridge: Cambridge University Press, 1986).

Terpstra, Heert, *Opkomst der Westerkwartieren van de Oost-Indische Compagnie* (The Hague: Nijhoff, 1918).

Thale, Mary, "Women in London Debating Societies in 1780," *Gender and History* 7:1 (1995).

Thirsk, Joan, *Economic Policy and Projects: The Development of a Consumer Society in England* (Oxford: Oxford University Press, 1976).

———,"New Crops and their Diffusion: Tobacco-Growing in Seventeenth-Century England," in *Rural Change and Urban Growth*, 1500-1800, C. W. Chalkin and M. A. Havinden, eds. (1974).

Thomas, Keith, "Cleanliness and Godliness in Early Modern England," in *Reli-*

*gion, Culture and Society in Early Modern Britain: Essays in Honour of Patrick Collinson*, Anthony Fletcher and Peter Roberts, eds. (Cambridge: Cambridge University Press, 1994).

——, *Man and the Natural World: Changing Attitudes in England*, 1500-1800 (1983; reprint, Oxford: Oxford University Press, 1996).

——, *Religion and the Decline of Magic* (New York: Scribner's, 1971).

Thompson, C. J. S., *Quacks of Old London* (1928; reprint, New York: Barnes & Noble, 1993).

Thompson, E. P., *Customs in Common: Studies in Traditional Popular Culture* (New York: New Press, 1991).

Timbs, John, *Clubs and Club Life in London with anecdotes of its famous coffee houses, hostelries, and taverns from the seventeenth century to the present time* (Chatto & Windus, 1899).

——, *Curiosities of London: Exhibiting the Most Rare and Remarkable Objects of Interest in the Metropolis* (1855).

Todd, Dennis, *Imagining Monsters: Miscreations of the Self in Eighteenth-Century England* (Chicago: University of Chicago Press, 1995).

Stone, Lawrence, *Crisis of the Aristocracy, 1558-1641* (1965 reprint, with corrections; Oxford: Clarendon, 1979).

——, "Residential Development of the West End of London in the Seventeenth Century," in *After the Reformation: Essays in Honor of J. H. Hexter*, Barbara C. Malament, ed. (Philadelphia: University of Pennsylvania Press, 1980).

——, *Road to Divorce: England*, 1530-1987 (Oxford: Oxford University Press, 1990).

Strumia, Anna M., "Vita Istituzionale Della Royal Society Seicentesca in Alcuni Studi Recenti," *Rivista Storica Italiana* 98:2 (1986).

Stubbs, Mayling, "John Beale, Philosophical Gardener of Herefordshire," 2 parts, *Annals of Science* 39 (1982) and *46* (1989).

Styles, John, "Product Innovation in Early Modern London," *P&P 168* (2000).

Supple, B. E., *Commercial Crisis and Change in England*, 1600-1642 (Cambridge: Cambridge University Press, 1964).

Sutherland, James, *Restoration Literature*, 1660-1700: *Dryden, Bunyan and Pepys*, Oxford History of English Literature, vol. 6 (Oxford: Oxford University Press, 1969).

Sutherland, James,*Restoration Newspaper and Its Development* (Cambridge: Cambridge University Press, 1986).

Terpstra,Heert, *Opkomst der Westerkwartieren van de Oost-Indische Compagnie* (The Hague: Nijhoff, 1918).

Thale, Mary, "Women in London Debating Societies in 1780," *Gender and History* 7:1 (1995).

Thirsk, Joan,*Economic Policy and Projects: The Development of a Consumer Society in England* (Oxford: Oxford University Press, 1976).

———,"New Crops and their Diffusion: Tobacco-Growing in Seventeenth-Century England," in *Rural Change and Urban Growth*, 1500-1800, C. W. Chalkin and M. A. Havinden, eds. (1974).

Thomas, Keith,"Cleanliness and Godliness in Early Modern England," in *Religion, Culture and Society in Early Modern Britain: Essays in Honour of Patrick Collinson*, Anthony Fletcher and Peter Roberts, eds. (Cambridge: Cambridge University Press, 1994).

———, *Man and the Natural World: Changing Attitudes in England*, 1500-1800 (1983; reprint, Oxford: Oxford University Press, 1996).

———,*Religion and the Decline of Magic* (New York: Scribner's, 1971).

Thompson, C. J. S.,*Quacks of Old London* (1928; reprint, New York: Barnes & Noble, 1993).

Thompson, E. P., *Customs in Common: Studies in Traditional Popular Culture* (New York: New Press, 1991).

Timbs, John, *Clubs and Club Life in London with anecdotes of its famous coffee houses, hostelries, and taverns from the seventeenth century to the present time* (Chatto & Windus, 1899).

———,*Curiosities of London: Exhibiting the Most Rare and Remarkable Objects of Interest in the Metropolis* (1855).

Todd, Dennis,*Imagining Monsters: Miscreations of the Self in Eighteenth-Century England* (Chicago: University of Chicago Press, 1995).

Toomer, G. J.,*Eastern Wisedome and Learning: The Study of Arabic in SeventeenthCentury England* (Oxford: Clarendon, 1996).

Treadwell, Michael,"Stationers and the Printing Acts at the End of the Seventeenth Century," in *The Cambridge History of the Book in Britain*, vol. 4, *1557-1695*, John Barnard and D. F. McKenzie, eds. (Cambridge: Cambridge University

Press, 2002).

Trevelyan, George, *England Under Queen Anne: Blenheim* (Longman, 1930).

Trumbach, Randolph, *Sex and the Gender Revolution Volume One: Heterosexuality and the Third Gender in Enlightenment London* (Chicago: University of Chicago Press, 1998).

Tully, James, ed., *Meaning and Context: Quentin Skinner and his Critics* (Princeton: Princeton University Press, 1988).

Turnbull, George Henry, "Peter Stahl, the First Public Teacher of Chemistry at Oxford," *Annals of Science*, 9 (1953).

Turner, Dorothy, "Sir Roger L'Estrange's Deferential Politics in the Public Sphere," *Seventeenth Century* 13:1 (1998).

Turner, James Grantham "Pictorial Prostitution: Visual Culture, Vigilantism, and 'Pornography' in Dunton's Night-Walker," in *Studies in Eighteenth-Century Culture*, vol. 28 (Baltimore: Johns Hopkins University Press, 1999).

Turner, Victor, *Ritual Process: Structure and Anti-Structure* (Ithaca: Cornell University Press, 1969).

Tyacke, Nicholas, "Science and Religion at Oxford before the Civil War," in *Puritans and Revolutionaries*, Donald Pennington and Keith Thomas, eds. (Oxford: Clarendon, 1976).

Uglow, Jenny, Hogarth: *A Life and a World* (Faber and Faber, 1998). Underdown, David, *Freeborn People: Politics and the Nation in Seventeenth-Century England* (Oxford: Clarendon, 1996).

——, *Revel, Riot, and Rebellion: Popular Politics and Culture in England*, 1603-1660 (Oxford: Oxford University Press, 1985).

van der Wee, Herman, "Money, Credit, and Banking Systems," in *The Cambridge Economic History of Europe*, vol. 5, E. E. Rich and C. H. Wilson, eds. (Cambridge: Cambridge University Press, 1977).

van Eeghen, I. H., *Amsterdamse Boekhandel*, 1680-1725, 6 vols (Amsterdam: N. Israel, 1978), vol. 5-1. van Horn Melton, James, *Rise of the Public in Enlightenment Europe* (Cambridge: Cambridge University Press, 2001).

Veblen, Thorstein, *Theory of the Leisure Class* (1899; reprint, New York: Penguin, 1967).

Vickery, Amanda, *Gentleman's Daughter: Women's Lives in Georgian England* (New Haven: Yale University Press, 1998).

———,"Golden Age to Separate Spheres? A Review of the Categories and Chronology of English Women's History," *HJ* 36:2 (1993).

Wahrman, Dror, "*Percy*'s Prologue: From Gender Play to Gender Panic in EighteenthCentury England," *P&P* 159 (1998).

Walkowitz, Judith, "Going Public: Shopping, Street Harassment, and Streetwalking in Late Victorian London," *Representations* 62 (1998).

Wall, Cynthia, "English Auction: Narratives of Dismantlings," *ECS* 31:1 (1997).

Walvin, James, *Fruits of Empire: Exotic Produce and British Taste*, 1660-1800 (Basingstoke: Macmillan, 1997).

Watt, Tessa, *Cheap Print and Popular Piety*, 1550-1640 (Cambridge: Cambridge University Press, 1991).

Wear, Andrew, "Early Modern Europe, 1500-1700," in *Western Medical Tradition 800 BC to AD* 1800, Lawrence I. Conrad, Michael Neve, Vivian Nutton, Roy Porter, and Andrew Wear, eds. (Cambridge: Cambridge University Press, 1995).

Weatherill, Lorna, *Consumer Behaviour and Material Culture in Britain*, 1660-1760, 2nd ed. (Routledge, 1996).

Weber, Max, *Protestant Ethic and the Spirit of Capitalism*, trans. Talcott Parsons (1904- 5; reprint, New York: Scribners, 1958).

Webster, Charles, "Alchemical and Paracelsian Medicine," in *Health, Medicine, and Mortality in the Sixteenth Century*, Charles Webster, ed. (Cambridge: Cambridge University Press, 1979).

———, "Benjamin Worsley: Engineering for Universal Reform from the Invisible College to the Navigation Act," in *Samuel Hartlib and Universal Reformation*, Mark Greengrass, Michael Leslie, and Timothy Raylor, eds. (Cambridge: Cambridge University Press, 1994).

———, *Great Instauration: Science, Medicine and Reform*, 1626-1660 (Duckworth, 1975).

Weeks, Jeffrey, *Sex, Politics and Society: The Regulation of Sexuality Since* 1800, 2nd ed. (Longman, 1989).

Weil, Rachel, "Sometimes a Scepter is only a Scepter: Pornography and Politics in Restoration England," in *Invention of Pornography: Obscenity and the Origins of Modernity*, Lynn Hunt, ed. (New York: Zone, 1993).

Westfall, Richard S., *Science and Religion in Seventeenth-Century England*

(1958; reprint, Ann Arbor: University of Michigan Press, 1973).

Westhauser, Karl E., "Friendship and Family in Early Modern England: The Sociability of Adam Eyre and Samuel Pepys," *Journal of Social History* (1994).

Whitaker, Katie, "Culture of Curiosity," in *Cultures of Natural History*, N. Jardine, J. A. Secord, and E. C. Spary, eds. (Cambridge: Cambridge University Press, 1996).

———, *Mad Madge: Margaret Cavendish, Duchess of Newcastle* (Chatto and Windus, 2003). Whyman, Susan, *Sociability and Power: The World of the Verneys*, 1660-1720 (Oxford: Oxford University Press, 2000).

Williams, J. B., "Newsbooks and Letters of News of the Restoration," *EHR* 23 (1908).

Williams, Rosalind H., *Dream Worlds: Mass Consumption in Late Nineteenth-Century France* (Berkeley: University of California Press, 1982).

Wilson, Charles, *England's Apprenticeship*, 1603-1763 (Longman, 1965).

———, "Trade, Society, and the State," in *Cambridge Economic History of Europe*, vol. 4, E. E. Rich and C. H. Wilson, eds. (Cambridge: Cambridge University Press, 1967).

Wilson, Kathleen, *Island Race: Englishness, Empire and Gender in the Eighteenth Century* (Routledge, 2003).

———, *Sense of the People: Politics, Culture, and Imperialism in England*, 1715-1785 (Cambridge: Cambridge University Press, 1995).

Winslow, Cal, "Sussex Smugglers," in *Albion's Fatal Tree: Crime and Society in Eighteenth-Century England*, Douglas Hay et al., eds. (New York: Pantheon, 1975).

Wood, A. C., *History of the Levant Company* (Frank Cass, 1935).

Woodhead, Christine, "'The Present Terrour of the World'? Contemporary Views of the Ottoman Empire c. 1600," *History* 72 (1987).

Woolrych, Austin, "Introduction," in *Complete Prose Works of John Milton*, vol. 7, Robert W. Ayers, ed., rev. ed. (New Haven: Yale University Press, 1980).

Wootton, David, "Ulysses Bound? Venice and the Idea of Liberty from Howell to Hume," in *Republicanism, Liberty, and Commercial Society*, David Wootton, ed. (Stanford: Stanford University Press, 1994).

Worden, Blair, "Harrington's 'Oceana': Origins and Aftermath, 1651-1660," in *Republicanism, Liberty, and Commercial Society*, 1649-1776, David Wootton, ed. (Stanford: Stanford University Press, 1994).

———, *Rump Parliament*, 1648-1653 (Oxford: Oxford University Press, 1974).

Wrightson, Keith, "Alehouses, Order and Reformation in Rural England, 1590-1660," in *Popular Culture and Class Conflict*, 1590-1914, E. Yeo and S. Yeo, eds. (Brighton, 1981).

———, *Earthly Necessities: Economic Lives in Early Modern Britain* (New Haven: Yale University Press, 2000).

———, "Politics of the Parish in Early Modern England," in Paul Griffiths, Adam Fox and Steve Hindle, eds., *Experience of Authority in Early Modern England* (Basingstoke: Macmillan, 1996).

———, "Puritan Reformation of Manners with Special Reference to the Counties of Lancashire and Essex, 1640-1660" (Cambridge University, Ph.D. diss., 1973).

Wrigley, E. A., "A Simple Model of London's Importance in Changing English Society and Economy, 1650-1750," in his *People, Cities and Wealth* (Oxford: Blackwell, 1987).

Zahediah, Nuala, "Making Mercantilism Work," *Transactions of the Royal Historical Society* 9 (1999).

Zook, Melinda, *Radical Whigs and Conspiratorial Politics in Late Stuart England* (University Park: Penn State University Press, 1999).

# 索　引

**图书在版编目(CIP)数据**

咖啡社交生活史:英国咖啡馆的兴起/(美)布莱恩·考恩(Brian Cowan)著;张好玫译.--北京:中国传媒大学出版社,2021.9
(传播与中国译丛.城市传播系列)
ISBN 978-7-5657-3054-2

Ⅰ.①咖… Ⅱ.①布… ②张… Ⅲ.①咖啡—文化—英国 Ⅳ.①TS971.23

中国版本图书馆 CIP 数据核字(2021)第 195418 号


著作权合同登记号 图字:01-2021-4811

**咖啡社交生活史:英国咖啡馆的兴起**
**KAFEI SHEJIAO SHENGHUO SHI:YINGGUO KAFEIGUAN DE XINGQI**

| | | | |
|---|---|---|---|
| **著　　者** | [美]布莱恩·考恩(Brian Cowan) | | |
| **译　　者** | 张好玫 | | |
| **责任编辑** | 于水莲 | | |
| **特约编辑** | 井彩霞 | | |
| **封面设计** | 拓美设计 | | |
| **责任印制** | 李志鹏 | | |
| **出版发行** | 中国传媒大学出版社 | | |
| **社　　址** | 北京市朝阳区定福庄东街 1 号 | **邮　　编** | 100024 |
| **电　　话** | 86-10-65450528　65450532 | **传　　真** | 65779405 |
| **网　　址** | http://cucp.cuc.edu.cn | | |
| **经　　销** | 全国新华书店 | | |
| **印　　刷** | 三河市东方印刷有限公司 | | |
| **开　　本** | 787mm×1092mm　1/16 | | |
| **印　　张** | 23.25 | | |
| **字　　数** | 524 千字 | | |
| **版　　次** | 2021 年 9 月第 1 版 | | |
| **印　　次** | 2021 年 9 月第 1 次印刷 | | |
| **书　　号** | ISBN 978-7-5657-3054-2/TS·3054 | **定　　价** | 98.00 元 |

**本社法律顾问:北京李伟斌律师事务所　郭建平**